"十三五"国家重点图书出版规划项目

科学博物馆学丛书

吴国盛 主编

[英] 皮特·J.T.莫里斯 (Peter J.T. Morris) 主编

冯秀梅 曹高辉 译

国家的科学

伦敦科学博物馆的
历史透视

SCIENCE FOR THE NATION

PERSPECTIVES ON THE HISTORY OF
THE SCIENCE MUSEUM

北京师范大学出版集团
BEIJING NORMAL UNIVERSITY PUBLISHING GROUP

北京师范大学出版社

总　序

　　博物馆是现代性的见证者，也是生产者。它在展示现代社会诸事业之成就的同时，也为它们提供合法性辩护。因此，博物馆不是一种文化点缀，而是为时代精神树碑立传；不只是收藏和展示文物，也在塑造当下的文化风尚；不是一种肤浅的休闲娱乐场所，而是有着深刻的内涵。博物馆值得认真研究。

　　博物馆起源于现代欧洲，并随着现代性的扩张传到现代中国。博物馆林林总总，但数量最多、历史最久的那些博物馆大体可以分成艺术博物馆（Art Museum）、历史博物馆（History Museum）和科学博物馆（Science Museum）三大类别。本丛书的研究对象是科学博物馆。

　　广义的科学博物馆包括自然博物馆（Natural History Museum）、科学工业博物馆（Museum of Science and Industry）、科学中心（Science Center）三种类型，狭义的科学博物馆往往专指其中的第二类即科学工业博物馆。自然博物馆收藏展陈自然物品，特别是动物标本、植物标本和矿物标本；科学工业博物馆收藏展陈人工制品，特别是科学实验仪器、技术发明、工业设施；科学中心（在中国称"科技馆"）通常没有收藏，展出的是互动展品，观众通过动手操作以体验科学原理和技术过程。

　　三大类别的科学博物馆既是历时的又是共时的。"历时的"，是指历史上先后出现——自然博物馆出现在十七八世纪，科学工业博物馆出现在 19 世纪，科学中心出现在 20 世纪。"共时的"，是指后者并不取代前者，而是同时并存。它们各有所长、相互补充、相互借鉴、相互渗透。比如，今天的自然博物馆和科学工业博物馆都大量采纳科学中心的互动体验方法来布展，改变了传统上观众被动参与的模式。

　　中国的博物馆是西学东渐的结果。与其他类型的博物馆相比，中国的科技类博物馆起步最晚。中国科学技术馆于 1958 年开始筹建，直到 1988 年才完成一期工程。近十多年来，随着国家经济实力的增长，国内的科技馆事业进入了高速发展时期。截至 2018 年年底，已经或即将建成的建筑面积超过 3 万平方米的特大型科技馆共 19 家；所有省级行政中心都已经拥有自己的科技馆。由于政府财政资助，多数科技馆免费开放，也激活了公众的参观热情。

然而，与科技馆建设和发展的热潮相比，理论研究似乎严重不足。对什么是科技馆、应该如何发展科技馆等基本问题，我们缺乏足够的理论反思和学术研究。比如，我们尚未意识到，中国科学博物馆的发展跳过了科学工业博物馆这个环节，直接走向科学中心类型。缺乏科学工业博物馆这个环节，可能使我们忽视科学技术的历史维度和人文维度，单纯关注它的技术维度。再比如，如何最大程度地发挥"科学中心"的展教功能，我们缺乏学理支持，只有一些经验感悟；至于"科学中心"的局限性，则整体上缺少反思。基本的理论问题没有达成共识，甚至处在无意识状态，我们的发展就有盲目的危险。在大力建设科学博物馆的同时，开展科学博物馆学研究势在必行。

本丛书将系统翻译引进发达国家关于科学博物馆的研究性著作，对自然博物馆、科学工业博物馆、科学中心三种博物馆类型的历史由来、社会背景、哲学意义、组织结构、展教功能、管理运营等多个方面进行理论总结，以推进我国自己的科学博物馆学研究。欢迎业内同行和广大读者不吝赐教，帮助我们出好这套丛书。

吴国盛

2019 年 1 月于清华新斋

此书献给伦敦科学博物馆所有工作人员

致　谢

　　本书所有作者都要感谢科学博物馆志愿者爱德华·冯·菲舍尔（Edward von Fischer），以科学博物馆档案馆和国家档案馆的名义，大家感谢他为研究付出的辛劳。如果没有他的倾囊相助，本书作为历史记录，其价值将大打折扣。确切地说，本书是我们的，也是他的。与君共事，与有荣焉。我们也非常感谢国家科学工业博物馆（the National Museum of Science and Industry，NMSI）贸易公司的马克·贝索蒂斯（Mark Bezodis）和黛博拉·布鲁珊（Deborah Bloxam），以及帕尔格雷夫·麦克米伦（Palgrave Macmillan）出版社的迈克尔·斯特朗（Michael Strang）和露丝·爱尔兰（Ruth Ireland）。他们的努力让《国家的科学》这本书最终得以出版。没有戴维·爱克斯顿（David Exton）、约翰·赫里克（John Herrick）（照相馆）和黛博拉·琼斯（Deborah Jones）（科学与社会影像馆）的支持，本书插图是不可能完成的。我们要感谢伦敦国家肖像馆允许我们再现罗伯特·莫兰特（Robert Morant）爵士（1902）的摄影肖像，感谢国家档案馆允许我们再现"科学展览"（1950）的照片。本书主编皮特·莫里斯还要感谢剑桥金色网络的创始人保罗·基勒（Paul Keeler）允许我们引用他的个人通信。我们也要感谢托尼·西姆科克（Tony Simcock），他是牛津科学史博物馆的档案管理员，他向我们提供了该馆两位前策展人（former curators）的一些案例，这两位前策展人分别是弗兰克·舍伍德·泰勒（Frank Sherwood Taylor）和弗朗西斯·麦迪森（Francis Maddison）。所有的作者都要感激前馆员的帮助，我们将这些职员按姓氏字母顺序排列：罗伯特·安德森（Robert Anderson）、迈克尔·博尔（Michael Ball）、约翰·贝克莱克（John Becklake）、桑德拉·比克内尔（Sandra Bicknell）、尼尔·科森斯（Neil Cossons）、格雷汉姆·法米罗（Graham Farmelo）、弗兰克·格林纳威（Frank Greenaway)、简·内姆斯(Jane Raimes)、德里克·鲁宾逊(Derek Robinson)、约翰·鲁宾逊(John Robinson)和玛格丽特·韦斯顿(Margaret Weston)夫人。罗伯特·巴德(Robert Bud)要感谢露丝·巴顿(Ruth Borton),感谢她为本书第一章提供帮助。最后,我要感谢科学博物馆的馆长(Director)克里斯·拉普利(Chris Rapley)和首席策展人蒂姆·波恩(Tim Boon),感谢他们的鼓励和支持;感谢约翰·利芬(John Liffen)不止一次分享科学博物馆历史及相关活动的知识。本书观点及阐释仅代表作者本人,不代表科学博物馆的官方立场。同样,本书任何错误均由本书主编及作者个人负责。

前　言

　　科学博物馆是一个伟大的国家机构。在它存在的第一个世纪，其扮演的众多角色及其创建的众多项目已经令人惊讶，具有挑战性，且跟它已经展示出的科学和技术一样具有戏剧性和动态性。由于这些原因，和许多其他博物馆一样，科学博物馆的历史远远超出其发源地南肯辛顿（South Kensington）的局限。确实，《国家的科学》这个标题可能乍一看与这段历史无关。这样的标题可能预示着本书会描述应用科学是如何贡献于该国经济和物质福祉的，或者说，本书可能是用来支持科学规划的。又或者说，这个标题可能会介绍在科学知识生产领域一段主要公众中心的历史，如国家物理实验室；或科学家的主要产地，如科学博物馆的邻居帝国理工学院。尽管科学博物馆并没有主要从事科学研究，也没有直接培养科学家，但它确实鼓励许多年轻观众成为科学家。因此，从更根本的意义上说，它为国家提供了科学。通过向百万观众展示科学图像与科学事实，并通过将技术作为应用科学的一种形式，科学博物馆塑造了许多人的科学观念。科学博物馆还绘制出工业革命的标准画像，且框定了英国科学课程的范围。阿克莱特（Arkwright）纺纱机、火箭机车、惠特斯通（Wheatstone）的五针电报机、贝塞姆（Bessemer）的酸性转炉、J. J. 汤姆森（J. J. Thomson）测量电子荷质比的装置、莱特（Wright）的飞行器和沃森-克里克（Watson-Crick）的 DNA 模型，这些发明的卓越性是毋庸置疑的。在一定程度上，其卓越性应部分归功于它们曾在科学博物馆中展出过。

　　正如罗伯特·巴德在开篇章节中阐述的那样，科学博物馆可以充当国家和公众的关键中介，可以表现科学和技术的本质特性，这些功能都不是偶然的。它们不仅是 1851 年万国工业博览会（Great Exhibition）遗留的结果，而且是杰出科学家和改革者团体 35 年游说的结果。在他们的要求下，英国政府创立了现代科学博物馆，确保了博物馆提供的信息与它自己的目标相一致。正如汤姆·沙因费尔德（Tom Scheinfeldt）和萨德·帕森斯（Thad Parsons）在接下来的两章叙述的那样，一旦全球战争的威胁迫在眉睫，昔日的"和平博物馆"〔它本身试图将科学博物馆从帝国战争博物馆（Imperial War Museum）中区分出来〕就会成为英国军事准备的展示地。莫里斯在关于临时展览的那一章里提到，科学博物馆如何说服政府部门和国有企业使用临时展览给公众传播潜在的信息。这些临时展览从"能量守恒"到"芯片的潜力"都有所涵盖。这使得博物馆成为公众观念的塑造机。

2007 年，我成为国家科学工业博物馆（科学博物馆是其主要组成部分）的受托人（trustee）。我很快意识到，科学博物馆并不只是进行展览的屋子，它涵盖的内容要比这多得多。科学博物馆非常关心科学探究和技术事业。在重要的展览过程中，后台的劳动和资源与它的日常生活和工作同样重要。存储、保护、教育、宣传和观众研究，这些在科学博物馆的活动中起着至关重要的作用。科学博物馆的图书馆和档案馆储存了很多珍宝、物资和文件，这些对国家遗产和科学博物馆的成功来说都极为重要。科学博物馆涵盖范围非常广——从实体文物到数字媒体新世界，从古典科学到来自未来世界的威胁和机遇。许多活动的历史记录都包含在本书中，并且这些活动都超出了对机构本身的关注。作者试图将科学博物馆的历史与该领域更广泛的变革背景、技术科学、创新政策的改革、意识形态和 20 世纪的投资联系到一起。通过阅读科学博物馆的历史，我们能够了解到公共科学和现代社会博物馆的"命运"。

我很高兴向大家推荐这本讲述科学博物馆百年历史的书。科学博物馆由 1909 年一个缺乏永久地址，前途渺茫的初创机构成长为如今拥有可参观的极佳场地，充满活力与创造力的组织。本书即是这一过程的历史透视。

西蒙·谢弗

国家科学工业博物馆受托人

平装本前言

科学博物馆经常对收藏历史藏品持一种矛盾心理——好像向公众展览新的科学与技术优势就意味着"历史展品"与此不相关，或者充其量是打擦边球。当我在 2010 年成为科学博物馆馆长时，我就觉得，即使拥有令人震惊的世界级藏品的科学博物馆本身，也不确定自己的地位。这种矛盾心理对大型的艺术和设计博物馆来说是不可理解的，它们普遍认为过去与未来不是彼此分离，而是在永不停息地相互预示，相互启迪。因此，我很高兴地发现，我遇到的每个伟大的科学家都相当尊重他们专业领域的历史，而且每年大量的博物馆观众都有同样的感觉。对这些不管是成人还是孩子的观众来说，历史藏品是科学方法特性、实验和苦难的宝库，同时也是对自大本身危害性的警告。首先，这些收集提供了最基本的观点，这些发现因其特有的历史背景才成为可能，才被接受。

在我成为馆长以前，我具有远见卓识的同事曾送给我让人生畏的科学史读物。在这些优秀的作品中，我确信《国家的科学》是个意外发现，我很喜欢它。这本书由皮特·莫里斯编著，由大批策展人策划。它鲜活地展现出，当科学博物馆不得不在描述过去和思考未来中寻找平衡时，它需要对自己卓越的历史充满自信。考虑到我们的长期服务和收集，科学博物馆在此书中扮演科学文化的优秀演员角色。它已经成为我未来的一个向导，因为每天都有崭新的问题摆在我的面前，前同事的智慧经常会为我怎样处理这些问题提供线索。我喜欢品味 2013 年面对的问题，并且回味 1914 年、1937 年或者 1961 年我的同事们怎样解决这些相似的棘手问题。

我很高兴，本书第一次发行即全部售罄，现在这本书的平装版本也面市了。我愿意将本书推荐给所有科学博物馆的观众和历史爱好者。

伊恩·布莱奇福德

科学博物馆馆长

本书作者

斯考特·安东尼(Scott Anthony),剑桥大学科学史与科学哲学系助理研究员。他的著作包括《公共关系和现代英国的形成》(*Public Relations and the Making of Modern Britain*)、《英国航空海报:艺术、设计和飞行》(*British Aviation Posters:Art,Design and Flight*)[和奥利弗·格林(Oliver Green)合著]、《晚间邮件》(*Night Mail*)。此外,他还与人合编《英国的投影:邮政总局制片部的历史》(*The Projection of Britain:a History of the GPO Film Unit*)。他的电子邮件地址:sma57@cam. ac. uk。

蒂姆·波恩(Timothy Boon),伦敦科学博物馆研究和公共历史部主管,同样也是科学博物馆高级管理团队的一名成员。他曾是"健康问题"(1994)、"创造现代世界"(2000)、"面对你自己"(2003)、"真实的电影"(2008)展览的策展人。他在伦敦大学的博士论文是关于"两次世界大战期间的英国电影和公共健康的争论"。这篇论文于1999年完成。他发表了关于公共健康问题、科学和管理者的电影代表作。他的研究继续集中在纪录片的文化史、博物馆和科学义务等方面。他的书《真实的电影:纪录片和电视中的科学史》(*Films of Fact:A History of Science in Documentary Films and Television*)在2008年由壁花出版社(*Wallflower Press*)出版。他的电子邮件地址: tim. boon @ ScienceMuseum. org. uk。

罗伯特·巴德,科学博物馆科学和医学部主管,伦敦大学玛丽皇后学院历史学系的客座教授。他早期和盖瑞林·K. 罗伯茨(Gerrylynn K. Roberts)合作的关于南肯辛顿教育发展史的工作于1984年发表在《科学与实践:维多利亚时代英国的化学》(*Science Versus Practice:Chemistry in Victorian Britain*)一书上。当时,他已经出版了几本书籍，这些书籍关于仪器的历史和生物技术的发展历史。目前，他正致力于研究从法国大革命到当代应用科学的历史。他的电子邮件地址：robert. bud@ScienceMuseum. org. uk。

安娜·布妮（Anna Bunney），曼彻斯特大学曼彻斯特博物馆公共项目部策展人。安娜在科学博物馆工作了十三年，她在策展、布展和教育方面有很强的能力。她还曾在曼彻斯特科学和工业博物馆、索尔福德博物馆和美术馆工作过。她在帝国理工学院完成的关于科学、技术和医学史方面的硕士论文为她写的内容打下了基础。她的电子邮件地址：anna. bunney@manchester. ac. uk。

约翰·利芬，科学博物馆通信技术项目策展人。他在科学博物馆已经工作四十多年了。他的工作主要集中在通信和交通两大领域。从一开始，他就对科学博物馆的历史有深厚而持久的兴趣，尤其是科学博物馆组织结构的发展和藏品的增长方面。他的电子邮件地址：john. liffen@ScienceMuseum. org. uk。

皮特 J. T. 莫里斯，科学博物馆研究项目部主管，2001—2012 年炼金术与化学史学会期刊《安比克斯》（*Ambix*）的编辑。近年来，他已经出版了《罗伯特·伯恩斯·伍德沃特：分子领域的艺术家和建筑师》（*Robert Burns Woodword：Architect and Artist in the World of Molecules*）[和奥托·西奥多·本菲（Otto Theodor Benfey）一起编写]和《从传统化学到现代化学：仪器的革新》（*From Classical to Modern Chemistry：The Instrumental Revolution*）等书。皮特因为化学史方面的终身成就在 2006 年获得美国化学学会授予的埃德尔斯坦奖。他对牛津大学 18 世纪的化学和未来的化学都很感兴趣，他目前正在撰写一本关于化学实验室历史的书。他的电子邮件地址：peter. morris @ ScienceMuseum. org. uk。

安德鲁·内厄姆（Andrew Nahum），伦敦科学博物馆高级主管。最近，他正领导一个团队重新展览詹姆斯·瓦特（James Watt）的工作室。该团队近期负责的其他展览包括科学博物馆的"测量时间"展、"丹·戴尔和英国高科技的诞生"专业展。他先前还在科学博物馆进行了关于技术和科学历史的新概念展，这个展览以"创造现代世界"命名。他也为学术和流行杂志撰写了大量关于技术、航空和运输历史的文章。他的著作包括对小型和微型莫里斯汽车的设计师——亚历克·伊斯哥尼斯（Alec Issigonis）的研究《伊斯哥尼斯和迷你》（*Issigonis and the Mini*）和对弗兰克·惠特尔（Frank Whittle）的研究《弗兰克·惠特尔：喷气式飞机的发明》（*Frank Whittle：Invention of the Jet*）。他的研究兴趣包括历史、社会、现代飞机的技术背景、车辆设计以及博物馆的展示。安德鲁正在研究第二次世界大战后英国航空工业的技术和经济。自 2011 年以来，他一直在美国国家发明家名人堂博物馆（National Inventors Hall of Fame Museum）工作。该博物馆位于弗吉尼亚州亚历山大的美国专利与商标局（the United States Patent and Trademark Office）。目前，他负责名人堂候选人的入选工作。他的电子邮件地址：andrew. nahum@ScienceMuseum. org. uk。

萨德·帕森斯三世（Thad Parsons Ⅲ）2009 年被授予牛津大学博士学位。他的博士论文是关于战后科技的收集和展示。论文是在吉姆·班尼特（Jim Bennett）的指导下完成的。除了科学博物馆，他的研究还涉及英国展览节、伦敦天文馆和其他国家宝藏馆。他的电子邮件地址：thad@rtp3. com。

克里斯·拉普利教授，伦敦大学学院的气候科学教授，2007—2010年任科学博物馆的馆长，是英国南极科考中心（British Antarctic Survey，BAS）的前馆长，气候变化科学方面的著名专家和国际极地年（2007—2008 年）的规划师。在进入英国南极科考中心之前，他是斯德哥尔摩瑞典皇家科学院国际岩石圈—生物圈项目的执行主任。随后，他成为遥感科学教授，并且担任伦敦大学学院穆拉德空间科学实验室的副主任。他一直是美国宇航局和欧洲航天局卫星任务的首席研究员，并且他还是加州帕萨迪纳市美国宇航局喷气推进实验室的高级访问科学家。他是剑桥圣埃德蒙学院研究员、帝国理工学院和东安格利亚大学的客座教授，并且持有布里斯托尔大学的理学博士学位。2008 年，他被授予爱丁堡科学奖章，以此奖励他在理解人类和造福人类方面的重大贡献。

戴维·鲁尼（David Rooney），科学博物馆交通项目的策展人，同时也是格林尼治皇家天文台计时项目的前策展人。他共同策划了关于技术历史的博物馆展览，该展览备受赞誉。另外，他还发表了计时系统的文化历史和网络技术在维多利亚时代以及后来的公共生活中的地位方面的研究。他是《露丝·贝尔维尔：格林尼治时间女士》（*Ruth Belville：The Greenwich Time Lady*）的作者。他的电子邮件地址：david. rooney@ScienceMuseum. org. uk。

汤姆·沙因费尔德，乔治·梅森大学历史和新媒体学院罗伊·罗森茨威格中心的执行馆长。汤姆获得了哈佛大学的学士学位和牛津大学的博士学位。他的博士论文研究了两次世界大战之间科学的兴趣点（包括博物馆、大学、世界博览会和大众媒体）及其在不同文化背景下的历史。汤姆曾经在伦敦就科普史、博物馆历史以及历史和新媒体进行过演讲和写作。除了管理历史和新媒体中心的日常运作之外，汤姆还指导过几个在线历史项目，包括 9 月 11 日数字档案（http：//911digitalarchive. org）；欧米卡（Omeka）（http：//omeka. org）；汤姆发现历史博客（http：//foundhistory. org）。他的电子邮件地址：tom@foundhistory. org。

尼古拉斯·怀亚特（Nicholas Wyatt），科学博物馆图书馆经理，管理伦敦和罗顿的藏品。他自 1990 年开始在图书馆各种职位上工作，包括编目员、收集服务部门管理员和珍本图书馆管理员。他对科技历史文献方面有强烈的兴趣，为许多博物馆的出版物做出过贡献，包括《科学博物馆的珍宝》（*Treasures of the Science Museum*）和《欧洲技术史指南》（*Guide to the History of Technology in Europe*）的几个版本。他的电子邮件地址：nick. wyatt@ScienceMuseum. org. uk。

来源和约定

这本书最重要的档案来源是科学博物馆自己的记录。这些历史记录和经常被使用的记录都存放在南肯辛顿的科学博物馆文档中心（Science Museum Documentation Centre，SMD）。本书所引用的文献都通过 SMD 存放。这些记录与位于罗顿（位于斯文顿附近）的科学博物馆图书馆的档案是不同的，二者不能混淆。大多数（但不是所有）的历史记录通常存放成所谓的 Z 档案，但也不总以 Z 作为前缀，它由 SMD 的职员管理。对于任何来访问的研究员而言，它们和目前的记录同等有效。引用在本书中的任何 SMD 记录都要经过预约才能看到，如果有需要，需发邮件至 *freedomofinformation@sciencemuseum. org. uk*。这本书的另一个重要的档案来源是位于邱园（Kew）的公共记录局（Public Record Office，PRO），它是国家档案馆（The National Archives，TNA）的一部分，在本书中作为 TNA 引用。PRO 和 TNA 政策保持一致。值得注意的是，教育部有三个独立运行的记录。PRO 的所有记录都有代码（ED）。绝大多数的运行记录都在位于邱园的 PRO，但是 ED 79 已经还回科学博物馆，现在存放在 SMD。ED 84 被存放在维多利亚和艾伯特博物馆的档案中心（靠近奥林匹亚的布莱斯家大楼）。

另一个关于科学博物馆历史的重要来源是年度报告。南肯辛顿博物馆最初的科学收藏年度报告是科学和艺术部年度报告的一部分，并在次年由皇家文书局（Her/His Majesty's Stationery Office，HMSO）出版。这些系列报告存放在南肯辛顿科学博物馆图书馆，是可以申请查看的。科学博物馆自己的年度报告始于 1913 年，当时咨询委员会成立；第二年，HMSO 以"'科学博物馆'19××年的报告"为题，以蓝色封面出版了该报告。1930 年，咨询委员会重组，报告的一般格式仍保持不变，但是报告的名称改为"咨询委员会 19××年的报告"。在第二次世界大战之后，事情变得更加复杂。报告只在内部提供，共包含两部分：一部分是"博物馆的年度工作"；另一部分是"咨询委员会的简短报告"。随着时间的推移，这两种名称也不同程度地发生了变化。"博物馆的年度工作"被他们自己称为"科学博物馆19××年的报告"；同时，"咨询委员会的简短报告"被称为"咨询委员会19××年的报告"。有时这两个报告一起发行，有时（如将"博物馆的年度工作"分发给基层员工时）分开发行。它们从1963年开始分开装订。1980年之后，科学博物馆的报告不再发行。咨询委员会的报告也在1983年年底，因为受托管理委员会取代了咨询委员会而终止发行。即使是经验丰富的博物馆工作人员也很容易被各种格式的报告混淆。出于这个原因，本书并没有尝试区分报告的形式。这里所有的年度报告一律被认为是"'科学博物馆'在19—的年度报告"，这些报告存放在南肯辛顿的科学博物馆图书馆中，是可以申请查看的。还有一部分是SMD的Z档案。关于这部分复杂的情况，读者可以查阅皮特·R. 曼（Peter R. Mann）的《科学博物馆展览及证据的毁灭》（"Working Exhibits and the Destruction of Evidence in the Science Museum"）一文。该文发表于1989年《博物馆管理及管理职位国际期刊》（*The International Journal of Museum Management and Curatorship*）第8卷，369～387页。

为清晰起见，本书无论何时只要专指科学博物馆、科学博物馆图书馆及其相关人员，首字母都大写，名称上不仅包括科学博物馆和科学博物馆图书馆，还包括博物馆、图书馆、馆长和主管。所以，博物馆第一个字母大写经常就是意味着指科学博物馆。在本书中，除了引用时和在特定的历史环境下，维多利亚和艾伯特博物馆被称为V&A；自然博物馆这个现代称呼即使在它被正式称为大英博物馆时期也被采用；同样，专利局博物馆这个称呼也贯穿于它的整个历史进程中，尽管直到19世纪80年代，在被南肯辛顿博物馆吸收之前的几年，它才被正式称为专利博物馆。科学博物馆的藏品有条目码之后，藏品按照条目码，如1913-573来引用。

表目录

图目录

插图目录

/目录

国家的科学——伦敦科学博物馆的历史透视

绪 论

皮特·J. T. 莫里斯

另一个周年纪念日

科学博物馆有三个重要的历史时刻，每个时刻都被馆中的工作人员 1
或者先前的工作人员记录下来形成纪念日。其中包括1951年，弗兰
克·格林纳威的报告出版，它和海德公园展览的百年纪念是同一年。[1]
六年后，另一个版本的纪念日被挖掘出来，此纪念日用来庆祝科学博物
馆的前身南肯辛顿博物馆成立百年。[2] 最近，科学博物馆的一名前馆长
戴维·福利特（David Follett）介绍了博物馆在1978年的一部分历史，
以此来纪念博物馆馆舍（博物馆东楼，1928年由国王乔治五世宣布开
放）建成50周年。[3]

所以，以上几乎任何一个日子都可以作为科学博物馆的周年纪念
日。除了已经提到的三个日子外，还有以下特殊的日子：1876年，那
年，"特殊租赁科学仪器设备"展出，该展览导致科学博物馆从维多利亚
和艾伯特博物馆分离出来；1883年，专利局博物馆和南肯辛顿博物馆
的科学藏品合并在一起；1885年，科学部和艺术部首次（确实为时过
早）将南肯辛顿博物馆的科学藏品划分为科学博物馆，艺术藏品划分为
艺术博物馆；1893年，爱德华·费斯汀（Edward Festing）将军被任命为

第一任科学博物馆馆长；1909 年，在我们看来，一个独立的科学博物馆最终形成。

不同类型的博物馆

博物馆可以被定义为收藏过去的物品（直到现在收藏仍在继续），并至少有部分藏品向公众展示的地方。显然，伦敦科学博物馆符合这个定义，它是一个科学博物馆（science museum），而不是科学中心（science center）。博物馆的藏品要么具有历史性，如大英博物馆的藏品；要么具有当代性，如自然博物馆或地理博物馆的藏品。受当时巴黎工艺博物馆（Paris's Musée des Arts et Métiers）的影响，科学博物馆最初着重展示当代理论科学与应用科学的方法与技术。1911 年，贝尔委员会在其报告中赋予新成立的科学博物馆一个新定位——保存那些在科学进程中占有不可磨灭地位的设备。[4]第一个具有历史导向性（而不完全是历史性质）的展厅出现在 20 世纪 20 年代中期的新东楼。自此，具有时代性和历史性的平衡进入循环圈，有的馆长偏好其中一方面，有的馆长偏好另一方面。20 世纪 60 年代后，历史方面受到更多的青睐。渐渐地，科学史家进入科学博物馆担任策展人，并且现任策展人被鼓励去取得历史学位。因此，这造就了大量的具有历史精神的策展人。然而，即使在这个时期，仍有很多展厅和临时展览纯粹是为了展示当时的科学。但从 20 世纪 20 年代开始，科学博物馆展示的再也不是完全的科学或者纯粹的历史，而是二者卓有成效的组合。

回到希腊化时期亚历山大城的缪塞昂学院（Mouseion），博物馆通常与研究和收藏联系在一起。然而，就科学博物馆而言，研究可以是科学方面的（就像自然博物馆一样），也可以是历史方面的。研究者也可以对观众进行研究，主要研究观众是如何接近并理解展品的，这是最近才兴起的一个研究领域。但科学博物馆已经成为这个领域的开路先锋了。最初科学博物馆的确开展过科学研究，这些研究主要和皇家科学院相关。

19 世纪晚期，威廉·德·威夫莱斯利·阿布尼（William de Wiveleslie Abney，科学与艺术部的高级公务员）和费斯汀在实验室进行了关于颜色、摄像和红外光谱的研究。该实验室和南肯辛顿博物馆有一定的联系。这种关联在 20 世纪初随着科学博物馆和大学的分离而逐渐消失。另一位馆长是赫尔曼·肖（Herman Shaw），一位享有盛誉的地球物理学家，学术影响是他成为馆长的部分原因。但是，他在任职期间并没有发表任何科学研究。在 20 世纪 80 年代以前，几乎所有的策展人都是专业的科学家（或者工程师）。1992 年，科学博物馆出现了一个化学实验室，该实验室没有足够的装备进行先进的科学研究，并且基本没有使用过。

从 20 世纪 20 年代开始，在科学研究领域，各位策展人开始承担历史方面的研究。他们都是从事技术史的纽科门协会（Newcomen Society，成立于 1920 年）和从事科学史的英国协会（British Association，成立于 1947 年）的早期著名会员。科学博物馆的历任策展人在以技术为导向的纽科门协会中更加有名。更重要的是，该协会至今仍保持着和科学博物馆的合作。在 20 世纪 60 年代以前，科学和技术本身不是很成熟，这些早期的努力本质上是其成熟的必然经历。策展人在 20 世纪 60 年代末期首次被鼓励去取得科学史方面的专业资历。第一批职业科学史家于 20 世纪 70 年代末期来到科学博物馆。尽管这样，1983 年的国家遗产法并没有提及将研究作为科学博物馆任务的一部分，这与维多利亚和艾伯特博物馆形成了对比。然而从那以后，科学博物馆在科学史方面制订了一个很大的研究计划，本书就是其成果之一。

传统的博物馆通常与成人观众或者专家联系在一起，如大英博物馆或者维多利亚和艾伯特博物馆。而科学博物馆现在被坚定地认为是儿童博物馆。几年前，一位掌管科学博物馆的政府部门部长指出，科学博物馆是在下雨的星期天下午带孩子去参观的完美场所。很多观众可能感到吃惊的是，科学博物馆最初是为教师和专家建立的。20 世纪 20 年代，在科学博物馆中，儿童的重要性开始凸显，这主要得益于大量的年轻观众参观新东楼给科学博物馆带来的压力。20 世纪 30 年代，儿童展区与主要展区分开，而这些年轻的观众所带来的压力被集中在位于地下室的儿童展区。第二次世界大战后，科学博物馆招聘了一些具有授课经验的策展人。伴随着20世纪50年代教育服务的发展，科学博物馆发生了根本的改变。20世纪80年代中期，为了迎合新科学中心的挑战，科学博物馆发展了第一个互动展区，即"发射台"(LaunchPad)。儿童在科学博物馆中的重要地位进一步得到巩固。

有人说，一个人在一生中会参观科学博物馆三次，分别是作为孩子、父母，还有祖父母的时候。由于这种家庭特性，每隔25年，科学博物馆及其藏品都会成为流行文化的一部分。在媒体或文献中引用科学博物馆很快就能被公众理解。例如，根据作家迈克尔·邦德(Michael Bond)所言，科学博物馆是帕丁顿熊最喜爱的博物馆，尽管它的爪子太大而不能在互动媒体上按按钮。[5]

所以从一开始，科学博物馆就不同于其他博物馆：它不像大英博物馆与维多利亚和艾伯特博物馆那样是有庄重文化的博物馆，也不像自然博物馆那样是个严肃的科学机构。大英博物馆与维多利亚和艾伯特博物馆的主管一般是公立学校(牛津大学和剑桥大学)的毕业生。而科学博物馆的主管则来自更广泛的公立和州属部门，以及各种大学，包括帝国理工学院、曼彻斯特大学和一些技术型大学。① 并且，在第一次世界大战到20世纪70年代之间，主管们在加入科学博物馆之前无一例外地都在大学实验室或者工厂工作过几年。而20世纪80年代，大英博物馆与维多利亚和艾伯特博物馆的主管基本上是离开学校不久就加入了博物馆。还有一个更大的区别是，大英博物馆与维多利亚和艾伯特博物馆的馆长是从他们自己的主管中挑选出来的，而科学博物馆的馆长有各种不同的背景，只有少数是由内部推举上去的。而这些少数馆长中相当少的一部分曾经是专业的科学家，而最成功的那部分都有军事背景。直到20世

---

① 这些结论是从科学博物馆的35位馆长(1890—1980)、大英博物馆的41位馆长与维多利亚和艾伯特博物馆的51位馆长的传记中分析得来的，绝大多数资料都来自《名人录》(*Who's Who*)的网络版本，网页：http://www.ukwhoswho.com/ (2009年12月14日获取)。

纪 80 年代中期，科学博物馆的风气都是军队长官一家独大。与传统博物馆相比，严重的分层和学科背景的缺乏导致了馆长和高级管理人员间存在比传统博物馆中更大的差距。当然，在过去，馆长和主管之间的关系也是难以厘清的。①

在科学博物馆的整个历史中，咨询委员会（以及它的继任者受托委员会）和科学博物馆的馆长及员工之间一直在争论科学博物馆的角色。它是一个科学馆还是一个技术馆？它的重心是用实物去解释科学的原理还是把这些实物当作偶像来膜拜？科学博物馆应该聚焦在当代科学还是科学史方面的展示？展品主要聚集于客观物品还是动手型互动活动？这些展览的受众是专家、成人观众还是家庭？很多次，这些问题看起来已经解决，但是通常随着新馆长的到来，它们又会被再次提出来。这些关键问题持续不断地被提出，最终导致两个极端之间达到了一个很好的平衡。比如，最近发展起来的非常成功的"晚间"事件，即科学博物馆晚间为成人开放，来平衡博物馆更广泛关注家庭的导向。

然而，毫无疑问的是，科学博物馆的首要任务是将科学以某种形式，并用不同的手段呈现给整个国家。这可能意味着科学博物馆要呈现钢铁和钢铁冶炼背后的科学原理，解释天然气的变化，展示电信的历史，或者在儿童展区和"发射台"为科学的历程提供动手型简介。无论这个方式是什么，科学博物馆都尽力让一般大众接近科学，从而让观众构建出他们自己对于科学本质的理解。这本书描述了科学博物馆在 20 世纪以及后来如何去寻求扮演这样的角色。

科学、工业和国家的结合点

20 世纪，科学博物馆不仅是一个博物馆，它还是科学博物馆的员

---

① 在此只举一个例子，据说亨利·里昂（Henry Lyons）爵士和戴维·巴克森德尔（David Bax-andall）像"两只基尼肯尼猫"一样相斗（Follett，*The Rise of the Science Museum*，p. 102）。

工、公务员、实业家、科学家与广大民众互动的地方。在那个时候，科学和技术已经成为一股强大的文化力量，是国家的主要关注点之一。具有非凡意义的是，很多主要的参与者同时也是最聪明的绅士俱乐部，即雅典娜俱乐部（Athenaeum Club）的会员。科学博物馆的很多事，包括几个临时展览的起源，可能都源自参与者在皮卡迪利广场附近的交流，这个广场靠近现在的皇家学会和英国科学院。

最初，刚刚独立的科学博物馆强调科学的重要性，并将科学作为知识力量来为博物馆谋福利。而维多利亚强调科学的角色为：与工艺和设计一起作为工业的"女仆"。科学博物馆的早期馆长担心科学博物馆变成一个商业展览的地方。之后，他们又开始担心科学博物馆只吸引了工人和中层管理人员，而非实业掌舵人。与此同时，科学博物馆面对着更多的外部压力——让它去支持英国的工业。在20世纪20年代末，科学博物馆被改名为国家科学工业博物馆，临时展览也变成了展示科学在工业上的应用。但是，从一开始，这种趋势就被认为是有问题的。不管科学博物馆的员工多么希望超越商业展览的水平，可不得不承认商业展览就是工业界最熟悉，也是最可接受的形式。20世纪30年代的一些临时展览并不比匠心独具的商业展览更出色，如消烟展览和电视展览。科学博物馆举办这些展览不仅因为希望能够有效地创建新的固定展区，更是因为商业中立的问题。作为公务系统的一部分，科学博物馆有一个严格的商业中立的政策：不支持某个公司或者某些公司，也不会宣扬一个公司的产品来损坏其他公司的产品。有时候，参与科学博物馆展览的一些公司想要绕开这个政策，但却总是被这个政策束缚而不能成功。奇怪的是，这个政策并没有应用于儿童的玩具上，如著名的哈姆利玩具店就能出现在科学博物馆儿童展厅的产品目录上。所以，一点也不令人惊奇的是，工业人员对于举办临时展览的兴趣逐渐减弱。然而，国有工业与科学博物馆的合作并没有受到影响。国有工业在科学博物馆的"庇护"之下，在临时展览中依旧扮演重要角色。同时，政府部门也支持这些展览。

政府及其公务员在科学博物馆展览及其展厅中的角色表明科学博物馆深度参与英国国家机构的构建。科学博物馆不仅主要由国家资助，而且直到 1984 年，它仍是公务系统的一部分。在 1979 年之前，它还是教育委员会(the Board of Education)及其后续部门的分支。1979 年，它归属新艺术和图书馆办公室(the new Office of Arts and Libraries，该办公室两年后归于教育与科学部)。尽管是教育部的一部分，科学博物馆仍然被认为是科学公务服务部门(the Scientific Civil Service)的一个分支。1934—1935 年，科学博物馆几乎全部转到科学与工业研究部(the Department of Scientific and Industrial Research，DSIR)。并且，至少在 20 世纪 50 年代，只要科学博物馆的馆长职位有空缺时，科学公务服务部门的高层人员就会被推举成为候选人。

对于员工来说，他们既是公务员，又参与博物馆工作，这就意味着，他们既要遵守公务系统在政治和宗教方面的中立准则，又要遵守我们之前提到的商业方面的中立准则。但是，这也意味着科学博物馆像其他公务系统一样是国家政治的工具。这个可以清晰地由临时展览看出来。这些临时展览都是政府部门(尤其是科学与工业研究部)和军事力量援助的，尽管展览的最初动力来自科学博物馆。但可能更重要的是，财政部(HM Treasury)和公共工程部(HM Ministry of Public Works)控制着科学博物馆建筑的发展。由外部控制而引起的冲突和延误，我们可以从中楼的结构与 20 世纪 30 年代和 20 世纪 50 年代天文馆建立的失败上清楚地看出来。艾伯特城邦(Albertopolis)中部的南肯辛顿是科学博物馆的一个所在地，但是这个地方一直被其他机构觊觎。科学博物馆必须据理力争才能让自己保住展览路(Exhibition Road)或者至少保住自己在展览路的展地。因此，科学博物馆很容易因为政府政策和公共经费而发生变化。为了得到科学博物馆想要的建筑，以及留在南肯辛顿，科学博物馆必须和公务系统抗争以获得自己的一席之地，并且必须在议会和内阁中调动其他的外部支持者。

莱特(Wright)兄弟在 1903 年 12 月制造出了飞机。在科学博物馆展

6

绪　论　　　　　　　　　　　　　　　　　7

出这个飞机一个月后，路易·布雷里奥(Louis Blériot)开着飞机穿过了英吉利海峡。这些有名的事件可能看起来和科学博物馆没有太大关系，但是本书的章节说明了科学博物馆的历史是如何与这一新的航空学领域紧密地联系在一起的。这是展览科学与技术、国家、武装力量、工业以及博物馆自身之间错综复杂的关系的一个关键例子。第一次临时展览是一个关于航空工业的展览，它出现在1912年，距离莱特兄弟制造出飞机不到9年。莱特飞行器(the Wright flyer)1928年被放到科学博物馆，在科学博物馆共待了20年。甚至在1940年的夏天，英国被空袭之前，科学博物馆还举行了一个主题为"和平与战争中的飞机"的临时展览。第二次世界大战结束后，科学博物馆举办了一个"德国航空发展"的展览。在本书中，有不少于三个章节提到了《星期日泰晤士报》(*The Sunday Times*)关于1963年成立新的航空展厅(Aeronautics Gallery)的报道。到20世纪60年代，这种关系已经扩展到太空飞行方面。1962年，大批观众进入科学博物馆来观看约翰·格伦(John Glenn)上校的太空飞船"友谊7号"。唯一在美国境外展览的阿波罗太空飞船(Apollo space-craft)——阿波罗10号指挥舱，是在1976年由史密森(Smithsonian)博物馆借给科学博物馆的。直到今天，太空展厅和"创造现代世界"展厅中的阿波罗10号指挥舱依旧很受观众喜欢。航空航天飞行引起了历史学家[戴维·埃杰顿(David Edgerton)和杰勒德·德格鲁特(Ge-rard De Groot)[6]]和公众的广泛关注。科学博物馆和航空之间既具有象征意义，又有共生关系：航空技术是21世纪科技兴起的标志，大众通过科学博物馆了解了这次的科技兴起，这是一种有意义的探险。(图0-1)

　　因此，科学博物馆的历史也大体揭示出科学技术与政府社会之间不断变化的关系：从1912年非常正式的航空展览到2009年由知识产权局(科学博物馆的前身之一，即专利局博物馆)赞助的娱乐与知识并存的"华莱士和格勒米特的灵感世界"展。

图 0-1　科学博物馆第一次临时航空展（1912）

各章节概述

尽管本书的各个章节没有正式的区分，但是全书很自然地分成了 3 个部分：科学博物馆按时间顺序的历史事件、展览本质的改变以及藏品的发展。这不是科学博物馆的叙事史。每位作者都被邀请提出科学博物馆历史中一个发人深省的特色主题。读者不会在本书中找到关于科学博物馆发展的详细、综合的介绍，但是能深刻地了解到我们今天所熟知的最重要的策展人制度在英国是怎样形成的。读者可以首次全面领会科学博物馆初建的复杂性和戏剧性，以及领悟科学博物馆长期以来的宏大计划和我们今天所看到的建筑及展区的实体表征之间的关系。

科学博物馆于 1909 年获得独立是以天文学家诺曼·洛克（Norman Lockyer）领导的 35 年运动为基础的。诺曼·洛克也因此被认为是科学博物馆的创始人。罗伯特·巴德所写的关于科学博物馆创建的章节揭示了在那个科技符合政府利益的时代里，这个运动如何取得了一定的效果。以维多利亚和艾伯特博物馆的组建为由去建立科学博物馆，这其实是诺曼·洛克早已抱有的志向。科学博物馆作为一个独立机构成立于

1909 年。1911 年，贝尔委员会报道了科学博物馆未来的蓝图，之后欧洲爆发了史无前例的残酷战争。在关于科学博物馆独立早期的章节中，汤姆·沙因费尔德展示了第一次世界大战及战后对科学博物馆的道德发展和文化发展的深刻影响，这是一个充满争议的阶段。这些争议主要是关于科学博物馆对理论科学与应用科学的态度、科学博物馆和工业的关系，以及科学博物馆在英国政府中的角色。

了解科学博物馆在第二次世界大战及其前后一段时期的经历对了解现代科学博物馆是很有帮助的。因为科学博物馆在战争中和随后的政府影响下发生了巨大的改变。在关于第二次世界大战期间的章节中，萨德·帕森斯举例说明了理解科学博物馆如何在战争中生存下来以及认识科学博物馆怎样解释这场战争有多么重要。1950—1983 年，科学博物馆以飞快的速度发展。在塞缪尔·克莱门特·布拉德福德（Samuel Clement Bradford）时期，新建筑物的建造、新藏品的获取，以及位于约克（York）的新博物馆的发展都具有划时代的意义。然而，正如斯考特·安东尼在他的章节中关于这段时期的介绍，科技白热化的乐观时代很快被去工业化的迅速发展所取代，科学博物馆发现它自己的魅力、目的和管理结构逐渐受到挑战。因此，20 世纪 80 年代，科学博物馆的某些方面被认为需要做出相当大的改变。倡导改变的科学博物馆发现自己在努力抵制由新政策和社会愿景带来的影响。当时整个社会都充斥着这种社会愿景。关于 20 世纪 70 年代之后的发展，蒂姆·波恩的章节关注 20 世纪最后 20 年里，1983 年国家遗产法颁布之后，科学教育和科学历史之间持久的辩证关系如何随着科学博物馆对自身更加独立的状态的适应而结束这一内容。

从科学博物馆图书馆的历史可以看出，当图书馆必须为帝国大学、国家和科学博物馆的不同需要服务时，科学博物馆图书馆曾有过紧张的局势。它必须承受政府和科学博物馆优先级的不断变化，甚至面对分散或者关闭的威胁。尼古拉斯·怀亚特在他的关于图书馆的章节中展示了图书馆是怎样一次次更新，并最终成为重要的关于科学技术历史的图书馆的。科学博物馆馆长和员工的所有计划和雄心壮志的实实在在的成果就是科学博物馆的建筑物。"砖块和泥浆"在建立、展示和维护科学博物馆的主题和地位上具有很大的作用。然而，从科学博物馆的发展来看，该成果基本违背了最初的意图，因为现实和理论的意图冲突了。通过四次对正在改变中的科学博物馆的参观，戴维·鲁尼在他的关于科学博物馆建筑物的章节中提出了这样的问题：这个可见的建筑物结构是否限定了我们的视角？谁的愿景将会实现？

在很多年里，由于科学博物馆和艺术馆陈列的物品不同，除了良好的陈列方式和展区外，很少有人把注意力放在展陈的技艺上。在安德鲁·内厄姆关于科学博物馆陈列方法的章节中，他描述了更清晰的展陈方式，以及科学博物馆如何以一种特殊的、高度融合多媒体的方式展出展品。尽管有大量的儿童观众，且外界也普遍认为科学博物馆是一个儿童的乐园，但科学博物馆却没有定义它本身是以儿童为受众群的。在安娜·布妮关于儿童和科学博物馆的章节中，她认为，对于已经参观过的儿童，科学博物馆采取将他们与科学博物馆其他区域隔离开的方式来管理。只有考虑到这些，那些针对儿童的特殊规定才能得以最好地理解。为儿童创作的展示以现实世界中的情境化为中心，特别是通过使用科学史的方式。结果，历史和现实主义通过儿童被引进科学博物馆的展览中。自从 20 世纪 20 年代中期东楼开放以来，临时展览在科学博物馆中起了很重要的作用。莫里斯关于科学博物馆临时展览和科技改变的章节介绍了馆长如何积极地为这些展览寻求重要的社会和技术支持，从而使科学博物馆表现出自己是一个大众交流的重要渠道。

在关于科学博物馆并购的章节中，罗伯特·巴德说明了科学博物馆的藏品承载着科学博物馆的过去、现在和将来。科学博物馆并购的过程是科学、科学应用、工业这三者之间关系的反复协商过程。由于并购，科学博物馆现在拥有了更多的藏品（比南肯辛顿博物馆任何一个时期陈列的藏品都要多）。在"景象的背后：储存藏品"（Behind the Scenes: Housing the Collections）一章中，约翰·利芬讨论了为什么科学博物馆的藏品会持续增多以及科学博物馆是如何争取更大的外部储存空间的。从科学博物馆的藏品、展览及其与世界上其他类似机构的关系上看，科学博物馆已经将自己塑造成为一个国家性、国际化的机构。在关于国际化背景的章节中，汤姆·沙因费尔德说明了科学博物馆与德意志博物馆、史密森美国国家历史博物馆，以及其他博物馆的关系，并且说明了科学博物馆已经成为国际科学博物馆领域的中心。

一个 21 世纪的博物馆

10　　今天的科学博物馆和一个世纪以前从维多利亚和艾伯特博物馆中独立出来的博物馆有很大的不同。2000 年，威尔康翼（Wellcome Wing）展厅开放，它主要关注现代科学与技术。它的成立实现了贝尔委员会在1911 年提出的科学博物馆的发展蓝图。科学博物馆的员工和观众跟1909 年相比更多样化。科学博物馆为了适应这个不断改变的世界将继续保持发展。这样，它就能继续吸引观众和维护国际名誉。考虑到新科技的潜能、我们所面临的环境挑战、不断发展的社会，谁能想象出科学博物馆在 2109 年是怎样的呢？但是科学博物馆为大众解释科学与技术的历史和前景，将科技传播给大众的使命是不会改变的。它在各个方面承担的责任也是不会改变的。我希望读者能喜欢这本书，能了解到现代科学博物馆是如何成立的。

参考文献

1. Frank Greenaway, *A Short History of the Science Museum* (London：HMSO，1951).

2. Anonymous, *The Science Museum：The First Hundred Years* (London：HMSO，1957).

3. David Follett, *The Rise of the Science Museum under Sir Henry Lyons* (London：Science Museum，1978).

4. *Report of the Departmental Committee on the Science Museum and the Geological Museum* (London: Board of Education, 1911), p. 5.

5. Paddington Bear (via Michael Bond), *Evening Standard*, 12 May 2009.

6. David Edgerton, *The Shock of the Old: Technology and Global History since 1900* (London: Profile Books, 2006) and Gerard De Groot, *Dark Side of the Moon: The Magnificent Madness of the American Lunar Quest* (London: Jonathan Cape, 2007).

第一章

科学发展的影响：南肯辛顿的扩张

罗伯特·巴德

导 论

11   1909 年的夏天，科学博物馆成为一个独立的实体。① 它是一群被称作"科学传播者"的科学家和公务员战胜 40 年来的虚假托词和政治伎俩的重要标志。这群科学家和公务员身后虽然没有大的团体组织，但他们有坚韧、勇气和智慧，以及大众的引领，所以他们决定建立属于他们自己的国家科学领地。他们争取的不仅仅是一个博物馆，更是一个科学与实践产生关联的特殊愿景。他们将科技和实践关联在一起的信念，取得了融合工业和科学、整合历史和科学的巨大进步。科学博物馆的称号是他们的价值彰显，是一个品牌的力量，是他们成功的证据。

        在天文学家诺曼·洛克、化学家亨利·恩菲尔德·罗斯科、公务员罗伯特·莫兰特的共同努力下，经过两次突破，他们获得了最终的胜利：建立了这个新的，我们正在庆祝它的百年纪念日的独立机构。第一

---

① 这个博物馆建于 1909 年 6 月 26 日。1909 年夏天的天气及商业环境可以参阅 Wesley Clair Mitchell, *Business Cycles* (New York: Burt Franklin, 1970, first published in 1913), p. 79。

次是 19 世纪 70 年代中期"德文郡科学教学委员会"(Devonshire Commission on Scientific Instruction)的成立。科学博物馆的称号获得认可，并且科学博物馆整合理论科学和应用科学的理念得到认可。但是，科学博物馆的身份并没有得到认可，没有建造新的建筑。第二次是在 20 世纪早期，这次更加成功。科学博物馆获得了独立，新建筑物的方案也被提出。但是，由于第一次世界大战，这个新建筑直到 1928 年才开放，那时距离科学博物馆命名已有 45 年之久了。尽管一些耽误是不可避免的，但大部分耽搁是发生在对支持者的原则和价值观的争议上。好在最终由于大众的坚持和热情，这些困难都已经被克服了。

对科学认知的雄心在英国历史上的"爱德华时代"(Edwardian)得以实现。但具有讽刺性意味的是，如今"爱德华时代"这个词语蕴含着好莱坞年轻人的颓废形象——他们懒洋洋地穿着条纹外套在赌场下注(punting up the Cam and the Cherwell)，英国的国力逐渐减弱。然而在美国历史上，这段时期被积极地称作"进步时代"。大企业在科研、全球需求的背景下成长起来。专家、工程师、商人都强调自己的重要性。报社强烈谴责腐败。除了地处大西洋彼岸，国力在逐步衰退之外，英国的这一时期是以"国家效能"运动为特征的。[1]1900—1914 年，全国科学类毕业生增加了两倍。[2]在这个不确定的时代，商人、专家、科学家在改善国家运转中起到了关键性的作用。对于劳动人民和中层阶级来说，舒适度增长伴随着生活和思想方式的中断。

H. G. 威尔斯(H. G. Wells)1907 年发表的小说《汽油和进步》(*Petrol and Progress*)中描述的情绪比用"好莱坞的条纹外套"来描述更精确。对波特·斯毛维斯(Bert Smallways)来说，这种改变是让人迷失方向的。他是《空中战争》(*War in the Air*)中的男主角，一个郊区的菜贩，他发现自己甚至在卖从美国进口的苹果。英国产的煤在大范围地被一种能源——石油所取代。这些石油来自墨西哥、荷属东印度群岛（现在的印度尼西亚）、俄国、罗马尼亚和美国。在经济全球化的形势下，引领世界浪潮的挑战越来越难，人们要求战舰的构造不能低于 8 号超级战舰、无畏级战舰。伦敦帝国大学成立10周年的时候，社会主义兴起，劳工党成立，老年人退休金体制开始实行，工会举行大规模码头工人罢工，塞尔福里奇（Selfridge）先生的百货商店在牛津街道开业，电唱机和电话以及受欢迎的电影院出现。1909年7月，塞尔福里奇先生的商店刚刚开业4个月就引进了汽车和飞机。商店里展出了布雷里奥的飞机。此时，威尔斯幻想的可怕灾难到来了。《空中战争》以进口的苹果开始，以全球的浩劫结束。[3]

1909年6月，科学博物馆开业前三周，伦敦举行了应用化学国际委员会代表大会。来自世界各地的三千多位化学家聚集在帝国首都。贸易委员会主席（President of Board of Trade）温斯顿·丘吉尔（Winston Churchill）被选举为代表大会名誉副主席。当全体会议在皇家艾伯特音乐厅（Royal Albert Hall）附近举行的时候，南肯辛顿新成立的帝国理工学院的礼堂被用作讨论和投票的地方。在会议开幕式上，国王告诉代表"大拇指统治的时代"（the age of the rule of thumb）已经结束了。这位国王曾经在爱丁堡大学研究化学。[4]

伦敦的化学家威廉·拉姆齐（Willian Ramsay）是代表大会的主席，他在大众媒体的赞誉下尽职尽责。[5]即使会议结束，他也不能放松，因为他那一年的主要关注点是镭的未来发展。关于镭，他已经从他的学生弗雷德里克·索迪（Frederick Soddy）那里了解了一些。[6]1909年2月，"镭协会"为了癌症患者的治疗而成立。10月，威廉·拉姆齐创办镭公司。该公司主要是从康沃尔郡的锡矿中提取镭，这个公司由他儿子经营。[7]与此同时，他提出煤储量濒临枯竭，应该认真研究原子能的潜能。① 5年后，锡矿破产，全球石油能源的出现延迟了人们对原子能的迫切需求，拉姆齐的计划也因此夭折了。尽管如此，会议主席的关注、开幕式的文本和在闭幕式上国王对温莎（Windsor）的邀请均预示了科学

---

① 拉姆齐主持英国科学指导协会，研究原子能的潜能。拉姆齐于1907年7月19日写信给埃米尔·费希尔（Emil Fischer），他相信这个项目的进展取决于能量的聚集和控制。这和爱因斯坦的相对论理论不相关，只是基于镭能产热的经验知识得出的。

在未来的重要角色。①（图 1-1）

图 1-1　漫画《天然气怪物》

注：科学博物馆从概念走向现实的时代也是基础经济变革和萧条的时代。
在这个时代，马克思的《资本论》(*Das Kapital*)和工会罢工引起了中产阶级
的担忧。这幅漫画中的"天然气怪物"代表了人们对 1889—1890 年发生的燃
气大罢工的担忧。

人们对科学博物馆 20 世纪早期的一些特殊关注忽略了科学博物馆在
建筑物和土地方面长期争论的历史。这段历史强调科学博物馆的诞生是
维多利亚王朝中期，南肯辛顿博物馆的发展结果。[8]这段历史可以追溯到
1857 年。但这种强行将南肯辛顿博物馆的历史与维多利亚和艾伯特博物
馆的历史合并在一起的后果就是，在南肯辛顿博物馆的艺术和设计藏品
转到维多利亚和艾伯特博物馆之后，科学博物馆就只给人留下虽然建立
很久，但只收藏了一些合并后的遗留品的印象。[9]两种观点都强调皇家建

---

① 一个月后，国王为帝国大学的新建筑奠定了基石。参见"Imperial College of Science and
Technology"，*The Times*，8 July 1909。

造，然而双方没有一个为维多利亚晚期的创新和爱德华时代的文化(late Victorian and Edwardian culture)"主持正义"。政府和社会为了应对来自国内的政治化、专业化、科学化、工业化、技术化问题以及来自德国的挑战，就彻底地将一些古老的机构重新设计、合并或者摧毁。几年之后，第一次世界大战和俄国十月革命证明了这些现实确实存在。

更准确地说，科学博物馆可能是整合后的南肯辛顿博物馆愿景失败的产物，而不是维多利亚时代创新的产物。1909 年 6 月，可以说是机构重组的日子。那时，维多利亚老式的建筑被拆除，由两个相对独立的机构取代。这两个机构分别是：致力于艺术品的维多利亚和艾伯特博物馆、科学博物馆。二者被创立的初衷在万国工业博览会闭幕之后很久才显现出来。那时艾伯特，甚至南肯辛顿网络中心的亨利·科尔(Henry Cole)，也是科学与艺术部的秘书(Secretary of the Department of Science and Art)，都已经去世了。

确切地说，科学博物馆的历史是与南肯辛顿站点(the South Kensington site)的整体发展紧密相连的。在《科学与实践》(Science versus Practice)中，罗伯茨和现代作家谈到企业促进理论科学与应用科学新概念的形成。这些概念不仅仅解释了实验室的事务，而且描述了制造商的技能。[10]作为一个专门致力于展示理论科学与应用科学的博物馆，科学博物馆出于整合南肯辛顿各种争议的目的而建立，这种争议甚至超过了南肯辛顿的教学范畴。通过了解科学博物馆名称的由来，我们可以知道它形成的过程。

南肯辛顿博物馆：一个标志性的建筑

1851 年 8 月，艾伯特亲王给他的朋友巴伦·斯托克马(Baron Stockmar)一个提议，该提议是关于万国工业博览会利益分配的概要。博览会被分为原材料、机器、制造、造型艺术四个部分。艾伯特亲王提议在南肯辛顿购买土地，并把这块土地用于推进"所有国家在这四个方面的工业追求"。这位来自德国的亲王也系统地将他的子民获取知识的方式分成四个部分。

> 我发现有四种方式可以获取知识。①从书中自学；②掌握知识的人口头传授给想得到这些知识的人；③通过偶然的观察、比较、示范，从而获得知识；④相互讨论时意见的交换。[11]

另外，德国亲王想让科学博物馆充当一个巨大的机器，以促进人们对当时技术的了解。他继续为每种学习方法建立合适的机构，分别为：图书馆、大学、博物馆、大会议室。那个时期，亨利·科尔和里昂·普莱费尔(Lyon Playfair)闻名于政府公务机构、发明机构等领域，德国亲王正是受到他们的鼓励，才提出建立符合四种学习方法的机构，并详细地对这些机构进行细分。19世纪50年代至60年代，由亨利·科尔和普莱费尔带头，艾伯特通过科学和艺术部将他的规划付诸实践：建立了一个大的会议室——皇家艾伯特音乐厅和一个博物馆，用来为工业设计和海军工程的教育做准备。

艾伯特明确表达了南肯辛顿博物馆的规划，并详细说明了博物馆涉及的范围。但是，关于如何实现这个愿景以及这个博物馆是由什么构成的，这些问题仍然不清晰。对科尔来说，哪些展品应该进入造型艺术及工业设计的展览范围是很明显的。这些造型艺术和工业设计的展览都是早期在玛堡大厦(Marlborough House)举行过的。剩下的展品分别是原材料、制造品、机械以及一些混杂在一起的藏品。这些藏品涉及普通教育、建筑、食物、经济昆虫学(economic entomology)、动物标本、鱼以及海军机械和船的模型。尽管这些当代的展品中包含一些古老的物品，但是没有一个展品具有历史价值。

然而，南肯辛顿博物馆的主要展品是历史性器械模型。这些器械模型都是由专利委员会的职员贝内特·伍德克夫特(Bennet Woodcroft)组装而成的。原则上，发明家都会在博物馆存放一个他的发明模型，这些藏品由专利委员会来管理。专利委员会完全独立于掌管大部分博物馆的科学与艺术部。伍德克夫特并不仅仅是个小官吏，他积极地寻找他想得到的展品，无论这些展品是否已经有专属权。历史学家克里斯汀·麦克劳德（Christine Macleod）将科学博物馆的发展与当时正受到攻击的专利制度的保护联系在一起。伍德克夫特在年终报告上强调，博物馆应该既有"关于著名机械技师生平的考古学"藏品，又有说明"机械发明进程"的藏品。[12]

16　　藏品通常被描述成专利机械的模型，但其绝对不是专利品的综合呈现，也不受限于发明专利书。有的藏品是相当杰出的。伍德克夫特本人就是一位科技史的先驱者。他曾经发明了蒸汽船。但是，他在研究一个可变螺距螺旋桨的过程中将蒸汽船不小心弄坏了。尽管最终被毁坏，但是这艘蒸汽船仍然具有划时代的历史意义。[13]作为科学博物馆的一位馆长，他保存了火箭机车、1812 年运行的"彗星"火箭的发动机以及欧洲第一个商业轮船。他收藏的发明者肖像让一本书出了名。这本书是由萨缪尔·斯迈尔斯（Samuel Smiles）所写的《工程师们的生活》（*The Lives of the Engineers*）。他的藏品非常特别，以至于1886 年委员会建议科学博物馆也许应该被叫作"伍德克夫特科学博物馆"。[14]尽管他的收藏方式在许多科学家和政府公务员看来是无计划且不系统的，但是他的藏品还是被收录了。

　　最初，封装藏品的铁建筑都是丑陋，且不合适的，尽管这些铁建筑都是艾伯特亲王自己设计的。[15]比如，通常所说的"布朗普顿锅炉"（Brompton Boilers），它们都是不隔热且不通风的，冬天是冰冷的，夏天发着恶臭味。[16]但缺乏精神和物质享受的公众喜欢它们。1857—1881年，超过 525 万人参观了布朗普顿锅炉。[17]1874 年，艺术协会代表团（Society of Arts delegation）向大法官塞尔伯恩（Selborne）游说，希望科学博物馆得到更好的设施。塞尔伯恩表示同意。尽管他从未参观过科学博物馆，但是他确实认为完善一个包含专利发明的博物馆将是一个很好的主意。[18]然而，博物馆却没有时间来实施这个计划，因为一个月内，自由党政府就被保守党取代了。

南肯辛顿博物馆的许多藏品渐渐地被重新封存在一个新的建筑里。这个建筑位于展览大道的东边。19世纪60年代，南肯辛顿博物馆阶段性开放，但它仍然是维多利亚和艾伯特博物馆的一部分。同时，专利局博物馆仍然在隔壁展览布朗普顿锅炉。尽管有观众来参观布朗普顿锅炉，但是到19世纪80年代初期，人数已经减少到25万了。[19] 截至1873年，亨利·科尔退休，南肯辛顿的十字转门一年有一百万观众通过的报告成了大众关注的焦点。数学经济学家威廉·斯坦利·杰文斯（William Stanley Jevons）讽刺地说："南肯辛顿艺术馆设置了一个十字转门，用这个门来记录观众的精确人数。它能向你展示每天、每周、每月、每年这里产生的文化影响有多大。"[20] 他可能认为那些数字代表了一天中外出儿童的数量，但是这一百万观众确实是一个巨大的资源。维多利亚和艾伯特博物馆的历史学家安东尼·伯顿（Anthony Burton）说明了艺术社区是如何找到这个垄断市场的。艺术社区接管了"塑料艺术"方面的展览，期望促进当代工业设计的发展。[21]

当艺术藏品渐渐发展到满足中层阶级收藏者的需求时，科学藏品也发展良好。亨利·科尔和普莱费尔把科学藏品看作南肯辛顿博物馆最值得一看的部分。南肯辛顿博物馆由科学与艺术部掌控，并且按照法国模式很有前途地发展着。19世纪50年代晚期，科学与艺术部的主要任务是把南肯辛顿博物馆发展成为稳定的国家网络中心。法国已经实施了这种方式。法国巴黎高等学校（Grandes Écoles of Paris）由地方大学和区域中心支持。同样的，曼彻斯特、都柏林、爱丁堡把最优秀的学生输出给伦敦，同时它们也从伦敦获得教师。南肯辛顿的中心学校由实验室装备齐全的博物馆支持。[22] 这个计划在19世纪60年代晚期得到迪斯雷利（Disraeli）保守派的支持。然而，1868年，英国托利派（Tories）的势力下降，并被一个同样有野心但动机不同的自由派所取代。英国新的领导集团规定，到12岁的小学义务教育必须具有教育优先权。科学与艺术部的领导人亨利·科尔和普莱费尔设想的更高层次的学习占据第二位。

德文郡委员会、租赁展览及发展愿景

福斯特教育法案(Forster Education Act)于 1870 年通过。该法案使基础义务教育具有强制性。威廉·福斯特(William Forster)教育优先级的重新调整破坏了普莱费尔提出的科学和工业化教育愿景,并且似乎将它无限期地推迟了。而且,现有的计划已经从由钢铁巨头伯恩哈特·塞缪尔森(Bernhard Samuelson)任主席的委员会处获得动力。该委员会致力于调查技术教育。像往常一样,对由塞缪尔森委员会提出的观点将由皇家科学教育委员会做进一步质询。皇家科学教育委员会是由进步且富有的实业家威廉·卡文迪什(William Cavendish)牵头的,他是德文郡公爵七世。作为亨利·卡文迪什(Henry Cavendish)的旁系子孙,他是氢的发现者,他在兰开夏郡(Lancashire)的西海岸巴罗因弗内斯建立了巨大的造船港口。他继承了他叔叔的头衔和查茨沃斯庄园(Chatsworth House)。他叔叔是无子女的公爵六世,并且他叔叔在这个国家建造了意大利新古典主义雕塑,这至今仍是一个伟大的私人收藏。[23]皇家科学教育委员会的秘书是诺曼·洛克(图 1-2)。他是一位天文学家,并担任新发行的《自然》(Nature)杂志的编辑。[24]

18

图 1-2　40 年的争取之后,科学博物馆成立时的诺曼·洛克爵士

皇家科学教育委员会发布了八个报告，每个报告都只处理一个问题。涉及博物馆的是整个第四个报告，该报告于 1874 年出版。该报告建议成立一个理论科学和应用科学博物馆。"因此，我们推荐开展物理和机械仪器收藏，并且我们提交如下建议供参考：是否将这个藏品、专利局博物馆藏品和南肯辛顿博物馆科学和教育部的藏品结合起来，并由国务大臣掌管。"[25]

这份报告中的这几行字在短期内促进了世界上第一个关于科学设备的伟大展览的举办和下一个十年将会发生什么的讨论。决定什么"应该结合"和这样结合的好处的问题可能需要一代人去解决。

亨利·科尔当时已经从南肯辛顿博物馆退休了。他回应称，自己对   19
艺术品发展的方向感到困惑，虽然这些艺术品是他自己收藏的。1871—
1873 年，他在展览路西侧组织了一系列的小型国际展览。这些展览在他后来看是多余的，并且他建议放弃这些展览，这样这些建筑就会空闲出来。他的日记上记载了他在 1874 年 3 月 31 日和普莱费尔讨论了工业高等教育。[26]三周后，看到德文郡委员会(Devonshire Commission)的建议后，科尔向 1851 委员会(1851 Commission)提交了一份备忘录，敦促他们建立一个展示科学在工业上的应用的博物馆。备忘录中包括了一些现代技术的例子。[27]科尔的愿景是建立一个与现代作品相结合的升级版的专利局博物馆。然而，科尔的基本思想是技术，也就是普莱费尔的朋友乔治·威尔逊(George wilson)最初在爱丁堡提出的想法，这与"科学博物馆"比起来更接近伍德克夫特最初的想法。① 科尔不是直接把备忘录交给了 1851 委员会，而是交给了受托的四人小组委员会，这个小组

---

① 事实上，科尔已经于 1874 年向伍德克夫特展示了南拱形楼的蓝图。参阅 Cole Diary 1874，3 February。关于乔治·威尔逊，可以参阅 R. G. W. Anderson，R. G. W. Anderson，"What Is Technology?: Education through Museums in the Mid－Nineteenth Century"，*British Journal for the History of Science* 25 (1992), pp. 169-184; Geoffrey N. Swinney，"Reconstructed Visions: The Philosophies That Shaped Part of the Scottish National Collections"，*Museum Management and Curatorship* 21 (2006), pp. 128-142. 我很感激史文尼博士(Dr Swinney)给我们一个机会来讨论乔治·威尔逊博物馆的性质。

委员会受委托对南肯辛顿站点的发展提供建议。这个小组委员会成员包括科尔的老搭档普莱费尔。

另一个方向是通过收藏科学仪器而产生的。① 鉴于之前关于艺术的租借展览，南肯辛顿博物馆同意了这个方向。[28] 它本身不位于南肯辛顿博物馆，而是在之前存放临时展品的拱廊里。西拱廊（现在仍然保留在帝国理工学院图书馆旁边，但只剩下一堵墙）的所有者（1851 委员会）批准它被使用。[29] 大型蒸汽发动机（包括从专利局博物馆借的瓦特蒸汽机和纽科门蒸汽机）以及船模型，都在一个被称为"南拱廊"（South Arcade）的独立建筑里展览。这个建筑在花园的南边，坐落在现在科学博物馆的中心。

专题委员负责对展览进行管理，但博物馆也需要一个中心策展人。该策展人之位给了洛克，他从前管理过德文郡委员会。他以一个科学专家的身份来接受这个角色，这使他有资格成为科学博物馆的第一个专家型的策展人。[30] 在他在任的两年内，科学博物馆利用世界各地的资源集合了 20000 个科学仪器。约瑟夫·胡克（Joseph Hooker）是皇家学会的主席。他在主席报告中用迷人且正规的语言描述了欧洲博物馆是如何被"洗劫"的。[31]

所展示的藏品，包括从第谷·布拉赫（Tycho Brahe）和伽利略（Galileo）时代到现代的仪器，以及火箭、普芬·比利（Puffing Billy）机车、瓦特蒸汽机、纽科门发动机都具有重大的历史价值。展品的数量超过了21 世纪初期在科学博物馆展览的人工制品的数量。这次展览占用约40000 平方英尺（1 平方英尺约 0.0929 平方米）的空间。这对于一个临时展览来说已经是很大的空间了。[32]（图 1-3）

伴随着展览，还有一流的系列讲座。物理学家詹姆斯·克拉克·麦

---

① 我想感谢在和赵淑珍（Sook-Kyoung Cho）的几次交流中得到的帮助。当时她正在准备她的博士论文，论文是关于"1876 年科学仪器的专业租赁展览：伦敦科学博物馆的起源和物质科学的普及"[首尔国立大学（2001）]。很遗憾，我没有读到这篇论文。这里只是我自己的分析，我会为这个分析负责。

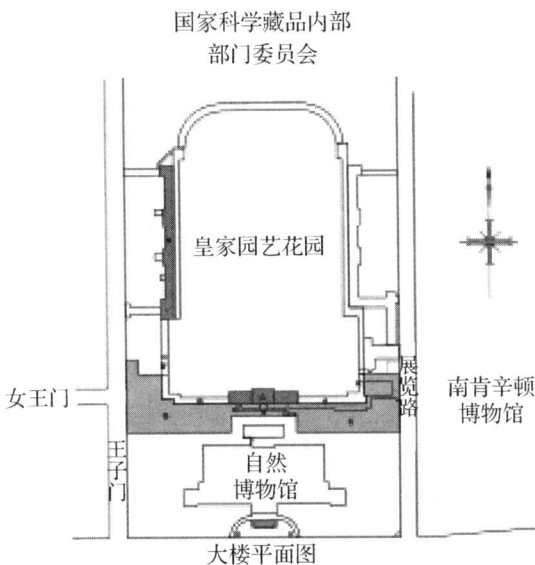

国家科学藏品内部
部门委员会

皇家园艺花园

女王门

展览路

南肯辛顿
博物馆

自然
博物馆

大楼平面图

图 1-3 19 世纪 80 年代南肯辛顿博物馆西面的平面图

克斯韦(James Clerk Maxwell)的著名报告是关于科学仪器属性方面
的。[33] 这个报告的英文目录达 1000 页。报告也有法语和德语版本。不
是只有学者才对此展览感兴趣。展览开始于 1876 年 5 月，结束于 9 月 20
底，不到 6 个月，有近 25 万名观众参观了这次展览。因此，这个展览
在短期内取得了很大的成功。

　　展览的启动仪式可以看作文化转折点的标志。《泰晤士报》(*The
Times*)评论说：

　　　　在科学被认为是一种或多或少无害的狂热之前，世界上的艺术
　　和文字已经辉煌了很久。在展览当天，相比于科学，州长等官员都
　　对艺术、文学以及代表它们的藏品更加了解和感兴趣。[34]

　　公众很快从关注展览转向关注受人尊敬的年轻科学家在英国皇家学 21
会的升职。这些年轻的科学家是约瑟夫·胡克、托马斯·赫胥黎

(Thomas Huxley)、爱德华·弗兰克兰(Edward Frankland)以及威廉·斯波蒂斯伍德(William Spottiswoode)。他们都是所谓 X-俱乐部的成员。该俱乐部从 19 世纪 60 年代早期开始每月举行一次例会。[35]洛克和南肯辛顿的科学馆长、皇家工程师约翰·F. D. 唐纳利(John F. D. Donnelly)都深入参与了这个例会的讨论。X-俱乐部的一些成员也是南肯辛顿博物馆的教授。这无疑是一群具有密切关系的人。皇家学会的主席胡克,也是皇家学会秘书长赫胥黎儿子的教父。他们的关注点是博物馆资源的收集、资金预算、建筑设施和观众,这些是目前他们认为至关重要的东西。(图 1-4)

图 1-4　詹姆斯·瓦特(James Watt)发明的由蒸汽驱动的泵发动机

注:早期的科学博物馆注重解释机器的科学原理,而不是机器的制造意义和商业意义。1876 年,南肯辛顿的科学仪器租赁展览(Loan Exhibition)为以后的发展奠定了基础。该模型在 1876 年的租赁展览中"应用力学"区域展出。标签说明了它的操作模式,但并没有指出其工业意义。今天仍然采用与当时相同的描述:倒缸模型通过挺杆阀的运动直接进入发动机中。

甚至在此展览的启动仪式上,也有将此类展览作为博物馆成立的基础这方面的高层讲话。例如,在南肯辛顿博物馆的董事会会议上,董事会讨论了这个展览的可能性,大家都支持这个展览。[36]这甚至被认为是

"政府半官方的保证"，即展览将被保留，从而形成一个和巴黎工艺博物馆平级的博物馆。[37]1851 年万国工业博览会的委员们一直鼓励这种想法。曾正式收到科尔建议的次级发展委员会，在没有完全了解容纳展品的建筑是什么样的时候，就为容纳科学博物馆展品的建筑提供了 10 万英镑。[38]几天之内，为了加强政府的意志，由皇家学会主席胡克带头，140 名杰出的科学家联合签名向政府提交了一项提议——建立一个"永久性理论科学与应用科学博物馆"：

> 科学博物馆的目的是提升知识以及建立所有发明的科学原则。如果把这两个主题合并到一起，那就不仅是科学研究者的福利，而且是公众的福利。并且我们相信，专利局博物馆将更好地为在此提议的特色博物馆服务，这比迄今为止靠专门收藏来维持工作要好。[39]

因此，他们提议，将现有的专利局博物馆的藏品和新的科学仪器藏品相互融合，并希望永久保留尽可能多的藏品。在这里我们可以看到，"理论科学和应用科学"这一说法是如何将基础研究和厂商制造的人工制品糅合在一起的。并且，它在怎样使各种藏品融合在一起的行动合法化方面扮演着非常重要的角色。

倍受鼓舞的是科学家，他们一方面向政府请求保留这些展品，同时也预测到这个决策过程会比较缓慢，当他们了解到，如果这些借来的展品不能被政府为了未来的科学馆而保留下来，那它们将必须返回原处。因此，他们必须寻求 50000 英镑保证金去购买这些藏品。德文郡公爵提供 2000 英镑的保证金，实业家沃伦·德·拉·鲁（Warren de la Rue）、威廉·西门子（William Siemens）和约瑟夫·惠特沃思（Joseph Whitworth）每人提供 1000 英镑，公务员亨利·科尔和诺曼·洛克每人提供

200 英镑。① 此举代表了南肯辛顿决策上的转变。它表明南肯辛顿从一个永久性的临时世界博览会，转变为致力于工业，致力于科学家领导，支撑理论科学和应用科学互动的一个场所。资金的筹集是一个缓慢的过程。据说，到年底还不到 10000 英镑。[40] 但无论如何，对于委员会来说，在博物馆藏品范围确定前，购买这些展品还为时过早。[41]

当财政部正在做决定的时候，科学和艺术部送了一封信给财政部，呼吁租赁人把他们的藏品留在科学和艺术部。信中提道："女王政府的决定迟迟不下达。这个决定就是 1851 年皇家委员会承诺的为建立一个永久性的科学博物馆提供一座建筑物。"[42] 在皇家委员会的敦促下，"科学博物馆"这一决定性的名称正式被公布。这个名称逐渐被人熟知。但也曾有人在《泰晤士报》上愤怒地对这封信给予回复。他用典型的维多利亚式的刻薄语言说道："'科学博物馆'不包含什么呢？它聚集了全球四分之一的展品。这些展品数量巨大又不统一。科学博物馆需要高薪聘请一支策展人军队来安排工作和维持秩序。"[43]

知识重建的时代

五年过去了，在财政压力下的政府可能会指责科学家不团结，因而没有建成新的博物馆。[44] 另一方面，尽管科学家购买基金的筹备项目失败了，但是他们仍在继续向政府施加压力。1881 年，枢密院议长厄尔·斯宾塞宣布委员会成立。该委员会中的委员有几个是签署皇家学会备忘录的牵头人员（包括数学家和出版商斯波蒂斯伍德、赫胥黎、洛克、唐纳利，科学和艺术部最近升迁的助理秘书和他的副手爱德华·费斯汀少将）。他们要做的是，讨论租赁展品是否能作为未来博物馆的核心。不出所料，他们重新提出了五年前的请求，并且提到将 1851 委员会提供的 100000 英镑和专利局博物馆没有用完的费用作为经费。他们也开

---

① 关于准备捐赠的书信请参阅胡克的文章，346/9-11。

始设想一种不同的博物馆。这个博物馆里的物品并不仅仅用于展示，还可以进行操作。"展览的特征之一是拥有最新发明的展品。这些发明具有严格的科学性，或者是说明了科学的基本原理。这些发明可以在一天的特定时段进行实际演示。例如，福尔的蓄电池或一些最新形式的电灯。"[45]尽管1876年展览的一些文物被专利局博物馆购买或者复制了，但是政府却拒绝拿出1851委员会提供的现金。

我们不能只从政府的吝啬或者艺术品的竞买来解释动力的下降，还要从地质学家和不同的科学模型来看待这种现象。杰明街有一个复杂的机构，它远离皮卡迪利大街（Piccadilly），包括地质调查局（Geological Survey）、地质博物馆（Geological Museum）和矿业学院（the School of Mines），在20多年里挫伤着南肯辛顿支持者的雄心。[46]19世纪50年代，他们的领袖罗德里克·默奇森（Roderick Murchison）反对建立综合科技大学，并用纯科学的研究支持各种应用和实践专业，如矿石专业。默奇森和他的盟友，如冶金教授、化学家约翰·珀西（John Percy），曾认为像矿石这种具有专业技术实践的专业不能只作为综合大学里一种自立式的职业性学科，而应该有独立的专业学校，这些学校由适当的应用科学支撑。默奇森的看法让很多人的愿景变得渺茫起来。比如，科尔和普莱费尔，对他们来说，皇家矿业学院（the Royal School of Mines）应该成为普通科学学校的核心。但到1871年，当德文郡委员会刚刚开始讨论时，默奇森就去世了。因此，权力的平衡发生了改变。赫胥黎是该协会的一员，同时也是皇家矿业学院的一位自然志（natural history）教授。他长期倡导应该把学校看作教师教学的中心的理念。默奇森的去世给了他和他的盟友想要的机会。

1871年，赫胥黎的举动震惊了皇家矿业学院的地质学派。《泰晤士报》的一名记者多次指责，哲学家的"核心小组"渴望说服英国财政大臣协助所谓的"科学推广"。[47]德文郡委员会的第一次报告建议矿业学院搬到南肯辛顿。杰明街的设施严重受限，数学教学也完全缺失。地质学家强烈反对"博物馆与调查、教学合并是职业培训中不可或缺的"这一观点。基于同样的原因，数学和自然志也是职业教育中不必要的内容。[48]

在大学教育政策上，赫胥黎有他自己的想法。他和物理教授、化学教授，随后又加入了地质教授一起搬到南肯辛顿，接管了一个最初用于承办另一个职业学院的建筑——海事工程学校。海事工程学校被转移到了格林尼治。在赫胥黎的要求下，皇家矿业学院更名为科学师范学院。该学院模仿巴黎高等师范学院（Paris's École Normale），强调其职权范围主要是教师的教学。学校的重心将从职业教育转向科学教育。杰明街的采矿和冶金设施暂时被艰难地保留了下来。1879 年，它们也接到搬迁的命令。珀西将整个备忘录（包括所有之前《泰晤士报》对应的副本）发送给财政部人员。[49]当搬迁还是被执行时，珀西生气地辞职了。这个争议已经显示了科学界内部的分歧。科学和艺术部部长唐纳利指责珀西因为缺乏先进博物馆的思想所以对此改变有一定的抵触。①

一路坎坷走来，南肯辛顿博物馆，一个相当新的机构还在慢慢地发展。"科学"和"艺术"的藏品在理性上、制度上和物理实体上走向分离。专利局博物馆准备从展览路东侧迁出，因为它影响了这个现在以艺术导向为愿景的场地。这也是专利局 1883 年颁布的专利法所想要的改革。贸易委员会建议专利局博物馆迁出。因为它的展品主要不是商业而是与"普通历史兴趣或科学兴趣"相关的物品。[50]最后，修正方案决定让博物馆以"发明博物馆"（Museum for Inventions）的形式保留下来。这个决定被由普莱费尔主持的议会委员会（Parliamentary Committee）所阻止。此时，普莱费尔是 1851 委员会的秘书长。[51]但是，财政部同意新计划。这个新计划是将专利局博物馆和南肯辛顿博物馆合并，然后将西侧作为应用科学藏品的核心，即形成"科学博物馆"。

---

① 有一些证据可以证明唐纳利的抱怨：Donnelly to Lockyer, 3 September 1891, Special Collections, University of Exeter Library, Lockyer papers, MSS 110。弗朗西斯·萨顿（Francis Sandon）爵士已经解释了，1877 年，由于"科学社区对主题的分歧"，政府不愿意支持议会成立一个新的博物馆。参见 Supply—Civil Services and Revenue Department, Supplementary Estimates for 1876-7. HC Deb 26 February 1877, vol. 232, c1065。

所以，当财政部向杰出工程师委员会提出专利局博物馆应该保留什么，去除什么的建议时，简短明确地提到了"科学博物馆"。在 1882 年圣诞节前的 12 月 21 日，文件正式发表，其内容如下。

> 这些先生被邀请作为委员会来建议上议院：为了科学博物馆各个分支，在现存的专利局博物馆中的物品中，哪些应该被留在科学与艺术部。
>
> 委员会还要求各个分支支持上议院的任何建议。这些建议是从科学与教育的观点出发提出的，是关于科学博物馆的机械部分的范围和发展方面的。[52]

委员会包括武器制造商威廉·阿姆斯特朗（William Armstrong）爵士，以及因调查伍德克夫特遗产而出名的土木工程师约瑟夫·巴泽尔杰特（Joseph Bazalgette）。博物馆并不是将所有藏品都纳入进来，一些藏品也根据严格的新标准被剔除了。委员会用强有力的语言提出了一种进化历史模型："我们遵从的选择原则是，剔除那些没有历史价值的、不能反映事实或现代进步的，以及发明的环节或者步骤没有联系的藏品。"①

强化藏品的联系和发明步骤的做法代表进化的观点。这个观点由科学博物馆的主要支持者，如胡克和赫胥黎提出。与此同时，新运动领导人通过自然选择进化的历史过程来解释生物的多样性。这也是现代生态学的观点。1877—1884 年，皮特·里弗斯（Pitt Rivers）关于人类学的收藏还被专门以进化的形式展示过，用此案例来展示技术是怎样在"本地"

---

① 我们建议保存一些具有重大历史意义的老机器，比如瓦特的第一个热机、特里维西克（Trevithick）的机车和静止的热机、斯蒂芬森（Stephenson）的"火箭"，以及哈力克斯（Hackworth）的"蒸汽火车"机车。我们也提议选择保留一些不同形状、不同日期的锚、螺旋桨、桨轮，包括"响尾蛇"螺旋桨推进器——它是被政府第一次安装在战船上的螺旋桨；还包括一把小型来复枪不同生产阶段的一整套完整的部件；还有很多有意思且有教育性质的和羊毛及棉布生产有关的模型；另外，还包括一系列缝纫机，以及一些其他的样品。

环境中发展的。[53]

这些明显重复的讨论使支持者产生了巨大的愤怒。他们沮丧地回顾过去，对科学博物馆的基础也产生了不耐烦的情绪。尽管如此，那些讨论可以被视为一种整体思考：在那个没有这类事物的时代里，科学博物馆应该是什么样子的。需要解决的重要问题是：观众应该是师范学院的那些计划当科学教师的学生，还是那些希望提升自己的机械师？这个问题的核心是由珀西提出的：科学或职业培训应该是科学博物馆的目标吗？在关于南肯辛顿博物馆建筑的 1885 年委员会少数人报告的空白处，

26 办公室主任阿尔杰农·伯特伦·米特福德（Algernon Bertram Mitford）用铅笔书写了他对部门和科学家帝国大厦的愤怒：

> 我认为真正的价值不是伟人的产生，而是工人阶级的聚集，这些工人用科学的工具进行着适合他们的活动。[54]

米特福德继续在他的书籍中建议：科学藏品可以通过国家租借；尺寸较小的展品也可以在展览路东面适当存放。[55]

这些评论给科学家带来了很多痛苦。唐纳利宣称科学博物馆被"吊在一根绳上"。[56]结果，大众的回应是残酷的，是以前没有过的。唐纳利也发表了谴责米特福德的抗议报告。[57]唐纳利强调了科学博物馆的流行程度及观众的数量。他称，科学博物馆平均每年的观众数量由参观专利局博物馆的 270000 人和参观科学藏品的 153000 人组成，加起来平均每年 420000 多人。在辉煌的维多利亚时代，米特福德反过来质疑这些数字以及无法解释的人工制品的吸引力：

> 根据唐纳利上校的数据可以看出，科学博物馆平均每天有 500 名观众，这些观众都具有不可见性，这是神奇的。但是如果这些难以置信的数据绝对准确，把这些数据和每天去"发明展"的观众的数据相比较，显而易见的是，展览会的科学仪器和机械对公众并没有

较大的吸引力，除非他们是被奇异的乐队和照明喷泉所吸引。[58]

米特福德的攻击是在科学博物馆最脆弱的时刻最具威胁的攻击。其他被讨论的重大问题是科学的作用及过去的角色。1889 年，罗斯科、塞缪尔森和唐纳利被再次要求确认当前整理过的科学藏品的目录。一位有影响力的国会议员也曾考虑，"大量生锈的铁和一些破旧的模型应该被丢进垃圾堆"。[59]相反，委员会利用这个机会去确认那些具有"英国科技发明史不可估量价值"的真实机器。

费斯汀少将是科学博物馆的馆长。他在 1898 年向科学和艺术部的博物馆选举委员会证明了展示科学原理对当前技术实现方面的重要性：

> 我们不承认我们只对那些立即更新的东西感兴趣。立即更新的东西在商业展览中展出，而我们想要做的是解释科学的进程和事物的科学原理。一台数百年的机器和昨天刚发明的机器一样都能说明科学原理。所以，虽然一件物品过时了，但是你不能说它对于解释科学原理没有用。[60]

费斯汀在此明确表示，科学博物馆不再是展示工业物质文化的百科全书概要，该概要是艾伯特亲王曾倡导的。事实上，费斯汀否认这是一个"技术博物馆"。他认为这是一个科学博物馆。

与此同时，1898 年听证会的一个重大突破是缓解了博物馆和杰明街地质学家之间的紧张关系。听证会关于"科学"也有一种主张。新委员会建议关闭杰明街建筑，但是没有强迫将这些建筑与南肯辛顿进行融合，而是建议建立一个单独的地质博物馆。因此，19 世纪结束的时候，尽管地质博物馆还没有建造大楼，大家已经有了很多想法，并形成了一个新的共识。

一系列新的发展源于 1893 年。那个时候科学和艺术藏品由不同的馆长负责，现在科学和艺术藏品被展览路彻底分割开了。这段时间里，一方面另一个特别委员会访问南肯辛顿；另一方面，艺术和科学藏品独立地向不同的方向发展。

艺术藏品处在公众的压力之下，要求对其进行专业化的解释，使之符合商业性日益重要的艺术市场标准。《伯灵顿杂志》(*Burlington Magazine*)批判南肯辛顿博物馆的标准。人们对南肯辛顿博物馆学术标准的担心甚至一直持续到 1893 年，英国剑桥菲茨威廉博物馆(Fitzwilliam Museum)的前任馆长约翰·亨利·米德尔顿(John Henry Middleton)被任命为南肯辛顿博物馆馆长之后。他是摩洛哥大清真寺(the Great Mosque in Fez，Morocco)里的一位柏拉图哲学学者，同时也是威廉·莫里斯(William Morris)的一个朋友。他致力于文物研究和古典美学。博物馆历史学家安东尼·伯顿描述了米德尔顿必须服从的内部政治压力。最终，米德尔顿因自小过度使用吗啡而去世。1896 年 6 月 10 日，人们在博物馆中他的办公桌上发现了他的尸体。[61] 米德尔顿的继任者们在结束任期时没有那么戏剧性，他们给予工艺美术运动以及厌恶现代主义同等的承诺。新维多利亚和艾伯特博物馆由阿斯顿·韦伯(Aston Webb)设计，始于 1899 年。他用一些特殊设计来庆祝这些改变的成功。这些设计让人想起大教堂和完整的炮塔。同时，科学藏品的馆长将会成为技术管理者以及科学导向的公务员。对他们来说，过去必须为现在和未来服务。

艺术和科学藏品特点之间的差别越多被认知，科学家就越有机会获得自己独特的博物馆。正如唐纳利在 1892 年向洛克说的那样，建设新艺术大楼的建议应该被视为促进了新科学博物馆的产生。[62] 然而新艺术博物馆建设十年后，维多利亚和艾伯特博物馆这个新馆名才开始流行。这个名字被应用于官方文件、新博物馆的布告栏，以及艺术和科学的藏品。

科学博物馆的建设

科学与艺术联合身份的瓦解不是偶然发生的。它是在以科学博物的拥护者洛克为首的科学家的压力下瓦解的。洛克持续通过《自然》杂志和英国科学协会(British Science Guild)进行游说。同时，在教育委员会中占统治地位又善于支配别人的公务员莫兰特(图1-5)的精心设计下，联合的身份趋向瓦解。在这样的背景下，1906年，德国的德意志博物馆(Germany's Deutsches Museum)成立。

图1-5　1902年罗伯特·莫兰特爵士的照片

注：罗伯特·莫兰特，教育委员会的常务秘书，有影响力的公务员，他最终设法使科学博物馆形成。该照片出自伦敦国家肖像馆。

德意志博物馆突出了方向转变上的成果。以前，对新机构的建立，不论是在私人信件中还是在公共文件中，所有参照都是巴黎工艺博物馆。为了向法国的影响表示敬意，附近的科学学院被命名为科学师范学院。然而，在英国，越来越多的发展参照不再是法国。1870年德国胜利之后，德国的机构、价值观和实践不断彰显尊重德国新建立的联合组织和力量的元素，用意很清楚：有助于实践的研究行为和科学行为是有价值的。博物馆展出的藏品背后的科学原理为选择和解释展品提供了标准。

德国的竞争和挑战的意义值得进一步考虑。竞争和挑战在辩论话题中不断地被引用。这些辩论的主题从教育、博物馆到养老金都有涉及。当然，引入德国的威胁可能会放大提议的吸引力，并且有助于从不情愿的财政部赢得资源。英国政治和学术精英的成员中有很多人都在德国受训过，他们意识到新标准正在跨越北海。理查德·伯登·霍尔丹(Richard Burdon Haldane)在转向法律和政治方向之前是在哥廷根研究生理学的。他把这个新标准告诉与他同时代的英国人。他经历过军队的改革和帝国理工学院的成立，该学院的建立是英国面对德国的挑战而对公众的回应。化学家特意用珀金(Perkin)花了半个世纪才在1906年发现的苯胺紫向他们的同胞展示德国化学的实力。[63]因此，历史学家分析这个阶段为"世界性民族主义"(cosmopolitan nationalism)时期。[64]然而，尽管德国威胁论可能会唤起本国人民对这个项目的支持，但期待从中看到对英国机构全新的完整解释通常是不明智的。

30　　为了了解下个阶段发展的本地根源，我们必须弄清楚20世纪早期莫兰特领导的教育组织激进改革。莫兰特可能是现代"世界性民族主义"的代表，他在温彻斯特大学(Winchester College)、暹罗(Siam，泰国的旧称)和瑞士都有着丰富的教育经验。早在1898年，莫兰特总结他在瑞士的教育观点时，提出了"在国际挣扎中求生存"的教育观点，也就是他所说的"集中脑力"将是生存的关键。[65]1903年，在他成为负责博物馆和教育系统的教育委员会常务秘书时，他的这个观点产生了很大的影响力。

　　莫兰特和阿瑟·詹姆斯·贝尔福(Arthur James Balfour)执政的保守党一起对国家的基础教育体系进行了改革。当时教育方案一团糟，儿童经常在12岁就已经离开学校。如今取而代之的是，小学教育到11岁，中学教育12～18岁。中学教育商业化会阻碍贫困学生进入大学。为此，莫兰特提出建立学术卓越的文法学校，让贫穷学生也能进入大学。

　　要实现教区学校的国有化以及引入国家检查员制度，就需要走出宗教教育的政治困境。莫兰特因在宗教学校里实行低标准的骑士教育而丢掉了工作，他对技术教育的漠视受到更多的诟病。[66]以前，企业化的小学为小学高年级的学生引入技术培训，但这样的小学被莫兰特的小学教育系统所取代。该系统注重中等学校的学术水平。如果你把莫兰特看作理解科学和技术的敌人，那你就错了。[67]他提倡的是，工人阶级的职业培训和中产阶级通识教育不应该严格分开。因此，对他来说，建立一个将职业学校和普通高等学校融合的科学博物馆是很有意义的。几年之后，技术学校的总督察弗兰克·普林格（Frank Pullinger）和负责技术部"T"部门的埃德蒙·钱伯斯（Edmund Chambers）都回忆说，莫兰特是个伟人。莫兰特调职后不久，威尔逊继承了莫兰特的工作，他为普林格和钱伯斯工作。后来，威尔逊提出了"工业化公民教育"的理念。威尔逊通过下面一段话清楚阐述了莫兰特的观点：

> 莫兰特梦想的工业民主是人们欢迎并理解技术成就，勇敢地面对技术成就，并称赞手工作品。即使在灰暗的日子里，这些劳动也值得诗歌、艺术和文化的歌颂。[68]

莫兰特在 1910 年离开教育委员会，并建立了新的国家保险制度。在新角色上，他很快立法建立了医学研究委员会（Medical Research Council）。

当工具的临界尺寸受制于科学进步和用以解释科学原理的机器时，科学本身正在增长的意义还有当地的职业原因。从德文郡委员会到博物馆最后宣言的三十年，人们见证了一系列为科研筹资的活动，也见证了一个正在发展中的强有力的专业科学社会团体，这个团体正急于赢得它自己应有的社会地位。罗伊·麦克劳德（Roy Macleod）表明，19 世纪的后半个世纪，英国学术界的科学席位从 60 个增加到 400 多个。[69]科学家不断呼吁增加文化空间和课程时间，这为警惕德国威胁提供了很好的背景。对新博物馆所需资源的呼吁显然和这样的背景有关：对来自德国商业、帝国及军事竞争的恐惧。同时，人们在这样的背景下在不断地寻找一个与自身社会政治地位相匹配的职业，以确保国家的国际地位和角色。

19 世纪 70 年代末与 80 年代，科学家对政府施加的压力大大超过了 20 世纪初英国科学协会施加的压力。[70] 英国科学协会是洛克因为英国协会的犹豫不决而灰心丧气之余建立起来的一个游说组织。与兄弟会和工会社会主义的内涵相比，英国科学协会在很大程度上还是显得比较稚嫩。然而，英国科学协会的主要成员都是 19 世纪 70 年代末和 80 年代的退伍军人，包括洛克和罗斯科。1907 年，罗斯科读到洛克关于科学教育争论的最新观点后写信给洛克，然后他们一起战斗了四十年。[71] 其他的主要成员彼此之间也认识了很久。1880 年，钢铁大亨休·贝尔（Hugh Bell）在他父亲的故乡认识了洛克，他的父亲是钢铁制造商兼药剂师洛西恩·贝尔（Lowthian Bell）爵士。[72] 其他的一些成员更年轻，包括理查德·格莱兹布鲁克（Richard Glazebrook），他是詹姆斯·克拉克·麦克斯韦的学生，他那时刚被任命为国家新物理实验室的主任。

1909 年 3 月，新财政大臣戴维·劳埃德·乔治（David Lloyd George）宣布了"人民的预算"报告。① 他保证了工人阶级的利益以及对农业提供了援助。劳埃德·乔治在预算报告中告诉下议院（the House of Commons），这个援助将由化学家执行。可能这是唯一一次政府在预算报告中青睐化学家。科学协会觉得这是一件值得庆祝的事情。最近几年，新的科研机构成果非常突出。科学协会在 1909 年的年度报告中提到了前两年的进步，这段时间正好是阿斯奎斯（Asquith）的任期，这一时期见证了非洲昆虫学服务（the African entomological service）的建立、昏睡病局（the Sleeping Sickness Bureau）的建立、航空咨询委员会（the Advisory Committee for Aeronautics）的成立、对欧内斯·沙克尔顿的南极探险（Ernest Shackleton's Antarctic expedition）和发展委员会（the Development Commission）的贡献、对海外参会人员的资助与接待基金的筹备等。[73] 遗憾的是，洛克关注的两个比较突出的问题仍没有解决：科学博物馆和太阳物理实验室。

---

① 劳埃德·乔治的预算副本见 http：//www.number10.gov.uk/history-and-tour/prime-ministers-in-history/david-lloyd-george/1909-peoples-budget transcript（2009 年 2 月 14 日查阅）。

然而，教育委员会已经决定维护科学利益。莫兰特正在编辑一份正式报告。洛克启动了一个新的充满活力的倡议。该倡议以他自己的名字印制了一个备忘录，呼吁政府尽快完成科学博物馆项目。1851委员会 32重新为科学博物馆项目提供了25年的费用，共100000英镑。[74]到1908年中期，莫兰特一边和洛克、罗斯科谈判，一边和财政部谈判，最终达成了协议：如果能筹集到这些费用，科学博物馆将被建成。科学支持者、牛津大学的议员威廉·安森（William Anson）提出的议会问题以及教育委员会的积极反馈最终在1908年6月予以公示：

> 我认为这将是非常可取的，应该有一个科学博物馆被妥善安置在帝国理工学院附近。如果1851年万国工业博览会的委员们觉得他们自己处于合作的地位，我非常高兴在我的好朋友——财政大臣的努力下促成这件事情。很明显，任何需要政府资金援助的项目都需财政部许可才能开展。[75]

创建一个独特的科学博物馆的问题终于在一年内解决了。1908年6月，罗斯科和莫兰特同意写给政府一篇具有历史意义的文章。该文章由当地所有顶尖科学家联名上书，请求建立一个新的博物馆。[76]正如唐纳利预测的那样，新的艺术博物馆的建筑现在走到了最后一步。在国王准备为新博物馆剪彩的前一周，莫兰特完成了文章。这篇精心措辞的文章实际上是科学博物馆的"出生证明"。莫兰特提醒部长以已故女王命名的"维多利亚和艾伯特博物馆"这一名称只能用于艺术博物馆。十年来，政府一直没有意识到这个问题。现在莫兰特用他的方式说明必须有科学博物馆，并详细证明了为什么"维多利亚和艾伯特博物馆"这个名称只适用于艺术博物馆，而不能用于其他博物馆。因此，莫兰特得出结论——西边储存藏品的建筑应该简单地被称为"教育委员会的科学博物馆"。[77]

建立一个独立的博物馆的目标正在实现。资金和藏品的存放问题急切需要解决。罗斯科的报告（已经和莫兰特进行过商谈）于7月14日正式提交，并附带报社按语。像罗斯科要求的那样，《泰晤士报》用了相当大的版面刊登了这个报告。[78]1851年万国工业博览会的委员们（包括莫兰特、洛克和罗斯科）及时地提出了对30年前普莱费尔提供的100000英镑的要求。

现在出现了关于建筑和边界的棘手问题。教育委员会主席、莫兰特的政治导师、议员沃尔特·朗西曼（Walter Runciman）任命了杰出的委员会主席——休·贝尔。他是米德尔斯堡的钢铁巨头，同时也是洛克的老朋友。委员会的其他成员包括五名皇家学会的研究员和两位杰出的工程师。国家物理实验室主任理查德·格莱兹布鲁克和化学家威廉·拉姆齐也是这里的成员。贝尔委员会的四位成员同时也是英国科学协会的领导人。贝尔与教育委员会的部长也有紧密的联系。教育委员会主席朗西曼来自东北（the North East）地区。他的副手——查尔斯·特里维廉（Charles Trevelyan）是贝尔的女婿，也是东北地区一个大地主家族的子嗣。一年前，贝尔曾写信给朗西曼，让他把一个年轻人安排到政治办公室。这个年轻人当时刚刚当选为议员。[79]（图1-6）

图1-6　初建时从展览路看到的科学博物馆

注：该图的背景是壮观的帝国研究所（Imperial Institute）。博物馆的入口在图片右方所示的天蓬处。

贝尔很高兴在大范围内和莫兰特讨论博物馆的一些问题，并且他还向朗西曼咨询了"他应该遵循的路线"。[80]委员会给的建议比较少，这些建议要么太新，要么就让人感到震惊，但是委员会的章程和议程将很多结论合法化，并且这个合法性已经维持了一个世纪了。也许最持久的是博物馆建筑的进展：经历了三个阶段，博物馆逐渐占据了展览路和女王门（Queen's Gate）之间的整个空间。

与自然博物馆的边界问题是遗留问题。这个问题在两大机构的主要人物之间引起了一场激烈的争论。这场争论主要在《泰晤士报》的书信版面呈现，以及在差不多整个公务员系统之间展开。最初，工程建设办公室（Office of Works）支持科学博物馆。工程建设办公室的第一位专员是刘易斯·哈考特（Lewis Harcourt），英国科学促进协会（the British Association for the Advancement of Science）的创始人是他的孙子。事实上，1910 年 10 月，哈考特给内阁（Cabinet）写了一篇文章。这篇文章触动了很多经济和民族主义人士的神经，文章名为《提出新的科学博物馆》（"Proposed New Science Museum"），以下面这段话开始：

> 多年来，南肯辛顿现存的科学博物馆已经成了一个丑闻。因为缺乏房间，以及火灾的破坏，我们已经丢失了很多有价值的礼物和藏品，其中有些藏品已经流失到德国。[81]   34

那个时候，哈考特正在和比彻姆勋爵竞争，最终不被看好的比彻姆胜出。莫兰特使尽全力斡旋，最终双方达成和解。当人们怀疑内阁委员究竟决定了什么时，莫兰特发现他的部长太忙了以至于没有时间去处理这个问题！① 直到最后，通过确定自然博物馆隔壁的酒精储存并不构成火灾隐患，这个问题才得以解决。洛克年事已高，但见多识广。贝尔宣布即将访问这位 75 岁的现代预言家。贝尔在 1911 年 5 月写道，他迫切地想听到洛克对于他长期思考的问题的看法。这些问题也是洛克长期花

---

① Schomberg McDonnell to Morant, 3 December 1910, TNA: PRO, ED 23/523. 不管部长多么繁忙，莫兰特仍然在一个星期内给朗西曼写信抱怨麦克唐奈（McDonnell）对会议决定的故意曲解。

费精力所研究的。

莫兰特在去国家保险部（National Insurance）任职之前，送给博物馆最后的礼物就是给科学博物馆任命了新的管理者。作为馆长，他选择了一位苏格兰物理专家。这位专家是爱丁堡科学与艺术博物馆的前任馆长——弗朗西斯·格兰特·奥格尔维（Francis Grant Ogilvie），他同时也是贝尔委员会的秘书，并且在和洛克的谈判中，他是一位中间协调者。[82]同时，莫兰特还任命皇家工程院（the Royal Engineers）的亨利·里昂（Henry Lyons）为咨询委员会的秘书，兼任博物馆的副馆长。这个位子使里昂后来顺利升任馆长一职。里昂是一个很有能力的人，他以一种卓有成效的方式确立了洛克遗产的地位以及这些遗产在科学博物馆中的持久性作用。

在19世纪90年代初的四年里，作为在埃及工作的一名年轻测量员，里昂被借调去和洛克密切合作。天文学家已经研究出一种理论，即埃及寺庙的校准具有天文意义。因此，他们的宗教是建立在细致天文观测的基础上的。20世纪20年代，这个理论似乎已被推翻，里昂与这个理论也保持距离。然而，在19世纪90年代，他却频繁地报道关于"他们"项目的进展。[83]洛克1894年出版的书籍《天文学的黎明：一项关于朝拜殿和古埃及神话的研究》（*The Dawn of Astronomy：A Study of the Temple-worship and Mythology of the ancient Egyptians*）就是他们研究的结果。1906年，通过洛克的推举，里昂荣获皇家学会的奖学金。在致谢信里，未来的科学博物馆馆长——里昂，仍谦虚地表示自己对于科学的理解有一定的局限性，同时他强调他有一些欠他的导师的私人债务。[84]

新独立出来的科学博物馆在刚开始阶段发展得并不顺利。第一次世界大战开始前，土建部分就已经开始动工，直到战争结束时建筑物的外壳才完工。然而，战后经济衰退，政府将视线转向经济发展，科学博物馆此时面临一个严重的危机，来之不易的博物馆建筑可能将被征用做其他用途。幸运的是，这样的行为被阻止了。自由党和劳动党1924年联盟执政，此时教育部的新大臣是附属于劳动部的查尔斯·特里维廉，他是自由党的党员，并且被任命为贝尔委员会的副主席。特里维廉坚持认为科学博物馆的项目应该继续进行。[85] 两年后，新的保守党政府再次考虑重新建设这个建筑。1928 年，科学博物馆的东楼终于开放了。也就是 1876 年特别租赁展展览后的近五十年，这个租赁展项目一直由洛克、英国国王乔治五世，以及洛克的门生亨利·里昂馆长管理。（图 1-7）

35

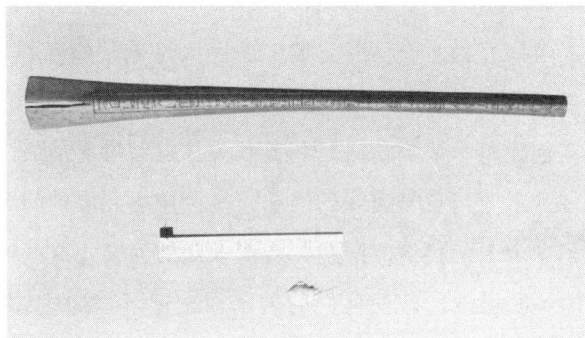

图 1-7　麦考特和贝的复制品

注：麦考特和贝是用于天文计时的古埃及仪器（真品在柏林的皇家博物馆）。麦考特是由一个带着铅垂线的棒组成，用于测量恒星位移；贝是一个叉形棒，用于校准。这是从亨利·里昂爵士那里得来的，是亨利爵士在古埃及测量方面的遗留物。亨利爵士在古埃及测量方面的兴趣是被诺曼·洛克培养出来的。这反映了诺曼先生对博物馆持久的间接影响。

结　论

里昂和乔治五世共同工作的成果是真实存在的。20 世纪 20 年代，科学博物馆的参观人数增长了 4 倍。但这不是乔治的祖父艾伯特亲王的愿景，也不是现代工业的版图。科学博物馆成功地介绍了伟大的蒸汽机，记录了世界理论科学和应用科学的进步。因此，这是一个真正的科学博物馆，是博物馆文化合法性斗争取得的来之不易的胜利。为了这个

第一章　科学发展的影响：南肯辛顿的扩张　　　　　　43

胜利，科学家和积极参与者进行了半个世纪的奋斗。

1932 年里昂退休时，科学博物馆已经取得巨大的成功。10 年来，科学博物馆的参观人数增长了 5 倍，周末的参观人数更是大于伦敦其他的博物馆。科学博物馆被认为是整个国家最具创新的博物馆之一。[86]无论是公共场合，还是私人场所，里昂的咨询委员会主席格莱兹布鲁克都称里昂是"天才"。[87]用格莱兹布鲁克自己的话来说，他也是一个以在埃及传播"科学的芽孢杆菌"（the bacillus of science）为职业生涯的人。这个"杆菌"已经被洛克播种。[88]洛克带来的巨大影响使得英国的"进步时代"和"科学发展"也开始结出丰硕果实。

然而，在创建科学博物馆时，利益和关注点并没有消失。科学博物馆应该处理多少工业与科学实践的问题，多少历史发展的问题，多少当代的问题，多少未来的科学的问题，多少大众的问题，这些被遗留的问题是对未来的不断挑战。即使他们的名字被忘记了，这些被打败的"幽灵"，如科尔、珀西和米特福德的"幽灵"，将在下个世纪，或者更长时间继续监督着馆长和策展人们。

参考文献

1. G. R. Searle，*The Quest for National Efficiency. A Study in British Politics and Political Thought*，*1899-1914* (Oxford：Oxford University Press，1971).

2. Roy M. Macleod，'The Support of Victorian Science：The Endowment of Research Movement in Great Britain，1868-1900'，*Minerva* 4 (1971)，pp. 197-230.

3. H. G. Wells，*War in the Air* (London：George Bell and Sons，1908).

4. 'The Congress of Applied Chemistry'，*The Times*，28 May 1909.

5. 'The Congress of Applied Chemistry. Closing Ceremony'，*The Times*，3 June 1909.

6. Ramsay correspondence，Ramsay papers，University College London Archives，vol. 14/1.

7. David I. Harvie，'The Radium Century'，*Endeavour* 23 (1999)，pp. 100-105.

8. 'Science Museum'，in F. H. W. Shepherd，ed. *Survey of London：South*

Kensington Museums Area (London: Athlone Press, 1975), vol. 38, pp. 248-256.

9. Anthony Burton, *Vision & Accident: The Story of the Victoria and Albert Museum* (London: V&A Publications, 1999).

10. Robert Bud and G. K. Roberts, *Science versus Practice: Chemistry in Victorian Britain* (Manchester: Manchester University Press, 1984). See also Bud and Roberts, 'Chemistry and the Concepts of Pure and Applied Science in Nineteenth-Century Britain', in E. Torracca and F. Calascibetta, eds *Storiae Fondamentidella Chimica* (Rome: Accademia Nazionale delle Scienza, 1988, pp. 19-33); Bud and Roberts, 'Thinking About Science and Practice in British Education: The Victorian Roots of a Modern Dichotomy', in P. W. G. Wright, ed. *Industry and Higher Education* (Milton Keynes: Open University Press, 1990, pp. 18-30).

11. 'Memorandum by the Prince Consort as to the Disposal of the Surplus from the Great Exhibition of 1851', published as an appendix to Sir Thomas Martin, *The Life of his Royal Highness the Prince Consort*, 2 vols (London: Smith Elder, 1876), vol. 2, pp. 391-392 and 569-573.

12. Quoted in Christine Macleod, *Heroes of Invention: Technology, Liberalism and British Identity, 1750-1914* (Cambridge: Cambridge University Press, 2007), p. 260.

13. Bennet Woodcroft, *A Sketch of the Origin and Progress of Steam Navigation* (London: Taylor, Walton and Maberley, 1848).

14. 'National Science Collections Copy of Report of the Interdepartmental Committee on the National Science Collections', *PP 1886* (246), p. 9.

15. Shepherd, *Survey of London* (vol. 38), pp. 97-123.

16. Archives of the 1851 Commission, Imperial College, London, Deputation of Society of Arts to Lord Chancellor 17 January 1874, quoted in a letter from 'Bennet Woodcroft to Board of Management of the Commission appointed by Her Majesty for the Promotion of the Exhibition of the Works of All Nations (hereafter 1851 Commission)', Enclosure L, 'Minutes of the 105th Meeting of the Commissioners of the 1851 Commission', p. 13.

17. 'Report of the Commissioners of Patents for 1881', *PP* (1882) 374, p. 7.

18. Henry Cole Archives, National Art Library, V&A, Cole diary 1874, 17 January.

19. 'National Science Collections', p. 49.

20. William Stanley Jevons, 'The Use and Misuse of Museums', in his *Methods of Social Reform and other Papers* (London: Macmillan, 1883), pp. 53-81.

21. Burton, *Vision & Accident*; see also Timothy Stevens and Peter Trippi,

'An Encyclopaedia of Treasures', in Malcolm Baker and Brenda Richardson, eds *The Grand Design*: *The Art of the Victoria and Albert Museum* (London: V&A Publications, 1997), pp. 149-160.

22. Bud and Roberts, *Science versus Practice*, pp. 133-135.

23. James Lees-Milne, *The Bachelor Duke*: *William Spencer Cavendish*, *6th Duke of Devonshire*, *1790-1858* (Edinburgh: John Murray, 1991).

24. On Lockyer, see Jack Meadows, *Science and Controversy*: *A Biography of Sir Norman Lockyer* (London: Macmillan, 1972).

25. 'Fourth report of the Royal Commission on Scientific Instruction and the Advancement of Science', *PP 1874* [C. 884], para. 93, p. 14.

26. National Art Library, V&A, Cole diary 1874, 31 March.

27. Archives of the 1851 Commission, Imperial College, London, Cole Memorandum, Board of Management, 1851 Commissioners.

28. Donnelly Minute, 27 January 1875, 'Board Minutes of the South Kensington Museum', TNA: PRO, ED 28/30.

29. See Ann Cooper, 'For the Public Good: Henry Cole, His Circle and the Development of the South Kensington Estate', unpublished PhD thesis, Open University, 1992, p. 284.

30. See Donnelly's pleas to Treasury over the recruitment of Lockyer, 'Board Minutes of the South Kensington Museum', pp. 146-159, TNA: PRO, ED 28/30.

38   31. Royal Botanic Gardens, Kew, Hooker archives 346/23, JDH/4/10/.

32. 'Loan Collection Of Scientific Apparatus', *The Times*, 13 May 1876.

33. Deborah Jean Warner, 'What Is a Scientific Instrument, When Did It Become One, and Why?', *British Journal for the History of Science* 23 (1990), pp. 83-93. See J. C. Maxwell, 'General Considerations Concerning Scientific Apparatus', in *Handbook to the Special Loan Collection of Scientific Apparatus*, *South Kensington Museum London*, 1876, pp. 1-21.

34. 'Loan Collection Of Scientific Apparatus', *The Times*, 13 May 1876.

35. Ruth Barton, 'X Club (act. 1864-1892)', *Oxford Dictionary of National Biography*, online edn, Oxford University Press, Oct 2006; [online edn, Oct 2008, http: //www. oxforddnb. com/view/theme/92539 (accessed 14 February 2009)].

36. See notes by Sir Francis Sandon, Board Minutes of the South Kensington Museum. TNA: PRO, ED 28/30, p. 61.

37. Hooker draft of presidential address to the Royal Society, 15 December 1876, Hooker papers, p. 346/20, JDH/4/10/2.

38. General Scott, 1851 Commissioners to The Secretary of the Treasury, 21 June 1876, 'A Museum of Scientific Instruments and Objects', SMD, ED 79/23. See also 'Eighth Report of the Special Committee of Enquiry appointed at the 104th Meeting of the Royal Commission' 20 July 1877 Appendix A, Minutes of the 113th Meeting of the Commissioners of the 1851 Commission, p. 8, Archives of the Commissioners of the 1851 Commission, Imperial College London. Also see Hermione Hobhouse, *The Crystal Palace and the Great Exhibition. Art Science and Productive Industry. A History of the Royal Commission for the Exhibition of 1851* (London: Athlone Press, 2002, p. 204).

39. The scientists' memorial is reprinted in 'Correspondence between the Science and Art Department and the Treasury as to the Organization of the Normal School of Science and Royal School of Mines', *PP* 1881 [C. 3085], Appendix D to Mr Donnelly's Memorandum, p. 28.

40. 'FRS', 'A Science Museum', *The Times*, 6 January 1877.

41. Mr. Spottiswoode to Mr. Macleod, 11 January 1877, SMD, ED 79/23.

42. 'The Scientific Apparatus Loan Collection', *The Times*, 3 January 1877.

43. 'FRS', 'A Science Museum'.

44. 'Science Museum', *Survey of London: volume 38: South Kensington Museums Area* (1975), pp. 248-256.

45. 'Report of the Committee on the Science Collections of the South Kensington Museum', 28 October 1881, TNA: PRO, ED 24/47.

46. See Bud and Roberts, *Science versus Practice*, pp. 90-91.

47. Y [a pseudonym], 'Royal Commission on Scientific Instruction and the Royal School of Mines', *The Times*, 24 August 1871.

48. Lewis Gordon, 'The Royal School of Mines', *The Times*, 4 September 1871.

49. John Percy, *Letter from Dr [John] Percy to the Chancellor of the Exchequer, and correspondence relating to the proposed removal of the Metallurgical Department of the Royal School of Mines from the Museum of Practical Geology, Jermyn Street, to South Kensington* (London: William Clowes, 1879).

50. Henry G. Calcraft, Board of Trade (railway department) to K. M. McKenzie, Principal Secretary to Lord Chancellor, 18 July 1882 in SMD, Z 262/1/2.

51. 'Report from the Standing Committee on Trade, Shipping, and Manufactures, on the Patents for Inventions Bill; With the Proceedings of the Committee', *PP* 1883 (247), p. 15.

52. 'Thirty-first report of the Science and Art Department of the Committee of

39

Council on Education', with appendices, *PP* 1884 [C. 4008] Appendix A, p. 5.

53. Alison Petch, 'Chance and certitude. Pitt Rivers and his first collection', *Journal of the History of Collections* 18 (2006), pp. 256-266, and the papers in B. A. L. Cranstone and S. Seidenberg, *The General's Gift-A celebration of the Pitt Rivers Museum Centenary 1884-1984* . JASO Occasional Paper No. 3 (Oxford: JASO/Pitt Rivers Museum, 1984).

54. Mitford annotation on draft, annotation opposite page 33, TNA: PRO, Works 17/20/5, pp. 1-50.

55. 'Report by A. B. Mitford C. B. ', in 'National Science Collections' (1886), pp. 35-40.

56. Donnelly to Lockyer, 23 September 1886, Special Collections, University of Exeter Library, Lockyer papers.

57. 'Memorandum by Col. Donnelly, R. E. on the separate report of Mr Mitford C. B. ', 'National Science Collections' (1886), pp. 41-49; A. B. M. 'p. s. ', 'National Science Collections' (1886), p. 40.

58. A. B. Mitford, 'Reply Colonel Donnelly's Memorandum', 'National Science Collections' (1886, pp. 51-54, 53-54).

59. Henry Roscoe, *The Life and Experiences of Henry Enfield Roscoe D. C. L. , L. L. D. , F. R. S. Written by Himself* (London: Macmillan, 1906), pp. 297-298.

60. General Festing testimony, 'Second report from the Select Committee on museums of the Science and Art Department; together with the proceedings of the committee, minutes of evidence, and appendix', *PP* 1898 (327), para. 772, p. 55.

61. On Middleton see the treatment by Anthony Burton, in *Vision & Accident*.

62. Donnelly to Lockyer, 3 September 1891, Special Collections, University of Exeter Library, Lockyer papers.

63. A. G. Green, ed. , *Jubilee of the discovery of mauve and of the foundation of the coal-tar colour industry by Sir W. H. Perkin* (London: Perkin Memorial Committee, 1906); A. S. Travis, 'Decadence, Decline and Celebration: Raphael Meldola and the Mauve Jubilee of 1906', *History and Technology* 22 (2006), pp. 131-152.

64. See Dominik Geperth and Robert Gerwarth, *Wilhelmine Germany and Edwardian Britain: Essays on Cultural Affinity* (Oxford: Oxford University Press, 2008). Also see Gerard Delanty, 'Nationalism and Cosmopolitanism: The Paradox of Modernity', in Gerard Delanty and Krishan Kumar, eds *The SAGE Handbook of Nations and Nationalism* (London: Sage, 2006), pp. 357-368.

65. R. L. Morant, 'The Complete Organisation of National Education of All Grades as Practised in Switzerland (1898)', *Special Reports on Educational Subjects*, Vol. 3, c. 8988, p. 24, cited in G. R. Searle, *The Quest for National Efficiency. A Study in British Politics and Political Thought*, *1899-1914* (Oxford: Oxford University Press, 1971), chapter 7, p. 210.

66. See, for instance, the treatment of Morant by Michael Sanderson, *Education and Economic Decline in Britain*, *1870 to the 1990s* (Cambridge: Cambridge University Press, 1999).

67. E. J. R. Eaglesham, 'The Centenary of Robert Morant', *British Journal of Educational Studies* 12 (1963), pp. 5-18. 40

68. J. Dover Wilson, *Humanism in the Continuation School* (London: HMSO, 1921), pp. 67-68.

69. Macleod, 'The Support of Victorian Science'.

70. Roy Macleod, 'Science for Imperial Efficiency and Social Change: Reflections on the British Science Guild, 1905-1936', *Public Understanding of Science* 3 (1994), pp. 155-193.

71. Roscoe to Lockyer 14 February 1907, Special Collections, University of Exeter Library, MSS 110, special collections, University of Exeter Library.

72. Hugh Bell to Lockyer, 27 November 1880, Lockyer papers, special collections, University of Exeter Library.

73. British Science Guild, 4th annual report, 1910.

74. Norman Lockyer, 'Memorandum on the Proposed Science Museum', TNA: PRO, ED 23/523, on the perception of this as pressure on the 1851 commissioners see Ogilvie to Morant 8 July 1907, TNA: PRO, ED 23/523.

75. Morant to Murray 5 April 1908 TNA: PRO, ED 23/523. See also 'A Science Museum', *The Times*, 4 June 1908.

76. Roscoe to Morant, 17 June 1909, TNA: PRO, ED 23/523. For the memorial and its presentation see: 'Science Collections at South Kensington. Deputation to Mr Runciman', *The Times*, 14 July 1909.

77. Robert Morant, 'History of the Art Museum at South Kensington, especially as regards premises', Art Museum series no. 10, p. 4, TNA: PRO, ED 24/2.

78. Roscoe to Morant, 17 June 1909, TNA: PRO, ED 23/523.

79. Hugh Bell to Runciman, 9 April 1908 and 26 April 1908, University of Newcastle Library, Runciman papers.

80. Bell to Runciman, 26 September 1910, Runciman papers.

81. Mr Harcourt to Cabinet October 1910 'Proposed New Science Museum',

TNA: PRO, ED23/523.

82. 'Francis Grant Ogilvie', *The Times*, 15 December 1930.

83. Lyons to Dingle, 25 July 1925, Special Collections, University of Exeter Library, Lockyer papers.

84. Lyons to Lockyer 24 February 1906, Special Collections, University of Exeter Library, MSS 110.

85. David Follett, *The Rise of the Science Museum under Henry Lyons* (London: Science Museum, 1978).

86. S. F. Markham, 'Museums in the Empire', *The Times*, 22 September 1933.

87. Memorandum from Glazebrook to Royal Commission on the National Museums, 'The Organization of the Science Collections at South Kensington', Document 165, submitted 14 March 1929, TNA: PRO, AF 755/11.

88. Lyons to Lockyer, 25 November 1895, Special Collections, University of Exeter Library, MSS 110.

第二章

最初阶段：战争及和平时期的科学博物馆

汤姆·沙因费尔德

1911 年，贝尔委员会的报告提出了科学博物馆早期几十年的管理   41
目标。科学博物馆是一项极具野心的建筑项目，是对藏品的再度聚焦，
也是对教育的全新诠释。1909 年科学博物馆独立后的十年，在文化上
极具影响力的是第一次世界大战。和第二次世界大战相比，"以战止战"
（War to End All Wars）在今天看来其历史地位变小了，但是却比第二
次世界大战更致命，至少它对国民的心理伤害是毁灭性的，对英国的社
会和文化的发展是极具破坏性的。约 75 万男性陷入第一次世界大战。
战争前，年龄在 15～49 岁的男性人数约占 7%。当战后生活恢复正常
时，人们发现男性人数显著减少。[1]美国历史学家杰伊·温特（Jay Win-
ter）写道："可以毫不夸张地说，大部分战士的家庭都在哀悼。"1914—
1918 年，全球的关注点就是纪念活动。让逝者安息、落叶归根，不论
是身体形式上的或者象征性的，都是亲属普遍的需要。战争结束后，英
国社会出现了科学博物馆，此时科学博物馆被迫寻求措施以完成它的使
命——疏散现实中到处渗透的哀悼气息。

战争博物馆与和平博物馆

第一次世界大战的战火在国外熊熊燃烧，伦敦的科学博物馆受到了

直接的影响。在战争期间及之后的几年里，科学博物馆只在有限的时间内开放南部和西部展区的部分展厅。这两个展区本用来作为 1862 年国际展览——万国工业博览会的续篇，但场地明显不充足。大量木质藏品很容易引起火灾。于是贝尔委员会就提议用双倍大的空间来安置藏品。[2] 展览路建筑的建造始于 1913 年。第一次世界大战爆发前，项目的有限进展

42 并没有立即给科学博物馆带来太大好处。1918 年，战争办公室（the War Office）强制性征用未完成的东楼和部分旧展区。直到 1922 年战争办公室搬出后，工程才再次重启。尽管科学博物馆在后续的几年搬至新地点，但是东楼一直到 1928 年还未正式开放。尽管经历众多游说，并且科学博物馆馆长和咨询委员会也很努力，但是贝尔委员会提出的建设蓝图——包含中楼和西楼，在大小上与东楼相当——一直到 2000 年新的威尔康翼展厅开放时才得以实现。

在战争结束的几年里，在满目疮痍的大环境下寻找合适的场地是很困难的。空前庞大数量的生命殒于战争。出于哀悼与纪念逝者的强烈愿望，战争委员会（the War Cabinet）于 1917 年建立了帝国战争博物馆。1920 年，国会法案（Act of Parliament）颁布。在首相劳埃德·乔治个人的支持下，帝国战争博物馆由乔治五世亲自宣布对外开放。如同科学博物馆一样，帝国战争博物馆缺乏充足的安置空间。在伦敦中心几处寻址

43 之后，帝国战争博物馆终于在薛登纳姆（Sydenham）的水晶宫殿（the Crystal Palace）订下短期的租契。对于帝国战争博物馆来说，水晶宫殿这一选址欠缺的不仅仅是好的地理位置，更重要的是足够的空间。玻璃窗和被粉刷过的主梁对文物保护来说是非常不合适的。此外，它太过于轻盈的设备与忧郁的主题元素很不匹配：早期照片显示大炮被棕榈树和玫瑰丛等包围。[3] 1924 年，水晶宫殿的租契到期，帝国战争博物馆另选场所。1922 年，政府将科学博物馆的西部展区腾出让给帝国战争博物馆。科学博物馆于 1923 年迁移到未完成的东楼（图 2-1）。1924—1935年，帝国战争博物馆和科学博物馆在同一片土地上彼此结下了不太舒心的伙伴关系。

图 2-1　正在建设中的东楼（背景是帝国研究所，拍摄于 1916 年 11 月 15 日）

我们可以想到，科学博物馆不欢迎帝国战争博物馆搬迁进来。由于东楼没有完成，科学博物馆只得把目光转向南部展区。随后，帝国战争博物馆搬迁至南肯辛顿，这大大减少了科学博物馆的展览空间。展览空间比例降低到科学博物馆 19 世纪时的空间比例，这迫使科学博物馆将整体藏品进行转移以寻求安放。[4]接踵而来的是，大众对两个博物馆存在意义上的争论。两个博物馆不得不展现自身的价值，并显示它们的目标和野心。

对于科学博物馆来说，很不幸的是，帝国战争博物馆这边有着哀悼和纪念死难者力量的强烈支持。帝国战争博物馆是战后官方确定的哀悼地点。这表明了国家倡导对战争带来巨大损失的反思。它也减轻了普通民众的焦虑，即战死的人们可能被人遗忘。不出所料，帝国战争博物馆极大地迎合了公众的热情。英国在两次世界大战中的经历是全世界见证的。因此，帝国战争博物馆也得到了当时全世界的普遍支持。[5]

科学博物馆如何与这样的战争博物馆竞争是个令人头疼的问题。诋毁战争博物馆的意义就等同于不兑现纪念死者及其亲人需要的承诺。所以，科学博物馆是不能直接这样攻击战争博物馆的，但又不能对此现状坐视不管。科学博物馆要从其他方面超越战争博物馆。科学博物馆要从战争与和平方面进行阐述，并解释自己的工作在战后的必要性。这种困境导致科学博物馆处在弱势地位。在与帝国战争博物馆协调辩论期间，科学博物馆被迫挑战帝国战争博物馆的规则。

咨询委员会一直忙于解决这些问题。正式的上诉送至教育委员会，非正式的上诉被发表在《泰晤士报》和《博物馆杂志》(*Museum Journal*) 上。① 科学界和工业界的一些成就显著者也写了支持科学博物馆的信件。一些富有同情心的科学博物馆社区成员组织在一起对帝国战争博物馆给予静默的抵抗。科学博物馆和它的支持者认为，在战后重建中，科学博物馆的价值体现了"国家愿景"。该愿景旨在将人们的注意力从战争过程的破坏转向对新和平时代的希望。因此，科学博物馆将自身打造成为庆祝人类的建设成就和鼓励和平发展的场地。在博物馆协会(Museums Association)举办的 1924 温布利大英帝国展览(1924 Wembley British Empire Exhibition)中，一位参与者将科学博物馆描述为"伦敦博物馆的灰姑娘"：

> 它曾是最重要的，但也是受到最糟糕待遇的。那个时代，英国政府将博物馆的建筑空间缩小到若干年前设计好的最小建筑面积的四分之一，这是非常令人震惊的事情。限制其场地的原因是为帝国战争博物馆腾出空间。这是一个奇怪的反常现象。博物馆竟然允许展出毁灭一切奇迹成就的物品，这样的博物馆理应被向人们展示善待自己和世界的博物馆所取代。他相信，如果他向会议提出强调战争博物馆位于南肯辛顿是合理的提议的意见，这个意见一定会遭到全体的反对。[6]

这种观点不仅仅出现在科学博物馆场地问题的讨论中。事实上，在

---

① 代表科学博物馆针对这件事情发表呼吁的包括休·贝尔爵士。'The Science Museum', *The Times*, 18 December 1923; Sir Hugh Bell, 'The Science Museum', *Museums Journal* 23(1924), pp. 200-201; J Bailey, 'The Science Museum', *The Times*, 18 December 1923; J Bailey, 'The Science Museum', *Museums Journal* 23(1924), pp. 201-202.

战后，全球博物馆进行改善，此时，科学博物馆成为博物馆公共形象的一个重要部分。早在1919年11月，科学博物馆在与帝国战争博物馆论战之前，《博物馆杂志》就发表了一篇题为《如果存在战争博物馆，为什么没有和平博物馆呢?》("If a Museum of War，Why Not a Museum of Peace?")[7]的文章。文章作者是英国文化协会的秘书长 J.L. 迈尔斯（J. L. Myres）。文章通过帝国战争博物馆，强调了南肯辛顿科学博物馆存在的优势，并用讽刺进行暗示。迈尔斯认为水晶宫里的玻璃和钢筋都不适合战争博物馆里的藏品，建筑的历史也不符合战争博物馆的主题。从精神层面上来看，水晶宫的历史在发明史上有里程碑式的意义。迈尔斯建议，在此增加科学藏品和工业艺术品。确实，近几年的战争提供了一个独特的机会来保存战前艺术领域和工业领域的物品。他写道："在经历'我们不满的冬天'之后，整个国家甚至整个国际社会都在盘点和整理现在所面临的机会。"[8]

在这里，迈尔斯提供了另一种战后回忆。他认为，为了真正的纪念和尊重逝者，人们需要的不仅是回忆战争，而且需要回忆之前和平年代的"物质材料"。战争必须要被铭记的不仅是它造成的损失，同时也需要铭记源于战争危机所产生的科学知识。并且，我们应该发掘"战后公民生活中军事设备应用"的潜力。这些由战争产生的设施应该在任何机构都可以展示，而不是仅限于战争博物馆。迈尔斯说，国家应该建立一个 45 和平博物馆，以保存具有进步意义的历史古迹。[9]

在与帝国战争博物馆的场地纠纷结束后，科学博物馆反复整理这些论点。考虑到战争与和平，以及希望疏远在战争期间发挥了破坏性作用 46 的军事技术，科学博物馆被迫接受了"和平博物馆"的衣钵。因此，在帝国战争博物馆提出建立基于保护战争经验的纪念馆之后，科学博物馆提议建立一个展示科学进程的历史和对未来重建希望的纪念馆。尽管帝国战争博物馆满足国家哀悼的需要，但是科学博物馆表达了其对和平的希望。在第一次世界大战之后，支持科学博物馆就是宣布以前对科学的承诺，就是促进和平与重建，并确保那些逝者没有白白牺牲。

最后，帝国战争博物馆与科学博物馆的场地纠纷以双方都满意的方式解决了。帝国战争博物馆很快就搬移至兰贝斯(Lambeth)，这是一个更好的地址。科学博物馆搬进东楼的新展区(图 2-2)。此外，科学博物馆有一个意想不到的收获。在帝国战争博物馆从宽敞的水晶宫搬到拥挤的西展区时，帝国战争博物馆被迫放弃了它的航空藏品，而科学博物馆用自己的切片枪械藏品换取了这些航空藏品。事实上，这种交换强有力地显示了两个博物馆在战争与和平优先选择上的不同。[10]

图 2-2　乔治五世国王正式开放东楼后离开科学博物馆(拍摄于 1928 年 3 月 20 日)

尽管结局让人满意，但与帝国战争博物馆的场地纠纷还有其他几个方面的重要影响。这个时期重新寻址以获得贝尔报告推荐的额外储存空间的任务显得更加迫切。在整个 20 世纪 20 年代和 20 世纪 30 年代，咨询委员会和馆长的关注点仍然主要集中在寻求更多的储存空间。同样重要的是，这起纠纷引发科学博物馆对战后纪念运动的关注。在随后的几年中，科学博物馆推崇"和平博物馆"的理念，建立一个亲切服务的从业者概念，并以和平进步的方式来叙述科学史。

博物馆馆员的工作

在两次世界大战之间，科学博物馆的历史由两位著名人物主导：咨询委员会的主席休·贝尔先生，他同时也是贝尔委员会的主席，因此，以他的名字命名了贝尔报告；另一位是科学博物馆馆长亨利·里昂先生。休·贝尔和亨利·里昂不仅在科学博物馆的物理结构和理念建设方面起到很重要的作用，而且他们也为当时以及后来的博物馆员工做了很好的榜样。特别是，每位员工都将科学或者工业领域的职业与军事或者行政部门紧密地结合起来。这些被休·贝尔和亨利·里昂认可的特色组合为 20 世纪 20 年代和 20 世纪 30 年代科学博物馆从业者身份提供了一个清晰并且可供借鉴的样本。

休·贝尔于 1844 年出生于米德尔斯伯勒（Middlesbrough）的著名工程师兼实业家洛西恩·贝尔先生家中。在爱丁堡、巴黎和哥廷根学习化学后，年轻的休·贝尔回到家乡，在他父亲的钢铁公司工作。休·贝尔在钢铁行业大获成功，这使得他父亲的生意获得快速发展。1899 年，休·贝尔将贝尔兄弟从一家私营企业发展成为一家上市公司，他自己也成为贝尔兄弟公司的管理总监。1904 年，他担任了父亲公司的主席一职并继承了男爵爵位。1923 年，贝尔兄弟公司与多尔曼-郎有限责任公司合并，休·贝尔成为新公司的副主席，后来担任主席，直到他去世。

虽然他是成功的实业家，但休·贝尔始终活在他父亲的阴影下。他的父亲逝世以后，阿瑟·多尔曼继位，多尔曼于 1930 年 12 月去世后，休·贝尔才得到解脱。[11]也许是作为补偿，休·贝尔在教育和政治方面捐赠了几个席位。他与科学博物馆密切联系二十多年。当 1911 年成为科学博物馆教育委员会贝尔委员会主席时，他开始了具有影响力的工作。他曾加入帝国理工学院管理者理事会（the Board of Governors of Imperial College），并成为阿姆斯特朗学院（Armstrong College）校董会主席，该学院位于纽卡斯尔（Newcastle），是英国杜伦大学（Durham University）的卫星学院[现在叫纽卡斯尔大学（University of Newcastle）]。他在政治上发挥了重要的作用。最初他是联盟党的成员，然后作为一个自由党人，担任了三届米德尔斯堡市长，共40多年。在他担任蒂斯河保护委员会（Tees Conservancy Commission）主席的几十年来，作为一位工程师、实业家和公众人物，他致力于治理民众急需的蒂斯河（the River Tees）河水泛滥的问题。

休·贝尔获得如此多的声誉是基于公共服务和他的工业成就。刊登在《自然》杂志上的讣告不仅高度赞扬他在工程和工业上的成就，而且认为他对社会的贡献是他毕生的最大成就：

> 仅仅认为休·贝尔爵士是一位成功的钢铁巨头是不够的，这只是对他的工作非常有限和片面的看法。最重要的是，他是一位伟大的公仆，为社区服务，他在这方面的贡献太多以至于难以陈述。[12]

休·贝尔不仅仅是一位工程师或实业家。他的工程和工业知识也得到了很好的应用，二者结合让他成为咨询委员会主席。休·贝尔去世时，作为咨询委员会主席的他受到高度的赞扬，这不仅是对他明智的科学决策的赞誉，也是对他热心服务的表彰。[13]从开始到最后，休·贝尔被认定为全能的科学家、真挚的公仆。休·贝尔的主席身份就是强有力的证明。同时，休·贝尔的科学服务精神得到科学博物馆其他成员的倡导和肯定。

如果说贝尔爵士为两次世界大战之间科学博物馆从业者身份提供了一个标杆，那么里昂爵士则提供了一个范例。毫无疑问，里昂在两次世界大战之间的科学博物馆发展中担任中心角色。1920—1933年，里昂为科学博物馆的馆长。1933—1943年，里昂为咨询委员会主席。里昂见证了新建筑的开放、藏品和观众的增加，以及一个新的、公共认可的科学博物馆的成长。教育委员会主席罗德·埃尔文这样评价里昂的退休：

> 1920 年，当你被任命时，科学博物馆是一个小机构，知道它
> 的人很少……你预见到了科学博物馆在科学和工业领域的位置和价
> 值。你的机智、精力和能力让科学博物馆成为现在的样子，并且使
> 众人知道它是过去伟大成就和未来振奋人心进步的指南……我们称
> 赞科学博物馆在同类机构中居于首要位置，并认识到是由于你，科
> 学博物馆才享有这份礼遇。你带着我们每个人的衷心祝愿退休，祝
> 愿你将来幸福健康。[14]

里昂于 1864 年出生于伦敦，他是一位职业军官的儿子。紧随他
父亲的脚步，在 1882—1884 年，里昂进入了伍尔维奇皇家军事学院，
在皇家军事学院担任少尉。1884—1886 年，他在查塔姆学习军事工
程的课程。他从查塔姆被派往直布罗陀，于 1890 年从直布罗陀到
开罗。

在里昂年轻的时候，他最初是对科学感兴趣，特别是地质方面。他
被选进地质学会时只有 18 岁。1887 年，他在学会的季刊上发表了第一
篇论文，当时他还在伍尔维奇。[15]后来，他和皇家工程师在阿斯旺大坝
（the Aswan Dam）工作时，发表了几篇关于埃及的地质、地理和历史方
面的论文。[16]1896 年，里昂被挑选出来组织埃及地质调查局，并在
1906 年发表埃及地貌的彻底改进方面的文章。[17]不久后，里昂获得了
皇家学会奖学金。

1909 年，里昂从埃及回国，接受了格拉斯哥大学（University of
Glasgow）的讲师职位。作为一位普通的教师，里昂只在格拉斯哥大学
待了两年。1911 年，他离开格拉斯哥大学，任科学博物馆咨询委员
会的助理秘书。由于战争爆发，他的职位终止了。1914 年，里昂被
召回并于 1915 年在直布罗陀的气象局（the Meteorological Office）工作。
1918 年，他被授予中校军衔，并被任命为军队气象服务指挥官和气

象局的代理局长。战争结束，他放弃了军队的上校军衔，于 1919 年返回科学博物馆。一年后，他被任命为馆长，并担任此职位达 14 年之久。（图 2-3）

49

图 2-3　亨利·乔治·里昂上校(1864—1944)，科学博物馆馆长(1920—1933)，

咨询委员会主席(1933—1943)

即使在战争期间，甚至包括他在科学博物馆的整个任期内，里昂都很小心仔细，从不断绝与科学界的联系。1915 年，他当选为皇家气象学会(the Royal Meteorological Society)的主席和英国协会 E 分会主席。1919 年，他成为测地学与地球物理学研究国际联盟(International Union of Geodesy and Geophysics)的秘书长，后来，他曾担任皇家学会的财务主管、国际科学联合会理事会的秘书长、物理研究所所长，还是《皇家学会记录》(*Notes and Records of the Royal Society*)的撰稿人。这个集科学成就和长期的军事、行政部门工作经历的组合，受到他同时代的人的重视和推崇。举例来说，当里昂去世时，气象局主任(G. C. 辛普森)写道："这是一连串奇怪的职业——军队、地质、测绘、气象、博物馆管理，但其包含的关键就是里昂伟大而又毋庸置疑的成功……"[18]皇家学会主席亨利·哈利特·戴尔(Henry Hallett Dale)同

50

国家的科学——伦敦科学博物馆的历史透视

样强调里昂将科学和政府管理工作完美的结合，惊叹其"将一系列职责、企业和成就结合得如此紧密"。[19]戴尔在对里昂这种多融合职业的评价中，指出里昂对皇家学会管理制度的历史带来长远好处，他的遗作就是关于皇家学会的出版物——《1660—1940：皇家学会管理制度史》(*The Royal Society, 1660—1940 ：A History of Its Administration under Its Charters*)。[20]根据戴尔的观点，这项工作既是对团体建设的奖励，也是对制度的奖励。[21]正是这种科学的服务精神，使得里昂成为科学博物馆从业者的楷模。

事实上，在两次世界大战之间，科学博物馆的发展主要由像里昂这样的一些人主导。他们将科学的方法和技能应用于各个方面，更具体地说，应用于军事项目。举个实例，这段时期的其他馆长，如里昂的上一任馆长弗朗西斯·奥格尔维，他最初的工作是在他的家乡阿伯丁(Aberdeen)教应用物理学，后来在爱丁堡担任赫瑞-瓦特大学(Heriot-Watt College)的校长，他也是皇家工程院的终身义工，并担任堑壕战研究部(the Trench Warfare Research Department)的助理总监。在第一次世界大战期间，他在化学战争部(Chemical Warfare Department)工作。里昂的继任者，欧内斯特·E. B. 麦金托什(Ernest E. B. Mackintosh)上校，最初是皇家工程院的一名办公人员，后来成为帝国理工学院主管和皇家学会副会长。咨询委员会的成员具有相似的背景。其中，S. G. 波拉德(S. G. Burrard)上校是印度海事检验员；菲茨莫里斯(Fitzmaurice)爵士是阿斯旺大坝的总工程师；菲利普·沃茨(Philip Watts)爵士是海军造船总监。① 即使是普通的员工也以获得公共和军事服务的认证为傲。例如，从里昂开始，科学博物馆一直遵循着一个政策，即只聘请前准尉及少尉以上军官为展区工作

_____

① 例如，1919 年，咨询委员会只包括两名科学家——詹姆斯·J. 多比(James J. Dobbie)爵士和理查德·格莱兹布鲁克爵士，其余成员包括 3 名土木工程师、3 名军事工程师和 3 名工业家，以及贝尔和里昂。在整个 20 世纪 20 年代，偶尔空缺的职位也被与前辈有相似经历的人士取代。1931 年，根据国家博物馆和艺术博物馆委员会的建议，咨询委员会进行了改组和扩大，随着工业代表人数增加，纯粹的科学家比例进一步降低。

人员——这个政策旨在加强科学服务。[①] 对在此期间被录用的那些没有类似资历的新工作人员，则进行基础伦理方面的教导。为了规范"博物馆馆员工作"的标准，麦金托什建议建立"被认可的咨询权威"，专门处理与"委员会""促进委员会""公务慈善基金"相关的科学事务。[22]

因此，通过从业范例和管理条例，科学博物馆的馆员想在科学服务上占据一席之位，就像军职人员想在军事服务中占有一席之地一样。然而，不同于部队军职人员负责制定和部署破坏性的军事技术，科学博物馆馆员负责描绘科技中具有进步意义的愿景。通过这种方式，里昂实现了科学服务的想法，这个想法在"博物馆馆员工作"中被麦金托什加以描述，并和战后"和平博物馆"未来发展的想法产生共鸣。

在两次世界大战之间的博物馆中构建科学史

今天的科学博物馆在科学史、技术史和医学史方面支持着具有活力的学术项目。如同薛西斯·马自达（Xerxes Mazda）所说，历史并不总是科学博物馆任务的一部分。事实上，只有在 1911 年，贝尔在报告中第一次建议博物馆应该扮演保存历史性物件的角色。在两次世界大战之间，科学博物馆才真正开始体现历史，其主要目的是展出战时的破坏情况。[23]

例如，在战后初期的几年，科学博物馆继续进行着战前的公共项目。科学博物馆的编目系列或多或少介绍了藏品的条目，但它只包括最基本的新增项目信息和编目信息。然而，到了 19 世纪 20 年代末，这个系列被新的手册系列替代了。在每个手册中，第一部分都呈现了藏品的历史和收藏意义。陈述简略的第二部分提供了早期编目的管理信息。"手册"取

---

① Henry Lyons, 'Director's Report', June 1930, SMD, Z 193/1. 有趣的是，这个政策不仅确保了科学家和公务员的服务资质，而且还有助于确保科学博物馆在两次世界大战期间仍然完全由男性掌管。其他战争时代的伟大博物馆（包括帝国战争博物馆），在这些机构中，女性不仅活跃于展区，而且活跃于建筑收藏馆、展览活动以及筹集资金活动。

代"编目"表明了科学博物馆在关注点上的一个转变，即远离了最初技术的角色，从而朝向了人类技术发展的历史角色。"编目"列举出博物馆的藏品和它们的技术功能，而"手册"旨在介绍对科学技术特定分支的历史及其发展的研究，这使得"科学博物馆相关的藏品"通过历史视角得以阐述。[24]

然而，正如马自达和罗伯特·巴德指出的，这个时代，科学博物馆看重历史，并不是基于自身的原因，而是基于对文化提供一种强有力的表达方式的需求。[25]纯粹历史屈从于文化对科学博物馆建立与文化的持久关联至关重要。两次世界大战之间的科学博物馆呈现了科学的历史，它是文明史的基础，是人类不断发展的历史。重要的是，它是脱离了冲突和动荡的历史，它关注人类知识和工业的进步，而不是第一次世界大战所导致的退化。1933 年，里昂在一篇未发表的题为《技术博物馆：他们的领域和目标》("Technical Museums：Their Scope and Aim")的文章中这样描述这段历史：

> 技术博物馆与它的前身（艺术和考古学博物馆）在政策下的原则是完全不同的。技术博物馆的主旨是发展，以及说明人类从文明的最早阶段开始的有效努力。现在，人类正在利用更好的材料，使新能源的开发成为可能，开创新的领域，改善之前集成的工具和方法。因此，历史的进步从文明发展的早期阶段开始，一直被记录到现在。人类使用的最早的工具和流程与后来的密切相关。随着知识和技能的增加，他们创造了先进的类型……[26]

1930—1931 年，儿童展区由里昂亲自定制。它是一个用来讲述科 ⁵²学博物馆史的很好范例。展区内的交通展览展示了从史前时代到今天的陆地、海洋和空中交通工具的发展。通信展览提供了"从原始的灯塔到现代自动电话交换机"的历史。[27]整个儿童展区通过故事描绘了指向美好未来的和平科学进程：科学的历史一定是与人类的历史密切相关的，如同沉重电缆中的一缕线，指引我们更好地理解现在，并且常常指明了今后的方向。[28]

科学博物馆为成人设计的介绍和为儿童设计的介绍一样多。儿童展区只代表了科学博物馆展示科学史的分支。[1] 科技进步的故事也是帝国战争博物馆场地纠纷公众辩论的一部分。通过合作，从不同的渠道讲述科技进步的故事，科学博物馆希望为两次世界大战之间英国的文化市场提供一个相关的和及时的"和平博物馆"。

停战后，社会普遍陷入怀念的文化氛围中，因此，科学博物馆充分吸收科学和技术更加和平的一面是有道理的。但随着社会关注更加广泛和文化需求发生改变，科学博物馆的侧重点也随之改变。在两次世界大战之间的后期，科学博物馆的注意力从第一次世界大战转向第二次世界大战。来自工业和政府方面新的压力开始破坏"和平博物馆"的优先权利和价值。科学博物馆不得不将自己重新定位在工业能源、国家安全和军事实力的仪器装备方面。

科学博物馆对工业的作用

在 20 世纪 20 年代后期和 30 年代初期，为了使博物馆对那些专门人员和学生有更实际的作用，科学博物馆及其工作人员的压力越来越大。[2] 越来越多的工业爱好者在问："科学博物馆对工业有什么作用？"[3]科学博物馆并没有很好的答案。亨利·里昂馆长不止一次回应，

---

[1]　事实上，里昂斯自认为把艺术馆定义为"儿童美术馆"过于狭窄。在一个报告中，他写道："所谓的儿童艺术馆可以更好地理解为工业藏品的第一个毕业系列，这些藏品是专门为各年龄段的公众设计的……"参见 Henry Lyons, "A Memorandum on the Development of the Science Museum From 1920 to 1933", August 1933, p. 6, SMD, Z 183/1。

[2]　*Final Report*, *Part II* (London: Royal Commission on National Museums and Galleries, 1930), p. 47. 英国工业联合会提交了一个建议，这个建议被国家博物馆和艺术馆的皇家委员会以及科学博物馆咨询委员会采纳。英国工业联合会在提高科学博物馆的工业影响力方面起到了显著作用，并让自己在咨询委员会中占有一席之位。可以参阅 *Sub-Committee on the Representation of Industrial Concerns on the Advisory Council*, *Report*(London: Board of Education, 1931)。

[3]　英国工业联合会的 J. S. M. 沃德(J. S. M. Ward)1928 年 11 月写信给里昂说："我对你收到的评论的质询特别感兴趣，比如'科学博物馆能为工业做什么？'"

他对博物馆对工业有什么价值没有明确的想法。随着时间的推移，这成为越来越令科学博物馆紧张和尴尬的问题。[29]

一个相关的例子是国家博物馆和艺术馆皇家委员会的调查研究。这个委员会是在 1927 年由政府建立，目的是调查不同国家博物馆的管理和供应情况，以及对这些博物馆如何根据国家战略进行改进和统一提出过建议。皇家委员会对于科学博物馆提供工业会议表现出特别的兴趣。虽然 1911 年的部门报告提出过建议，但为会议设施提供的资金并不包括东楼的建设。在皇家委员会的听证会期间，只有 200 个座位的报告厅只竣工了一半。如果没有资金，它能否建成是未知的。而这引起了皇家委员会受访者的极大关注。即将成为皇家学会秘书的弗兰克·爱德华·史密斯（Frank Edward Smith）爵士，一直是咨询委员会成员理查德·格莱兹布鲁克在国家物理实验室的同事，他的证词很有代表性。当被问及"一个演讲厅是否应该成为科学博物馆必要的附属物"时，史密斯回应说："我认为是，如果该博物馆将要执行适当的功能。而且我认为对工业的援助也是其功能之一。"皇家委员会担心咨询委员会的章程，也担心其缺乏工业方面的代表性。史密斯认为科学博物馆咨询委员会应由与工业相关的人员构成。他说：

> 我认为……科学博物馆咨询委员会在一定程度上应该比伦敦技术学会有更广泛的代表性，比如土木工程协会和机械工程协会可以推荐代表，如果这些人把自己的职责当回事，这将会在相当程度上保证科学博物馆在工程、土木及其他分支方面都是与时俱进的。[30]

里昂馆长也相当关注咨询委员会的章程问题。里昂在讲话中重申，尚不清楚科学博物馆对工业的有用性。"问题是，"里昂说，"我感觉很多工业人员仍然把科学博物馆看作是一个教育机构，所以，科学博物馆还不能成为工业博物馆。"据里昂的观点，解决这个问题的办法是更有效地统筹科学博物馆与工业的关系。重组咨询委员会是一个现实的问题：

> 咨询委员会就只针对我们要问的问题给出一些建议，如果有些人更加直接地代表行业团体或技术机构，那么很可能我们会比现在做得更好。[31]

54   在里昂最后的报告中，皇家委员会听从这些建议，提议咨询委员会改组和扩建，使其"更加充分地代表科学技术机构和行业团体，扩大自己的能力""让咨询委员会更积极地参与科学博物馆的管理和发展"。[32]这些建议是在 1930 年提出的，到 1931 年，咨询委员会报告称，人员的数量已从 12 人扩大到 32 人。[33]几乎所有新成员都能够代表工业的关注点。引人注意的是，这个新的咨询委员会在科学博物馆的报告中越来越喜爱用这个更长的标题，即"国家科学工业博物馆"。更明显的是，在 1933 年，科学博物馆推出"专题展览"新计划，第一次打算为工业界提供具有竞争力的劳动者。

同一年，里昂退休了。幸运的是，为了专题展览计划，麦金托什把个人兴趣融入新举措，并亲自为他的工作人员起草了一本手册。[34]两年前，由于贝尔去世，格莱兹布鲁克被任命为咨询委员会的主席。与麦金托什一样，格莱兹布鲁克积极地进行专题展览项目。在 1932 年的报告中，那时正值格莱兹布鲁克任期满一年，咨询委员会开始考虑"博物馆的未来政策，尤其是能给工业带来效果的相关政策"。国家物理实验室在科学博物馆首次成功举办小规模的临时展览。事实上，科学博物馆"相比其他处于领先地位的多种工业分支，是不为人熟知的"。[35]咨询委员会决定提供设施给工业或工业群体来展示他们的产品信息。第一次的专题展览是 1933 年的"塑料产业展览"。[36]

塑料展览几乎是由产品的关注者独立完成的，科学博物馆并没有投入大量的人员。最终这次展览取得了全面的成功。给咨询委员会留下深刻印象的是展览会的参会人员：人数很多，同时带来了手册和参考书目庞大的销售量。报告指出："毫无疑问，参观科学博物馆的其他行业成员也意识到了利益的增长，类似的设施展览也得到了其他实业家预期的结果。"[37]

一系列展览在次年随之开展。这次是橡胶行业的展览。显然，它取得了更大的成功——在短期内有超过 30 万人次的观众。展览展出了亚洲橡胶种植园的娱乐活动，包括立体模型、快乐的劳动者种植和收获橡胶的电影和特制活橡胶树。除此之外，展览还展示了家庭、汽车和医院中常见的橡胶产品及橡胶的商业用途。博物馆越来越屈服于工业。橡胶种植者协会、英国橡胶制造商研究会、橡胶研究所和伦敦橡胶研究咨询委员会向博物馆提供自己的带薪指导讲师。他们编写自己的手册，最后由博物馆出版和销售。[38]此外，"协会和机构也提供了一系列的参观设备。对橡胶种植者和橡胶研究协会而言，展览就如'在家里接待客人'一样。六个月后，这个展览由橡胶种植者协会接手，展览地点转移到曼彻斯特和爱丁堡。"[39]

专题展览的重要性与日俱增，这让科学博物馆处于尴尬的境地。一方面，参展行业给科学博物馆提供了更多的参会者、媒体关注、新的展品，甚至是隔音报告厅（源于抗噪声联盟的"噪声消除"展览）①；另一方面，作为公共机构，科学博物馆必须避免自己有不正确的表现。工业对展区起到了越来越大的作用——从财政、设计到人员配备的方方面面。科学博物馆的关注度持续提高，公众认为它会成为"以展会之名的贸易展览"，甚至成为"一个普通的贸易展览"。[40]在 20 世纪 30 年代后期，科学博物馆越来越依靠工业让它有一小处容身之处，以适应不断变化的文化市场。

①　科学博物馆 1935 年的年度报告。咨询委员会指出："作为展览完整的一部分，在演讲厅的声学技术测试之后，四家公司很乐意提供吸音材料来修复天花板和后墙的某些面板。"参见 *Noise Abatement Exhibition*(London：Anti-Noise League，1935)。

55

军队里的科学

专题展览显示了工业在 20 世纪 30 年代的科学博物馆中的重要性，也证明了工业与不断变化的政治氛围之间的紧密联系。20 世纪 30 年代后期，地缘政治环境迅速改变，专题展览通过促进国家的工业实力和向国外展示皇权，把科学博物馆提升成为一个重要的国家机构。仪器装备是 20 世纪 20 年代初期的重要历史主题，但最终被国家工业力量的提高和皇家霸权的展览所取代。20 世纪 20 年代初，科学博物馆将自身置于帝国战争博物馆的对立面。但到了 30 年代中期，科学博物馆已经举起了帝国的旗帜。

我们似乎也不可能从科学博物馆"船模藏品的未来"这个备忘录中寻找这种变化的证据。船模藏品是科学博物馆特别关注的一类资源，而其未来的安置是博物馆的一个转折点。科学博物馆在与帝国战争博物馆争执 20 年后陷入了与另一个国家博物馆的纠纷中，这个国家博物馆就是新成立的国家海事博物馆。要求科学博物馆船模藏品转移到格林尼治的举措促使科学博物馆对自己在工业、帝国、爱国主义和战争上的诉求进行调整。

尽管翻新女王宫使藏品的安置延后了几年，但是国家海事博物馆还是由国会通过，然后于 1934 年在格林尼治成立。自这个新博物馆开始建立起，科学博物馆对海上藏品的注意力急剧上升。以"本土船"（Native Boats）、"玛丽皇后号"（The R. M. S. Queen Mary）、"英国渔船"、"中国帆船"、"跨大西洋航海的百年纪念"为标题的专题展览都于 1934—1939 年举办。此外，咨询委员会报告中的"收购"章节也介绍了这些藏品。后来，海事博物馆开始要求传递藏品，咨询委员会越来越专注于船舶模型的处境。[41]

航运馆长杰弗里·莱尔德·克洛斯（Geoffrey Laird Clowes）于 1937 年年底去世，他是富裕且有影响力的莱尔德航运家族的一员。与此同时，科学博物馆与海事博物馆的纠纷也达到了高潮。11月月初，海事博物馆的代表将请愿书送至斯坦诺普(Stanhope)勋爵处，他是博物馆和艺术馆常务委员会(the Standing Commission)主席。该请愿书请求在处理争议的问题中得到帮助。[42]几个星期之后，常务委员会要求科学博物馆提交记录，表达其对此事的立场。下面这篇文章发表于1973年12月，它表明了科学博物馆对多年船舶藏品的历史观点。它是这样说的：

> 将这些船舶模型作为藏品是为了说明船舶的历史和发展。因此，科学博物馆的船舶藏品更多关注的是技术层面，而不是纯粹的浪漫层面和历史层面。

文章继续提出科学博物馆与海事博物馆"严重重叠或竞争"的概念，并提醒常务委员会"通过新的博物馆时应让其熟悉已成立的博物馆的收藏范围"。但让科学博物馆感到尴尬的是，遇到问题时，海事博物馆直接去找常务委员会，而不是首先咨询它的同伴——科学博物馆。文章坚决抵制这种想法：允许私人物品进入科学博物馆的展区在一定程度上损害了博物馆作为国家机构的立场。文章用下面的这段话总结了科学博物馆收藏船舶模型的价值和动机：

> 可以预见，科学博物馆和海事博物馆将随着时间的推移而分道扬镳：一个是受职业研究的鼓励，收藏与技术成就和人们生活紧密相关的藏品；另一个则是记录"我们国家海洋探险的历史"。

事实上，这是科学博物馆最初愿望的最后陈述，也是极端不成功的陈述。几个月后，常务委员会支持海事博物馆，并将大部分的船舶藏品送到那里。常务委员会的决定发表在1938年的报告上，并开始与科学博物馆的相关领域划定界限。关于科学博物馆，常务委员会承认了科学博物馆的使命。

科学博物馆的普通藏品覆盖了科学的很多领域。科学博物馆也企图通过这些藏品去帮助技术发展的研究，并且说明科学在工业里的应用。船舶领域的藏品显示出历史概念，代表了早期和现在的工艺。这种展览不限于本国，它具有国际性质。[43]

对于海事博物馆，常务委员会认识到它的任务具有本土性。与科学博物馆不同，它的船舶藏品应说明"各个类型船舶的工作，无论是和平还是战争年代，无论是在促进贸易还是贸易保护中"。[44]

最后看来，这确实是一个选择。科学博物馆曾衡量过两个选择：一个是进步且具有和平用途的技术成就史；另一个是国家经济和军事优势的"浪漫"史。在接下来不久的第二次世界大战中，最终，常务委员会选择了后者。同样的，科学博物馆也选择了后者。事实上，从常务委员会做决定开始，科学博物馆就已经开始远离"和平博物馆"的想法。

这个转变在1938—1939年的一个专题展览中表现得最为明显。这个展览的主题为"军队里的科学"。这个展览由战争办公室和军队主办。这个展览用来显示"英国军队与科学、技术培训、研究的合作关系是必不可少的"。[45]展览的开幕式由英国著名实业家纳菲尔德（Nuffield）子爵主持，仪式由陆军大臣莱斯利·霍尔-贝利莎（Leslie Hore-Belisha）主持。本次展览遵循较早的工业专题展览规则，由陆军提供大部分展品和生产相关印刷物。展览的开始回顾了部分军事技术简史——"从矛到火器"。这个展览或多或少是个征兵训练。接下来，展览通过技术来说明一个新兵的生涯——新兵是怎么变为符合时代的战士的。展览缺乏通过科学进步促进人类团结的理念，而是强调了英国军事科学的独特优势。展览的历史文献讨论了现代战争和历史战争的本质区别，年老士兵的弱点和新兵的优点。展览还缺乏"早期科学的历史是和平的历史"这种观念。本次展览的手册总结了所罗门王的谚语："一个有知识的人更加有力量。"[46]

结 论

一直到 1930 年，和平博物馆的理想一直在持续：世界的、渐进的、充满希望的。但是，这些理想由于越来越大的工业影响而日渐暗淡，而且 20 世纪 30 年代末科学博物馆将关注点转向国家政治方面。最后外界环境转变，从战后的希望转向对战前的准备，从科学博物馆的多产统一的藏品转向海事博物馆的军事藏品，这个时候，科学博物馆成了"军队里的科学"的一项因素。

科学博物馆作为一个独立的团体，在它成立的最初 30 年里，从和平博物馆发展到"军队里的科学"，这些现象很有趣，因为它们不仅从独特的视角反映了早期机构的特性和压力，而且显示出博物馆不断发展的紧张局势。而 1919 年和 1939 年提出的科学博物馆工作的问题，现在仍然是策展人和展览评论家的困惑之处。理论科学的展览和应用科学的展览（如"发射台""创造现代世界"等展览）的平衡点是什么？展区（如以"探索太空"为主题的展区）里什么是爱国主义？工业对展区（如以"食品引发的思索""物质的挑战"为主题的展区）的影响程度应该如何把握？在这些和其他无数展览中，20 世纪早期的理念是很清晰的：一方面是科学博物馆的卓越与和平，另一方面是科学博物馆的实用与有效。这些理念直到今天还影响着人们对博物馆的概念和制度的讨论。

参考文献

1. Jay Winter，*Sites of Memory*，*Sites of Mourning*：*The Great War in European Cultural History*（Cambridge：Cambridge University Press，1998），pp. 2，28.

2. *Report of the Departmental Committee on the Science Museum and the Geological Museum*（London：Board of Education，1911），p. 5.

3. Gaynor Kavanagh，*Museums and the First World War*：*A Social History*

(Leicester: Leicester University Press, 1994), pp. 144-150.

4. Science Museum Annual Reports for 1921-1922.

5. Gaynor Kavanagh, 'Museum as Memorial: The Origins of the Imperial War Museum', *Journal of Contemporary History* 23(1) (January 1988), pp. 77-97. See also Winter, *Sites of Memory*, *Sites of Mourning*, p. 80.

6. 'Discussion', *Museums Journal* 24 (1924), p. 118.

7. J. L. Myres, 'If a War Museum, Why Not a Peace Museum?', *Museums Journal* 19 (1919), pp. 73-76.

8. Ibid. , p. 73.

9. Ibid. , p. 75.

10. Science Museum Annual Report for 1924. See also the testimony of Imperial War Museum Director, Charles ffoulkes, before the Royal Commission on National Museums and Galleries, *Oral Evidence*, *Memoranda and Appendices to the Final Report* (London: Royal Commission on National Museums and Galleries, 1929), p. 96.

11. J. K. Almond, 'Sir Thomas Hugh Bell', in David J. Jeremy, ed. , *Dictionary of Business Biography*, vol. 1 (London: Butterworths, 1984).

12. Henry Louis, 'Sir Hugh Bell, Bart. , C. B. ', *Nature* 128 (1931), pp. 96-98.

13. Louis, 'Sir Hugh Bell, Bart. , C. B. ', 98.

14. *The Times*, 12 October 1933.

15. Henry Lyons, 'On the London Clay and the Bagshot Beds of Aldershot', *Quarterly Journal of the Geological Society of London* 43 (1887), pp. 431-441.

16. See, for instance, Henry Lyons, *The History of Surveying and Land-Measurement in Egypt* (Cairo: National Printing Department, 1907).

17. Henry Lyons, *The Physiography of the River Nile and Its Basin* (Cairo: National Printing Department, 1906).

18. G. C. Simpson, ' Obituary, Sir Henry Lyons, F. R. S. ', *Nature* 154 (1944), p. 328.

19. H. H. Dale, 'Henry George Lyons', *Obituary Notices of Fellows of the Royal Society* 4 (1944), pp. 795-809.

20. H. G. Lyons, *The Royal Society*, 1660-1940: *A History of Its Administration* (Cambridge: University Press, 1944).

21. Dale, 'Henry George Lyons'.

22. E. E. B. Mackintosh, 'A Museum Officer's Work', 1 March 1939, SMD, Z 184.

23. Xerxes Mazda, *The Changing Role of History in the Policy and Collections of the Science Museum*, 1857-1973 (Science Museum Papers in the History of Technology No. 3 (London: Science Museum, 1996).

24. See, for instance, Alexander Barclay, *Handbook of the Collections Illustrating Industrial Chemistry* (London: Science Museum, 1929). For atypical Catalogue, see *Catalogue of the Collections in the Science Museum*, *South Kensington: With Descriptive and Historical Notes and Illustrations*, *Mathematics* (London: Science Museum, 1920).

25. Robert Bud, 'History of Science and the Science Museum', *The British Journal for the History of Science* 30(1) (March 1997), p. 47.

26. Henry Lyons, 'Technical Museums, Their Scope and Aim', 1933, SMD, Z 183/1.

27. Lewis W. Phillips, *Outline Guide to the Exhibits* (London: Science Museum, 1937), p. 5.

28. Ibid.

29. Henry Lyons, 'Letter to Sir Richard Glazebrook', 2 November 1928, 60 SMD, ED 79/30. See also Lyons's letter to the head of the British Federation of Industries: Henry Lyons, 'Letter to J. S. M. Ward', 19 November 1928, SMD, ED 79/30.

30. *Oral Evidence*, *Memoranda and Appendices to the Interim Report* (London: Royal Commission on National Museums and Galleries, 1928), pp. 157-161.

31. Ibid. , pp. 150-157.

32. *Final Report*, *Part II*, p. 45.

33. Science Museum Annual Report for 1931. See also 'Science Museum Advisory Council Terms of Reference, Draft', 1931, SMD, Z 200/1.

34. E. E. B. Mackintosh, 'Special Exhibitions', March 1939, SMD, Z 108/4.

35. Science Museum Annual Report for 1932.

36. Science Museum Annual Report for 1933.

37. Ibid.

38. Science Museum Annual Report for 1934. See also *Rubber Exhibition* (*November* 1934-*April* 1935): *A Brief Account of the History of Rubber from Its Source to the Finished Product and a Descriptive Catalogue of the Exhibits*, *Compiled by the Rubber Growers' Association* (London: Science Museum, 1934).

39. Science Museum Annual Report for 1935.

40. Mackintosh, 'Special Exhibitions': Henry Lyons, 'Museum Policy', 11 November 1932, SMD, Z 186.

41. See account of events described in 'Science Museum Advisory Council, Notes for New Members', 1943, SMD, Z 200/2.

42. Described in Lord Stanhope, 'Letter to Sir Evan Charteris', 11 November 1937, SMD, Z 193.

43. 'Memorandum on the Water Transport Collection at the Science Museum, with Particular Reference to Ship Models', December 1937, SMD, Z 193.

44. *Second Report* (London: Standing Commission of Museums and Galleries, 1938), pp. 30-31.

45. Science Museum Annual Report for 1938.

46. Anthony Armstrong, *Science in the Army: A Brief Account of the Scientific Training and Technical Work of the Soldier To-Day, as Illustrated by a Special War Office Exhibition Held at the Science Museum-November* 1938-*February* 1939 (London: HMSO, 1938).

第三章

科学博物馆和第二次世界大战

萨德·帕森斯三世

　　虽然第二次世界大战已经得到了广泛的研究，但是国家宝藏馆，61特别是科学博物馆的地位，相比较而言，往往遭到忽视。在战争期间，保护藏品的政策从简单地隐藏在安全的地方发展到建立保护和保存藏品的系统。一旦藏品离开了博物馆，尤其是科学博物馆，就很可能用于其他目的。战争结束后，各种国家级博物馆面临着严重的制约，但科学博物馆逃过了一劫，它受到的影响相对较小。所以，科学博物馆能够在1946年迅速重新开放。除了先前的藏品管理，战争还给几个国家收藏机构（包括科学博物馆）提供了一个机会。无论是轰炸机的客观威胁还是展览主题的选择，航空业在此期间一直是展览主题之一。

　　动力飞行发展之前，英国深受皇家海军（Royal Navy）的保护，但空军打破了权力平衡。1903年12月17日，莱特兄弟首次成功地用一个空气飞行器的动力装置控制飞机飞行。自此，莱特兄弟成为国际社会关注的焦点。1901年，莱特兄弟的成就报告传到欧洲。1902年，一位名叫费迪南德·费伯（Ferdinand Ferber）的法国人，根据他知道的模糊细节组装了莱特滑翔机。1903年年初，费伯和奥克塔夫·沙努特（Octawe Chanute）推广他们的不精确版莱特飞机，并呼吁在法国进行更多的航空研究。[1]1904—1906年，英国、美国、法国、德国、意大利、俄罗斯、奥地利和日本进行谈判，签订了有关飞机方面的契约。随后，在1907年，查尔斯·R.弗林特(Charles R. Flint)，一个国际知名军火商，成为莱特兄弟的代理商。[2]飞机迅速进入公众的视野中。1908年，威尔斯发表小说《航空之战》(*The War in the Air*)，这是第一篇关于空中战争的虚构小说。[3]在两次世界大战之间的那段时间，关于下一次世界大战的小说很受欢迎。诺埃尔·彭伯顿·比林(Noel Pemberton Billing)——飞行员先驱，彭伯顿·比林公司(后来以电报致辞出名的超级马林公司)的联合创始人，在1928年写出一部名为《叛国罪》(*High Treason*)的戏剧，于1929年拍成电影。威尔斯发表了描绘未来战争的第二个作品，即《未来轮廓》(*The Shape of Things to Come*)，这个作品发表于1933年。随后在20世纪30年代，《1940年的空中战争》(*The Gas War of 1940*)、《战争中的女性：一部热门的戏剧》(*War Upon Women：A Topical Drama*)、《四天战争》(*Four Days War*)、《威胁：一部未来的小说》(*Menace：A Novel of the Near Future*)等作品陆续发表。虽然小说的差异很大，但是它们都有一个共同的特点——集中、毁灭性攻击一个主要的城市(或者许多城市)：

> 国会大厦熟悉的轮廓不再明显，其中，那曾经具有雄伟高度的大本钟变成了一团郁积的废墟。这是令人难以置信的，他可能再也看不到了，再也看不到那些对于他，对于上千个其他人来说，都再也看不到的记忆中的英国生活了，约翰惊悚地前进。当他来到切尔西堤，他遇到了一个狂野、浑身脏兮兮的人，那个人一直痛苦地呻吟。
>
> "你受伤了?"约翰问，"我可以帮你吗?"
>
> "没有人能帮助我。想想看，那些在空中飞的非人类怪物已经毁掉了那美妙的建筑，以及英国的一切。"
>
> "是的，"约翰赞同地说，"国会将再不会在那里。"
>
> "国会!"那人喊出了声，"谁会在地狱关心国会? 这就是我想说

的。"他边说边把手指向已成为废墟的泰特美术馆(the Tate Gallery)。[4]

第二次世界大战前,人们的头等大事就是尽力防止日常生活和国家的文化历史被摧毁。对于平民百姓而言,空中是未来冲突的主战场。在许多政府官员(包括博物馆的专家)看来,准备空战是头等大事。科学博物馆是莱特飞机的收藏之地,这是科学博物馆对航空学关注的一个表现;对航空的兴趣是博物馆藏品的一个优势,这显示了博物馆在危急时刻的实用性。

即将到来的战争

阿道夫·希特勒(Adolf Hitler)于 1933 年 1 月 30 日成为德国总理。短短几个月内,欧洲开始为 20 世纪的第二次战争做准备。英国的国家博物馆和艺术馆(以下简称为国家宝藏馆)也开始着手准备防止战争破坏。1933 年,国家宝藏馆常务委员会,同意开始实行空袭预警(air raid precaution,ARP)计划,以保障国家的文化瑰宝不受损失。[5]每个博物馆都是早期 ARP 计划的一部分。这些博物馆被要求列出被保护对象的名单。1934 年,第一个列表被创建出来,依据货币价值,大多数藏品价值都超过五千英镑。[6]保护藏品的第一步是同意将"典型的藏品"移至孤立的乡村别墅,在那里是不可能发生轰炸的。[7]在接下来的几年中,由于政府和博物馆试图维护他们的瑰宝,一些计划慢慢形成。在 1938 年春天,随着 ARP 计划接近完成,各大博物馆的馆长组成的小组委员会正式成立,他们在常务委员会的领导下,在战争的摧残中保护国家宝藏馆。

为了履行这一职责,馆长们拟订了详细的指导方针,以此来应对不可避免的战争(表 3.1)。指导方针将藏品分为 4 个类别,概述了其相应的存储方式,并指定优先疏散计划。每个博物馆根据指导方针安置自己的藏品,1938 年秋季计划完成。清单只是撤离计划的一个组成部分。

63

表 3.1　ARP 的种类

类型	物品描述	存储方式/优先级	一般的样品	科学博物馆展品示例
A	文化性显著，易放置且/或最有价值	室内防弹储存或战前立即疏散	由贵重金属制成或含有珍宝	莱特飞行器
B	很有价值但不易放置，价值不高但易放置	管道系统、博物馆安全区域或战争开始后的乡村别墅库房	雕塑类、陶器类	汽车、自行车等车辆
C	大小合适但是易碎或易腐	尽快放到乡村别墅	大型地毯、挂毯	轮船模型
D	尺寸太大且/或不宜移动	现场保护	拉斐尔壁画	东楼大型发动机

包装和运输给后勤和组织方面带来了巨大的困难。最迫切的问题是提供安全的存储空间。并且，尽管工程建设办公室（the Office of Works）在储存方面处于"中央统筹权威"地位，但是许多博物馆仍独立进行安排，因为他们认为工程建设办公室未能提供足够的存储空间。[8]根据工程建设办公室的安排，科学博物馆的 A 类和 B 类藏品被分配到两个乡间别墅：巴桑公园（Basing Park）和海瑞德公园（Herriard Park），二者都在汉普郡（Hampshire）乡村。[9]尽管不足以提供安全的存储空间，所有主要的安排还是在 1938 年中期完成。除了提供场地，各博物馆和工程建设办公室对包装及运输也做了安排。征用包装材料很困难，原因主要有两个：一是没有国家机构曾试图对整个藏品包装；二是战争临近，一些材料的供应是有限的。为了简化任务，科学博物馆像其他一些博物馆一样，决定打破定制储存箱的传统，一个大的藏品或多达 50 件的小藏品都统一用标准尺寸的箱子储存。[10]科学博物馆像大多数其他博物馆一样，依靠工程建设办公室安排货车公司运送藏品，而大英博物馆和国家艺术馆做出单独安排，通过铁路运输藏品。结果，运输计划一致显示，他们过于乐观，这在计划一开始就被认识到，并于第一次测试时被证实。尽管他们很乐观，但是铁路非常繁忙，几乎没有办法运输博物馆这

64

些不重要的物资。最重要的是，科学博物馆馆长麦金托什上校意识到，博物馆藏品很可能需要几辆货车运送很多天才能完成，而不是像承诺的那样，很多辆卡车运送几天就完成了。[11]

在 20 世纪 30 年代，科学博物馆同时参与了 1911 年贝尔报告中提出的建设计划。建设中楼是第一个计划，但是直到 1925 年也没有开始建造。之所以没有按计划进行是因为咨询委员会、教育委员会和其他协会的不作为。[12]1927 年，国家宝藏馆皇家委员会成立，目的是检查楼宇情况，当然也包括其他目的。人们可能会认为，委员会将会让科学博物馆受益，但第一份报告的产生过程延迟了对中楼的任何行动，这种延迟一直到报告于 1930 年出版为止。[13]最终报告的第二部分指出，该博物馆的扩建是"出于国家的迫切需要"。[14]1933 年 10 月，财政部原则上同意建设中楼，但令人困惑的是，它能否在 1935 年之后开建。[15]无论如何，在经历 20 多年的等待之后，中楼终于将要开建了。

除了财政部的预算安排，20 世纪 30 年代中期影响建设的几个问题随之而来。最重要且悬而未决的问题是天文馆问题。麦金托什扩张了里昂的原始计划，准备在三楼建一个 30 英尺（1 英尺约 0.3048 米）到 70 英尺的圆顶，用中楼的屋顶支撑圆顶。[16]1935 年 7 月，对天文馆的定位成为一个问题，因为它的内容和位置从来没有被正式批准，尽管里昂决定在 1931 年将它纳入科学博物馆中。到 1935 年年底，教育委员会才正式批准同意天文馆定位于麦金托什优先选的位置。[17]批准位置是积极建设的一步，但是却将科学博物馆置于进退两难的境地。如果没有地方容纳天文馆，财政部将不会为天文馆提供配套设施预算。如果麦金托什不能为圆顶提供配套设施预算，工程建设办公室是不会考虑他们的圆顶计划的。这导致工程部第一委员会的威廉·奥姆斯比-戈尔（William Ormsby-Gore）在 1936 年 1 月发出"最后时刻"的呼吁。最终，购置天文馆的投影机和设备，如座椅和地毯等需要的资金在 2 月底到位。[18]财政部半官方地宣布中楼建设的日期推至 1938—1939 年。[19]1937 年，南肯辛顿的重建计划被提出，麦金托什对此感到很惊讶，因为这个计划起草后他才被告知。该计划涉及 7 个大型机构：皇家艺术学院（Royal College of Art）、维多利亚和艾伯特博物馆、科学博物馆、帝国研究所、帝国理工学院、自然博物馆和英国皇家音乐学院（the Royal College of Music）。该计划提出，科学博物馆将获得由贝尔报告所要求的空间。65 但科学博物馆有两个地方不满意：一是该计划改变了贝尔提出的布局，二是没有许可博物馆的未来扩展。[20]但开始重整军队时，该计划连同很多政府建设都被终止了。

1938 年秋天，各博物馆的真正考验来了。1938 年 3 月奥地利被侵袭后，希特勒转向了苏台德问题。9 月中旬，危机不断加深，战争一触即发。[21]在这种情况下，各博物馆已经准备好迎接这次考验。这其中最大的问题，就是交通运输。藏品需要安全牢固且合适的运输方式，但 9 月 15 日，维多利亚和艾伯特博物馆发现所分配的车太小。大挂毯对于小车而言太长了，因此无法离开伦敦。[22]即使藏品能够离开博物馆，在运输过程中对国家文化瑰宝的安全保护也让人担忧。这场危机很快就于 9 月 30 日被解除了，亚瑟·张伯伦（Arthur Chamberlain）回到伦敦并宣布我们将迎来"和平的时代"[23]，这对国家宝藏馆来说是一大幸事。（图 3-1）

图 3-1 鸟瞰科学博物馆和相邻的博物馆、皇家艾伯特音乐厅
［拍摄于 1939 年，版权方：英格兰遗产组织（原国家遗产名录）］

运输过程中发现的效率低下和设备不足的问题，已经迅速采取措施以纠正，并改善计划以确保有足够的人力可以包装和搬运藏品。此外，大英博物馆的馆长约翰·福斯代克(John Forsdyke)提出了安全问题。他担心文化瑰宝在运输途中的安全，以及在边远地区的存储问题。由于缺乏其他选择，他提议在存储藏品的房间里安排工作人员。在法律上，博物馆的工作人员可以携带枪支，但馆长小组委员会觉得没有必要，因为工作人员的存在本身就具有足够的威慑力。[24]科学博物馆没有这种威慑力，因为它没有为存储藏品的房间配备工作人员。它主要依赖居住者的防火和防盗措施。为了消除危险，工作人员需要定期检查，并与所有业主保持友好的联系。[25]保持友好交往也并不困难，因为许多业主自愿提供自己的居所来保护国家的文物，但是有些业主更乐意保护自己的小家庭不受其他危害。比如，他们更乐意将自己的房子作为军事用途或作为疏散儿童的避难所，而不是用来保护文物。[26]安全问题只是藏品储存在乡村处所所应该考虑的问题之一，而文物存储的环境是应该考虑的另一个问题。1938年年底和1939年，馆长小组委员会都很关心湿度、温度和害虫这些方面的问题。[27]这些都会给乡村处所所庇护的藏品带来危险。

非实战状态

因为这场危机很快就过去了，所以博物馆的藏品没有发生大规模的转移，参观展览的群众和之前一样保持正常。但好景不长，1939年，外交形势急转直下。8月24日，德国和苏联达成的秘密协议被透露出来。9月1日，波兰被入侵，因为对波兰政府的保证，英国被卷入和德国的战争。9月3日，张伯伦正式宣战。[28]德苏条约一经公布，战争一触即发，科学博物馆奉命制订相应的计划。8月24日至9月1日，卡车共跑了26个来回，最后将藏品安置到居所。26幅油画和书籍被存放在海瑞德公园，而147个储存箱被储存在巴桑公园。这包括所有的A

类藏品，部分 B 类和 C 类藏品，再加上约 20000 本旧的或罕见的图书。[29] 撤离是成功的，但又是非常有限的。

科学博物馆的藏品绝大多数保存在南肯辛顿，直到英国公开声明参战之前，观众参观情况仍比较正常。如果宣战之后就遭遇袭击，炮火就会给国家宝藏馆带来灾难性的破坏。科学博物馆 9 月 3 日关闭，以保护存有的藏品。旧的南部和西部展区被清空，因为南肯辛顿消防队认为这里的建筑年代久远，容易引起火灾。此外，工作人员清空了东楼顶部两层，他们转移了所有的藏品，大多数藏品随同他们的陈列柜都转移至东楼的地下三层，因为混凝土建筑可以提供最好的保护。所有可用的楼层空间都投入使用，所有的空闲空间都塞满藏品，这些藏品都来自被遗留
在科学博物馆易受袭击部位的固定展箱中。策展人采取措施避免飞尘给藏品带来损害。小的、易碎的物体被小心地包裹好，然后小心地放置到展览箱子里。工作人员用纸粘贴窗户和展箱，以减少玻璃飞溅，并用 3 英寸的木制盖板保护留在原地的藏品。到 1939 年 11 月，大部分工作已经完成，科学博物馆的工作人员开始了藏品的定期检查。[30]

当教育委员会主席斯坦诺普勋爵下令关闭科学博物馆的时候，科学博物馆只有部分骨干员工保护藏品，并为图书馆工作，科学博物馆就是在这种情况下正常开放的。9 月 2 日，麦金托什离开科学博物馆，成为军事工程学院（the School of Military Engineering）的指挥官。在此期间，赫尔曼·肖（Herman Shaw）担任执行馆长，直到 1940 年 7 月麦金托什重新回来。在科学博物馆关闭前，和馆长一样，其他 43 名员工也离职去服务部或者其他政府部门工作。科学博物馆关闭后，大部分员工离开了，剩下的工作人员一般早已过了正常的退休年龄。用麦金托什的话来说，他们是一些"年纪稍微偏大的员工"。到战争结束时，只剩 115 名员工——是战前的将近一半。[31] 员工的减少对科学博物馆的藏品造成了影响，尤其是在藏品的维修方面。具体来说，维护工作日志直到 50 年代中期才得到整理。

人们认为，参与到战争中的英国将直面德国激烈且直接的轰炸。幸

82   国家的科学——伦敦科学博物馆的历史透视

运的是，大量的轰炸机没有出现，八个月里没有什么明显的活动。但不明显的活动导致了一些问题。冷漠、厌倦和安全的错觉，成为各阶层普通市民的普遍感受，其中包括科学博物馆工作人员。[32] 在此期间，伦敦众多的博物馆重新开放。各博物馆将部分古老的展品翻新，并且重新展览，但三个国家宝藏馆做出了不同的选择。国家艺术馆重新开放时没有展出它收藏的藏品，而是举办了古典午餐音乐会。第一场音乐会于1939 年 10 月 10 日举办，在战争期间，共有 1698 场音乐会在此举办。此外，1940 年 5 月，提供便餐的食堂开业，这就是展区的长期咖啡厅的由来。[33]1940 年 2 月，科学博物馆和大英博物馆举行新展览，所有的展览有一个共同点：缓解人们的厌倦。文化欠缺和军事行动的缺乏让整个国家产生倦怠。许多人认为，解决厌倦情绪的最好办法是重新开放文化机构，如钢琴家迈拉·赫斯(Myra Hess)组织了午间音乐会。各博物馆的重新开放很受欢迎，但只有在空袭是轻微的和偶发的情况下，这才算是一种安全的解决方法。

财政部出台政策限制大英博物馆的重新开放。所有参展的提案必须有财政部的批准，必须是"展出的样本价值不重要，或者展出的展品即使被破坏了也不会损坏主要藏品的地位"，保护和维修藏品的费用不会"实质性增加"。[34]1940 年 2 月 22 日，大英博物馆关闭不到半年，印刷书籍、手稿、版画和素描的展览对公众开放。[35] 随后不久，大英博物馆的史前和欧洲部举行了规模更大的战争展览，它包括来自萨顿胡(Sutton Hoo)和其他地方的考古资料。从珠宝到灯具的各种金属制品和一系列科学材料的汇总如下：6 个钟、40 块表、17 种称重设备、38 个科学仪器、一些日历和几个计数装置。[36] 本次展会涵盖了大英博物馆的全部藏品。战争展览面临很多危险，它被称为"自杀展"(Suicide Exhibition)。

1940 年 2 月 14 日，科学博物馆举行了一场题为"和平与战争中的飞机"的展览(图 3-2)。本次展览，从标题就可以看出它的重点，就是介绍在整个 20 世纪里飞机的用途。展览中非技术性的故事不同于博物馆的正常内容，工作人员意识到他们呈现了历史。为了呈现飞机的社会历史，展览将主题按时间分为 4 个阶段：1903—1914 年的历史，第一次世界大战(1914—1918)，民用和军用航空(1919—1939)，英国皇家空军的飞机(1940)。大部分入选的展品都是永久性航空藏品的模型。有100 多个模型被展览，并通过少量真实尺寸的实物进行补充。这些都是英国皇家空军的现代化设备，并且是从空军部和航空行业租赁过来的。为了让观众体会战斗的感觉并全面展示这些展品，展览还展出了一些照片，其中多数是广受欢迎的《飞机》(The Aeroplane)杂志拍摄的飞机图片。这些照片给人一种战斗的感觉。由于战争的原因，它不是一个静态的展览。展览中的展品时而被搬入，时而被搬出。不管是故意的还是偶然的，这个变化的展览实现了它的目的。它直接涉及与人们日常生活相关的问题，让观众了解了短期动力飞行历史过程中飞机的用途。[37]

图 3-2　展览"和平与战争中的飞机"(拍摄于 1940 年)

为数不多的工作人员在战争期间留在科学博物馆，伯纳德·戴维(Bernard Davy)是其中的一位。他迅速投入组织举办展览的工作中。戴维于 1920 年进入科学博物馆工作，他的职业生涯致力于航空藏品的收藏。[38]由于战前的准备工作，戴维收集到了战争爆发时英国皇家空军使用的大部分飞机藏品的模型。由于他的经验和沟通能力，在这个困难时期，他也能够请求将这些模型加入和租借到"和平与战争中的飞机"这一

　　国家的科学——伦敦科学博物馆的历史透视

展览中。1939 年年末，戴维在帮助政府和工业部门建立联系上做出了贡献。[39]戴维和他的联系人之间的通信说明了当时展览战争材料的困难，但这个困难必须被解决。

为了普及战争设备的知识经验，戴维想展示阻击气球及其完整的附设装备的模型。为此，他联系了空军部的气球发展所（Balloon Development Establishment，BDE）。由于战争的原因，BDE 没有提供这个模型。A. 埃尔德里奇（A. Eldrige）是 BDE 的一位资深公务员。他在空余时间按照官方设计制作了一个模型。科学博物馆只花费了 15 英镑便购买到了此模型。戴维认为，支付的金额仅够材料的成本。这个模型在1940 年 3 月 27 日被展出。展览如愿地向人们解读了伦敦战时的场景。在展览规划之初，戴维曾设想让全尺寸的飞机成为展览的核心。为了找到它，戴维首先求助于维克斯-阿姆斯特朗（Vickers-Armstrong）公司，希望借用一架喷火式战斗机。这架喷火式战斗机曾在 1939 年 7 月的布鲁塞尔展览（Brussels Exhibition）上展出，但它当时不宜借出。维克斯建议戴维向空军部求助。[40]不幸的是，由于飞机现役的原因，科学博物馆在展览开幕式之前未能及时找到一架飞机以供展览。但后来，航空部借出退出现役的飓风战斗机参与展览。[41]

戴维同样通过他与工业方面的联系来促进展览的开展。展出的永久藏品惠特尼 5 号（Whitley V，INV. 1940-11)模型，是从阿姆斯特朗-惠特沃斯飞机有限公司（Armstrong Whitworth Aircraft Ltd）借来的。另一方面，1940 年 6 月，戴维拒绝了新的博尔顿-保罗（Boulton & Paul）反轰炸机模型参与展览，因为此模型上显示的详细信息违反了官方保密法。[42]戴维也试图从工业方获得借贷。他联系了重要的（标志性的）飞机发动机制造商。2 月 12 日，那比亚大学（Napier）向科学博物馆提供了搭戈尔和拉比（Dagger and Rapie）发动机的模型。2 月 16 日劳斯莱斯在科学博物馆展出默林（Merlin)3 号发动机（图 3-3）。3 月，那比亚大学用发动机的真品更换展览时的发动机模型（由空军部提供搭戈尔系列 3 号，那比亚大学提供拉比系列 4 号）。但他们告知科学博物馆，该发动机因

为要服现役可能会被撤销。[43]这些工业租赁展品占当时全尺寸展品的绝

70 大部分。

图 3-3　劳斯莱斯默林 3 号发动机（拍摄于 1940 年）

　　前四个月，共计 80000 人次观看了展览，所以科学博物馆决定将展期无限期延长。[44]展览的快速形成和成功最重要的原因是相关藏品都是最新的。这完全不同于科学博物馆的传统观点。传统观点认为科学博物

71 馆是旧的和过时物品的储藏室。尽管缺乏展览的空间和资金，戴维还是对处于前沿地位的航空藏品进行了展览，体现了现代航空的发展。飓风战斗机和飞机发动机让观众直接和现役飞行员有了联系。戴维的信件中突出显示了此联系的重要性，因为他一有机会就提及战斗机的服役情况。这些展品体现出来的行动时效和意义非常重要，因为它们将一个本质上的历史展览和席卷欧洲的冲突连接起来。科学博物馆有能力将当代实践融入展览中，同时科学博物馆也向政府展示了其教育潜力。

　　　　　　　国家的科学——伦敦科学博物馆的历史透视

闪电战

1940 年 6 月，英格兰南部遭到轰炸；8 月，伦敦及其郊区遭到轰炸。9 月 7 日的晚上，一个大突袭重创了伦敦码头，这是长达两个多月连续轰炸的开始。轰炸的强度不断增加，许多博物馆开始重新思考自己的展览。大多数博物馆在考虑关闭和进一步疏散的问题。1940 年 9 月，南肯辛顿遭到严重的空袭，东楼的窗户和玻璃屋顶遭到破坏，因此"和平与战争中的飞机"展览结束。[45]科学博物馆在战争期间的展览自此终止。大英博物馆印刷品的小型展览于 1940 年 9 月由于危险被撤销，但战争展览依然开放。[46]

"和平与战争中的飞机"展览关闭的同时，自然博物馆竟遭到两个燃烧弹和油弹袭击，由此产生的大火损坏了建筑物的重要部分，破坏了家具、装置和植物标本室的藏品。15% 的标本被水或者火损坏。1944 年 7 月，飞行炸弹击中了西展区，展区遭到了更严重的损坏。这颗炸弹毁灭了 155 组著名的英国鸟类筑巢系列的展品，这种展品总共有 162 组。轰炸后，人们从博物馆搬移出 130 吨碎玻璃。1941 年 5 月 10 日，燃烧弹引起的几起火灾使大英博物馆经历了最猛烈的战争攻击，这种攻击损坏了克拉左门尼恩（Clazomenian）的石棺盖子，烧毁了 125000 件藏品卷宗，并摧毁了战争展览的大部分藏品。[47]尽管一些科学仪器已被搬移，但是在展的绝大多数仪器被毁，其中包括 23 种科学仪器，6 个时钟和 40 块手表。[48]截至 1941 年 5 月，帝国战争博物馆的所有房间均被破坏。1944 年 12 月，一个炸弹让它成为一片废墟。泰特美术馆长期被认为处于危险的境地，于 1940 年 9 月 16 日首先受到破坏。到 1941 年 1 月的时候，大部分屋顶已经不见了。第二次世界大战结束时，所有的 34 间展览室均遭遇破坏。[49]除了科学博物馆外，展览路临街上的维多利亚和艾伯特博物馆，也能看到炸弹侵袭的痕迹。和其他博物馆一样，人们可以看到大量的碎玻璃，以及所有博物馆结构的轻微破坏。

72

与其他机构相比，科学博物馆逃脱了重大的损害。套用麦金托什的话来说，科学博物馆一边"愈合伤口"一边感谢它的运气，事情还没有变得更糟。1941年1月，麦金托什放下他的重担，离开岗位四个月。在此情况下，他认真地考虑了博物馆的藏品保护，决定投入更全面的保护措施。麦金托什回来后将南肯辛顿50%的藏品进行了分散。[50]科学博物馆最后一个加入国家宝藏馆，委托国家宝藏馆对其藏品进行保护。

改善储存情况

在第二次世界大战期间，英国这些文化瑰宝的故事是战争期间生活的许多方面发生改变的代表。从尝试在边远位置隐藏宝藏这个不成熟的想法发展到建立一个有效的藏品保护收藏系统，这种变化不仅保存了国家文化瑰宝，也使得全国的艺术馆和博物馆在战后的岁月发生了很多变化。

20世纪30年代规划的初期，馆长们主要担心空中轰炸。防爆炸是所有存储的主要目的。随着时间的流逝，馆长小组委员会成员发现，存储现状不能更好地保护藏品。即使是乡村别墅，曾经被视为国家宝藏馆的庇护所，也被认为是不安全的。随着空袭增加，英国皇家空军的防御加强，许多人意识到有些房子处于德国的飞行路线之下，也存在被误炸的风险。[51]就如同博物馆偏好偏远地区一样，许多其他人员或组织也选择偏远地区。这些地区对于难民、训练营和军事基地来说，都是很完美的藏身之处。由于周围环境无法控制，这些房子本身也会产生很多问题。科学博物馆早就意识到了这一点。为了防潮，科学博物馆也需要将储存在海瑞德公园旧厨房里的稀有图书快速转移到剑桥大学图书馆。[52]各博物馆不得不处理房屋的问题。在蒙塔邱特房屋（Montacute House）内，维多利亚和艾伯特博物馆要应对严重的虫蛀问题。[53]国家艺术馆担心彭林（Penrhyn）勋爵的圣伯纳德（St. Bernard）犬会损坏北威尔士城堡里的画。[54]业主也是个问题。从战时筹备之初，业主对自身利益的期望就超过了国家利益。总之，对于许多博物馆来说，用乡村住所储存藏品是一个不好的决定。

1940年的夏天，几个馆长提议，最好的储存方法就是将废弃的采石场转换成特殊的地下存储设施。1941年8月12日至9月18日，国家艺术馆的所有藏品被运送到威尔士西北部的马诺德板岩采石场，这是第一个专门建造的地下存储设施。[55]1942年1月，威尔特郡的西木（Westwood）巴斯岩采石场被大英博物馆与维多利亚和艾伯特博物馆占有。共有三分之一的其他机构也将藏品放置于西木巴斯岩采石场，这些机构包括博得利图书馆（Bodleian Library）、菲茨威廉博物馆、自由法国政府、一些大教堂和其他国家宝藏馆。[56]不幸的是，科学博物馆在采石场无法找到空间，因为当麦金托什决定将大部分南肯辛顿的藏品移进采石场时，采石场的大部分空间已被占满了。因此，科学博物馆被迫迁至乡间别墅。但麦金托什有一个优点：他能利用其他博物馆的经验做出合适的安排。

最终，科学博物馆藏品总量的60%被放在30多个场所，包括工业仓库、军用采石场、以前其他机构占用的房子。[57]第二次世界大战结束后，科学博物馆找到了地下储藏室：靠近斯托克韦尔（Stockwell）的一个避难所和位于雷丁（Reading）附近的沃伦街（Warren Row）的一个废弃地下工厂。[58]这就需要建立一个复杂的存储和保护系统，并制定一项记录保存方案以支持该系统。

寻找地方存放机车、汽车和客车是困难的。谷仓不能有效地保护藏品，马车房也已经变得稀缺。九座房子被选定储存这些大物品（主要是C类藏品）。马厩或者户外小屋可以提供存储，但是条件不好，物品容易受到损害而且暴露在外面。由于车辆普遍没有包装保护，工作人员检查储存C类藏品的房子的频率高于其他房屋。在巡查中，工作人员要记录藏品状况以供科学博物馆追踪藏品并提供保护。尽管面临搬移和运输的困难，普芬·比利蒸汽火车、斯蒂芬森火箭和火箭仿品被转移到布罗克特厅（位于赫特福德）和拉姆斯特（位于萨里）。储存的另一个场所是

73

亨利厅，这里有五辆汽车和九个发动机。1888年的奔驰汽车和1885年的"罗孚"（Rover）安全自行车被存储在别墅的库房里，并一直保存到1951年5月31日。[59]运输藏品展示了疏散的规模，同时也导致系统状态报告的出现，这两项都是科学博物馆未曾经历过的。

莱特飞机——麦金托什称之为科学博物馆最珍贵的东西——在第二次世界大战期间，经历了一系列复杂的波折。战争爆发时，它被拆分成组件并被包装起来，安置在博物馆地下室最安全的地方。不久，它被重新展出直到安全问题再次出现。其中一些安全问题是由美国造成的。这意味着它需要更安全的储存环境，但当时提供的房屋没有考虑到安全问题。所以，麦金托什提出将其放在西木（Westwood），但因为箱子不能通过采石场的大门而放弃。[60]战争办公室提供给科学博物馆一个航空站采石场。但短短几个月内，藏品表面就开始发霉，而且，由于工程建设办公室拒绝提供资金建立带空调的房间来保护藏品，这些藏品不得不被再次转移。庆幸的是，科学博物馆在科舍姆的海军航空站采石场找到了存储空间，莱特飞机留在科舍姆，直到战争结束后才回到伦敦。[61]在战争期间，莱特飞机经历了四次大的搬移和一些小的调整，甚至面临着被运到美国的情境。因为飞行器的重要性，所以它比一般的藏品受到了更多的关注，但它也显示了其他藏品所经历的搬迁过程。

为藏品提供更好保护措施的过程，标志着科学博物馆从不成熟的想法到保护、保存和监控等一系列措施的变化。令人惊讶的是，作为现代化博物馆的代表，科学博物馆竟然没有保留任何一个博物馆的重要记录的副本，包括主要的库存和注册表。如果灾难发生了，比如像其他博物馆遇到的火灾，记录就会丢失，这对科学博物馆来说将是一个无法挽回的损失。麦金托什意识到副本的保存是刻不容缓的。工作人员在第二次藏品疏散进程中小心翼翼地记录，编制副本，将副本保存在厂区外。[62]麦金托什意识到，如果没有列表清单，第二次世界大战结束后，收集博物馆的所有藏品是不可能的。[63]这种态度的转变在战争期间影响的不仅仅是藏品的管理。采石场的经验是积极的，这导致了战后博物馆的变化。气候控制和在理想条件下保护藏品的经验，推动了伦敦博物馆在保存藏品时的环境控制管理。虽然许多国家宝藏馆在战争结束后不久便设立了专门的藏品保护部门，但是科学博物馆一直将藏品存储在车间直到20世纪80年代。第二次世界大战有助于博物馆专业化发展，包括藏品储存的常规条件、报告和副本的保存。

对战争的贡献

每个国家宝藏馆对战争都有贡献：国家艺术馆举行了音乐会；帝国战争博物馆的工作人员也帮助了民防组织、军事同盟、安全部、战争办公室、空军部、信息部、外交部和联合政府。它们提供的照片、海报和其他信息起到教育和宣传用途。此外，当18军和海军舰炮现役时，一些帝国战争博物馆的藏品也在1940年夏天被使用。[64]1941—1944年，维多利亚和艾伯特博物馆的部分空间成为从直布罗陀遣散的孩子们的学校。[65]泰特美术馆有许多用途，但最有名的是花园被改为胜利花园。[66]而邱园大大促进了"为胜利而挖掘"的活动。邱园的实验室成为用蔬菜代替稀缺医药材料的研究中心，这种医药专业知识拯救了无数生命。[67]其他的博物馆，无论是撤离后剩下的建筑物还是科学博物馆的资源也都投入了使用。

科学博物馆的建筑有各种用途。曾经在很短的一段时间里，旧的南展区被用作食品仓库。1941年6月，一个无线电修理军团占满了科学博物馆的小屋。1942年1月，科学博物馆容纳了第七广播学校的1000名学生。他们一直占用科学博物馆到1944年7月。实际上，他们待的时间"要更长些"。阶梯式讲堂是很重要的，因为整个战争期间都需要它的容量和投影设备。它被无线电学校、该地区的其他英国皇家空军学校、本地的ARP组织及专业团体使用，并用它来向人们展示一些公共项目。正是由于这些需求，一些计划被提出以防发生冲突。[68]科学博物馆做出的贡献不仅仅限于这些建筑。

可以说，科学博物馆图书馆是科学博物馆做出的最大贡献。尽管出于安全的原因，图书被分散。但在整个第二次世界大战期间，科学博物馆图书馆对外开放，为人们提供查阅科学和技术资料的场所。在英国，科学博物馆图书馆对很多研究机构来说，是一个重要的和平时期的工具。战争产生了更多的研究需求。战前的规划期曾推断，科学博物馆图书馆文献服务、访问服务和其他相关的工作都会减少，但外借和信息服务在数量和紧迫性上都会增加。因此，管理者推断科学博物馆图书馆需要裁员，并决定解雇40％的工作人员。管理者根据年龄、经验、体质，以及职位来决定工作人员是否被解雇。如预期的一样，访问服务以及相关的工作大大减少。来自敌对国家的出版物被停止发售。对英国、美国和盟军的资料的访问由于运输困难、纸张的定量供给及审查制度而减少，但是文献服务并没有减少。预料的普通读者的数量下降现象并没有出现，因为外国政府工作人员和难民知识分子取代了普通读者。尽管如此，文献服务对于科学博物馆图书馆而言变得不太重要，因为其最重要的占主导地位的功能是信息和外借服务。官方记录没有保存信息服务的具体情况，但它却严重消耗了人手紧张的工作人员的时间和精力。很多要求是来自意想不到的部门而且往往需求迫切。来自情报科及其他政府部门的很多要求并没有以研究为基础。相反，他们想了解地理信息和技术信息，然后用于规划和操作。同样地，外借服务也主要是由政府部门、国家机构、工业企业和研究机构需求的增长来驱动着。在战争期间，外借机构大量扩张，从450个增加到1000多个。外借活动极大增加，工作人员又急剧减少，这意味着科学博物馆图书馆的一般性工作会被忽视。事实上，在战争结束时，麦金托什和兰开斯特认识到过多的人员已被解雇，科学博物馆图书馆需要更多优秀的员工提供更好的服务。[69]科学博物馆图书馆在第二次世界大战期间对战争做出很大的贡献。在战争期间提供的服务使它成为著名的科学和技术的资源库。这些功能在战后也一直不断扩展。

最后，科学博物馆图书馆的另一个服务，即缩微胶卷，应该被提及。在第二次世界大战之前，缩微胶卷在英国是罕见的，但在1941年年底，科学博物馆接受了具有基本功能的缩微设备。它的服务项目很快由国家组织——专业图书馆和信息局协会（Association of Special Libraries and Information Bureau，ASLIB）接管。这些组织把科学博物馆图书馆当作它的一个部门，直到科学博物馆图书馆因发展太快而被搬到了维多利亚和艾伯特博物馆。但这并不是科学博物馆缩微胶卷服务的结束，因为它被用在"速度并不是最重要"的地方以及制作内部复制品方面。[70]科学博物馆的缩微胶卷服务和ASLIB的发展改变了全国各地的图书馆服务和存档的特性。对于科学博物馆图书馆来说，缩微胶卷服务减少了副本所需的空间，消除了借出稀有或重要作品的风险，从而可以将更多的资料提供给外借服务。对于存档来说，它提供了更多快捷、便携的档案副本。这两项功能使缩微胶卷在整个英国得到了广泛、快速的应用。科学博物馆图书馆对它的发展起到了关键作用。

重新开放科学博物馆

战争结束时，科学博物馆是幸运的国家宝藏馆之一。只有三个幸运的国家宝藏馆没有被直接侵袭，其余两个是贝斯纳尔·格林博物馆（Bethnal Green Museum）和国家海事博物馆。三个博物馆都只是遭受轻微损伤，如窗户破碎、天花板松散、房子的正面受损。[71]科学博物馆受损最大的是南展区，其战前展览空间的四分之一被损坏。然而，损失并不像看起来那么巨大。消防队在20世纪最初的10年就已经警告科学博物馆老展区是不安全的，自第一次世界大战以来就存在火灾隐患。所以，在1940年年末，当可燃结构成为重要的问题时，展区就明确决定移除大量的木质结构，这个决定使南展区处于半废弃状态。战后修复的大部分工作都是非常基础的——修理窗户和天窗，去掉专为英国皇家空军所做的分区，取出战争期间落下的油毡，拆除建在地下室的空袭避难所，对展区进行初步的清理和整修。总之，科学博物馆需要人力和空间来重新储藏它的展品。[72]

1946 年 2 月 14 日，科学博物馆共有 12 个展区开放——4 个常设展览厅和 8 个"德国航空发展"展厅。这是关于科学和教育的展览，尽管展览名字中没有包含，但展览也覆盖了英国、美国和其他国家的相关方面。这次展览由对内阁与国会成员负责的航空生产部来安排。该部位于法恩伯勒（Farnborough）的皇家空军航空研究基地。[73]它依照帝国战争博物馆的先例，用被缴的装备和同盟军的先进技术展来帮助培训同盟军和政府人员。[74]该展览非常受欢迎，就像"和平与战争中的飞机"那次展览一样，但内容得到扩展。有些展品是第一次出现在科学博物馆展览中，如 V2 火箭。少数展品（不包括 V2 火箭）被列入到永久藏品的行列。[75]最重要的是，这次展览是英国第二次世界大战物质文化的第一次
77 大规模公开展览，另一方面也证明了科学博物馆有能力举办现代技术展。

这 4 个常设展厅的永久性藏品被用于一个专门的"科学展"。科学展涵盖了各种科技的一系列最新发展，包括核能、铀生产、X 射线的应用和石英钟。[76]这是科学博物馆第一次尝试展示战争期间科学的发展。它显示了战后博物馆面临的问题：科学博物馆所涵盖的主题及展品范围的扩展。

科学博物馆的多数展区于 1948 年年底对公众开放。纵观重新开放期间，科学博物馆举行了一系列现代和历史的专题展览。继科学展览与德国航空展览之后，1946 年 6 月，"海军采矿和消磁"展拉开帷幕。它以哈文特的海军矿业机构举办的材料展为基础，这个展在 4 个月内吸引了近 25 万观众。随后，几个历史展览举行后，1947 年 10 月，科学博物馆开始举行"家庭和工业用电"展。这次展览的目的是希望观众了解家庭消费、工业消费和燃气、电生产之间的关系，从而为"解决民族问题"做出贡献。1948 年 11 月，科学博物馆开展"建筑中的科学"展。它以科学和工业研究部建设研究中心的工作成果为基础，这些成果已被60 多所学校（主要是技术学校）和团体使用。此外，科学博物馆举办了三届年度展览，所有这些展览都集中展示了历史的发展和日常生活的应

用。[77]专题展览显示，科学博物馆的工作人员均着眼于国家的重要问题及历史的焦点问题。有些展品曾在更大的展览中被展出。例如，"建筑中的科学"展览中显示的理念在英国伦敦东部的波普拉区"活建筑"展中被展示出来。通过专题展览展示那些不能被永久藏品表达出来的主题，科学博物馆能够保持其在当前科学和技术培训机构中的地位。

第二次世界大战结束后的几年，所有的国家宝藏馆都有很多活动。每个博物馆都试图至少恢复到战前的规模。对于一些博物馆，如科学博物馆，战争推迟了先前批准的建筑计划。1938 年，财政部已经批准了 7 项紧急建设要求，工程将在 1939—1947 年竣工，并且，用常务委员会的话来说，"战争导致的资金问题使得敌机轰炸的影响变得更加严峻……情况已经变得更加严重而紧急"。[78]为了实现重建计划，财政部批准了一个方案，该方案共分 3 个层次：第一，修复空袭造成损坏的建筑；第二，着手建筑扩展和建设方案，无论是战前计划的，还是战前已开建的；第三，重组南肯辛顿站点。财政部做了一个非常重要的规定——从经济的角度出发，维修应该和扩展结合在一起。[79]正是这一规定，制约了科学博物馆的发展。贝尔最初的报告是计划拆除南展区，并用三座现代大楼（东楼、中楼和西楼）代替南展区。因为战争没有毁坏老展区，它们不需要修复，所以科学博物馆被放到了在战争期间遭到严重破坏的博物馆后面了。

7 栋战前计划建造的大楼中的几座被列入战后重建的规划，剩下的两座大楼被常务委员会列为紧急建设项目。这两座大楼分别是自然博物馆的昆虫大楼和科学博物馆的中楼。那些居于财政部重建计划第二个层次的建筑，委员会认为应该投入特别的关注。在战争爆发时，昆虫大楼已经开工建设了，后来由于战争，建设工作停止了，但是其钢结构没有遭到战争的损坏。自 1912 年以来，中楼建设计划已审议通过并于 1938 年被批准为首要任务之一。截至 1948 年，科学博物馆处于"几乎绝望"的状态。科学博物馆的这种状态出现在考虑增加展出战争发展的展品之前。[80]中楼的建设计划开始于 1951 年。[81]在贝尔报告后近四十年，三个阶段中的第二个阶段开始了。

与此同时，英国展览节办公室（Festival of Britain office）一直在寻找一个地方来存放理论科学的展品，南肯辛顿博物馆被列入了讨论中。1948年7月，展览节对科学博物馆的使用计划遭到质疑，无论是科学博物馆，还是工程建设部都希望所有的提案"随风飘逝"。1948年年底，南肯辛顿计划又被拿到会议上讨论，工程建设部的 W. A. 普罗克特（W. A. Procter）宣称，展览节的计划是"不成熟的"，战前计划应继续保持不变。然而，几乎与这些声明同时进行的是，展览节的计划突然变得成熟了，中楼的第一层将为一系列展品提供空间。[82]最初这些展品包括科学展品、天文展品、牛顿楼①、一系列模型。[83]所有这些展品增加了科学博物馆可利用的设施，但由于展览节的预算被大幅度降低，这迫使组织者限制了展览节的许多展览。预算的削减使得科学展成为展览节在科学博物馆展出计划中的唯一一个展览。

1949年，中楼开始动工，但直到1951年，只有低层楼被建好，用于容纳展览节的科学展品。[84]为展览节建造的中楼出现了一些问题，主要问题是1935年的计划是否适合展览节，更重要的是，是否适合科学博物馆长期使用。当然，工程建设部并不希望以前的计划突然改变，但还是做了小改动。总的来说，该大楼预计提供95000平方英尺的面积用于展览，49600平方英尺面积用于存储、办公和就餐。[85]1951年5月4日至9月30日，科学展对公众开放。三层大楼共使用了大约35000平方英尺（其中30000平方英尺用于展览）。[86]科学展览结束后不久，工程建设部告知科学博物馆有一笔有限的资金可用于翻新工程，科学博物馆应充分利用展览节创建的资源在新的空间中进行展览。工作人员通过节省再次展览的费用，希望由此加快新展区的开放，但新的预算限制了该项目。他们获悉，翻新中楼的工作计划直到1952—1953年以后才会得

① 也被称为牛顿-爱因斯坦屋，关于科学博物馆的文章里有描述，即专门设计的一个旋转的建筑，用离心力来修正重力定律，用来演示重力理论。

到考虑。[87]为了避免三年的拖延，科学博物馆与自然博物馆达成协议，为哺乳动物藏品提供场所。这些哺乳动物藏品在第二次世界大战期间失去了储存场所。1952年年初，由于这个协议的达成，财政部下拨了翻新中楼使用的费用。[88]对科学博物馆来说，展览空间增长的代价是中楼地下的一半及第一层楼空间被占用。这些空间直到哺乳动物藏品找到永久性处所才被科学博物馆使用。尽管获得了额外的空间，科学博物馆的展览和存储空间仍然受到限制。天文馆的问题仍然突出，问题的搁置影响了科学博物馆的收藏能力。

艾伦·赫伯特（Alan Herbert）就战后解决天文馆的问题向教育部部长埃伦·威尔金森（Ellen Wilkinson）女士提出议会提案，后来他于1946年2月25日写信给《星期日泰晤士报》。[89]1946年，科学博物馆通过任何可能的办法和各种尝试，力图从欧洲获得天文馆。许多人认为获得赔偿金是重建天文馆的一种简单的方法。但是，经过调查，天文馆被认为不适合获得战争赔偿，因为它并没有对德国的工业战争做出贡献。[90]战争期间用于储存的维也纳天文馆被纳入考虑范围，2000英镑的食物被计划作为一种赔偿方式。[91]此外，外交部曾调查过购买汉堡天文馆的可能性，但谈判在价格问题上陷入僵局。[92]在此期间，购买新蔡司（Zeiss）公司的仪器是不可能的，因为当时该工厂已经关闭，直到20世纪50年代初才重新开放。所以科学博物馆被迫转向其他可能的选择。不幸的是，尽管尽了最大的努力，科学博物馆还是错过了唯一使用过的、在欧洲销售的仪器。1947年，斯德哥尔摩天文馆的蔡司模型Ⅱ号以7000英镑的价格出售给北卡罗来纳大学。摩尔海德天文馆于1949年5月10日开幕。1949年3月，科学博物馆咨询米兰天文馆并得到了快速的答复，米兰天文馆将在4月再次开放。[93]除了蔡司公司的仪器以外，科学博物馆的其他仪器都是美国设计的，如库考斯（Korkosz），但许多人认为这些仪器要差很多。[94]中楼建设的公告触发了一系列关于天文馆的新闻报道和报纸文章。[95]但媒体为天文馆提供的支持甚少，这些报道迅速被英国展览节的筹备报道盖过。

科学博物馆仍在天文馆问题上处于左右为难却又无能为力的境地。除非所有的仪器充分到位，否则工程建设部拒绝将天文馆纳入中楼的设计中，而财政部则坚持直到圆屋顶建成才购买仪器。[96]这场辩论一直持续到20世纪50年代初。渐渐地，天文馆对中楼的建设造成了重大的延误，该问题必须找到解决方案。1953年年初，舍伍德·泰勒通过哈雷·斯图尔特爵士信托基金(Sir Halley Stewart Trust)获得20000英镑的免息贷款，但这些远远不够购买设备。[97]这里做个比较，据20世纪50年代初的报道，杜莎夫人蜡像馆购买的蔡司公司仪器耗资约10万英镑。[98]1954年，由于缺乏来自政府财政或私人资金对天文馆建设的支持，中楼的建设计划再一次面临延迟。

1953年，中楼还未完工，这对科学博物馆相当不利。帝国理工学院的扩张严重威胁了科学博物馆的西展区。西展区为航空藏品提供了场地。展区空间的限制使科学博物馆可能会失去大量的工业捐赠品。除此之外，存储空间不足会阻碍藏品的发展。所有这些问题的解决方法很简单：完成中楼的建设。[99]然而，获得财政部的批准不是很容易。

对于科学博物馆来说，1954年是关键的一年。在这一年里，发生了三件大事。第一，对航空藏品的关注已经过去，因为在中楼完成之前，对帝国理工学院的安排使西展区得到了保护。第二，舍伍德·泰勒决定将天文馆从中楼分离出来。[100]这个分离行为使包括天文馆主管亨利·卡尔弗特(Henry Calvert)在内的很多工作人员感到不安。舍伍德·泰勒的理由是，该分离可以保证迅速完成这两个项目，但这并不表示天文馆认输。[101]最后，1954年后期，财政部批准建成中楼。[102]这个批准激起又一轮对新大楼建设和老展区重建计划的强烈兴趣。

天文馆与科学博物馆的分离给展区的分配和科学博物馆未来的扩建带来了显著的后果。天文馆的中楼没有被批准后，哪里适合天文馆的问题再次被提了出来。舍伍德·泰勒的计划得到了科学博物馆咨询委员会的批准。他计划将天文馆建在未来西展区的地下室——紧靠中楼的地下室。这解决了一直困扰天文馆多年的重大问题：怎样才能在科学博物馆关闭时，得到特别的访问权。西楼完成后，通过这个新的位置，穿过街道，就可以访问科学博物馆。另外，这个计划很重要，因为它降低了中楼的楼层。因为天文馆和天文藏品不再占用中楼的空间。[103] 如果没有做此决定，航空藏品目前的展览是不可能实现的。这一决定对科学博物馆实际的物理结构影响较大，因为它为飞行展区提供了空间。自从1963 年开放以来，飞行展区一直是科学博物馆的标志性展区。

天文馆是中楼建设延迟的主要原因，但不是根本原因。科学博物馆建设延迟的原因可以归结于两个方面：一是缺乏独立且政策连贯的领导部门；二是缺乏行政和财务的自主权，这是科学博物馆面临的部门间斗争的根本原因。缺乏一位长期任职的馆长使得部门之间的交流变得复杂。且随着馆长们的个人议程不断变化，科学博物馆的长远目标缺乏一致性。另外，受托管理委员会（Board of Trustees）的空缺导致科学博物馆职员在部门内部关系中处于不利地位，并且也放大了馆长职位不断变更的影响。这种情况将科学博物馆置于和其他宝藏馆不对等的地位，在许多方面，降低了科学博物馆对政府的影响力。

许多人认为，由于各种原因，文化机构需要从政府那里获得管理的自由。对于大多数的机构来说，需要建立一个受托管理委员会，作为政府和机构之间的缓冲剂。最早的一个例子是，1753 年成立的大英博物馆由受托管理委员会管理，然后由受托管理委员会直接报告给议会。同样，在 20 世纪初建立的国家海事博物馆独立于政府部门，这是一个很高的特权。1934 年，这个博物馆被受托管理委员会掌管。[104] 科学博物馆与维多利亚和艾伯特博物馆直到 1984 年才实现类似的独立。[105] 从历史上看，科学博物馆在教育部的控制之下，其任何重大项目必须获得教育部、财政部和工程建设部的批准。在此期间，科学博物馆确实有一个咨询委员会，但它并没有真正的实权。虽然委员会的建议都得到教育部普遍的认可，但委员会对教育部之外没法施展影响力。这种关系是天文馆及中楼扩建延误的根本原因。

财务独立对科学博物馆的发展也很重要，虽然科学博物馆成功地赢得了一些小额捐款，尤其是展品捐赠。但是，它没有取得过像其他国家宝藏馆那样的成功，它严重依赖财政部的建设资金。比较而言，大英博物馆、泰特美术馆、国家肖像馆和华莱士收藏馆都从约瑟夫·杜维恩(Joseph Duveen)那里得到了建设新展区或者翻新老展区的捐款。[106]国家海事博物馆里女王宫的装修由詹姆斯·凯尔德(James Caird)出资，成本超过了80000英镑。这既不是他捐款的开始也不是他捐款的终结，他的捐赠还包括300000英镑的藏品和创建凯尔德信托公司。[107]杜维恩和凯尔德的捐款时间段大致就是科学博物馆积极寻求捐赠天文馆的时间段，但科学博物馆仅仅获得20000英镑的借款。没法找到捐赠者导致科学博物馆进退两难。

关于独立的重要性可以从以下的一个例子来说明。在国家海事博物馆创建后的几年内，女王宫逐渐恢复到原来的状态，其余部分正在转变用途，由国家海事博物馆使用，这个决定是由受托管理委员会做出的。该委员会由斯坦诺普勋爵或杰弗里·卡伦德(Geoffrey Callendar)馆长主持。没有任何政府部门的干扰，所有费用都由凯尔德出资，包括景观设计、图片清洁以及为了表达对凯尔德的感谢而建立的凯尔德圆形大厅。[108]从本质上说，如果受托管理委员会或卡伦德想要一些东西，凯尔德愿意支付，事情就搞定了。因为他们的独立性，他们的计划不需要得到一系列部门的评价和同意，而科学博物馆却不得不进行这些洽谈。

缺乏固定的领导阶层也给科学博物馆带来了问题。20世纪的科学博物馆有11位馆长，1930—1960年有5位：亨利·里昂(退休于1933年)、欧内斯特·麦金托什(退休于1945年)、赫尔曼·肖(逝世于1950年)、舍伍德·泰勒(逝世于1956年)和特伦斯·莫里森-斯科特(辞职于1960年)。与其他国家宝藏馆相比，科学博物馆馆长的变动是比较频繁的。这段时间其他藏馆馆长数量为：维多利亚和艾伯特博物馆两位、国家海事博物馆两位、泰特美术馆两位、华莱士两位、国家艺术馆三位、大英博物馆四位(其中有一位是约翰·福斯代克爵士，任职达14年)。各位馆长在科学博物馆都有自己的议程。更重要的是，每个变化都会打乱专业（及个人）的关系，这些关系在跨部门谈判过程中显得尤为重要。由于没有受托管理委员会，科学博物馆在过渡期就没有受托管理委员会的指导，或者在馆长去世后没有受托管理委员会提供支持，科学博物馆只能依靠公务人员来指导，这大大影响了其未来的方向。这导致科学博物馆执行力不断减弱。

与国家海事博物馆对比，这些结果更为显著。国家海事博物馆的第一任馆长杰弗里·卡伦德爵士从 20 世纪 20 年代早期参与该项目，一直到他 1946 年去世。他的长期参与实现了国家海事博物馆的创建和最初布局的完成，他保持着与一大批政府工作人员的关系。其中，他与三个人的关系特别要好，因为他们与国家海事博物馆和科学博物馆都有很大的关联。最年长的是斯坦诺普，他是国家海事博物馆信托基金会（1927—1934）和国家海事博物馆受托管理委员会（1934—1959）的主席。此外，1930 年，他加入了国家肖像馆董事会，于 1941 年被任命为常务委员会主席。[109] 对科学博物馆来说很关键的一点是，他是 1937—1938 年教育委员会的主席。① 同样重要的是威廉·奥姆斯比-戈尔，保守党和工党联合政府的议员。他在 1938 年继承了父亲的职位，成为哈里克男爵。1934 年 6 月 29 日，他在工程建设部任职期间推动了对国家海事博物馆条例草案的二次审阅进程。由于没有"国家海洋探险"展的声明，他被麦金托什在投诉信中称之为国家海事博物馆的"首席产科男医师"。[110] 正如前面提到的，威廉·奥姆斯比-戈尔于 1936 年 1 月推迟了中楼的建设。此外，他积极关注许多其他主要宝藏馆，如大英博物馆和威尔士国家图书馆，并于 1949 年任常务委员会主席。[111] 最后一个是埃里克·德·诺曼（Eric de Normann）爵士，他是工程建设部首席建造师。用利特尔伍德（Littlewood）和巴特勒（Butler）的话说，他是国家海事博物馆发展的关键人物。他在职业生涯中一直致力于国家海事博物馆的工作。[112] 所有这些人出于不同的原因参与国家海事博物馆的工作，但他

83

① 任命他所引起的利益冲突的讨论，请参见第二章。

们有一个共同点，即卡伦德的在职以及与卡伦德之间的友谊。此外，这些人都卷入了机构的竞争，特别是科学博物馆和国家海事博物馆之间的竞争，他们的个人偏见影响了他们的专业判断，他们夸大了科学博物馆的其他缺点。

很显然，不是某个人或者某个环境造成了科学博物馆计划的延误，但这些因素确实没有降低延误的程度。总体而言，贝尔报告的第二阶段延迟了三四十年，而第三阶段由女王于 2000 年开启，正好在贝尔报告被提出整整 88 年后才被启动。幸运的是，科学博物馆在南肯辛顿之外扩展了存储空间及展览空间，否则它容纳藏品的能力将会受到限制，并且远远超出第二次世界大战后的受限情况。

收集战争留下的藏品

第二次世界大战产生的收藏材料繁多。大件物品，如飞机和坦克，小件物品，如防毒面具和收音机，或者微小物品，如战争办公室里的海报和小册子，这些物件都可以通过各种途径被收藏起来。第一次世界大战结束后，藏品收集有一个非常显著的空白时期，尤其是帝国战争博物馆还没有开放前的时期（该博物馆直到 1917 年才开放）。科学博物馆担心关于第二次世界大战的展品收集又会造成这种空白期，于是在战争早期就开始收集藏品。

1939 年 9 月，帝国战争博物馆向财政部提出申请，要求扩大科学博物馆藏品的覆盖范围以包含目前的战争藏品。10 月，财政部批准了这个申请。科学博物馆开始努力收集材料。[113] 1940 年 4 月，英国上议院要求常务委员会考虑如何将战争物资分配给各个机构，这些机构主要有帝国战争博物馆、国家海事博物馆、英国皇家联合服务研究所和科学博物馆。常务委员会的报告给出了略带倾向性的指导。常务委员会赋予了所有博物馆优先权。帝国战争博物馆被赋予收集具有流行或壮观特性资源的优先权；国家海事博物馆被赋予收集海军资源的优先权；英国皇家联合服务研究所被赋予收集个人小纪念品的优先权；科学博物馆被赋予收集技术资源的优先权。[114] 这个报告使帝国战争博物馆、国家海事博物馆和科学博物馆之间的关系越来越紧张。

该报告还包括资源的收集措施，以及建议设立处置委员会。这个委员会代表服务部及博物馆。委员会在 1945 年召开第一次会议，明确早期事务为保存资源。如前面所讨论，空军部是第一个积极搜集资源的服务部门，而科学博物馆是第一个收集和展览物品的博物馆。除上述的三个博物馆外，其他博物馆对在战争期间产生的资源同样有兴趣：维多利亚和艾伯特博物馆对设计及服装有兴趣，国家美术馆在肯尼思·克拉克（Kenneth Clark）的指导下展览了战争艺术家的作品。[115] 在战争期间，工作人员和安全性问题使得收集藏品非常困难，但战后，藏品的收集速度和可能性大大提高。

那么，如何衡量一个博物馆收集藏品的能力，并且使得这些藏品能代表第二次世界大战期间庞大而复杂的事件呢？对于帝国战争博物馆来说很简单——收集一切相关藏品。国家海事博物馆的解决方案与帝国战争博物馆是相似的——收集任何与海军相关的藏品。科学博物馆创建出一套更加复杂和多样的标准。科学博物馆不像帝国战争博物馆那样收集引起轰动的物品，它收集能展示出科学和技术的发展，或者是对教育展览非常有用的展品。这种划分并没有消除体制冲突，但其他因素却能，如科学博物馆的空间限制减少了战后冲突的发生。

正如在前面章节中所讨论的，戴维一直积极收集藏品，并且创办了"和平与战争中的飞机"展览。这次展览中的藏品都成了永久性的藏品，大多数展品都是模型，如惠特利 5 号重型轰炸机（Inv. 1940-11）和汉普敦 1 号双发动机中型轰炸机（Inv. 1940-26）。一些其他藏品也被收集，如剑鱼式鱼雷轰炸机 XVII 号（Inv. 1940-76）。此外，戴维曾在 20 世纪 30 年代收集了几款飞机的模型。这几款飞机都是现役飞机。戴维领导帝国战争博物馆进行收集工作。戴维继续努力收集藏品，直到"和平与战争中的飞机"展览被关闭。但随着战争的结束，他又尽快恢复展览。1945

年，他从战争办公室获得了一架缴获的 V1 火箭（Inv. 1945-77）。[116]在随后的几年中，他获得几款模型，其中包括兰开斯特 1 号轰炸机（Inv. 1946-206）和一些发动机，其中包括奔驰 DB 605 A1（Inv. 1947-181）。通过收集碎片而不是完整的飞机，藏品的收集能够跟上技术发展的步伐，并且科学博物馆没有面临储存空间的担忧。这种模式持续了近十年，直到 20 世纪 50 年代中期，人们开始策划中楼的展览。当科学博物馆有更大的空间时，它便开始寻找完整的飞机，包括飓风（Inv. 1954-660）和超马林喷火式战斗机（Supermarine Spitfire, Inv. 1954-659）。这些标志性的飞机不是第二次世界大战航空物品收集的结束。收集工作一直持续到 20 世纪 80 年代，直到科学博物馆获得 V2 火箭（Inv. 1982-1264）。[117]（图 3-4）

图 3-4　V2 火箭到达位于劳顿的大物品存储室（拍摄于 1982 年）

传统的学科，如航空学，能使藏品现代化。战争期间，一些学科有了很大的发展，如核物理。藏品不得不进行重组或创建。简而言之，第二次世界大战展品材料的收集工作对科学博物馆来说是困难的，因为收集必须是有选择性的。但尽管如此，第二次世界大战期间的相关物品仍然在博物馆的展区中得到充分的展示。从贝利的桥梁模型（Inv. 1947-185）到海军部的海军燃气机（Inv. 1949-175），在大多数展区，战争期间科学和技术的文化遗产得到充分的展示。在规模上，科学博物馆永远不能够与帝国战争博物馆或国家海事博物馆相匹敌，但它已成功地达到了它的目的，因为它把战争中的许多重要技术进展纳入了进来。

结　论

第二次世界大战给世界各地带来了巨大的变化。各博物馆在提高专业化水平、加强气候控制、完善保护制度等方面积累了经验。许多进展得以发生是由于先前系统的不足，比如科学博物馆缺乏副本记录，而副本为物品提供了更好的保存方式。然而，这些进展被炮火中断，它不仅造成了科学博物馆屋顶的坍塌，还影响了其 20 世纪 40 年代和 50 年代的发展计划，所有人都能感受到这种挫折。虽然许多博物馆战后都能够继续战前的思路，但科学博物馆却在其领域内面临着巨大变化。科学博物馆无法像帝国战争博物馆那样通过不断增加访问服务来减小这一变化。相反，它专注于创建临时科学和技术发展方面的教育展览。它通过聚焦展示现代科学产物，而不是收集当代科学产物来保持它作为国家（甚至国际性）博物馆的重要地位。

86

参考文献

1. Peter L. Jakab（curator），'The Wright Brothers：The Invention of the Aerial Age'，http：//www. nasm. si. edu/wrightbrothers/（accessed 9 March 2009）.

2. David Edgerton，*England and the Aeroplane*：*An Essay on a Militant and Technological Nation*，*Science*，*Technology and Medicine in Modern History*（London：Macmillan Academic，1991），pp. 2-3.

3. H. G. Wells，*The War in the Air*（London：George Bell and Sons，1908）.

4. Leslie Pollard，*Menace*：*A Novel of the Near Future*（London：T. Werner Laurie，1935），pp. 58-59.

5. Standing Commission on Museums and Galleries，*The National Museums and Galleries*：*The War Years and After*，*Third Report of the Standing Commission on*

Museums and Galleries(London: HMSO, 1948).

6. Various Letters in Victoria & Albert Archives (V&A), ED 84/264.

7. Unpublished manuscript, 'War History of the Science Museum and Library, 1939-1945'by Col. E. E. B. Mackintosh in 1945, SMD, Z 101, p. 1.

8. 11 January 1939 letter in V&A, ED 84/264.

9. 'War History of the Science Museum', p. 2.

10. 'War History of the Science Museum', pp. 2, 18.

11. 15 September 1938 Minute Sheet in V&A, ED 84/264 & 'War History of the Science Museum', pp. 1-3.

12. David Follett, *The Rise of the Science Museum Under Henry Lyons* (London: Science Museum, 1978), pp. 89-94.

13. 'Interim Report of the Royal Commission on National Museums and Galleries [Cmd. 3192]', *PP*(1928), pp. 3-5, 18-19, 43.

14. 'Final Report of the Royal Commission on National Museums and Galleries: Part 2. Conclusions and Recommendations Relating to Individual Institutions [Cmd. 3463]', *PP* (1930), p. 49.

15. David Follett, *The Rise of the Science Museum*, p. 94.

16. Director's Note by Mackintosh dated 1 July 35 in SMD, Nominal 1356.

17. 14 November 1935 Note in SMD, ED 79/38.

18. 23 January 1936 Note in SMD, ED 79/38.

19. David Rooney, *The Events Which Led to the Building of the Science Museum Centre Block*, *1912-1951*, Science Museum Papers in the History of Technology No. 7 (London Science Museum, 1997), p. 12.

20. Folder for 'South Kensington Site' dated 1937 in SMD, Z 188.

21. Winston Churchill, *The Second World War: Abridged Edition with an Epilogue on the Years* 1945 *to* 1957 (London: Pimlico, 2002), pp. 112-130.

22. 15 September 1938 Minute Sheet in V&A, ED 84/264.

23. Winston Churchill, *The Second World War: Abridged Edition*, pp. 133-134.

24. Memorandum dated 31 Aug 1939 in V&A, ED 84/264.

25. 'War History of the Science Museum', pp. 20-22.

26. Examples of this behaviour can be found in V&A, ED 84/264; V&A, ED 84/267; and Tate archives, TG/2/7/1/44/2.

27. 31 August 1939 Memo in V&A, ED 84/264.

28. Winston Churchill, *The Second World War: Abridged Edition*, pp. 149-161.

国家的科学——伦敦科学博物馆的历史透视

29. 'War History of the Science Museum', p. 2.

30. 'War History of the Science Museum', pp. 9-11.

31. 'War History of the Science Museum', pp. 9，12，39，58，79.

32. Robert Mackay，*Half the Battle*：*Civilian Morale in Britain During the Second World War* (Manchester：Manchester University Press，2002)，pp. 54-56；'War History of the Science Museum', pp. 11-12.

33. Standing Commission on Museums and Galleries，*War Years and After*，p. 13.

34. British Museum Standing Committee Minutes (BMSC)，6 Feb 1940 and 10 Feb 1940.

35. Edward Miller，*That Noble Cabinet*：*A History of the British Museum* (London：Andre Deutsch Limited，1973)，p. 334.

36. The War Exhibits Register，Department of Prehistory & Europe，British Museum.

37. 15 January 1940 Letter from Davy in SMD，ED 79/43.

38. David Follett，*The Rise of the Science Museum*，pp. 61，163.

39. December 1939 and January 1940 Letters in SMD，ED 79/43.

40. 16 January 1940 Reply from Vickers in SMD，ED 79/43.

41. Letter to Rolls-Royce from Davy dated 29 May 1940，SMD，Nominal 1453/10.

42. 1 June 1940 Reply from Boulton & Paul in SMD，ED 79/43.

43. SMD，Nominal 1219/17-Dagger and Rapier Engines and Nominal 1453/10-Merlin Engine.

44. SMD，Nominal 1219/17.

45. Science Museum Annual Report for 1940-1951，p. 1.

46. Edward Miller，*That Noble Cabinet*，p. 334.

47. BMSC，12 July 41 (p. 5708).

48. British Museum War Exhibit Registry.

49. Standing Commission on Museums and Galleries，*War Years and After*.

50. 'War History of the Science Museum', p. 12.

51. John Forsdyke，'The Museum in War-Time'，*The British Museum Quarterly* XV (1952)，pp. 1-9.

52. 'War History of the Science Museum', p. 63.

53. 31 July 1940 Report in V&A，ED 84/267.

54. John Ezard，'How Lords Wrecked War-Time Effort to Save Art'，*Guardian*，12 December 2002.

55. The National Gallery，'The Gallery during the Second World War'，http：//

www. nationalgallery. org. uk/about/history/war/default. htm（accessed 24 October 2007）

56. John Forsdyke，'The Museum in War-Time'.

57. SMD，Z 282 and 'War History of the Science Museum'，pp. 13-14.

58. Standing Commission on Museums and Galleries，*War Years and After*，p. 26.

59. SMD，Z 282 and 'War History of the Science Museum'，p. 16.

60. 5 November 1941 Letter in V&A，ED 84/269.

61. 'War History of the Science Museum'，pp. 17-18.

62. The surviving Science Museum lists are in SMD，Z 282.

63. 'War History of the Science Museum'，pp. 8，18.

64. Standing Commission on Museums and Galleries，*War Years and After*，p. 18.

65. V&A，ED 84/263.

66. Tate archives，TGA/2000/1/55/1.

88　67. Kew Gardens，'1939-1945：Kew At War'，http：//www. kew. org/heritage/ timeline/1885to1945 _ war. html（accessed 13 December 2007）.

68. 'War History of the Science Museum'，pp. 31-33.

69. 'War History of the Science Museum'，pp. 59-70.

70. 'War History of the Science Museum'，pp. 66-68.

71. Standing Commission on Museums and Galleries，*War Years and After*.

72. 'War History of the Science Museum'，pp. 31，77-79.

73. 14 February 1946 Director's Note in SMD，ED 79/161.

74. Standing Commission on Museums and Galleries，*War Years and After*，p. 17.

75. 23 August 1946 Minute Paper in SMD，ED 79/161.

76. Science Museum Annual Report for 1940-1951，p. 6.

77. Science Museum Annual Report for 1940-1951，pp. 6-8，14，17，27.

78. Standing Commission on Museums and Galleries，*War Years and After*，pp. 23-24.

79. BMSC，10 July 1943，pp. 5781-5782.

80. Standing Commission on Museums and Galleries，*War Years and After*，p. 26.

81. 26 June 1948 Letter SCM/95B/10/1 in SMD，ED 79/181.

82. 26 June 1948 Letter and 27 September 1948 Notes of Meeting，SMD，ED 79/181.

83. Minute Paper titled 'Planetarium for Festival of Britain 1951' in SMD，Nominal 1356A.

84. Science Museum Annual Report for 1940-1951, pp. 2-3.

85. 'Note for Director on Return' undated in SMD, ED 79/181.

86. Memorandum dated 12 Sep 50 SCM/95B/10/9 in SMD, ED 79/181.

87. 15 November 1951 Letter in SMD, ED 79/181.

88. Science Museum Annual Report for 1952, p. 2.

89. 'Summary of Planetarium History' in SMD, Nominal 1356B.

90. 19 August 1946 Letter in TNA: PRO, FO 943/346 and 20 May 1946 Letter in TNA: PRO, ED 23/1057.

91. 30 July 1946 Letter in TNA: PRO, ED 23/1057.

92. 6 September 1946 Letter in TNA: PRO, FO 943/346.

93. 'Summary of Planetarium History' in SMD, Nominal 1356B.

94. November 1948 to April 1949 Letters in SMD, Nominal 1356B.

95. Nominal 1356 Press Cuttings.

96. 10 December 1948 Letter and Reply (SCM/95B/10/3) in SMD, ED 79/181.

97. 25 March 1953 Letter in SMD, Nominal 1356B/6/6.

98. Anonymous, 'Planetarium Arrives', *The Times*, 7 October 1957, p. 4.

99. Science Museum Annual Report for 1953, pp. 2, 18.

100. 4 December 1954 Letter in TNA: PRO. Work 17/473.

101. Reply to 19 September 1955 Letter in SMD, Nominal 1356/36.

102. Science Museum Annual Report for 1954, p. 1.

103. Paper C for Advisory Council (5 April 1955) in SMD, Nominal 1356.

104. Kevin Littlewood and Beverley Butler, *Of Ships and Stars: Maritime Heritage and the Founding of the National Maritime Museum*, *Greenwich* (London: The Athlone Press, 1998), pp. 52, 70-72.

105. Anonymous, 'Museums to Get Greater Freedom: Heritage Bill', *The Times*, 25 February 1983, p. 4.

106. Alec Martin, rev. Helen Davies, 'Duveen, Joseph Joel, Baron Duveen (1869-1939)', *Oxford Dictionary of National Biography*, http://ezproxy.ouls.ox.ac.uk:2117/view/article/32945 (accessed 5 March 2009).

107. F. G. G. Carr, rev. Ann Savours, 'Caird, Sir James, of Glenfarquhar, Baronet (1864-1954)', *Oxford Dictionary of National Biography*, http://ezproxy.ouls.ox.ac.uk:2117/view/article/32240 (accessed 5 March 2009).

108. Kevin Littlewood and Beverley Butler, *Of Ships and Stars*, pp. 71-78.

109. Kevin Littlewood and Beverley Butler, *Of Ships and Stars*, pp. 56, 112, 89 and Appendix 1.

110. Kevin Littlewood and Beverley Butler, *Of Ships and Stars*, pp. 71,

107-108.

111. K. E. Robinson, 'Gore, William George Arthur Ormsby, Fourth Baron Harlech (1885-1964)', *Oxford Dictionary of National Biography*, http://ezproxy. ouls. ox. ac. uk: 2117/view/article/35330 (accessed 6 March 2009).

112. Kevin Littlewood and Beverley Butler, *Of Ships and Stars*, pp. 60, 120.

113. Personal Communication from Peter Collins, Senior Collections Officer, Imperial War Museum dated 26 August 2008.

114. Standing Commission on Museums and Galleries, *War Years and After*, p. 18.

115. Standing Commission on Museums and Galleries, *War Years and After*, pp. 11-18.

116. SMD, T/1945/77 (Part 1)-Technical File: V1 Missile.

117. SMD, T/1982/1264-Technical File: V2 MissileNotes.

第四章

雄心和焦虑：科学博物馆(1950—1983 年)

斯考特·安东尼

从战后参观人数来看，科学博物馆的受欢迎程度是毋庸置疑的。901950—1983 年，观众数量从每年不到一百万增加到每年超过五百万。南肯辛顿博物馆的藏品大幅增长，增长幅度让人难以置信。此外，两个新的区域中心也成功建成。但与此同时，这也是一个荣耀与焦虑并存的时期。每位科学博物馆的馆长都必须处理随之而来的各种问题：应该怎样把科学呈现给公众？出于什么目的呈现？科学博物馆应该对过去的研究报以多大的关注？科学博物馆是否应该支持新的科技？科学博物馆在教育方面应该处于何种角色？它应该怎样被正规化？这段时间的困惑就像科技的进步速度一样与日俱增。

英国展览节(1951 年)

举办英国展览节是为了给科学博物馆新的推动力，让科学博物馆从战后的低迷状态走出来，以获得长远的发展。对于新馆长舍伍德·泰勒来说，该展览节在用新的展览手法激发公众兴趣方面非常有用。英国展览节大量借鉴巴黎探索宫(the Palais de la Decouverte in Paris)已用的方法，展出的许多展品都是模型而不是历史实物，主要用更容易理解的故事来展示展品之间的联系，而展品的标签处于次要地位。展览不是为了科学人员或者专业科技人员设计的。策展人伊恩·考克斯(Ian Cox)解释道:"它的目标观众是那些普通大众。虽然他们并没有接受过特别的科学训练,但对科学事物具有强烈的好奇心。"[1]伦敦运输局的《庞奇》(Punch)和《伦敦新闻画报》(London Illustrated News)是众多给予考克斯外部群体支持的代表,它们提供给考克斯从漫画到立体摄影的各种需

91 求。像20世纪末"科技中心"的先驱一样,科学展展示了舍伍德·泰勒的特色展览方式。就像舍伍德·泰勒所说的:

> 一位精通音乐盒及其历史的专家,也许并不精通如何在公众展览上摆放音乐盒或者选择说明标签的标题和类型。我们应该在目前的情境下走得更远。那些不得不在19世纪发明的展览和印刷方式上花费工作时间的博物馆职员,可能很容易在无意识中接受远离大众的标准。[2]

对于舍伍德·泰勒来说,展览节是舍弃旧的管理理念的一种方式。有序的科学展览品与"只有技术积累的小古董"形成对比。他警告说,这种小古董让博物馆处在退化之中。[3]科学博物馆的历史伴随着科学展览的每个阶段,并展示了科学博物馆进一步发展的前景。

然而,展览节对科学博物馆的影响只是暂时的。科学展是临时的展览,观众必须付费,且必须由南肯辛顿站点隔离出来的独立入口进入。科学展没有让资深主管留下深刻印象,也没影响他们。它通过实物化的形式表现出了舍伍德·泰勒和他的资深馆员之间缺乏基本的信任与理解。这让舍伍德·泰勒进一步确信他需要更高的管理权威去为科学博物馆重新定向。

在展览节期间,由布赖恩·皮克(Brian Peake)设计的充满了现代主义视觉气息的六边形石墨阵列在科学博物馆东楼的新古典主义南墙展出。这个展览吸引了213000位观众,比因为政治原因所鼓吹的预期人数少,但仍占了科学博物馆每年总参观人数的五分之一。迈克尔·弗雷恩(Michael Frayn)审慎地把这个展览节描述成一个"欢乐盒子",和所

有的"欢乐盒子"一样，其最令人高兴的就是它的包装。[4]科学展览是科学博物馆自己的"欢乐盒子"，当皮克董事会结束任期之后，被推迟的科学博物馆重建进程得以恢复。（图 4-1）

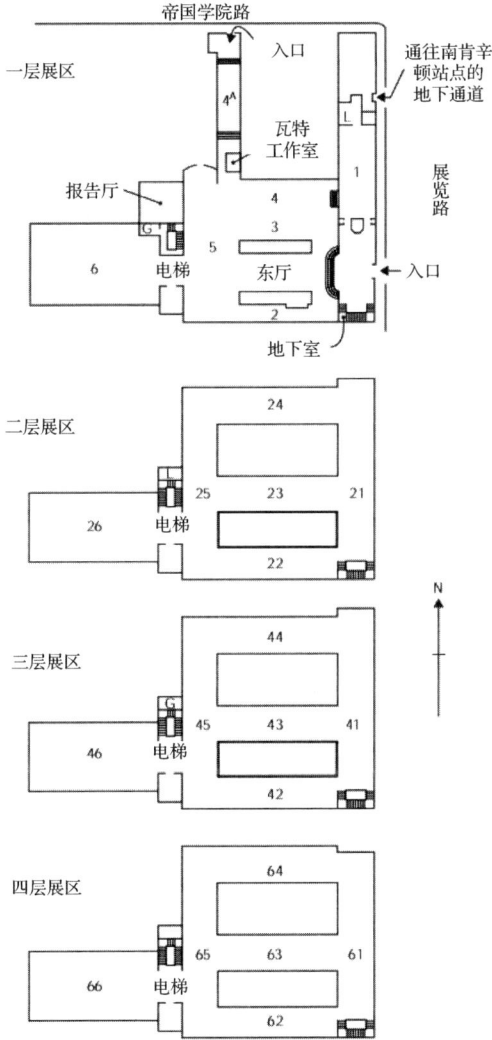

图 4-1　1959 年科学博物馆楼层平面图草图

注：因为只有东楼在使用，所以从 20 世纪 20 年代末起平面图就没有改变过。

对于前任馆长赫尔曼·肖来说，举办这个展览节的最大作用就是启动了从 1914 年就悬而未决的建筑项目。这个展览节给予了科学博物馆绕过工程建设部的特权，自己雇用私人承包商重建新的展览中心。然而，私人承包商并没有在展览节中楼的地下室和一层建筑中安装博物馆展厅所需的永久灯光和供暖设施。直到自然博物馆将其哺乳动物藏品临时放入这个中楼时，它的设施才得到改善。事实上，中楼直到 1961 年才完全建成，最终的中楼展厅直到 1968 年才对公众开放。

舍伍德·泰勒的管理（1950—1956 年）

如果说英国展览节给博物馆畅想机构未来的机会，那么 1952 年的"百本炼金术书展"则让员工有机会了解舍伍德·泰勒的内心想法。"百本炼金术书展"是一个有争议的展览。因为尽管炼金术可以被认为是化学的早期形式，但在战后初期它不是一门受学者尊重的学科。此外，通过展览书籍，舍伍德·泰勒在筹划一类展览。这类展览是由他对科学史的研究和他个人对卡尔·荣格（Carl Jung）工作的兴趣所激发而成的。舍伍德·泰勒对于炼金术历史的兴趣不仅是由化学引起的，而且是由宗教信仰等一些不寻常的因素共同激发的。舍伍德·泰勒是炼金术和早期化学史协会的奠基人之一。并且从 1937 年开始一直到他去世，他通过协会杂志《炼金术和化学史》的编辑来促进这门学科的发展。在 1945 年出版的《四重视觉》（*The Fourfold Vision*）中，舍伍德·泰勒试图去平衡科学和他的信仰。科学博物馆的资深馆员认为，这种科学和精神信仰的混合会威胁到科学博物馆作为一个科学机构的名誉。"百本炼金术书展"可能是科学博物馆第一个由多米尼加的一位修士出席开幕式的展览。这位修士名叫维克多·怀特（Victor White），他是一位心理治疗新疗法的专家。

尽管舍伍德·泰勒明白他对炼金术的兴趣在他的同伴看来很不寻常，但他仍然是一位合格的领导。除了作为牛津科学史博物馆策展人成

93

功的十年任期外，他还写过儿童教材和流行作品，如《科学世界》（*World of Science*）。舍伍德·泰勒对科学史的兴趣对于科学博物馆未来如何管理和展示藏品具有深远的影响。这些影响具有高度的普遍性，并很快被其他策展人学会了。对于科学博物馆的定位，教育部门描述的重点与舍伍德·泰勒阐述的内容值得进行简要对比。

教育部门的观点：

科学博物馆是国家的科学和工业的博物馆，其宗旨在于通过它的藏品去展示科学的历史及科学在技术和产业各个分支的应用。[5]

舍伍德·泰勒的观点：

如果惊奇和敬畏感是理论科学（如天文知识）合适的献礼，那么我们就应该唤起这种惊奇和敬畏感。如果需要对提供给人类当前生活水平的应用科学成就进行赞美，那么这种成就就应该作为历史及其进展过程的一部分被展示出来。在这种观点下，科学博物馆的宗旨也许可以被简单的阐述为去展示科学的成就、奇妙之处、重要性和历史。[6]

舍伍德·泰勒的观点不受欢迎的范围远远超出资深馆员，因为它威胁到了科学家和专业的科技人员。舍伍德·泰勒对博物馆展览的硬性标准要求很高，他认为，造成视觉疲劳的展览会阻碍博物馆教育使命的达成。他想让科学博物馆从店铺陈列、广告、海报、电影和连环画中学习一些创意。例如，舍伍德·泰勒买来菲利普-捷克·德·卢森堡（Philippe-Jacques de Loutherbourg）的画《卡尔布鲁克代尔之夜》（*Coalbrookdale by Night*）去展示冶金史。这激怒了弗莱德·莱贝特（Fred Lebeter）——化学馆副主管（主管冶金方面的工作）。莱贝特抱怨说，《巴洛克和浪漫主义》（*Baroqwe and Romantic*，1801）画作才代表了典型的 18 世纪中期的场景。因此,《卡尔布鲁克代尔之夜》画作对于实际冶金进程的说明意义不大。[7]莱贝特和他的同事反对舍伍德·泰勒将博物馆拨款的八分之一花在一个与科学博物馆无关的艺术作品上。相比之下,舍伍德·泰勒认为科学博物馆可以并且应该平衡一下艺术展览和艺术教育。尽管如此,他还是给莱贝特写了一封道歉信,这在科学博物馆的历史上是前所未有的。

舍伍德·泰勒关于科学的实践、目的和展览方面的独特想法在更具有学术氛围的牛津科学史博物馆得到发展。但科学博物馆缺少宽容的氛围。当舍伍德·泰勒接到任命的时候,科学博物馆正处于混乱之中。第二次世界大战之后科学博物馆的修复压力使得前任馆长赫尔曼·肖在职位上去世。"科学博物馆处于失控状态,"政府部门承认,"科学博物馆最需要的是一位能够控制员工的管理者。"[8]

舍伍德·泰勒得到这份工作是因为有 C. P. 斯诺(C. P. Snow)的支持。斯诺的支持意味着,尽管先前宣布行政管理能力是至关重要的,但教育部的官员还是任命了舍伍德·泰勒。而在他的前任看来,他只是个温文尔雅的知识分子,他可能会发现科学博物馆的管理工作占用了大量用于个人爱好的闲暇时间。[9]在推荐舍伍德·泰勒的时候,斯诺还是有点担心"他可能会被这个职位的管理负担压垮"。[10]舍伍德·泰勒到达科学博物馆不久就在牛津科学史博物馆申请了一个初级职务。① 很尴尬的是,牛津科学史博物馆劝说他撤回申请。虽然他是科学博物馆战后引入的英雄人物,但像他的前任一样,舍伍德·泰勒也在职位上去世了。

舍伍德·泰勒在 1951 年成立了"科学博物馆考虑儿童需要委员会",该委员会产生了长远影响。舍伍德·泰勒邀请了教育心理学先驱菲利普·弗农(Philip Vernon)来研究儿童对博物馆的反应、博物馆对儿童的

---

① 牛津科学史博物馆的档案管理员托尼·西姆科克(与舍伍德·泰勒相关的权威人士)向我透露的。

影响，以及博物馆可能产生的效益。这项工作推动了一系列成功的变革。科学博物馆开始每月向学校发行非正式的简报，并制作特别指南去发展特定的观众。喧闹的演示使得公开讲座充满活力。委员会的最终报告对中央展区新儿童展厅的建立产生了深远的影响。（图 4-2）

图 4-2　1963 年，一个孩子正在操作儿童展厅里的一个 1924 年的电梯模型

在某种程度上讲，舍伍德·泰勒也树立了科学博物馆科学史家的榜样。凭借可观的档案资源及政府的支持，科学博物馆已经成为英国科学史研究中心。

特伦斯·莫里森-斯考特的管理（1955—1960 年）

1956 年 5 月，舍伍德·泰勒久病去世，科学博物馆处于相当严重的混乱之中。行政部门没有制定任何关于科学博物馆未来的政策。[11]咨询委员会的主席霍尔斯伯里（Halsbury）伯爵在采访之后给斯诺的信中写道：

科学博物馆早就成了无舵之船，员工士气低落，政策决定姗姗来迟。由于工作的需要，工程建设部的建设计划刻不容缓。候选人员应该是夜中行船的船长，他经验丰富，很清楚掌舵的技巧。在很长一段时间里，科学博物馆有各种类型的馆长，从退休的军人到牛津的知识分子，却没有一个博物馆内行。这在一定程度上导致了我们现在必须处理的问题。我们不想再要业余人员了。[12]

霍尔斯伯里是一个性格强硬的人，他在 1951 年就成了咨询委员会的主席。他是著名大法官托尼·吉法德（Tony Giffard）的孙子。在他父亲的强迫下，他成了一名会计师。之后，他辅修获得了伦敦大学的化学学士学位。[13] 1949 年，在布朗·弗斯研究实验室（Brown Firth Research Laboratories）和迪克唱片公司（Decca Records）辉煌的职业生涯后，霍尔斯伯里（已经在 1943 年继承了他父亲的职位）成了国家研究发展协会（National Research Development Corporation）的第一任执行会长。这个协会的建立是为了探索公共部门的革新。他决心要给科学博物馆找到合适的人，而在他看来，那个人就是自然博物馆的一位相对低级别的助理馆长——特伦斯·莫里森-斯考特（Terence Morrison-Scott）。自从 1921 年在伊顿相遇之后，他们就成了朋友。霍尔斯伯里对莫里森-斯考特的社会和科学立场印象深刻。莫里森-斯考特是一个"带有令人舒适的私人特性的传统伊顿公学人（Old Etonian）"，也是排外的雅典娜俱乐部的领导成员。令霍尔斯伯里惊奇的是，莫里森-斯考特为了某个人放弃了前景广阔的职业而去从事科学工作，并顽强地坚持，直到发表作品从而获得理学博士学位。也可能如霍尔斯伯里所感到的惊奇一样，某位与斯诺关系紧密，又沉迷于科学的人影响了斯诺，从而使斯诺在两年后写下了关于"两种文化"的著名的瑞德报告。

尽管有霍尔斯伯里这样强大的支持，莫里森-斯考特也险些得不到这个职位。他的面试被描述为"令人失望的"。他承认，他对教育没有兴趣，并且如果科学博物馆的金融和政治情况不能快速得到改善，他将会离开。

相比之下，挑选小组的一些成员被爱德华·克里斯托弗·鲍恩（Edward Christopher Baughan）的表现所吸引。鲍恩是一个专注细节和有深度的人，他是皇家军事科学院的化学教授，第二次世界大战期间在被迫研究运筹学之前曾在曼彻斯特跟随迈克尔·波拉尼（Michael Polanyi）学习。

霍尔斯伯里没管这些，他向斯诺宣称：

> ……鲍恩可以操控好任何运行良好的演出，并贴上自己的标签，而且他了解关于演出的一切。但他对科学博物馆了解甚少，用他自己的话说，他将"沉淀"并观察六个月。然后，他将开始对科学博物馆施加影响。然而，科学博物馆并非一场运行良好的演出，而且在他"沉淀"期间，科学博物馆不良好的状态还将继续，它需要及时采取很多行动。我认为对于员工来说，看着他们的新馆长"沉淀"起来并不好。

相比之下，霍尔斯伯里说，莫里森-斯考特是一个名副其实的博物馆内行，而且这种评价在博物馆业界是被接受的。斯诺认为霍尔斯伯里的论据是有力而不可抗拒的，所以莫里森-斯考特得到了这个管理职位。

霍尔斯伯里向斯诺坦白说，莫里森-斯考特"具有某些先天不足"，他有不敬之情，在面试中也不会改变他一贯的行事风格。这种咄咄逼人的风格导致他没有赢得主管职务，也不能赢得比如给车间工作人员加薪等改革的支持。尽管莫里森-斯考特成功地向政府申请到将对科学博物馆的拨款从2000英镑提高到8000英镑，但他却不能招到他想要的合适的员工。在某种程度上，莫里森-斯考特在科学博物馆馆长职务的工作从本质上看是对自然博物馆馆长职务的培训，因为莫里森-斯考特更适合作为一位动物学家。当他的导师加文·德·比尔（Gavin de Beer）爵士在1960年退休的时候，莫里森-斯考特很高兴地回到了他之前的博物馆当馆长。

很明显，一直到1965年，由霍尔斯伯里任主席的咨询委员会不想再重复前面的失败，再去试着任命一个外部的人员去管理科学博物馆。

戴维·福利特(1960—1973 年的馆长)和玛格丽特·韦斯顿(Margaret Weston, 1973—1986 年的馆长)都是博物馆内部人员, 并且都可以称得上是科学博物馆历史上最成功的馆长。在莫里森-斯考特离开之后, 科学博物馆相对稳定的 23 年中, 大家对馆长的谈论就变得不那么重要了。

太空竞赛和科学博物馆的广泛吸引力

20 世纪 60 年代初, 新闻界要么忽略科学博物馆, 要么贬低它。杰拉尔德·里奇(Gerald Leach)在《卫报》(*The Guardian*)上写道:"科学博物馆就是将五六个看似相关的摘要分散地贴在国家艺术馆的墙上。"[14] 英国报纸贬低高度互动的北美科学中心, 并认为科学博物馆需要在新旧科学上进行折中。因为十二岁的孩子对原子、星星和太空之类的东西感兴趣。所以媒体认为, 科学博物馆需要的是新科学而不是旧技术。

公众在太空竞赛方面的兴趣使科学博物馆更多地关注现代科学取得的成就。1962 年, 约翰·格伦上校的太空飞船"友谊 7 号"在中楼一个匆忙准备出来的展厅中连续展览了两天。科学博物馆的开放时间延长到晚上 9 点以容纳蜂拥而至的 25000 名观众。警察被调来管理一直延伸到克伦威尔路的长龙。理查德·丁布尔比(Richard Dimbleby)为英国广播公司的《全景专题》(*Panorama*)特别节目采访了那些兴奋的观众。"友谊 7 号"可以说是当时科学博物馆最有吸引力的展品。1965 年, 当执行美国第一次亚轨道太空飞行的"自由 7 号"从史密森学会(Smithsonian Institution)和美国国家航空博物馆(National Air Museum of the United States)借来时, 科学博物馆试图重复 1962 年的成功。公众对这类展览的热情让科学博物馆的参观人数在 1965 年达到了 150 万。人数的增加也与中楼的竣工和随后展览空间的增加有关。参观人数在 1970 年达到了 200 万。

组织太空竞赛展览在很大程度上应该归功于"冷战"时期的外交文化。这个富含寓意的"友谊 7 号"来到科学博物馆是美国信息服务部门(United States Information Service)发起的全球巡演的一部分。观众拿着在美国制作的资料观看在美国制作的影片。出于同样的动机，1970 年，尼克松总统把从月球上采集的岩石样品包上英国国旗赠送给科学博物馆，并指出，它们应该在科学博物馆展示给公众。事实上，科学博物馆经常让自身陷入"冷战"时期的文化氛围中。在安东宁·诺沃提尼（Antonín Nowtný）总理的任职期间，科学博物馆与布拉格的国家技术博物馆建立了实质的联系。

在租借"自由 7 号"之前，科学博物馆也确实试图涉及空间科学展。自 1953 年以来，博物馆就再三要求政府投资，在中央展区的顶层建造一个天文馆。理由是：天文馆可以使宇航教育成为可能，并且可以提高国威。政府也许并不缺乏依据地认为，天文馆是"一种昂贵的玩具"，从而不考虑这种提议。[15] 1958 年，也就是苏联人造卫星发射的第二年，杜莎夫人开设了英联邦的第一个天文馆，于是，相关的争论也就变得无关紧要了。中央展区的顶层被重新指定为航空区域。

20 世纪 60 年代，科学博物馆的一个大型太空收藏在一定程度上说明了英国经济和政治的相对衰退。人们排队去看太空展览，但是展示给他们的英国的展品很少。英国的第一颗人造卫星"天线"（Aerial）在科学博物馆展出"友谊 7 号"的同一年发射进入太空。但科学博物馆只允许展览人造卫星模型。面对经费和专业人员的缺乏，科学博物馆很难掌握最新的科技，其解决方案是更加充分地利用模型。来自英国广播公司和松林制片厂（Pinewood Studios）的捐款使科学博物馆开始推动像《神秘博士》（Doctor Who）这样的通俗科幻电视节目的制作。1972 年和 1973 年的冬天，戴立克人的公共画为科学博物馆引来了额外 20% 的观众。轰动一时的展览并不总是展示科技的演进过程，但展览确实解释了为什么科技那么令人兴奋。更大的意义在于，稳定扩充的展览空间刺激了外部专业人员和外部基金的增长。但《每日电讯报》（The Daily Telegraph）抱怨说，科学博物馆新钢铁展厅的发起者把发展史简化为简单的介绍，并使这个展厅成了宣传秀。[16] 这种指责有些故意夸大其词。科学博物馆的原子能、天然气、石油及化学工业展厅与核能的推广、北海天然气和石油的发现及帝国化学工业公司持续的工业力量之间存在明显的相关性。像计算机或者空间科学这些领域，国内取得的成就不太大，

展览的问题也会更严重。（图 4-3）

图 4-3　1972 年 12 月，科学博物馆展出的英国广播公司"电视的视觉效果"展中的"神秘博士"[由乔恩·帕特维(Jon Pertwee)饰]和戴立克人(the Daleks)

科学博物馆的专业化

1967 年，中央展区的修建与戴维·福利特任馆长期间最重大的内部改革——建立科学博物馆服务部门协调并进。简单地说，科学博物馆服务部门把科学博物馆的员工工作室、摄影室、设计公司、出版社、教育服务部门、新闻工作室和场馆公众区集合在了一起。建立科学博物馆服务部门的理由很简单：日益增长的观众需要更广泛的服务。在欧洲，只有罗浮宫(Louvre)可以比科学博物馆吸引更多的观众，但是南肯辛顿站点直到 1965 年才开设了一个公用衣帽间。科学博物馆对公众的需求只有一个模糊的认识。咨询委员会总结道：

> 科学博物馆的员工仍然在很大程度上不知道观众的年龄构成、吸引他们来科学博物馆的原因、最令观众感兴趣的藏品和介绍方法、成年人对参观展厅和戏剧演讲的兴趣持续降低的原因，以及将

会促进科学博物馆未来发展的其他知识。[17]

除了解决这些知识空白之外，科学博物馆还试图通过加强信息服务、提供更广泛的出版物、组建专业的出版工作室以及发展自己的教育节目来建立其与观众之间更紧密的联系。通过建立一个强大的内部设计团队，科学博物馆可以更快地推出新的特别展览并刷新参观人数记录。20 世纪 70 年代，科学博物馆的发展步伐明显加快，这在很大程度上得益于科学博物馆服务部门创建的基础设施。值得注意的是，这个部门自战争以来就按无馆长的模式进行管理。这样的工作一般会吸引一些年轻人，因为他们抵触科学博物馆过于正式的工作规范。他们认为，科学博物馆的展览方法相比于维多利亚和艾伯特博物馆以及自然博物馆是古板的，并且是二流的。因此，对科学博物馆服务部门存在批判思想的年轻人与那些拥有相当技术专长却对科学博物馆的意义所在缺乏兴趣的老员工之间存在摩擦。20 世纪 60 年代，科学博物馆扩大的"服务"角色由期望值不同的更年轻的一代扮演。但讽刺的是，当采访到这个方面时，这些年轻人在情感上倾向于记住这些老员工。有一个反思评价说，这些老员工相当实用的专业知识是科学博物馆成功的重要组成部分。也有言论说，科学博物馆缺少了他们的专业知识会变得更加贫乏。（图 4-4）

101

图 4-4　1964 年，由罗伯特·韦特莫尔（Robert Wetmore）
为新化学馆设计的互动式元素周期表

科学博物馆服务部门的出现也是一种行政上的变化，它伴随着一些有趣的政治后果。科学博物馆在减少主管们日常职责的同时，也在某种程度上让他们担任新部门的负责人。这个部门日益成为科学博物馆后勤与行政部门及外部专业人员的联系枢纽。戴维·福利特曾任科学博物馆咨询委员会的秘书。他的继任者，玛格丽特·韦斯顿曾代理科学博物馆服务部门的第一任主管。事实上，玛格丽特·韦斯顿把她的成功归于对科学博物馆的全面理解，科学博物馆在这之前的情况可以用"一潭死水"

102

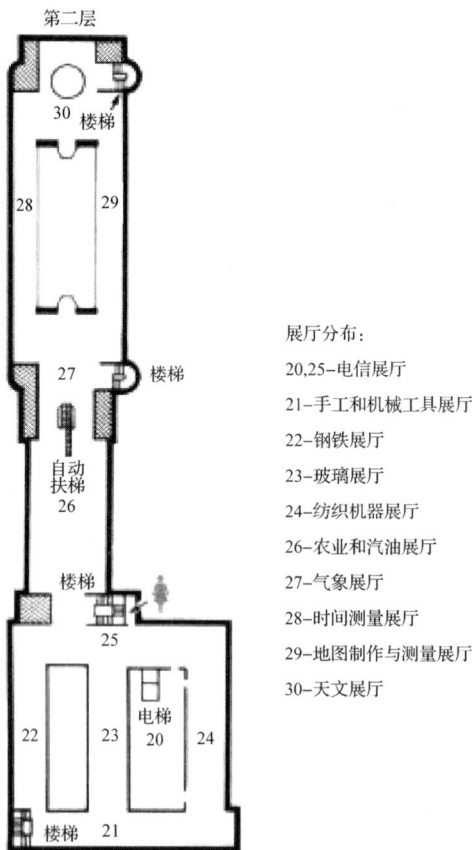

第二层

展厅分布：

20,25-电信展厅

21-手工和机械工具展厅

22-钢铁展厅

23-玻璃展厅

24-纺织机器展厅

26-农业和汽油展厅

27-气象展厅

28-时间测量展厅

29-地图制作与测量展厅

30-天文展厅

图 4-5　取自 20 世纪 80 年代早期出版的一位观众传单里的

科学博物馆二楼的平面图

探索展厅和银禧周年纪念庆祝会

科学博物馆对 1977 年的 25 周年银禧庆祝会的主要贡献就是"探索展厅"（The Exploration Gallery）。探索展厅的目的是，通过展示为每个主题做出贡献的各种科学学科，去补全科学教学所需的专业化方法。[18]探索的实践就是把像阿波罗 10 号指挥舱、一套 18 世纪潜水服和一个 CT 扫描仪之类的物品巧妙地组合在一起。调查指出，人类的前沿知识都是一系列有创造性且相互影响的有吸引力的知识。探索展厅不仅展示了科学博物馆如何迎接北美科学中心的挑战，而且以超前的意识指向 103 "发射台"。探索展厅引领了一段意义深远的实验时期。通过三年的设计，科学博物馆使永久展厅和临时展厅的区别变得模糊，并提出了如何同观众的兴趣保持同步的建议。最重要的是，探索展厅是一种潮流，它取得了让人欣欣鼓舞的胜利。

把 1977 年看作科学博物馆战后发展周期的结束可能是恰当的。为银禧周年匆忙准备的庆祝会使科学博物馆从英国节开始的发展过程告一段落。在这期间，展览的方式被彻底改变。中楼完工，填充展厅正在建设中，一个新的图书馆已经建成。约克的国家铁路博物馆（National Railway Museum）也已经开放。科学博物馆的收藏范围也因国家摄影、电影和电视博物馆（现在的国家传媒博物馆）以及威尔康收藏馆的捐赠得以扩大。

然而，收藏范围的扩大带来了日益紧张的预算和人员需求。1973—1987 年，南肯辛顿博物馆的展览空间增加了 15000 平方米。与此同时，中央政府强制撤销了科学博物馆 62 个职位。所有的职位空缺被外部的承包商和商业基金所填充，这导致主管和员工的影响力相对减弱。这些外部的影响在 20 世纪将要结束的时候凸显了出来。外部影响的长期后果是，科学博物馆在玛格丽特·韦斯顿退休之后难以继续成功地任命内部人员。

1973—1977 年，赞助展览所占的展览空间只有 396 平方米，但在 1983—1987 年，这个数字涨到了 4643 平方米。快速的去工业化(deindustrialisation)和突然的思想转变加速了这种趋势。1977 年之后，由于科学博物馆的基金和管理成为一个高度政治化争论的问题，原本已无可争议的问题变得具有争议性，这个争论过程到 1983 年的国家遗产法颁布时达到顶峰。这个法案取消了政府对科学博物馆的直接控制。科学博物馆虽然已经远远超出战后的蓝图，但是可能还没有完全实现其他的愿景。

玛格丽特·韦斯顿的管理(1973—1986 年)

1955 年，玛格丽特·韦斯顿被任命为科学博物馆的高级职员，这是很具有革命性的。她管理科学博物馆的时期更具有标志性。玛格丽特·韦斯顿称她自己是一个头脑简单的人，这阻碍了她进入高级行政部门。第二次世界大战阻断了她从格洛斯特文法学校(Gloucestershire grammar school)进入牛津剑桥(Oxbridge)学习，她虽不情愿但却热情地投入工程学的学习中。她被科学博物馆从伯明翰的通用电器公司聘来完成一个新的电气工程馆。虽然时间非常紧迫，且玛格丽特·韦斯顿还面对着同事一定程度上的不赞同和不合作，但是这个馆仍然是成功的。玛格丽特·韦斯顿说，戴维·福利特很快发现了她的才能并且尽力提拔她。玛格丽特·韦斯顿被戴维·福利特派往新的儿童馆工作，之后，她成为科学博物馆服务部的首任主管，后于 1973 年升任科学博物馆馆长。[19]

当玛格丽特·韦斯顿成为馆长的时候，她已经充分了解了科学博物馆、科学博物馆员工以及外部赞助商。在负责公共关系的时候，玛格丽特·韦斯顿曾安排过皇室成员参观科学博物馆并且经常接触资深工商业者。1983 年，玛格丽特·韦斯顿引进了包括戴维·阿滕伯勒(David Attenborough)、约翰·哈维·琼斯(John Harvey Jones)和丹尼斯·鲁克

(Denis Rooke)在内的杰出人物，并将他们安排到重量级的受托委员会，这是她具备公共关系阅历的直接结果。玛格丽特·韦斯顿使科学博物馆与工业界建立了密切的联系。事实上，科学博物馆在这一时期迫于压力与工业的紧密合作，可能会使其受到损害。与其他类似的机构不同，科学博物馆没有断绝与工业的联系。因此，科学博物馆政策的改变转变了它与工业的联系，而不是断绝联系。事实可以证明，科学博物馆并不赞同这种联系。科学博物馆经常呼吁工业担当国家责任、建立威望以及促进科学教育。在未来，随着英国企业文化经历根本的变化，这种关系将会变得更加契约化。

像"发射台"这样的新项目一样，玛格丽特·韦斯顿看到了由戴维·福利特申请的新项目所取得的巨大推动作用。当在采访中被问到对开设国家铁路博物馆怎么看时，玛格丽特·韦斯顿很快地给予回复。她在出任馆长的第一天去了约克，在那里她通过宣布国家铁路博物馆的开幕开始了她的任期。[20]

第一个分站：国家铁路博物馆

国家铁路博物馆在创建之初就面临着许多来自政治的、经济的和体制的压力，这些也是 20 世纪即将结束时科学博物馆必须面对的。然而，随着 1963 年理查德·比钦(Richard Beeching)臭名昭著的报告《英国铁路的重塑》(*The Reshaping of British Railways*)的出台，国家铁路博物馆的故事才真正开始。受保守党政府关于削减英国铁路的委托，比钦批准撤掉 7000 个火车站和约 5000 英里轨道的三分之一。剥离铁路部门对斯温登、克拉伯姆和约克博物馆的责任是把英国铁路转变成一个营利机构的措施之一。

尽管反对比钦的削减政策，刚执政的工党首相哈罗德·威尔逊(Harold Wilson)还是加速并扩大了对铁路的削减。威尔逊希望英国铁路通过建造一个运行快速的且只在有限站点停靠的城际铁路服务公司来彻底改革其面貌。因此，除了因物质需要放弃对铁路博物馆的管理之外，历届政府仍然强调国家铁路博物馆的创立是对英国铁路遗产的保护。直到 20 世纪 50 年代中期，蒸汽机车一直统治英国铁路。英国铁路在逐步让这些蒸汽机车淡出历史舞台的过程中赞助过科学博物馆在南肯辛顿的一些展览，如"推进铁路技术"展。正如比钦所说："我想我总是被看作一个刀斧手，但是我拿斧子是在做外科手术而不是疯砍。"[21]

105

尽管国家铁路博物馆直到 1975 年才开放，科学博物馆在 1964 年就已经开始考虑与英国铁路相关的藏品的转移。虽然对铁路藏品的控制权被剥夺不可避免，科学博物馆还是尽力把自己定位为铁路藏品理所应当的仓库。1969 年，铁路历史学家杰克·西蒙（Jack Simmons）被任命为科学博物馆咨询委员会的成员，这是持续游说结果的一部分。这个游说就是要求科学博物馆同意将铁路藏品进行拆分，用以支持计划建设的陆路交通博物馆（museum of land transport），但科学博物馆否决了这个提议。科学博物馆的理由是"通过正义的手段对英国文明做出特有贡献的铁路藏品，必须在专门的铁路博物馆收藏"。[22]科学博物馆的咨询委员会宣称：

> 近几年，科学技术的发展速度飞快，要形成详细的藏品集合一般被认为是不切实际的。因此，科学博物馆必须通过选择保留那些科技意义显著的物体，把科学博物馆的目的限制在代表科技发展的大纲内。细节的补充必须留给专门的博物馆……对我们来说，组织这些专门博物馆的最好方法就是把它们设置在科学博物馆的管辖之下，这样一来，它们就像维多利亚和艾伯特博物馆拥有分馆一样，科学博物馆的分馆与科学博物馆将联系起来。[23]

科学博物馆能够追求这种"分站"政策是因为国家铁路博物馆非常成功。1975 年 9 月 27 日，与斯托克顿和达林顿铁路成立 150 年纪念日一起，爱丁堡公爵主持了国家铁路博物馆的开幕式。国家铁路博物馆开放的前两个月就吸引了五十万名观众，并赢得了英国旅游局的"来英国"(Come to Britain)奖杯。国家铁路博物馆的成功巩固了博物馆参观人数连续十年增长的良好态势，这增加了博物馆制度上的自信。

舍伍德·泰勒一直急于防止科学博物馆变成一个"科学小古董"(scientific bric-à-brac)的收集地。记者强烈要求科学博物馆"坚决地放弃那些无关的事物"。[24] 这种趋势在一定程度上被国家铁路博物馆扭转了，因为记者和政客变得对国家工业藏品更感兴趣，他们意识到工业藏品具有吸引观众的潜力。利用行政事务网络，科学博物馆获得了奥林匹亚附近的一栋旧邮局大楼，以及威尔特郡的一架退役的飞机。在这个过程中，玛格丽特·韦斯顿意识到了氛围的变化。科学博物馆获得了为储存从早期的道路铺砂机到飞机所需的额外空间，以及从 1975 年的 18000 英镑涨到 1980 年的 300000 英镑的购物拨款。收藏政策上的压力消失了，科学博物馆看起来急于向外发展。

去工业化对科学博物馆的影响

"塔桥瞭望"(Tower Bridge Observed)是一个具有深远意义的小展览。伦敦码头的减少意味着塔桥上笨重的人工操作的液压泵和引擎电池被小型的电动机所取代。但是"塔桥瞭望"不是一个顶级工程的展览中心，它是一个为了保住伦敦标志性建筑的尝试。1974 年的展览陈列了关于塔桥和它在战时被去掉的塔顶的图片、公众捐赠的人工制品，以及特别委托埃德娜·卢姆(Edna Lumb)画的一系列画。"她设法绘出了塔桥的液压泵、蒸汽机以及活塞和齿轮，"艺术评论家滔滔不绝地报道，"和凡·高的向日葵一样引人注目且令人印象深刻。"[25]

如果说在 20 世纪 60 年代通过新的科学技术吸引人们去科学博物馆，那么"塔桥瞭望"就是 20 世纪 70 年代旧科学再现的先例。去工业化是这种转变的核心。经济和社会的快速改变席卷英国并引起不同的反应。对政府来说，它希望英国的工业遗产可以成为新文化浪潮的基础。

国家铁路博物馆也是浪潮的一部分。1983年，布拉德福德在市政议会上积极活动，确保了科学博物馆参与国家摄影、电影和电视博物馆的创立。德福发展有限公司（Telford Development Corporation）在铁桥（Ironbridge）给科学博物馆提供了一个场所。这个场所用来保存和陈列工业革命遗留的大型机器。科学博物馆计划不仅要恢复钢铁机械，而且还要雇佣当地人去保留铁的冶炼和其他相关技术。

在1973年赖特报告（the Wright Report）提请注意区域博物馆的不足之后，去工业化在理论与实践上对博物馆学的复杂影响被中央政府加剧了。为了调查地方博物馆的管理和金融效率，由艺术部部长埃克尔斯（Eccles）子爵最初成立的省级博物馆和艺术展厅赖特委员会，1971年由公务人员和业余地质学家克劳德·赖特（Claud Wright）出任主席，他决定建立一类更加面向外部的专业博物馆。[26]埃克尔斯指责地方博物馆在标准的建筑里陈列着维护不善的藏品。"数百万的人可以买一辆汽车、一部电话，以及出国度假，"埃克尔斯在博物馆的年度会议上对代表们说，"今天的工薪阶层并不希望文化像做慈善一样只是少量地分发给他们。"[27]埃克尔斯说，博物馆必须学会与休闲景点竞争。因此，去工业化是与新的社会环境相适应的。这种社会环境要求馆长的专业知识能把"普通的"民众吸引到博物馆。这种切实的"经验"方法被达勒姆郡的比米什博物馆（Beamish Museum）这样的先驱机构所采用。遗产热潮已经开始。它是由意识形态的、社会的和经济的激励导致的一个奇怪的矛盾混合体。

科学博物馆对这些趋势的反应相对较慢。在这一方面，南肯辛顿站点的位置具有明显的缺陷。尽管如此，1963年，科学博物馆仍然建立了一种循环收藏模式，"以使伦敦以外较小的博物馆可以开展它们一般不能举办的科技展"。[28]虽然因为资金和声望的原因，循环收藏常年处于困顿的状态，但它仍旧相当成功。循环收藏的第一次展览——关于电影业的发展，在唐卡斯特博物馆（Doncaster Museum）五天的展出里吸引了21000名观众。当它巡回展览到约克郡博物馆（Yorkshire Muse-

ums)的时候，观众变成了三倍。在循环收藏模式建立的十年里，英国
举办了 38 次循环展览。此外，科学博物馆的分站也能将他们的活动与
循环收藏相呼应。拿国家铁路博物馆为例，在铁路运行 100 年的周年纪
念时，铁路博物馆在英国举行了 14 场"百年纪念"巡回展览。抛开英国
铁路不说，像南肯辛顿站以及循环收藏都扩大了科学博物馆的影响
范围。

随着科学博物馆承担起保护科技捐赠物的职责，它也从赖特报告关
于促进地方博物馆专业化的努力中获益。科学博物馆所得的资金让地方
展厅能够像购买机械收藏一样，购买了从汽车到地图的大部分东西。地
方博物馆向科学博物馆申请由中央政府分配的 150000 英镑预算去购买
科技文物。地方政府对地方博物馆控制的弱化使得科学博物馆能够真正
履行国家赋予的职责。科学博物馆对和科技史有关的国家藏品发挥着至
今都无法想象的协调作用。

部门式状态的结束

1851 年，因水晶宫展览建立和发展起来的科学博物馆与政府之间
的联系被 1983 年的国家遗产法切断。从 1983 年开始，科学博物馆仍然
由国家资助，但其未来的发展方向并不是由政府部门决定的，而是由受
托管理委员会决定的，这个变化深刻地改变了科学博物馆的运作方式。

向受托管理委员会转变的运动开始于 1976 年詹姆斯·卡拉汉
(James Callagham)工党政府被迫从国际货币基金组织获取有偿贷款。
尽管处于扩张阶段且参观人数激增，科学博物馆还是受到很大影响，因
为对公共部门经费不加选择地大幅度削减是贷款的条件。

非正式的官方意见承认受托式的博物馆比部门式的博物馆更擅长
吸引公众。在国际货币基金组织的要求下，受托式的博物馆有明显的
好处。国际货币基金组织的限定条件引起了公务系统的大幅削减。科
学博物馆被迫减少了百分之十一的员工，但受托式的博物馆可以选择

108

增加额外的收入，或者削减其他方面的开支。然而，玛格丽特·韦斯顿作为科学博物馆咨询委员会成员和科学博物馆的工作人员，仍然反对科学博物馆从由政府部门控制转变为由受托管理委员会控制。虽然博物馆和艺术馆常务委员会持相反观点，但教育部和科学部徘徊在这两种观点之间。教育部希望能够保持其对科学博物馆政策的长期影响，但也逐渐意识到移交金融管理责任关乎行政部门和科学博物馆双方的利益。

1978 年，国际货币基金组织要求的削减政策导致博物馆员工紧缺，这使得维多利亚和艾伯特博物馆关闭了三分之一的展览空间，并且周五全部闭馆。维多利亚和艾伯特博物馆的馆长罗伊·斯特朗（Roy Strong）联合重量级的文化人物，像罗德·古德曼（Lord Goodman）、罗德·吉布森（Lord Gibson）、亨利·摩尔（Henry Moore）、约翰·派博（John Piper）和休·卡森（Hugh Casson）提出抗议，并进一步在电视上为难政府，声称外交大臣雪莉·威廉姆斯（Shirly Williams）阻碍了他的授权。这看起来像是一个不可见人的官僚机构扼杀了一位大胆而聪明的馆长。斯特朗庆祝复活节的展览带来了 170000 英镑的利益，但那是他不能用于再投资的收益。不可避免地，舆论引发了媒体的关注，科学博物馆不得不加入讨论。玛格丽特·韦斯顿拒绝参加对政府的攻击或缩减科学博物馆的行动，对此斯特朗不屑一顾地回复："我们在保卫宝库，不是消防车。"[29]

在短期内，授权的决定因为维多利亚和艾伯特博物馆的匿名举报而延误。举报声称馆长斯特朗是一个以自我为中心的人，制定了一系列怪诞的购买决定；工会急于保护就业机会和退休金。休·金肯斯（Hugh Jenkins）建议工党应该建立一个像艺术委员会一样的博物馆委员会。新当选的保守党政府决定暂停将科学博物馆从教育部门转到新成立的艺术和图书馆部门的措施，以平息相关的责任之争。

在 20 世纪 70 年代早期，以爱德华·希思（Edward Heath）为首的保守党政府草率地推行了博物馆收费政策。这是一个政治上不得人心的举措，它导致参观人数降低了百分之四十，但没有显著提升财政。当诺曼·圣约翰·斯特瓦斯(Norman St. John Stevas)被玛格丽特·撒切尔(Margaret Thatcher)任命为艺术部部长时，她很小心地不去重复这个错误。正如其在官方的说法：

> 收费问题仍然是一个政治敏感话题。我一直非常温和地触及它。关于科学博物馆关注的增加收费问题，他们应该提交申请并清楚地证明其合理性。根据我的判断，强行推进这一步是错误的。各博物馆知道，它们必须尽一切努力来补充它们从我们这里得到的。[30]

史密森学会和独立的研究机构经过协商，支持圣约翰·斯特瓦斯的立场。他们认为，尽管像泰特美术馆和国家肖像馆这样的机构可以从收费中获得三分之一的收益，维多利亚和艾伯特博物馆也有非常大的收入潜力，但深受学校观众信赖的科学博物馆将会遭遇困难。相比于没有限制的强制收费，受托制度应该是一种迫使部门化的博物馆正视它们的财政职责的更灵活的方法。这是一种精明的政治策略，因为它把未来可能引入的收费职责从圣约翰·斯特瓦斯身上转移到了每一位博物馆馆长身上。当工党和工会反对部门化博物馆权力下放的时候，受托制度迅速变得对玛格丽特·撒切尔的保守管理极具吸引力。1983 年，科学博物馆的咨询委员会解散，受托管理委员会形成。

结　论

20 世纪末，英国节上呈现出的战后世界技术观已经迷失在一些意想不到的道路上。英国节假定了一个驯化的未来——复杂的机器人还致力于娱乐但琐碎的任务上。鉴于 20 世纪末社会、政治和科技的习俗，英国将自己定义为更具挑战、更直接、更粗糙的综合体。1950 年，科

学博物馆是一个部门化的博物馆，由公务人员任职，关注研究，并由咨
询委员会管理。到了 1983 年，权力下放的科学博物馆开始认识到，普
通大众是一系列特定受众，其工业赞助商要求更大的影响，并且新的受
托管理委员会开始与"问责制"中不确定的问题周旋。

英国节的明星展品之一是一组趋光的机器乌龟(图 4-6)，现在出现
了一个迷人的被驯化的未来景象。

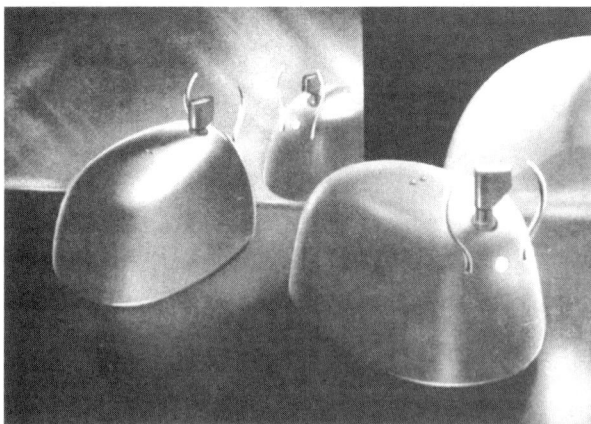

图 4-6　1951 年在英国节上展示的机器乌龟

参考文献

1. Quoted in R. G. W. Anderson，'Circa 1951：The Festival of Britain，The Exhibi-
tion of Science，and the Science Museum'，in R. G. W. Anderson，P. J. T. Morris and
D. A. Robinson(eds) *Chymica Acta*：*An autobiographical memoir by Frank Greenaway
with essays presented to him by his friends* (Huddersfield：Jeremy Mills，
2007)，p. 116.

2. Science Museum Annual Report for 1955.

3. Ibid.

4. M. Frayn，'Festival'，in M. Sissons and P. French (eds) *The Age of Auster-
ity 1945-1951* (London：Penguin，1963)，p. 348.

5. TNA：PRO，CSC5/563，Hallett to Howard，1 June 1950.

6. Science Museum Annual Report for 1955.

7. SMD，Nominal，8979/1/1，Coalbrookedale by night，1952.

8. TNA：PRO，CSC5/563，Minutes of meeting to discuss advertising of Director post，16 May 1950.

9. TNA：PRO，CSC5/563，Parkes to Snow，17 July 1950.

10. TNA：PRO，CSC5/563，Snow to Parkes and Veale，12 July 1950.

11. TNA：PRO，CSC5/563，Fleming to Padmore，6 January 1956.

12. TNA：PRO，CSC5/563，Halsbury to Snow，12 May 1956.

13. David Neave，'Giffard, John Anthony Hardinge, third earl of Halsbury (1908-2000)'，*Oxford Dictionary of National Biography*，Oxford University Press，2004；online edn，May 2005〔http：//www. oxforddnb. com/view/article/73647，accessed 19 Jan 2010〕.

14. G. Leach，'The Museum Piece'，*The Guardian*，9 July 1963.

15. Science Museum Annual Report for 1955.

16. A. Michaelis，'Catching up at the Science Museum'，*Daily Telegraph*，5 July 1963.

17. Science Museum Annual Report for 1968.

18. Science Museum Annual Report for 1976.

19. Personal communication from Margaret Weston，23 January 2009.

20. Ibid.

21. C. Wolmar，Fire & Steam. *How the Railways Transformed Britain*（London：Atlantic，2007），p. 286.

22. Science Museum Annual Report for 1969.

23. Science Museum Annual Report for 1964.

24. Leach，'The Museum Piece'.

25. B. Wallworth，'Tower Bridge Observed'，*Arts Review*，20 September 1974.

26. For an overview of the Wright Report，see Marion P. Smith，'The Wright Report on Museums'，*London Archaeologist*，Volume 2-05（1973），pp. 104-105.

27. D. Walker，'The Professionalisation and Packaging of Museums'，*Times Higher Education Supplement*，20 July 1973.

28. Science Museum Annual Report for 1963.

29. L. Wilson，'The Director Regrets…'*Evening News*，3 February 1978.

30. TNA：PRO，ED 245/112，Monger to Brandes，15 January 1982.

第五章

视差错误？一位参与者对科学博物馆的描述
（1980—2000 年）

蒂姆·波恩

111   保持和记录的愿望与对教育的需求之间，以及对过去的反应与当前和未来的需求之间的张力，形成了贯穿科学博物馆整个生命历程中一条连续的线。

——尼尔·科森斯（1993）[1]

    一个人切身经历的改变在某种程度上比其他任何时代的改变都更剧烈，这个观点通常是错误的，尤其是对历史学家来说。同样，过去 30 年标志着科学博物馆管理发生了重大转变，不仅包括其公众形象和人员结构，事实上，还包含所有其他与管理相关的不同方面，这些方方面面在本书的各个章节都有讨论。一个简单的章节不能涵盖这一时代科学博物馆的整个历史，更何况还要同时考虑在更广的范围内，也就是所有国家博物馆都在发生深远变革的背景下，关注科学博物馆所发生的变化。除此之外，我们还将考虑科学博物馆在历史和科学传播中持续辩证的发展。

换句话说，收藏和互动是这一时期尤其对立的两个方面。①

科学传播和科学史

如果博物馆可以清楚自己在科学史和科学传播方面的辩证关系，那么它也该注意到从 1857 年起，争论的双方都采取了不同的形式。19 世纪，南肯辛顿博物馆的科学部提供了斯迈利森（Smilesian）文物去激发公众对工程天才的钦佩，也为理性娱乐活动提供了科学的工具。在两次世界大战的间隙，公众见证了普通的展厅展示科技主要分支的"发展线"，这条发展线由一个后来被命名为"儿童馆"的介绍性展厅补充完整。与此同时，科学博物馆致力于物质科学在实践和应用方面的展览，这种112在较多困难或较少困难之间进行折中的辩证思想在展览中也许很容易被察觉。我们可能把"它怎样工作"的展品与物品的历史发展顺序合在一起，看成辩证思想在行动中的一种隐形表达。直到 20 世纪 80 年代，第二次世界大战之后的展厅和展览的规范才形成。

戴维·福利特和玛格丽特·韦斯顿扩张性的领导对博物馆随后的历史有几个重要影响。在本章第一部分，我以他们在任时的两个主要行政举措为例，来说明科学史和科学传播这一辩证性的两个方面。一方面，1976 年威尔康医疗藏品以永久租赁的形式转移到科学博物馆。在漫长的谈判之后，科学博物馆的天平偏向社会历史方向。② 科学博物馆在

---

① 关于我的方法的注释："视差错误"是指我参与了我所叙述内容的大部分领域。我从一位初级职员开始，文中所选的例子反映了我亲身见证的发展。不同的作者可能写出不同的说明，我已经决定从编史的角度保留内部人员视角的特殊性。我核对并详述了当代的文献，但是没有文献用口述史来平衡我和其他人的说明。一些其他的参与者阅读了初稿并帮助我更正了关于事实和强调的错误。他们是：桑德拉·比克内尔（Sandra Bicknell）、尼尔·科森斯、格雷汉姆·法米罗（Graham Farmelo）、德里克·鲁宾逊。我从科学博物馆解说服务部门的博物馆助理做起(1982—1985)，1985—2000 年主要在医药策展部的各层工作，在 2000 年成为管理部门的一名高级管理员。我在创造"健康问题"和"创造现代世界"的团队工作。我的叙述聚焦于南肯辛顿的科学博物馆建筑。由于篇幅限制，我对国家铁路博物馆，国家摄影、电影和电视博物馆，或者罗顿仓库、布莱斯存储室（Blythe House）的细节描述不多。

② 参见第七章。

1986 年"发射台"互动展厅的开幕中，见证了用更多教育干预来补充以展品收集为基础的展览这个发展趋势的高潮。这创造了一个新的对立面，这个对立面是新的社会历史博物馆和旧的科技部门需共同面对的挑战。另一方面，我在考虑这些因素如何与尼尔·科森斯长达 15 年的改革精神进行相互作用。自从 1967 年科学博物馆服务部门建立之后，这些侧重点的差异再也没有被清晰地讨论过。但是，从科学博物馆组织结构的改组、产品的交付，尤其是从展览上，我们可以明显地看到这些差异。

威尔康藏品的到来

对于威尔康基金会（Wellcome Trust）来说，威尔康藏品转移到科学博物馆加速了图书馆和人工制品收藏之间的分离，这有利于威尔康学院的图书馆和肖像收藏的学术发展，以及科学博物馆公共展览的发展。[2]对于科学博物馆来说，威尔康藏品的到来不仅仅是简单地额外增加一个部门或一个新的学科兴趣。这种获取、归档、储存、在空调环境中展示的管理方式，以及小范围的研究浪潮席卷了科学博物馆。虽然这种浪潮在 20 世纪 90 年代的重组中减弱，但很明显，它已经以一种意义深远的方式给科学博物馆留下了不可磨灭的烙印。科学博物馆的这些变化应该部分归因于藏品规模的扩张。威尔康收藏的 100000 件物品使科学博物馆的藏品增加了一倍。另外一部分原因是经济和人口变化的相互作用，这种作用使更多的毕业生到最低的管理层工作，他们将为公众服务这种自我民主意识、专业抱负与博物馆领域更加紧密地结合起来。还有一部分原因是医学题材问题。20 世纪 60 年代建立的"家用电器"展厅和农业方面的初步试验慢慢地给科学博物馆注入了社会历史的精神。

113   化学馆主管格林纳威提议让科学博物馆获得这些藏品的时候曾称："通过将医药历史与物质科学和工程学历史一起展示在同一栋建筑里，公众将会被引导着把医药看作合理的且可以接触的东西，把物质科学和技术看作和人类相关的东西。"[3] 回想起来，这种提议是第二次被提出来，两次都是在威尔康展厅，并且都是在科学博物馆展览已有展品和藏品的过程中被提出的，如 1988 年重新配置东楼和"剧情简介"展厅(Synopsis Gallery)的时候。1980 年 12 月开放的底层威尔康展厅中的"医学史一瞥"展览包含了一系列的复原物和立体模型，这些设计是为了对医学史做一个浅显的介绍：

> 这个展览可以帮助观众理解在其他时间和其他地点，作为一个病人或医生是什么感觉，并且使观众欣赏人类在试图了解和治疗疾病的过程中所开展的一系列活动。[4]

这种考虑观众面对一系列可视化模拟物的反应的双重目的，标志着科学博物馆作为一种技术博物馆的开始。第一重目的暗指对医学的社会历史解释和历史教学中的移情观念。[5] 第二重目的是一个邀请，不是邀请公众欣赏展品在博物馆中的稀有性地位，而是邀请公众欣赏人类的成就。这是医学在一般的人类学上的定义，和威尔康的野心相匹配，这可能会使 20 世纪 80 年代经常参观科学博物馆的人感到惊讶。[6] 一年后，"医学的科学与艺术"展在上层威尔康展厅开放。它是按照传统的时间顺序，并按顺时针方向将展示的结果和文本排列在展厅中，而且按照其在 19 世纪早期的诊断改革历史呈线性排列。反映现代医学的一个较大的展区被分成了几个专业化的区域，一个更小的核心区域分配给了古病理学和非西医。阅读近 30 年来的专家文本会发现，现存的医学史学科领域的展览是十分欠缺的。这个展览首先是一个以学术信息描述为驱动的展览，其次才是展示展品的展览。没有任何地方提到米歇尔·福柯(Michel Foucault)的名字。但是通过"临床医学的诞生"展，福柯式不连续性诊断(Foucauldian epistemic discontinuity)，连同当时许可的"新医学社会史"展(展示医疗服务和战争)，偶尔出现的"伟人"展[其中包括詹纳(Jenner)和巴斯德(Pasteur)]，和对自由社会的关注的展览，公众对他的思想略见一斑。

　　威尔康藏品在尤斯顿路（Euston Road）和南肯辛顿之间的分离加剧了用文字记载信托基金资助学术医药史的趋势。威尔康基金会将收藏资源转让给科学博物馆，不仅为了将这些人工制品收藏进行公布和展示，也为了将它们用于学术研究上。科学博物馆希望从这些转移的藏品中获得更多的历史作品[7]，这可以从克里斯托弗·劳伦斯（Christopher Lawrence）在这一时期发表的三篇关于诊断仪器的论文中看出来[8]。这一时期，科学博物馆在历史学识方面并不为人所知。当地有一个明显具有地域特色的学派——与纽科门协会关系密切的工程师历史学派，这个学派和机器的历史有关，但它不同于早期工程师学派。早期工程师发明并讨论完善这些设备，然后发表在纽科门协会的议事录上。历史学派相当留意个人物品，也就是科学仪器的古文物研究，就像科学仪器委员会（Scientific Instrument Commission）的成员所追求的那样，他们从 1980 年开始在他们的简报上公开发表这类工作。劳伦斯的文章最接近历史学派的类型，这不同于他后期在医学文化史上的写作风格。（图 5-1）

图 5-1　20 世纪 90 年代的上层威尔康展厅

　　　　　　　国家的科学——伦敦科学博物馆的历史透视

有人认为将威尔康人工制品藏品转让给科学博物馆会使博物馆员工对这些藏品进行大量有意义的研究，但这种期望无法实现。这主要是因为，大部分员工开始关注收藏的实际管理工作。管理工作不仅包括完成编目，还包括要将藏品先从威尔康的恩菲尔德储藏室（Wellcome's Enfield store）转移到博物馆在海耶斯（Hayes）的前哨站，再后来为了有序储存又转移到布莱斯存储室。大部分从事这种实践工作的员工都是想从事博物馆工作的年轻人。博物馆最主要的精神支柱是博物馆学。研究被视为藏品被卸下并在储藏室里放好之后的下一步活动。可以想象，和那些艺术和考古学博物馆所做的目录一样，这些藏品的目录将会被发表。[9] 20 世纪 80 年代，至少有两个项目见证了他们的努力，一个是 X 射线仪的收藏，另一个是药学中的陶瓷制品的收藏。但是这两个项目都在快要完成的时候被其他事取代了。[10] 只有吉斯雷妮·劳伦斯（Ghislaine Lawrence）坚守了部分工作。罗伯特·巴德坚守了研究医学的物质文化这方面的工作。吉斯雷妮·劳伦斯在查尔斯·德鲁（Charles Drew）的深度低温心脏手术设备、国王基金医院病床以及外科手术器械方面的工作，和巴德随后在生物技术和青霉素方面的工作，都显示出经过训练的具有历史批判精神的想象力如何把科学博物馆的人工制品藏品编织在一起，从而撰写博物馆新的篇章。[11] 20 世纪 80 年代后期，科学博物馆医药部的目的是建造一个真正知名的、已被充分研究过的、已归置好的藏品的编目。馆长们本质的博物馆学工作——藏品的编目和出版——在可预见的将来可以完成。事实并不如此。科学博物馆医药部的实践工作仍在继续，这些实践工作创设了很多博物馆先例，这些先例通常是与大英博物馆的主流相背离的。威尔康藏品是第一个被收集到博物馆文献标准里的（1976）、第一个进入计算机数据库的（1984）、第一个被全部设置在布莱斯存储室的，以及第一个被展览在有空调的展厅里的藏品。

对藏品展厅的补充

正如本书中其他作者所描述的，相信科学博物馆展厅从文字标签之外的解释中会获益更多的信念，至少可以追溯到 1911 年的贝尔报告。[12]科学博物馆在 1928 年主要建筑开放之前完成了讲解员的雇佣工作。1949 年，这个职位招募了两名员工。[13]20 世纪 50 年代，有四名"没有被分派到管理部"的员工提供解说这个更广泛的服务。演讲厅和展厅都安排了讲解员和电影放映员。[14]科学电影协会与公众电影节目合作，放映率在整个 20 世纪 50 年代都在提升。科学博物馆的年度报告指出："科学影片的放映是对博物馆收藏的补充，并且教学片与社会科学纪录片混在一起满足了各类人群的兴趣……"[15]科学电影计划一直持续到 20 世纪 80 年代末。儿童馆——以它的观众，而不是专题命名——在展厅中表现得很另类。儿童馆很多年里都依附于电气工程和通信部门，并由这个部门的主管，也曾是儿童馆的创立者弗雷德里克·哈特利(Frederick Hartley)来管理。[16]最后，儿童馆的管理工作转交给了博物馆服务部，随后交给了更为具体的教育服务部。教育服务部的授课人员可以用教育展做实验，替代了以收藏为基础的展览。

20 世纪 50 年代早期，咨询委员会关于儿童的相关规定在科学博物馆对观众群体的定位上树立了一个重要的里程碑。[17]伴随着基础教育心理学家詹姆斯·亨明(James Hemming)和弗农关于儿童对科学博物馆的反应的研究，伦敦郡议会(London County Council)的学校督察也被咨询怎样鼓励教师更好地利用科学博物馆的现有设施，以及怎样在科学博物馆不提供教师的情况下引导无人陪伴的儿童。[18]咨询委员会得出结论："科学博物馆能提供的最有用的服务之一就是鼓励和帮助学校和教师充分利用它。"①科学博物馆安排了一位讲解员负责联络学校，并定期为学校编辑新的公告。与此同时，示范表演被加进讲座中。专题讲座作为一项年度事件被介绍进学校，在每年夏季学期结束的时候举行。[19]在 20 世纪六七十年代，教育服务的影响不断扩大。因此，到了 20 世纪 80

---

① 咨询委员会举行了一个讨论会，并向 350 所学校发出了调查问卷。弗农的三名学生进行了这方面的研究：两名学生集中研究对于现存的观众来说儿童馆的有效性，另外一名学生关注学校对儿童馆的支持作用。

年代初，科学博物馆雇用了三名员工进行讲座相关的工作、发展磁带同步幻灯片计划以及提供工作表和其他教育材料。两名员工协助学校团体工作，一名初级博物馆助理协助讲座、发展新的示范设备、运行大众电影节目并维护儿童馆。

但是在本章所讨论的主要时期中，教育服务部最重要的发展是互动馆，即"发射台"。教育服务部主任安东尼·威尔逊（Anthony Wilson）曾在1978年提议，"实验大厅"也许可以充分利用在伦敦西部新得到的布莱斯存储室。这个提议很快就被忽视了，因为很明显这个建筑并不打算对公众开放[20]，但是这个种子已经播下了。1981年的夏天，当安大略科学马戏团到达博物馆的时候，威尔逊组织的北美互动式展览产生了巨大的影响。① 就在这个夏天，教育服务部制造了第一个"发现屋"。1982年的夏天和1983年的12月，教育服务部制造了更多的"发现屋"。在"发射台"制造阶段，也就是在1984年年初，几个更具有想法的实验（称为"测试床"）开始运行。在科森斯管理期间的1986年7月，展览终于在科学博物馆的一楼开放了，但是它是一个强调玛格丽特·韦斯顿管理体制的产品。它包含了一套机械互动展品，建成了色彩鲜艳的脚手架框架。一些已经足够流行的东西，以新的形式包含在最新的展馆中。随着"发射台"的到来，科学博物馆在经过半个多世纪之后，再次强调互动。在这个过程中，科学博物馆复制了许多展品，有北美科学中心的、旧金山探索馆的，以及安大略科学中心的。"发射台"将重点放在了与科学博物馆其他展馆的互动性上，并且把儿童作为其最主要的观众。[21]

科森斯领导下的科学博物馆

1986年3月，科森斯接替玛格丽特·韦斯顿成为科学博物馆的馆

---

① 值得注意的是，将新颖的设计想法介绍到科学博物馆的馆长威廉·欧迪（William O'Dea）已经将安大略科学中心设定为他的第一实验场所。

长，这是自 30 年前莫里森-斯科特以来第一次任命外部人员作馆长。科森斯意识到了国家遗产法赋予博物馆独立地位所具有的潜力。① 这个法案被通过，一方面可以提供给各博物馆解决长期存在的融资问题的方法；另一方面在他看来，"通过为新的思想提供机会，机构可能摆脱它们在管理过程中长期被束缚的梦魇"。[22] 通过铁桥峡谷博物馆（Iron-bridge Gorge Museum）的成功建立和在国家海事博物馆管理的两年可以看出，科森斯是一位现代化博物馆的推崇者。他在国家海事博物馆的时候，主持了 1984 年"博物馆的管理变化"研讨会。在会中，他指出："如果各博物馆想维持下去，就必须认真考虑其周围环境的变化。"他认为，工资的增长消耗了大量的预算，各博物馆应该开始自己的管理变革而不是等着被迫去改变。② 为了引进经费[23]，他不惜招来一些异议，至少在他自己的员工中是这样的。事实上，科森斯不仅改变了科学博物馆的面貌，而且也改变了我在本章前半部分所描述的社会历史和互动发展的平衡。

他想成为继戴维·福利特和玛格丽特·韦斯顿之后的另一位扩张型的馆长，这可以从早期的团体计划中清楚地看出来。紧随国家铁路博物馆，国家摄影、电影和电视博物馆，填充楼和威尔康馆之后，在他管理科学博物馆的第一个 10 年，他开始计划建造一个体积增大很多的航空馆来取代现有的展览馆[24]，在沃里克郡建一个国家农业博物馆（National Museum of Agriculture in Warwickshire）[25]，再建一个与科学博物馆相联系的信息时代阅读博物馆[26]。这些计划没有一个实现，但是南肯辛顿的科学博物馆的公众面貌发生了改变——通过 15 年的展馆更

---

① 参见第四章。

② Neil Cossons, ed., *The Management of Change in Museums: Proceedings of a Seminar Held at the National Maritime Museum, Greenwich, on 22nd November 1984* (London: National Maritime Museum, 1985). 科学博物馆的前馆长，包括玛格丽特·韦斯顿，都已经意识到在雇佣足够的员工来完成博物馆的任务和留出足够的外部支出之间，补助金(政府资助)已非常紧张。在 2009 年 8 月 14 日与德里克·鲁宾逊的通信中，玛格丽特·韦斯顿提出，计划将不超过 67％的总预算花在员工的薪酬上。

新，科学博物馆实现了东楼的再次展览，并且展览和大型视听伴奏整合在一起。和一些先前的馆长一样，在科森斯的意识中，贝尔报告推动了科学博物馆的发展，使其向西一直到女王门。科学博物馆的所有展厅在15年内也都重置了一遍，总共花费了5000万英镑。[27]在这个管理保守和预算受限的时期，科学博物馆的公众面貌需要发生巨大变化。

重 组

在国家遗产法颁布之后，任何一位馆长想要在不改变员工结构的条 118
件下革新国家博物馆，都只能进行小范围的改变。其中的部分原因是薪酬预算的经费支出比例。科森斯延续了传统国家博物馆的人事结构，既划分为若干策展部（由各自主管负责）。策展部得到博物馆服务部（也由该部主管负责）的支持。换句话说，很大一部分预算是花费在策展人的薪酬上的。从管理特点和花费来看，科学博物馆实行策展人制度。作为一名从博物馆服务部门基层中脱颖而出的领导，玛格丽特·韦斯顿在取得成就时并没有进行人员结构的变革。科森斯的现代化方法被预测将改变管理模式。在英国广播公司的《听众》(The Listener)杂志上一篇名为《适应或者死亡：精神落伍的危险》("Adapt or Die：Dangers of a Dino-saur Mentality")的文章中，科森斯描述了他的批判性观点。文章的开头他以撒切尔主义的语气写道："国家资金的边界在旧的社团模式中的公众部分正被往回推，从而将花费的权利和选择的权利推到人们的手中。""人们增加的空闲时间和收入在独立的博物馆中创造出了一片新的繁荣景象，这是国家博物馆都必须处理的市场。战场将成为市场，伤亡的将是那些不能适应的博物馆。"独立的博物馆是"生动的、激动人心的、体验式的"，并且在满足观众的需要的情况下，"那些大型的、建造良好的博物馆就处在了最弱的位置上——它们的不灵活、员工态度和任何需要调整但几乎不可能得到调整的现状，阻碍着博物馆的改变"。①

很明显，在科森斯任职期间，要紧的不是处理收藏和教育之间的关系，而是这两者的有效性，以及采取更有效的管理以保证国家博物馆根据市场和观众的偏好采取相应的行动。1990年，在皇家艺术学会的"博物馆的学术性"（Scholarship in Museums）会议上，科森斯在"学术还是自我放纵"（Scholarship or Self-Indulgence）的讲话中重申了他的论断。他认为，过去几十年，博物馆的发展伴随着管理空间的被霸占，管理者要与包括保护者、设计师、教育家、解说员和专业团体对抗，这些团体的工作挑战着管理文化的首要地位。特别是在国家博物馆，"在这里管理技能很少用到并且不被看重"。员工的增长"无计划、无管理，并且有很大的投机性"。但是，他说："一个典型的专业化分工过程正在进行。"[28]我们可以补充说，一个典型的职业化分工过程也正在进行。这些具有新价值的团体在为自己找到在博物馆立足点的同时，也很容易"在陈旧的模式中发现障碍"。[29]这一时期我所引用的科森斯在外部刊物上发表的言论传达出这样一幅画面：科学博物馆的作用没有什么差异。然而我认为，在文化上，科学博物馆与技术馆、社会历史医学博物馆和互动教育博物馆之间是有明显的差异的（在某种程度上是对立的）。在这些出版物中，我一直在探讨的辩证思想出现在博物馆管理文化是否需要改变的争论中。管理文化的改变，一方面要通过加强管理，另一方面要将广泛的管理工作分化成更专业化、更技能化的工作，比如现存的更广泛的博物馆职业（保护者），潜台词就是"精英主义"。科森斯说："如果博物馆选择用受欢迎的方式展示其收藏，用公众能理解的方式发现和自己的经历有关的东西，吸引和激发想象力，那么没有什么能威胁到博物馆的学术标准。恰恰相反……在解说学术的过程中确实需要专家的帮助，这时他们不应该感到难为情。"[30]"学术"可能代表着几种不同的东

---

① 在科森斯看来，科学博物馆和其他国家组织被看作是保护那些反对改变，但同时又不能为他们的身份和行为进行辩护的人的机构。他暗示，这些人反对博物馆更开放和以观众为中心的改变。

西：从查阅专家目录获取的鉴赏力到对科学的社会性研究。但这是一场并没有被清晰地表述出来，留待被完结的争辩。

两次重大重组，每一次都是为了建造一个适合时代需要的科学博物馆，且都发生在科森斯管理的第一个 10 年里。他到来之后不久，就开始制订"博物馆管理计划"，其内容纲要在 1987 年 5 月就展示给了员工们。[31]这个计划将科学博物馆重新划分为 5 个同等地位的部门，各由一位新的助理馆长管理：藏品管理部（包括所有策展部门，以及包括从助理到主管的所有策展人）；市场部（负责所有的商业运作[32]）；管理服务部（负责财务、人事、藏品的保护和储藏，以及建筑和工程建设①）；研究和信息服务部[由助理馆长罗伯特·福克斯（Robert Fox）负责"协调和加强博物馆的学术和研究输出"，以及运行科学博物馆图书馆]；公共服务部（承担以前科学博物馆服务部的责任，同时还负责设计和实施展馆的展览策略，并且和策展人一起"负责解说、展示和教育"）。这些变化被认为是"对管理部门的事先保护"[33]，这是此次重组的措施之一。此次重组成为科森斯构建现代化博物馆文化的关键因素。第二个措施是在研究部门的简报中表达的，是对主管们管理研究部门的含蓄批评。第三个措施是将藏品管理职责分派给各策展主管，他们对藏品管理负次要责任。科森斯负责国家博物馆藏品的管理功能，主要包括保护、收藏、归档和储存。当时的文献记载了改革带来的阵痛。例如，科学博物馆藏品管理部门重组的一个通告上说："可以设想，一旦重组开始，接下来将会有一个调整期，让部门发展其所需要的新的工作系统。"[34]

咨询公司的图什·罗斯（Touche Ross）在 1987 年 5 月被委托审查藏品管理部门，审查报告在第二年的 2 月出来。报告内容包括将现有的四个管理部门整合成一个职能部门，对管理角色进行了详细的分析并提议对管理的各个方面进行监督，提升管理水平。咨询顾问提出了 14 条建议，其中包括引入团体计划中的工作目标以加强职能部门的管理。助理

120

---

① "建筑和工程建设"是从物业服务部门收进的服务项目。

馆长成为独立的角色，他们只是职能部门（以及北部的两个博物馆）的一般管理者，不是主管之一，他们的工作量将是现在的两倍。其结果从根本上改变了科学博物馆高级管理团队的组成，管理代表由四个减成一个。建议还强调鼓励策展人进入其他部门工作，并把征招最初级管理者的一部分薪酬预算重新分配到新的毕业生实习计划中；在职能部门内部建立一个储藏和保护"专用活动区"，并由资深策展人领导。[35]有 15 位研究助理（策展人 E 级）离开他们的研究领域加入"项目组"，在那里他们被预期成为整个科学博物馆灵活的内部顾问，做一些相关藏品的研究，但主要是指导运营研究和项目管理。[36]

这些变化在现有的员工中非常有争议。员工们普遍开玩笑说，"分裂"（与"部门"同音）是一个很适合描述科学博物馆部门分离文化的名词。提前退休计划是改变的一部分，因为它的目标是"在两年的时间内把员工的数量减少到可以承担的水平"（减少大约 10%），这受到了预料中的争议。[37]最突出的受害者是曾任藏品管理部门主管的布赖恩·布雷斯格德尔（Brian Bracegirdle），他由于提前退休计划而成为科学博物馆研究员并且到布莱斯存储室去为显微镜收藏编目。[38]先前的水运馆策展人、"发射台"项目总管以及运输馆主管汤姆·赖特（Tom Wright），在 20 世纪 90 年代的大部分时间里都是藏品管理部门的助理馆长。

展馆发展计划

在先前的科学博物馆中，负责展览的策展人通常意识不到在展示历史和表现科学与技术之间有任何隐性的知识上的紧密关系。历史呈现的基本上是辉格主义和进步主义，而最新的技术展品按发展顺序陈列着，互动展览传达着设备工作的原理。例如，在时间的测量方面，经常是整理好的、最好的典型藏品被展出。每一个管理部门都有自己的博物馆展览区，当有新的项目被提出来时，这些展览区就会被其他的管理者争夺。

科森斯领导的早期革新以 1987 年 2 月的"展馆计划组"为基础，试图提出一个全局计划，即科学博物馆的展馆将根据一个新的总体逻辑进行重组。[39]8月的一个会议设立了科学博物馆的原则，即按照"认识"（第三层）、"制作"（第二层）和"应用"（第一层）的主题来组织，并在每一层东端（展览路）建一个介绍区。[40]这个计划并不像它的外表一样看上去那么具有革新性，例如，"认识"这个主题展区是指科学及物质科学长期占据的第三层东端部分。但附加的权威条件可以设定任何策展部门的领地，比如可以把一些医药科学强加到物理空间。这样的想法到目前为止只是将博物馆更少置于主管监控下这种管理策略的小小试金石。并且，这个激进的计划受到了来自受托管理委员会的严重阻力。不论是越来越意识到达到筹款目标的艰难还是委员会的反感，这个计划最终夭折了。科学博物馆服务部门的前主管（现在已成为物质科学部的主管——德里克·鲁宾逊）在1987年预见性地评论说："在科森斯管理15年结束的时候，大多数展馆都已经被重新展示，但是……变化的步伐受制于财政资源的可用性。"[41]但他的改革雄心像幽灵一样存在于"精神食粮"展区（应用，1989），"乔治三世"展区（认识，1993），"健康问题"展区（认识，1994）和"材料的挑战"展区（一些制作元素的应用，1997）中。

新的展览目的着重强调专注于收藏："这个计划的目的是引导我们增加科学博物馆的卓越收藏以对观众在了解科学、技术、工业和医药的历史和当代实践上施加影响。"[42]在这个展览观点发展的重要阶段，这个计划平衡了不同的利益：

> 这个概念的本质就是让科学博物馆能够为观众提供一种参观藏品的新形式。这并不意味着科学博物馆已经坚持了多年的传统的和正统的理念将会消失。相反，科学博物馆想通过将信息和藏品并置在一起的形式来详述每一个主题，并在每一层通过用重要的收藏分类的方式来详述主题，这样应该可以达到更好的效果。[43]

换句话说，这个方案的展览是主题化和类型化的。并且，在远离后韦斯顿管理时代的潮流中，"发射台"将不再是主宰："我们没有看到科学博物馆变成主要的互动科学中心，尽管在一些新的展馆中会有无数的、被认为是最合适的通信技术类的互动展品。"[44]在与博物馆现代化展览技术的斗争过程中，这个计划改变了我讨论过的辩证法的平衡。它提出了一种解释文物的"双重角色"，在运用"更复杂的技术"和"其他媒体"的同时，保证尽到"把我们独特的藏品提供给公众的职责"。[45]

展馆计划的失败，正好符合花费大量的钱去更换国家铁路博物馆大厅屋顶的需要，也导致了寻找新资金流时机会的逆转。[46]1990年的团体计划提到它的缺点："引入认知框架欠缺实践方面的考虑，因为它需要很长时间才能产生预期结果，并且在此期间科学博物馆的实时状态不断变化。"[47]取而代之，一个明显实用的"多博物馆"模式被提出：一个可以依照威尔康博物馆扩展而成；另一个与教育相关，"不再开设天然气、电力和核能的展馆，而是由一个专门的能源展馆取代"。① 有趣的是，对两种发展可能性的讨论，一种指向收藏，另一种指向科技的现在和未来。一个"收藏研究的基地可能成为'可视化的储藏'和'一种形式上的"宝库"的形式'，在这里博物馆收藏的最重要的物品都能够始终可用"。[48]另一方面，有一个关于创新中心（暂时命名为"未来"）的讨论。该中心可以通过"迅速地反映展览、科学电影，甚至戏剧"提出"观众感兴趣的主题"。尽管财政紧张，科学博物馆还是提出了发展西馆的计划。有趣的是，在1991年的团体计划序言中，对于新展馆计划的描述引用了一长页的贝尔报告。[49]

解　说

20世纪80年代的"发射台"标志着战后对展馆概念的第一次挑战是

---

① 旧的电力展在20世纪70年代中期被探索展取代了，但是重新展示这个主题的意愿很明显。

在收藏方面（即便是儿童馆也展示了收藏）。科森斯将原本由管理者负责的展览职能转移到公共服务部门，这标志着观众将遇到发生决定性改变的展览方式。1989年的展馆计划在总结"改变的需要"这一部分时提出了一个论点，那就是："我们的许多员工都具有解读科学家和工程师团体、其他学术团体的专业知识，以及将它们与博物馆的藏品联系起来的技能。"但是它加了一个新的推论，那就是："不管怎样，我们在发展新的'管理者解说员'上应该越来越多地依靠我们所取得的成就，用我们特有的藏品去扩展所传达的信息范围。为了达到这个目的，1989年公共服务部门建立了一个解说团队。"[50]广告中宣称，这个团队的领导将被任命去为藏品的展览提供解说支持和专业知识，并支持展馆计划组、展览团队和教育服务部门的工作，"把新的展馆主题和思想转变成易懂的观念"，以及支持建立一个展览评估项目。[51]1989年10月，来自开放大学的物理学家格雷汉姆·法米罗来到科学博物馆接受了这个职位。他的团队有四个小组：致力于观众研究的小组，互动展览小组，博物馆的视听、电子和计算机展览组，以及负责电影和讲座节目的公共项目人员组。解说团队对解说本质的定义正好印证了本章论证的两个极端："提高对收藏的展览和解说的有效性"，以及有意识地"改进科学博物馆向它的观众，尤其是向那些非专业人士传达科技思想方法"的决心。[52]

123

这个团队被用于巩固在"精神食粮"展馆项目中试用的组织原则。创造展馆的任务交给之前在科学博物馆较低层的管理团队，他们需要向公共服务部门汇报。[53]"新的管理者解说员"将会在"空白纸"上创造一种解说，而不是用展览的形式来阐述先前的管理知识。它由先前的医药管理部门的研究助理简·拜沃特斯（Jane Bywaters）来领导，团队成员包括希瑟·梅菲尔德（Heather Mayfield）——他曾帮助完成了威尔康翼一半的项目，然后成了博物馆内容的负责人（Museum's Head of Content）。这个项目是科森斯想要实施变革的一个关键性实例。一开始，项目的主题超出了科学博物馆已有的管理领域——科学博物馆有农业和家用电器藏品①，但是没有专门的食品技术藏品，并且没有食品管理者。从那时的"藏品第一"的概念中发展起来的技术被用来发展主题，然后寻找合适的藏品来匹配这些主题。科森斯改变博物馆的野心也可以从其将展览的设计外包给霍尔-雷德曼联合公司（the firm Hall-Redman Associates）中看出来。②

让科学博物馆远离旧的模式的一个不可分割的部分就是通过代理将观众的声音引入新的展览计划中。在旧的模式里，展馆就是对特别收藏的简单陈列。在英国，对观众的关注已经成为新的展览技术所强调的一部分。它由自然博物馆的罗杰·迈尔斯（Roger Miles）率先倡导。但在科学博物馆，直到1989年，工作在航空展馆的桑德拉·比克内尔转到解说团队后，才对观众进行研究。桑德拉·比克内尔提出了"观众提倡"的概念，这是一个源自澳大利亚和北美的模式，她在1989—1990年被借调到史密森学会博物馆的时候接触到了这种模式。[54]这与科森斯让科学博物馆变得更能响应公众的呼吁有类似之处。从这个小小的开始之后，科学博物馆成了通过社会研究方法去了解观众的态度和行为的国际知名中心。

二次重组

124　　在更换国家铁路博物馆的屋顶造成的财政危机过后，科森斯又一次重组了科学博物馆的结构。他对改变的目的解释如下：加强科学博物馆建筑规划的首要地位以及展馆的维修和改进工作，使科学博物馆"更加

---

① 除了艾伦·莫顿（Alan Morton）外，现代物理展馆的主管也已经开始收集市场上的激光扫描设备了。

② 科学博物馆正在成长的设计部门充分利用各种途径，力图降低永久设计团队的固定成本。这不是外部公司第一次设计科学博物馆的展览。最近的例子是1986年卡森·康德（Casson Conder）为工业化学展馆进行设计，但这主要是策展人罗伯特·巴德的关系。早在1935年外部设计师莫霍伊·纳吉（Moholy Nagy）就曾参与"帝国航道"临时展的设计，米莎·布莱克（Misha Black）为1948年的"黑暗到光明"的照明展做过设计。

强调当代的科技"，以及"保存和提高学术水平"。[55]伴随着这次重组同时进行的，还有为了减少工资支出而进行的裁员。三个博物馆一共裁掉45～55名员工，并将预算的一部分（每年140万英镑）转向科学博物馆的外部支出。① 来自专家和主流媒体的谴责不绝于耳，愤怒持续了1993年的整个秋天。[56]吉莉安·托马斯（Gillian Thomas，欧雷卡儿童博物馆的前馆长）任助理馆长[57]时用新的项目发展部取代了公共服务部。新的项目发展部承担向主要项目提供专业项目管理的任务。[58]研究和信息服务部成了科学交流部，负责解说和教育。解说团队有了一个新的使命：通过与科学博物馆一般观众的有效交流促进公众对科学有更好的认识和了解。[59]收藏部减少了中间的"管理"，主要从事保护、归档和储藏这些实际工作，这也是自1992年起，由苏珊娜·基恩（Suzanne Keene）领导的新部门关注的焦点。[60]这时，实验的"项目组"（Projects Group）解散了：它的部分成员成了管理者，其他人成为新的项目发展部的员工。市场部变成了"公共事务部"。

在整个20世纪90年代，科学博物馆一直存在着混合有效的展览运行模式，这些是由"精神食粮"展览模式的变体产生的。"精神食粮"展归于公共事务部门，后来又归于托马斯的部门。这些模式变体包括地下室展馆——新设想的儿童馆的替代品和"材料的挑战"（The Challenge of Materials，1997）展馆。这个展馆开始是作为一个管理项目建的，但是后来由项目发展部的希瑟·梅菲尔德用"精神食粮"的模式变体运行。"乔治三世"展（1993）将艾伦·莫顿和简·韦斯（Jane Wess）的管理团队与外部的设计者艾伦·欧文（Alan Irvine）联系了起来。其他的展览，如"健康问题"（Health Matters）展（1994）转由项目发展部管理。但是，也许是因为管理者吉斯雷妮·劳伦斯的资历深，这个项目从来都没有停止过在思想理念上的管理。"健康问题"展是对科学博物馆的展览问题、对

---

① 在这次重组中，一些高级管理者离开了，这其中包括工程馆的长期管理者约翰·贝克莱克。

问题的自我反省，以及对重写博物馆展览公约的坚决而严格的响应。同时，威尔康展厅在尝试运用一种"软"社会历史，它试图用一种更难的社会建构主义来解释现代医学。该馆不仅展示生物医学史上的最新研究，而且凭借大量专门拍摄和存档的电影，为观众提供这些令人着迷的主题125 解说。用当时的标准来说，所有的展览说明都采用了一种高度非正式的语言风格。[61]

科学传播部

20 世纪 90 年代，展览当代科学的推动者是后来的科学传播部。这个部门由罗伯特·福克斯的继任者约翰·杜兰特（Jone Durant）负责。①在杜兰特看来，从 1992 年起，科学博物馆图书馆和帝国理工学院图书馆合并的目的之一，是实现科学传播部的改名。但是，他将这个部门引向与其原始目的大不相同的方向。他把研究的目的解释为依据"公众理解科学"（Public Understanding of Science）建立替代模型，而不是提高管理研究质量这一最初目的。在 20 世纪 90 年代早期，紧随 1985 年博德默报告，英国处于"公众理解科学"的顶峰时期。杜兰特通过在他的部门里建立《公众理解科学》（*Public Understanding of Science*）杂志编辑室，巧妙地将科学博物馆置于这片天空的中心。《公众理解科学》杂志编辑室倡议科学博物馆的工作和对观众的研究工作同时进行，而不是整合在一起，这为科学博物馆向市场响应转变提供了合适的理论依据和支撑。该部门新的侧重点也为管理研究实践提供了清晰的解释。在罗伯特·巴德对收藏方面的指导下，正式的研究政策被制定。这推动了当时管理人员积极参与研究，并从旧的工程师历史和文物收藏方法中走出来，转向寻求怎样研究和理解藏品的方法的趋势。科学博物馆中少数但

① 罗伯特·福克斯于 1988 年 12 月离开，仅在他加入科学博物馆 9 个月后，他离开科学博物馆就任牛津大学的科学史教授。

很重要的中层管理者开始攻读博士学位。他们的研究聚焦在科学博物馆资源和这些资源的可视性文化上。研究成果有多伦·斯韦德（Doron Swade）的巴贝奇第二代差分机（Babbage's Difference Engine No. 2）[62]的编史实验、与德意志博物馆和史密森美国国家历史博物馆（Smithsonian's National Museum of American History）的学术合作，以及艾伦·莫顿和简·韦斯对于乔治三世收藏的编目中的历史篇章[63]。当然还有其他的研究成果。

自从 20 世纪 90 年代撰写"科学界和历史学家、社会学家、人类学家以及政策分析师组成的世界联盟是什么样，而且应该是什么样"[64]的相关文章开始，罗伯特·福克斯就卷入了"公众理解科学"的讨论中。在科学博物馆中，友好关系缺乏的原因是各不相同的。两个拥有相同理念背景或方法的组群之间会结成失败的联盟，如追求"公众理解科学"的新员工（或者那些承担了对观众的态度和行为进行实证研究工作的人员）和发展了由威尔康藏品发展起来的社会历史观点的管理者之间的联盟。这才是部门真正的分歧所在。[65]

杜兰特指示科学传播部门把关注点放在成年人身上，同时力图保住家庭观众。他也强调要将关注点放在从 1992 年 3 月开始运行的反映当代焦点问题的"科学盒子"（Science Box）系列小型临时展览上[66]，不要放在互动科学展览上。就像他说的，科学博物馆在 20 世纪 90 年代中期发生的变化都是由互动科学中心全球性的成功导致的，更严重点说是"科学博物馆为创造具有科学素养的社会做出更多直接贡献的压力"导致的。这种压力是从全球的"公众理解科学"运动中分化出来的。[67]杜兰特和科森斯的野心完全一致：

> 未来的科学博物馆将和现在的科学博物馆大不相同。它的不同将部分反映在博物馆对自身本质的重新定义上。[68]

这个充满了"公众理解科学"精神的科学传播模型，更多关注的是科学问题，而不是解释科学原理，这可以从"科学盒子"系列展中看出来，如关于被动吸烟和纳米技术的展览。"科学盒子"系列展与收藏部门的实物文化是分开的，这最终变成了这些展览共同的缺陷。

威尔康翼展和"创造现代世界"展

当 2000 年 6 月博物馆开放威尔康翼展和"创造现代世界"展时，博物馆两个展览的分离结果进入了公众视野。在经费许可范围内，展览向西延伸直达女王门，这也标志着科森斯愿望的实现。这些展览首先是具有"新古典主义"意义的展览，展示了科学博物馆的 2000 件藏品。展览强调了科学技术发展史上的 150 个重要风向标，用实物设置相关情境，来突出日常生活的连续性和变化性。旧馆通常是基于理性观众的简单模型发展起来的。展馆希望这些观众——如果可以的话——按次序观看展示的每一个展品。相比之下，"创造现代世界"展可以获得观众对于展品的想法。展览工作人员通过观察观众的眼睛被哪些展品所吸引来了解他们的兴趣或使他们高兴的展品。没有人会看到所有的展品，但所有的展品将会在展览的过程中被一部分人欣赏。[69]威尔康翼展被宣传为"一个惊人的当代科学剧院"。威尔康翼展除了一个巨幕影院(Imax theatre)以外，还包括一个主要是生物医学方面的展览"我是谁"、一个关于数字技术的展览"数字城邦"(Digitopolis)、一个针对学龄前儿童的数学展览"图案仓"(Pattern Pod)和一个专注于富有想象力的、蕴含未来科技变化的多人游戏展览"在未来"。可能在这些创新的展示中，最有博物馆学概念的创新就是"天线快速"(Antenna Rapid)展。这个展览效仿《自然》杂志的排版，当观众点击按钮的时候，就能产生关于科学新闻故事的微展。① (图 5-2)

---

① "天线快速"展的构想来自杂志模型："快速"意指新闻故事；"天线"意指杂志文章。它遵循"科学盒子"的风格和经验。该展览也受到英国广播公司科学新闻的影响，从中似乎可以看出"阻止报道"的意味。

图 5-2　2000 年 11 月的"创造现代世界"展览

　　威尔康翼展的成功充分展示科学博物馆对观众的研究和其对学习种 127
类更宽泛定义的应用达到了一个新的水平。展览团队里的学习专家修正
了旧的观众支持模型，对内容开发人员建立了培训方案，致力于"信息
文件"（团队想对观众说的话的简单陈述）的工作，开展评估工作，并根 128
据观众现有的知识和喜欢的学习风格向媒体提出建议。[70]这个"双胞胎"
展览的开放集中表达了科学博物馆核心辩证法的管理理念：威尔康翼展
是一个高度互动和快节奏的展览，"创造现代世界"展故意传达了缓慢而
沉思的理念；威尔康翼展是当代的，"创造现代世界"展是历史的；威尔
康翼展把博物馆的实物放在次于展览主题的地位，"创造现代世界"展更
多地由最新的学术讨论人员提供资料，强调实物自身以及它们对观众的
意义。（图 5-3）

129

图 5-3 "数字城邦"，最初的威尔康翼展厅的展览之一，专注于新的数字技术的影响

结　论

　　科学博物馆带着"过去的声音和现在及未来的需要"的辩证理念进入新千年，这种辩证理念非常明显地表现在新展馆物理形式的分离上。在幕后结构中，这种分离将其专业员工划分到两个部门。这两个部门是科学传播部和收藏部。这两个部门不久后都经历了大幅缩减。在外部资助
130 契约刚一结束时，新的管理制度就推出了全新的优先事项。① 近 10 年，我们力图在过去和现在之间，或者说在展示历史藏品和现代科学之间找到一个新的平衡点。我们的答案，或者说我们的总体规划，包括来自"宝藏"展馆中代表广泛核心学科领域，具有多样而丰富选择的新展览。之所以称之为"宝藏"，是因为它们将会展示我们收藏中通向现代化新途径的宝藏，尤其是重新开放的"天线"（Antenna）展和涉及我们这个时代

---

①　如我所述，因为新专家角色的出现，所以很难与先前时代进行比较。我们可能注意到，2003 年的策展人和展品开发人员的人数总和不到 1980 年的一半。

主要危机的展览，如"气候变化"展等。在所有的大规模项目里，策展人和展品开发人员及观众研究人员一起努力，以求将展览对特定人群的吸引力最大化。在我们努力确保新的展览能讲述过去和现在的同时，一种新的综合的精神出现了。战后时期的经典博物馆展览的关键问题，是用特殊的藏品去展示从过去向现在的演变过程。在我们激进的改造中，我们创造了新的展览方式，叙事方式更加多样，更加广泛，更加调和了观众的价值观念、品味和兴趣。但是就像安德鲁·巴里（Andrew Barry）十几年前在一篇有洞察力的文章中写道：

> 虽然不能被完全忽视，但是相比于对消费者的选择和观众行为问题的关注而言，重新思考博物馆藏品的运行已经成为次要的了。观众的身体与感知能力和新的互动技术一起，一直是现代科学博物馆争论的焦点之一，这些争论包含博物馆的设计、运行和未来。[71]

科学博物馆承担起重新思考所有藏品——而不只是那些展出的展品——的挑战，最终会实现其综合的目的，这种综合是基于目前为止的永久辩证法基础之上的。在"发射台"开放之后，有人担心科学博物馆可能会成为一个大的互动科学中心，科学博物馆的物品会降至小道具的角色或者全部流亡为远程储存的境地。这种担心被证明是毫无根据的，但我们仍然在与物品做斗争，并且也许应该一直这样。不像那些艺术馆的藏品，科学博物馆的许多藏品收藏的主要目的不是被观看，而是像其他博物馆的物品一样，作为社会历史的证据，即使那些历史有时候涉及科学家和技术人员不熟悉的部分。一旦我们足够勇敢，藏品的特性将会把我们置于科学博物馆实践和博物馆展示的多样故事的首要地位。（图 5-4）

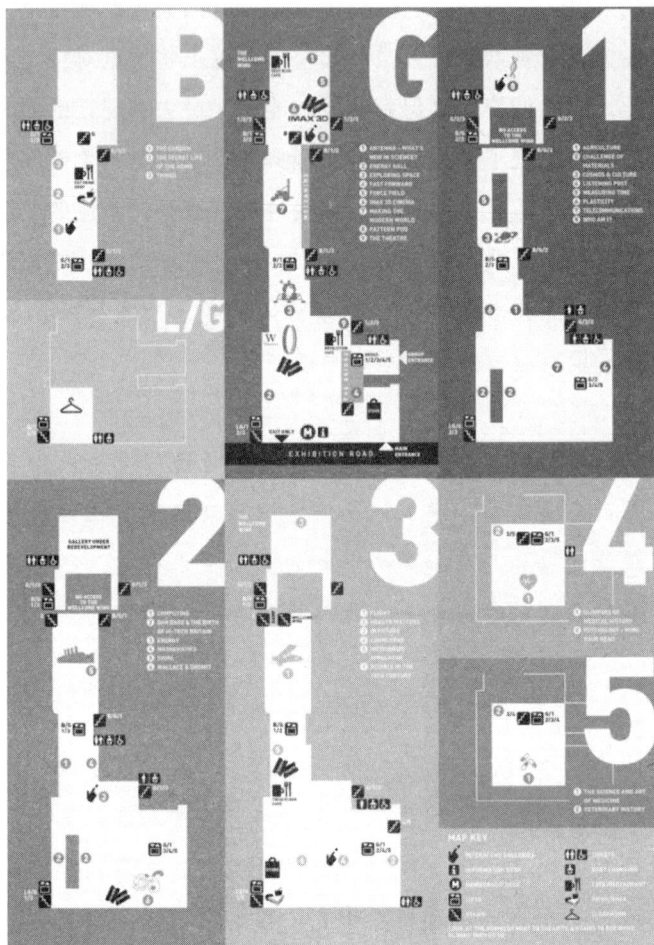

图 5-4　2009 年出版的观众宣传页中科学博物馆楼层结构图

　　不可避免的是，这种关注实物的机构必须很大程度上以科学博物馆的展览为中心。真实物品不像 20 世纪八九十年代从无到有建立起来的曼海姆州立技术劳动博物馆（Mannheim's Landesmuseum für Technik und Arbeit），我们提供给观众的展品总是以前真实物品的复制品。"了解、制造和使用中"勇敢的现代主义，完败科学博物馆的历史遗产，现在看起来是天真的。但是我们不可避免地生活在多样化的博物馆时代，我们必须面对博物馆既包括物品又包括体验的事实。我们必须在我们的

131

机构核心中有效地利用物质文化。这就要求我们重新发展呈现物品的方法、做好失败的准备并愿意尝试试验的新途径。我们是幸运的，因为物品是多变的，不同的人在不同的背景中有不同的叙述。V2 火箭是火箭历史、弹道历史、战争历史、纳粹主义历史或者南伦敦历史的一部分吗？嗯，当然都是。这些机构自信地接受观众从我们的展品中提取出多重意义。

　　收藏对于研究的作用显而易见。那些精通现代科技研究方法的研究者经常发现单个藏品的特殊性，而且往往使它们自然地成为历史研究的焦点。展览不断发生改变的潮流，就像本书所展示的，提供了对科技公众文化进行研究的重要证据。对于收藏的研究不可随意：它刺激了博物馆的想象力，并产生了新的、更具包容性的描述方法，这些方法是为我们的观众提供服务所必需的。但是我们需要继续工作以确保这种研究的潜力被挖掘，并且研究的结果可以反馈到公众机构中。同样，如果科学博物馆远离了那些了解现有物品、对它们有热情的狂热者，不论这种拒绝是源于专业的势力，还是源于对数目更多的家庭观众的关注，它都是不恰当的。[72]

　　我们很幸运，生活在媒体变革之中，这种变革给了网站、博客、播客等多种机会。观众通过这些媒体访问藏品比通过传统出版获得的要多得多。

　　20 世纪八九十年代被加剧的劳动分工无疑确保了本章描述的辩证法中两个方面专业标准的真正发展。我提到的"新的综合精神"需要被培养为观众和收藏服务。如果藏品被估价，并且博物馆机构对学习的理解是富有经验的，而且这种理解被科学博物馆的职业群体之间所共享，那么我们目标的核心元素——就像科森斯描述的，"保存、记录以及教育的愿望"——就没有必要被反对。①

――――――――――

① 学习可以被定义为积极参与体验的过程。它是人们想去理解这个世界时的所作所为。它可能涉及技能、知识、理解、意识、价值观、思想和感情的发展和深化，或反应能力的提升。有效学习导致变化、发展，并渴望了解更多。

最后，生活经验的变化让我们很难去评估我们所间接知道的时代。但是，刚过去的事情能够为我们现在以及不远的未来创造可能的条件。在这个意义上，科森斯的工作对于今天的科学博物馆来说，仍然是至关重要的。关于管理的争论核心仍然是收藏以及这些收藏能代表什么。将藏品充分地融入我们的机构仍然是科学博物馆员工最大的挑战。

参考文献

132

1. Neil Cossons，'Report of the Director and Accounting Officer'，*National Museum of Science & Industry Review* (London：Science Museum，1993)，p. 9.

2. John Symons，*Wellcome Institute for the History of Medicine：A Short History* (London：The Wellcome Trust，1993)，pp. 46，48-50.

3. Frank Greenaway，'Future of the Wellcome Collection of the History of Medicine'，13 June 1972，SMD，SCM/1999/0519/001.

4. Science Museum Annual Report for 1980，p. 3.

5. Richard J. Harris，'Empathy and History Teaching：An Unresolved Dilemma?'，*Prospero* 9 (2003)，pp. 31-38. Jane Insley，'Little Landscapes：Agriculture，Dioramas and the Science Museum'，*Icon：Journal of the International Committee for the History of Technology* 12 (2006)，pp. 5-14.

6. Ghislaine Skinner，'Sir Henry Wellcome's Museum for the Science of History'，*Medical History* 30 (1986)，pp. 383-418.

7. Frank Greenaway，'Future of the Wellcome Collection of the History of Medicine'，13 June 1972，SMD，SCM/1999/0519/001，3.

8. Christopher Lawrence，'Physiological Apparatus in the Wellcome Museum 1. The Marey Sphygmograph'，*Medical History* 22 (1978)，pp. 196-200.

9. J. K. Crellin and J. R. Scott，*Glass and British Pharmacy 1600-1900 . A Survey and Guide to the Wellcome Collection of British Glass* (London：Wellcome Institute of the History of Medicine，1972).

10. Brian Bracegirdle's catalogue of the microscope collection，researched after his retirement in 1990，was published as a limited edition CD-ROM in 2005：Brian Bracegirdle，'A Catalogue of the Microscopy Collections at the Science Museum，London' (London：Trustees of the National Museum of Science and Industry，2005).

11. Ghislaine Lawrence，'Charles Drew's Profound Hypothermia Apparatus (1960)'，*Lancet* 358（9280）（2001），p. 514；Lawrence，'Hospital Beds by Design：A Socio-Historical Account of the 'King's Fund Bed'，1960-1975'，unpublished University of London PhD thesis，2002；Robert Bud，*The Uses of Life：A History of Biotechnology* (Cambridge：Cambridge University Press，1993)；Robert Bud，*Penicillin：Triumph and Tragedy* (Oxford：Oxford University Press，2007).

12. David Follett，The Rise of *the Science Museum under Henry Lyons* (London：Science Museum，1978)，pp. 103-105.

13. Science Museum Annual Report for 1953，p. 5. Staff lists.

14. Science Museum Annual Report for 1952，p. 6.

15. Science Museum Annual Report for 1952，p. 6. For SFA，see T. Boon，*Films of Fact：A History of Science in Documentary Films and Television* (London：Wallflower Press，2008)，pp. 115-117.

16. Science Museum Annual Report for 1953，p. 24；1955，p. 6. Hartley retired in 1957.

17. Described in Chapter 4；see also Science Museum Annual Report for 1955，p. 1.

18. Science Museum Annual Report for 1952，p. 1，my emphasis.

19. Science Museum Annual Report for 1955，pp. 6-10.

20. Aubrey Tully，'An Informal History of LaunchPad'，Chapter from PhD thesis uncompleted at the time of the author's death，1992，p. 1，SMD，Z 250/3.

21. Tully，'An Informal History of LaunchPad'，pp. 2-7.

22. Neil Cossons，personal communication，September 2009.

23. SMO 60/88，SMD，Z 340/2.

24. SMO 6/87，SMD，Z 340/1.

25. See NMSI Corporate Plan 1992-1997，vol. 1，pp. 11-12.

26. See，for example，SMD，SCM/1990/0377 and /0378.

27. Derek Robinson，'Gallery Development Plan'，Memorandum，2 November 1987.

28. Neil Cossons，'Scholarship or Self-Indulgence?'，*RSA Journal* 139 (1991)，pp. 184-191，on 185-6. See also his address to the Museums Association in 1982，published as：'A New Professionalism [Address to Museums Association，1982]'，in Gaynor Kavanagh，*Museum Provision and Professionalism* (London：Routledge，1994)，pp. 231-236.

29. See Harold Perkin，*The Rise of Professional Society* (London：Routledge,

1989），p. 378.

30. 'Scholarship or Self-Indulgence?'，p. 187.

31. SMO 35/87，5 May 1987，SMD，Z 340/1.

32. Assistant Director Mark Pemberton from 1 July 1987.

134　　33. Touche Ross Management Consultants，'Review of Collections Management，22 Feb 2008'，SMD，POL184/185/1.

34. GN 3/90，9 January 1990. SMD，Z 340/2.

35. Touche Ross Management Consultants，'Review of Collections Management，22 Feb 2008'，1，pp. 47-49.

36. See，for example，NMSI Corporate Plan，1990-1995，draft copy，p. 13，SMD，Pol/237/238，pt. 3.

37. NMSI Corporate Plan，1990-1995，draft copy，p. 9，SMD，Pol/237/238，pt. 3.

38. GN 3/90，9 January 1990. SMD，Z 340/2.

39. SMO 14/87，19 Feb 1987，SMD，Z 340/1.

40. Derek Robinson，'Gallery Development Plan'，Memorandum 2 November 1987，p. 1.

41. Derek Robinson，'Gallery Development Plan'，Memorandum 2 November 1987，p. 2. He had moved into the new post on 1 March (Derek Robinson，personal communication，14 August 2009).

42. Cossons et al.，'Gallery Development Plan-Thematic Principles'，January 1989，p. 3.

43. Cossons et al.，'Gallery Development Plan-Thematic Principles'，January 1989，p. 1，my emphasis.

44. Ibid.，p. 1.

45. Ibid.，pp. 5-6.

46. Corporate Plan 1991-1996，vol. 1，p. 8.

47. NMSI Corporate Plan，1990-1995，draft copy，p. 35，SMD，Pol/237/238，pt. 3.

48. Loc. cit.；the name is given in the following year's report.

49. NMSI Corporate Plan，1991-1996，vol. 3，iii.

50. Cossons et al.，'Gallery Development Plan-Thematic Principles'，January 1989，p. 6.

51. GN 38/89；NMSI Corporate Plan，1990-1995，draft copy，p. 18，SMD，Pol/237/238，pt. 1.

52. Sandra Bicknell，'Divisions of Labour：Interpreting Research and Researc-

hing Interpretation'. Unpublished paper presented to the Social History Curators Group Annual Study Weekend, 7 July 1994.

53. Sharon Macdonald, *Behind the Scenes at the Science Museum* (Oxford: Berg, 2002).

54. Eilean Hooper-Greenhill, *Museums and Their Visitors* (London: Routledge, 1994, p. 9).

55. GN 38/93, 17 November 1993, SMD, Z 340/2.

56. SMD, SCM/1994/0626/1.

57. NMSI Corporate Plan, 1993-1998, vol. 1, p. 5. Thomas left in 1996 to become Chief Executive of the interactive centre, At-Bristol.

58. Terry Suthers, who had been Assistant Director of the Public Services Department since September 1987, left in February 1992; SMO 478/87, SMD, Z 340/1.; GN/3/92, SMD, Z 340/2.

59. Bicknell, 'Divisions of Labour', p. 3.   135

60. GN 7/92, 26 Feb 1992, SMD, Z 340/2.

61. See Tim Boon, 'Histories, Exhibitions, Collections: Reflections on Medical Curatorship at the Science Museum after "Health Matters" ', in Robert Bud, Barney Finn and Helmuth Trischler, eds *Manifesting Medicine: Bodies and Machines* (Reading: Harwood Academic Publishers, 1999).

62. Doron Swade, *The Cogwheel Brain* (London: Abacus, 2001).

63. Alan Q. Morton, Jane A. Wess, *Public and Private Science: King George III Collection* (Oxford: Oxford University Press, 1993).

64. Robert Fox, 'History and the Public Understanding of Science: Problems, Practices, and Perspectives', in M. Kokowski, ed. *The Global and the Local: The History of Science and the Cultural Integration of Europe. Proceedings of the 2nd ICESHS* (Cracow: Poland, 2006), p. 175, http: //www. 2iceshs. cyfronet. pl/ 2ICESHS_Proceedings/Chapter_8/RE_Fox. pdf (accessed 5 May 2009).

65. See Ghislaine Lawrence, 'Rats, Street Gangs and Culture: Evaluation in Museums', in Gaynor Kavanagh, ed. *Museum Languages: Objects and Texts* (Leicester: Leicester University Press, 1991), pp. 11-32; also see John Durant's discussion of the issues: Durant, 'Science Museums, or Just Museums of Science?', in Susan Pearce, ed. *Exploring Science in Museums* (London: Athlone Press, 1996), pp. 148-161.

66. See, for example, NMSI Corporate Plan 1994-1999, p. 12; John Durant, 'Presenting Contemporary Science: The Science Box Programme', *The National Museum of Science & Industry Review 1993*, 30-2.

67. Durant, 'Science Museums, or Just Museums of Science?'.

68. Durant, 'Science Museums, or Just Museums of Science?'.

69. A model close to that advanced for cultural consumption in general in Michel De Certeau, *The Practice of Everyday Life* (Berkeley: University of California Press, 1984).

70. Jo Graham and Ben Gammon, 'Putting Learning at the Heart of Exhibition Development: A Case Study of the Wellcome Wing', in E. Scanlon, E. Whitelegg and S. Yates, eds *Communicating Science: Contexts and Channels* (London: Routledge in association with The Open University, 1999).

71. Andrew Barry, 'On Interactivity: Consumers, Citizens and Culture', in Sharon Macdonald, ed. *The Politics of Display: Museums, Science, Culture* (London: Routledge, 1998), pp. 101, 112.

72. Hilary Geoghegan, 'The Culture of Enthusiasm: Technology, Collecting and Museums', unpublished PhD thesis, University of London, 2008.

第六章

改变的浪潮：科学博物馆图书馆的兴起、衰落和再兴起

尼古拉斯·怀亚特

在科学博物馆的历史中，英国科学博物馆图书馆一直定位不清。它 136 曾经是科学博物馆的图书馆，也曾是国家图书馆，还曾扮演过帝国理工学院主要图书馆的角色。这多重角色的尴尬局面在应对因政策改变导致内外压力出现时也曾产生紧张局势。这一章将展现这些紧张局势如何发展以及科学博物馆图书馆是如何应对的。

一个教育图书馆的转变

1882 年，英国科学和艺术部成立咨询委员会，考察南肯辛顿博物馆的教育收藏。这些藏品始于 1854 年。当年，艺术协会组织了一个来自全世界的教育书籍及器械方面的租赁展，该展览在朗埃克的圣马丁大厅举行。当展览结束之后，许多展品被捐赠给了艺术协会，1857 年又被移交给科学和艺术部，并在毗邻新建的南肯辛顿博物馆的临时建筑（现在的教育图书馆）中被展出。到 1867 年，印刷品已然成为主要收藏，虽然它们主要是通过馈赠和购买得来的。1883 年，这个图书馆共有45000 件作品，拥有包含大量教师在内的读者群。

1883 年，该委员会认为需要一个新的科学图书馆。新科学图书馆

应包括两个现有的图书馆:一个是南肯辛顿博物馆的教育图书馆,另一个是实用地质博物馆的图书馆。委员会建议:

> 教育图书馆的科学书籍与杰明街的书籍合并,形成科学图书馆,那些专业设备可供租赁给师范学院的教授……那些书籍仍然保留在教育图书馆的阅览室。阅览室只要在服务师范学院科学专业学生之余还有空间,就可以对公众开放……不必在教育图书馆补充其他类型的书籍……[1]

137   杰明街的书籍来自实用地质博物馆。实用地质博物馆起源于1843 年,当时地质学家亨利·德·拉·贝施爵士(Sir Henry de la Beche)把他珍藏的科学书籍捐赠给了国家。这些书籍形成了博物馆和英国地质勘查局使用的图书馆的核心。为了满足矿业学校的要求,这个图书馆于 1851 年发展成为一个普通的科学图书馆。通过捐赠、购买和交换,其收藏增加速度很快。到 1883 年,被认为对地质调查没用的 9730 件作品被转移到新的科学图书馆,其中包括阿格里科拉(Agricola)的《矿冶全书》(*De Re Metallica*,1556)、1844 年获得的胡克(Hook)的《显微图谱》(*Micrographia*,1665)和完整的《伦敦皇家学会哲学学报》(*Philosophical Transactions of the Royal Society of London*),及欧洲科学和工程学会的会议论文集。

教育图书馆的科学材料包括早期的教学材料和大量的科学书籍,如格里凯(Guericke)的《真空空间的新实验》(*Experimenta Nova de Vacuo Spatio*,1672)。教育图书馆转变为科学图书馆花了几年的时间。1886年,英国专利局的一套完整的专利规范被添加进去。关于艺术的书籍都被转移到艺术图书馆,到 1888 年几乎所有教育类书籍都被搬出去并在白厅街形成一个新的图书馆分部。

1891 年,第一个专门针对科学图书馆的总目录被发表,从那时起,累积的藏品和附录陆续刊发。并且,印刷目录中的每个条目转化成卡片的形式以形成基本的卡片目录。在此期间，由于教育类资料被移出图书馆，读者人数大幅下滑。

聚焦藏品已成为师范学院的需求。图书管理员莱昂内尔·富尔彻(Lionel Fulcher)在1903年指出："图书馆目前的目的……主要是获得皇家科学学院教学所需科目的书籍，如纯科学、采矿和冶金专业的书籍。对于那些应用性的科学书籍，只要教授认为有必要购买就购买。"[2]

期刊的问题

在此期间，英国大学展现出一种科学教学显著扩张的现象。新的自然科学院系培养出越来越多称职的科学家在工厂和国家资助的研究机构工作。不过，尽管这种新的科学文化刺激着研究，但是它正变得越来越依赖于日益增长的科学出版机构。期刊数目不断激增并且变得更专业。1894年，化学学会的主席亨利·爱德华·阿姆斯特朗(Henry Edward Armstrong)认为：

> 化学文献正迅速变得难以管理和不可控制。不仅论文数量年复一年的增加，而且新的期刊也在不断创建。为了帮助化学家与他们的学科保持联系并对文献进行普遍掌控，我们必须采取一些必要的措施……[3]

期刊的问题将影响20世纪的科学图书馆：

138

> 科学发现结果几乎总是出现在一些期刊的论文上，很少以书的形式出现。原创工作出现在教科书中是不合时宜的或者是危险的，因此没有科学工作者会将自己新的成果发表在这样的一种媒介上。所以，在科学图书馆中，期刊文献足够充分是非常重要的。[4]

我们不能完全依靠发表文章的期刊的名声来判断一篇文章的价值。富尔彻曾引用孟德尔遗传定律作为一个例子来说明这点。这个定律于1866年[5]首次发表在一个不起眼的期刊上而完全被忽视，直到最近才得到重视。但图书馆经费远远不能充分满足日益增长的需求。平均每年花在图书馆上的经费约750英镑，其中，期刊的花费就需要约450英镑。

图书馆正面临其他挑战。员工面临制定图书目录和为所有新获得的图书准备目录卡的挑战。图书馆变得过度拥挤。其年度报告提道："在目前的条件下增加书籍是不可能实现的。"（图6-1）

图6-1 1926年科学图书馆的阅览室

1904年，英国科学协会成立，它强调科技信息应该被当作商品一样被管理和开发。为了促进研究的有效进行和发展，及时获取世界各地发表的最新研究成果是非常必要的。科学图书馆要尽快着手处理这个问题。科学图书馆在南肯辛顿博物馆的位置经过多次变化，最终于1907年被迁到帝国学院路的大学建筑中，它与皇家科学院的关系也得到加强。图书馆的书籍经过重新分类被转移到更宽敞的空间。新的阅览室于1908年开放，能容纳94名读者。图书馆所在的这栋建筑直接和科学博物馆藏品所占据的南部展区相连。第二年，也就是1909年，科学博物馆正式获得独立，科学图书馆①也开始履行自己的职责。

发展成为国家级角色

图书馆的收藏量继续增长，到 1912 年，收藏量超过 100000 卷，约有 570 种期刊。新馆包含了一个足够满足 20 年增长需求的书库。图书馆编制了专门的藏品目录和文献指南。例如，1912 年，为了配合在科学博物馆中展出的航空展，图书馆出版了一系列的航空作品。帕特里克·杨·亚历山大（Patrick Young Alexander）在 1908—1914 年捐赠了航空方面珍贵的历史和现代文学资料。科学博物馆在 1913 年准备收集画家和科学家的原始手稿，到 1914 年就收到了哈兰德与沃尔夫提供的 65 份船舶图纸。

对访问期刊文献人数增加的担忧及建立一个全国性的访问科学信息协调机制的需要，都因战时研究和科学信息协调机制的不健全而变得不那么紧迫了。

1915 年，政府为了促进和组织科学研究的应用，尤其是在贸易和工业领域的应用，而创建了科学与工业研究部。[6] 这对研究机构、地区技术图书馆和信息办公室的发展是有帮助的。科学家和图书馆之间的关系正在发生变化——图书馆需要直接将信息传送到科学家的工作场所，而不是期望科学家前往图书馆查阅他们所需要的文献。

图书馆将会成为技术进步的新实验室，就像图书馆协会（图书馆馆员的职业团体）于 1918 年宣称的那样："科技信息将变得和战时的军火库一样必要，这是以前从来没有过的事情。如果不及时采取措施，我们将像在战争面前没有做好准备一样，在和平面前也没有做好

---

① 图书馆的名称仍然是"科学图书馆"，但它也经常被称为"科学博物馆图书馆"，且这个称呼逐渐占据优势。

准备。"[7]法拉第协会的化学家呼吁"建立合理化的科学信息系统来服务经济和军事"。[8]

图书馆用积极收集、广泛外借的资料和对不断增长期刊的远程搜索服务来响应这些呼吁：

> 图书馆正在努力获取尽可能多的、发表于战争期间最重要的纯粹和应用科学作品，但高成本的书籍和合约让图书馆难以维持正常运作，也很难充分保持前些年的正确航向。[9]

到 1920 年，图书馆外借资料给科学博物馆、帝国理工学院和杰明街的地质博物馆。读者的数量持续增加。随着收集步伐加快，在接下来的 10 年，读者数量总数重新回到 19 世纪 80 年代的水平。（图 6-2）

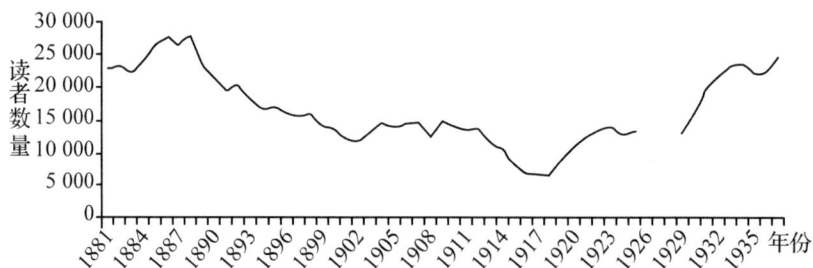

图 6-2　科学图书馆读者数量（1882—1938）

宏伟的愿景

图书馆有 125000 本书和 14 位工作人员。20 世纪 20 年代，在亨利·里昂爵士的领导下，大家共同努力增加图书馆的收藏，特别是在期刊方面，目的就是使它成为英国科学文献资源的中心。到 1925 年，图书馆的年度书籍及期刊支出从 800 英镑增加到 1000 英镑，这是科学博物馆年花费 2500 英镑中相当大的一部分。[10]

布拉德福德自 1898 年加入博物馆以来，通过自己的努力，于 1925 年接替富尔彻成为图书馆的管理人员。1930—1935 年，他由科学博物馆副馆长升到馆长的职位。布拉德福德通过学习获得了化学博士学位，并通过实践拓展了图书馆馆员知识。他启动了一个交流和展示项目，在 1924 年大英帝国展览之后，他表示"一个人只需提出要求，就可以轻易获取大量来自世界各地出版物的这份礼物"。[11] 工作人员花费额外时间梳理形成《世界科学期刊名录》（*World List of Scientific Periodicals*），并在 1924 年添加了 1400 多种序列期刊。（图 6-3）

141

图 6-3 塞缪尔·克莱门特·布拉德福德(20 世纪 30 年代早期)

外借服务于 1923 年扩展到政府部门，如科学与工业研究部、海军部和气象办公室。1926 年，邮政租借服务启动之后，外借服务扩展到更多其他机构。这项服务的加强已经获得教育委员会的批准，但只是为了获得其经济投入上的好回报，新服务只是当作一个尝试，不能承担增加运行成本或人员增加的负担。但这个实验立即获得了成功，并被发展成为图书馆的主要功能，委员会最初的想法被明显地忽略了。图书馆 1926 年记录了 3000 项租借服务，到 1930 年上升到 10954 项，1935 年达到了 21000 项。

142

收藏量的显著增加对库存有很大的影响。1924—1925 年，图书馆安装了滚动书架，这大大缓解了租借拥堵的现象。这让员工能够将整套英国专利规范地拿出来，让读者可以在阅览室里查阅。但图书馆仍然持续存在财务问题，需要更多资金购买资料。1927年，图书馆拥有195000册藏书，但由于缺少资金，1927—1928年，有900种期刊被削减。情况变得相当糟糕，帝国理工学院不断抱怨，外借服务的危机开始出现。

科学图书馆开发了自己的十进制分类法系统，但英国国际目录学协会的创始人之一布拉德福德，于1928年用通用十进制分类法代替它来整理库存和卡片索引。通用十进制分类法最初在1895年被创建，目的是建立一类通用的目录学和索引语言，用以管理主题目录和欧洲专业图书馆。在英国，科学图书馆成了传播通用十进制分类法信息的主要机构。布拉德福德认为，通过使用通用十进制分类法，一个世界级的目录可以非常经济地通过雇佣非熟练劳动力来编译，所以他策划编译了大量的卡片索引，以至于最终用近400万张卡片来记录越来越多的科技期刊文章。工作人员花了大量时间剪切印刷的文献目录和索引条目，并粘贴到卡片上。但对于图书馆而言，这个工程过于庞大。索引很少被使用，而且占用了宝贵的储存空间和员工时间。在布拉德福德死后，这些卡片索引被分散到其他图书馆去了。

1938年，成为助理馆长的唐纳德·厄克特（Donald Urquhart）对图书馆的工作进行了批判。他使用大英博物馆图书馆的编目代码来创建目录卡片，这意味着目录卡片按照藏品所在的城市或国家来编排。图书馆也有自己的期刊货架编排方法：每种期刊被赋予一个按照字母表顺序排列的独一无二的代码；由机构发行的期刊基于机构所在的城市和机构名称来分配一个代码。如果使用者不知道目录条目将很难找到书架上的资料。厄克特称布拉德福德是"相当挑剔的老人"，并指出他创建通用索引以及让科学文献收集被广泛人群查阅的目标并没有获得官方批准。布拉德福德在图书馆的入口放了一个黄铜牌匾，称这是国家科学图书馆，并将其印刷在公文信纸的抬头。教育委员会立即下令将这个名字改为科学博物馆图书馆。布拉德福德让步了，但抬头变成了"科学博物馆图书馆、国家科技图书馆"。[12]

"扩张策略"

1924 年，教育委员会任命弗雷德里克·凯尼恩（Frederic Kenyon）爵士为公共图书馆委员会的主席，并让他去审查英格兰和威尔士的公共图书馆（包括科学博物馆图书馆）的收藏是否充足，以及它们和其他图书馆之间的关系。凯尼恩报告随后于 1927 年出版。布拉德福德和里昂游说公共图书馆委员会成员，并获得了有同情心的科学家和工程师的支持，如亨利·蒂泽德（Henry Tizard）。在最后的报告中，他们的影响是明显的。报告建议通过发展全面的科学和技术收集，创建一个详细的主题索引目录，为全世界的研究人员提供信息和文献目录，从而使科学博物馆图书馆成为一个服务于研究者及公众的中心科学图书馆。图书馆预估每年需要额外的 3500 英镑购置费（使得总费用达到 4700 英镑）以及额外的员工费用。委员会强调，图书馆的基本功能是提供出版资料供查阅、摘录及外借。1930 年，最终报告中的建议得到了皇家博物馆和艺术馆委员会的同意。

如果能够以版权存储的方式获取英国科学出版物，那么图书馆的收购成本就会减少。教育委员会 1928 年向皇家委员会提交了这个建议，但遭到大英博物馆馆长凯尼恩爵士的强烈反对。他认为，这可能导致国家版权库的分裂。此外，科学博物馆图书馆还向外租借它的资料，但大英博物馆一直高度重视为子孙后代保存资源。[13]

科学界对条目学的发展有浓厚兴趣。在科学工作者协会的鼓动下，16 个科学团体于 1930 年举行会议，会议由帝国理工学院的主题分类先驱艾伦·波拉德（Alan Pollard）主持。与会者达成共识：对现有知识按照主题索引是急需的；科学博物馆图书馆应该提供恰当的供给以快速有效地执行委员会的建议，避免正在增长的条目学出现混乱。委员会的发现和科学界的广泛参与让图书馆的购买基金保持在一个安全的增长幅度——从 1930 年的 2700 英镑增长到一年后的 3000 英镑。

1931 年后期，科学博物馆图书馆咨询委员会任命了一个小组委员，以帝国理工学院院长亨利·蒂泽德为主席，来处理图书馆的问题。亨利·蒂泽德的结论是：对一个国家科学图书馆来说，真实而紧迫的需要，就是应该在工业发展链中建立一个重要的纽带；科学博物馆图书馆作为国家科学图书馆的地位应该获得认可。这个建议与凯尼恩报告类似，而且图书馆应该通过授权机构——包括工业公司的研究实验室——将书籍、期刊借给个人。要实现这些功能，图书馆需要获得 6000 英镑的购买资金。

教育委员会主席欧文勋爵承诺考虑这些建议。但他强调，在当时严峻的金融环境下，无论是购买资料还是员工薪资，图书馆都不可能获得额外的资金保障。咨询委员会向博物馆和艺术馆常务委员会(1929 年在最终报告中由皇家委员会建立的一个永久机构)提交报告(他们也在考虑向皇家学会提交一份报告)：一个国家级的科学图书馆的基石应该在科学博物馆中。

教育委员会看到常务委员会的报告后得到了完全不同的结论。他们不能接受科学图书馆被当作核心科学图书馆的建议。他们认为，把它当作众多科学图书馆之一会更好，它的功能需要重新评估和协调。没必要建立一个世界性的索引，也没有正当理由在它上面花钱，而且他们建议图书馆应该根据自己的资源开展信息服务。他们也对将图书馆的藏品借给工业公司的举措表示怀疑。教育委员会坚信几个图书馆应该在科学与工业研究部领导下通力合作。

教育委员会对图书馆所走的路线越来越不安，其建设部部长罗伯特·伍德(Robert Wood)在机密报告中向常任秘书指出：

> 多年来，科学图书馆一直在寻求扩张，企图成为一个覆盖科学文献各个领域的、全方位的科学图书馆。同时，除了给读者提供查阅文献的主要功能外，它还发展了外借服务和信息中心的功能。这

一策略已经启动，但是就算有，也很少受到教育委员会这个监管部门的控制。它已经发展到不再提及教育委员会的地步了。[14]

伍德提及增强外借服务的这项实验，并且抱怨这项服务的扩展没有获得授权。他得出结论："图书管理员仍工作在世界目录索引的氛围中。图书馆是一个完整的世界科学文献存储库，仍然在执行最近咨询委员会提出的深入发展的建议。但这些发展建议几乎每次都被常务委员会拒绝。"[15]

伍德进一步批评，里昂和布拉德福德的要求远远超过合理的可能，尤其是在增加员工人数方面："某一年我们被告知，21 名员工将满足最终需求，5 年之后我们被告知，这个数字应该是 49。"到 1933 年，图书馆工作人员补充数量实际上已经增加到 32，直到第二次世界大战一直保持这样的水平。

尽管有伍德的批评，但没有迹象表明图书馆放慢了发展势头。其唯一的效果是摒弃了图书馆应该被视为国家科学图书馆的争论。图书馆近 80% 的收藏资料被展览出来，而这难以被阻止。到 1933 年里昂退休的时候，虽然没有获得官方认可，图书馆实际上已经成为国家科技图书馆。储藏量已增至近 25 万册，容纳了近 9000 种期刊。相比之下，德意志博物馆的图书馆只容纳了 152000 册。[16]

"带着面罩的巨人"

布拉德福德在他的任期内也收集历史科学书籍来填补图书馆收藏的空白。图书馆收藏于 1937 年获得牛顿的《自然哲学的数学原理》（*Principia*）第一版（1687）的副本从而达到顶峰。工作人员甚至走很远去寻找外国出版物。菲利普·赫里沃德·斯普拉特（Philip Hereward Spratt）为了发掘更多出版物，在 1934 年利用休假时间[17]参观了北欧和苏联 45 个图书馆和博物馆。布拉德福德广泛宣传他的思想。1935 年，在哥本哈根举行的第十三届文献大会中，布拉德福德提交了一篇文章。文章认为，"中心科技图书馆的建立将缓解目前开展科技工作的不便利的问题，这是非常明确的。这样一个图书馆的额外成本与获利相比是非常小的"。[18]

布拉德福德仍然以其 1934 年发表的关于主题期刊文献分散的定律而出名，他的定律指出：单个学科领域杂志可以分为三个部分，每个部分包含相同数量的文章。[19]该领域的核心期刊在数量上相对较少，约占所有文章的三分之一，需要大量的期刊包含另外三分之一的文章，并且需要更大量的期刊包含剩下的三分之一的文章。布拉德福德把这种关系表示为 $1 : n : n^2$。他的计量学成为文献统计学新领域的基础，是图书管理员确定任何给定主题的核心收藏时使用的一种工具。

1937 年布拉德福德退休。同年，图书馆被国际文献研究所评为科技信息中心。他的贡献是巨大的，尽管遭到科学博物馆财务部门的反对，他仍开创了信息的统计研究领域，使图书馆收藏变成重要的资源。他的宣传工作也为国家提供科学信息的后续发展奠定了基础。1939 年，科学图书馆成为欧洲最大的科学期刊收藏地。厄克特后来承认："这个讨厌的人真的是一个带着面罩的巨人。"[20]

布拉德福德后来将他一生的工作写进《文献学》(*Documentation*)中，并于 1948 年出版，就在这一年他去世了。这本书成为文献学和图书馆学发展的一个里程碑。"其微妙的重要性，远远超越了其本源。布拉德福德……是一位科学家和一位图书管理员，他自己本身就是一个集职业兴趣与文献学家、图书馆活动于一体的真实象征，充分诠释了'目录学组织'这个全面的术语。同时，他也是一个通过科学训练兼具物质与精度(substance and precision)的联合体。"[21]

"一个巨大的拿破仑信息中心"

1935 年，布拉德福德的继任者——欧内斯特·兰开斯特·琼斯

(Ernest Lancaster Jones) 成为图书馆的馆长。他曾是科学博物馆的策展人，除了应用地球物理学的文章之外，还著有《测地学目录和测量收集》（*Catalogue of the Geodesy and Surveying Collections*）。兰开斯特·琼斯在专门图书馆和信息局协会中发挥了积极的作用，并积极支持缩微胶片技术。在第二次世界大战的大部分时间中，科学博物馆被关闭，但是图书馆仍然开放并避免了被轰炸的命运。1939 年，旧库中大部分（20000 册）藏品被转移到汉普郡，到 1945 年 60000 多册被转移。战争爆发期间，兰开斯特·琼斯预测图书馆的使用率会下降，于是裁掉了40％的工作人员。事实上，借书量增长显著，主要集中在与国防相关的领域，比如物理学、工程和化学。借书机构的数量从战前 450 个上升到战争结束时的 1000 多个。图书馆也在微型拍摄敌方期刊中发挥了关键性作用。

战后，科学博物馆图书馆无法提供必需的详尽文献服务的状况变得越来越明显——既没有工作人员，也没有索引、摘要或翻译所需的文献。厄克特曾于 1937 年作为助理馆长加入图书馆，但在战争期间，该工作被科学研究部门的工作替换。当他战后回到图书馆时发现，图书馆长期处于人员短缺、超负荷的外借服务困境中。但他有兴趣去处理用有限的人力运行一个大型图书馆的问题。他着手简化程序，解决版权问题。但在可以做进一步的工作之前，厄克特获得了科学与工业研究部情报部信息技术分部主管职位的面试机会。科学与工业研究部在宣传广告贴出之后未能找到任何合适的候选人，所以转而要求图书馆提供合适的候选人。科学与工业研究部提供给厄克特这个职位。厄克特于 1948 年离开图书馆，并接受了这个职位。

科学期刊数量的迅速增加成为一个问题。在第二次世界大战后，图书借阅数量快速增长导致人们抱怨借阅服务的效率。1947 年，有 79000 人请求借阅；1948 年复印机的引入为缓解这一问题提供了很大的帮助；到 1954 年请求数达到 176000 个。1947 年，图书馆也开始扩充借阅服务以增加借阅服务数量。它要求图书馆体系中的成员必须愿意将自己的

147

藏品借给其他成员。科学图书馆持有一份可用于外借的图书联合目录，并不断整合合作图书馆的图书目录，使之保持最新。[22]

图书馆一直在努力全面地收集资料，但也有反对的声音。尤其是1945年兰开斯特·琼斯死后，汉弗莱·托马斯·普莱奇（Humphrey Thomas Pledge）被任命为馆长。普莱奇在1927年被任命为图书馆助理馆长之前，是什罗普郡里京学院助理院长，他随后写下了《自1500年以来的科学》(Science since 1500)一书。[23]大约在1946年，他在提交给教育分委员会的一份报告中写道："我们的任务之一是选择，在接下来的每个时段，选择和研究与国家目的需求密切相关的一系列有限的资料。"他还指出："要放弃建立一个巨大的拿破仑信息中心的想法。"普莱奇批评布拉德福德的创新："南肯辛顿大量收藏的目录用得最少的部分就是UDC卡……它们从未深入编辑，也从未证实用来消除大量卡片的异质性、语义含混、多语言性等所需的巨大花费是合理的。虽然UDC取得了相当大的进展，但它仍只可能为将来的用户服务，它只是一个令人困惑的屏幕，而不是清晰的透镜或镜子，更不用说是探照灯了。"

20世纪50年代，图书馆获取稀有科学和工程书籍的传统得到加强，当时舍伍德·泰勒担任科学博物馆馆长，他发起了一个购买古董科学书籍的项目，从而形成了1952—1954年举办的三个书展的核心。三个书展分别是："百本炼金术书展"，这是舍伍德·泰勒自己的专长，这些书籍包括来自牛津科学史博物馆的藏品；其他两个是"机械史书展"和"天文史书展"。每个展览都附有一份由博物馆策展人编写的出版目录。在此期间，图书馆购买的著名作品包括伽利略的《星际信使》(Sidereus Nuncius，1610)和希罗尼姆斯·布伦契威格（Hieronymus Brunschwig）的《蒸馏艺术简述》(Liber de Arte Distillandi Compositis，1512)。

图书馆的人力资源

图书馆工作人员被当作科学博物馆的一部分，因此，他们是公务员的一部分。他们中的一部分人是从科学博物馆或其他公务部门调过来的，另一部分人来自外部招聘。那些通过公共服务部门招募的人员可能并不知道他们将在图书馆工作。例如，1937 年，厄克特在申请科学博物馆助理主管职位前并不知道职位是在图书馆，直到面试时才被告知。当他理解到可以花一半的工作时间进行研究，特别是进行金属单晶变形的 X 射线研究时，他才接受了这个职务。[24]许多员工拥有荣誉科学学位或外语资格证书。专业知识对员工至关重要，特别是那些技术查询、编制目录、分类和索引的员工。对于那些没有图书馆经验的员工，有一个系统的培训计划。例如，1957 年，6 名科学博物馆助理参加了外部图书馆课程培训。

这一时期对于科学博物馆来说，不同寻常的是许多图书馆的工作人员是女性。例如，1949 年，图书馆有 8 位女性，6 位在图书馆外借部。在这里，她们被认为是办公室文员的一部分，而不是图书馆人员的一部分。图书馆中女性的就业情况反映了她们在工业图书馆中的经历。"虽然技术图书馆和信息工作最大可能同时征召科学专业男女毕业生，但她们并没有在工业领域主流雇佣意识中占据平等的地位。"[25]大多数女性被雇佣在文书相关的职位，因为她们被认为拥有一种"自然的天赋，而文书类型的任务需要这种方法、组织和对细节关注的天赋"。[26]但技术类图书馆也可以提供给科学专业女毕业生去运用她们专业知识的位子，她们可以写出文章的精确摘要、选择技术书籍或回答详细的专业询问。但是，她们的职业发展存在很多的问题。在科学博物馆图书馆中，很少女性可以达到高级职位。那些确实达到了高级职位的有汉娜·帕克（Hannah Parker），1953 年她成为第一位女性副馆长；海伦·菲彭（Helen Phippen），她从 1955 年开始是一位高级研究助理，后来在 1965年成为助理馆长；还有马里昂·戈塞特（Marion Gossett），她 1926 年加入图书馆，1949 年离开，并在哈维尔原子能研究机构建立、管理科技图书馆。

国家科学外借图书馆

建立一个新的中央科学文献图书馆的呼吁最终在 20 世纪 50 年代得到了回应。1944 年，有人建议在泰晤士河南岸发展一个新的"科学中心"，试图将科学与工业研究部行政总部的专利局图书馆、科学博物馆图书馆、皇家学会和学术社团图书馆联合在一起。这个建议在 1947 年至 1948 年间获得科学与工业研究部信息技术服务部门的批准。科学技术图书馆的报告提到，在伦敦之外设立一个中央文献图书馆（科学中心）和国家外借图书馆。第二次世界大战后创建科学中心的想法激发了管理层的极大热情，但 1951 年后这个想法又被放弃了，成了新一届保守政府设定公共支出上限政策的一个牺牲品。厄克特也反对，因为他想首先建立国家外借图书馆。

科技信息国家政策规划的一个转折点发生在 1948 年。皇家学会在厄克特的帮助下，组织了一个科学信息会议，会议的结论是：信息服务
149 和专业图书馆的进一步发展可以促进世界科学文献更有效的应用，建议政府应该加大支持科学博物馆图书馆和专利局图书馆的建设力度，可以采取必要的措施，如雇佣充足的有图书馆专业资质的员工、增加开放时间、扩展收藏等，以加强图书馆的工作。两个图书馆，或者其中之一，以某种形式，收藏每种蕴含科技价值的资料，译者的副本也应放置在科学图书馆中，不用太过顾虑当前版权法的限制。[27]

事实上，该会议计划提供信息的愿景和它对其他领域的建议只是在以一种支离破碎的方式被采纳。由政府控制和科技信息集中提供的模式将转变成一个更多元化的信息供给形式：由公共和专业图书馆、信息局和专业领域或者工业联合的形式供给。

会议建议各图书馆合作供应图书、期刊和相关材料以获得广泛借阅，并避免重复。会议建议从地方合作开始，区域中心应该与国内和国际交换的系统联系起来。[28]他们指出，完全覆盖的收藏计划方案中没有

国家图书馆(包括大英博物馆图书馆和科学博物馆图书馆)的合作是很不切实际的,对科学博物馆图书馆的一些功能补充将是必要的。更广泛的合作最终会发生,将由其他的因素最终迫使图书馆的首要任务做出改变,即一个真正的国家科学外借图书馆的创建。

对科学博物馆中的一些人,包括舍伍德·泰勒来说,图书馆规模增长得太快了,已成为科学博物馆过度增长的一部分。因此,科学博物馆被要求采取过度的措施对图书馆进行关注。[29]科学博物馆没有获得任何额外资金来运行图书馆,因此,它不得不用政府现有资金去支付:

> 除了管理的问题,当前科学图书馆的延展不应被看作是个尴尬事务;它对科学博物馆的价值有别于对普通大众的价值;它对科学博物馆的价值与它的支出不相称。[30]

皇家学会的会议聚焦在英国政府对科学家观点的关注上:他们迫切需要改进科技信息供应。这促使厄克特进一步展开工作,最终导致国家科学外借图书馆的规划和创建,即约克郡波士顿斯帕的国家外借科学技术图书馆。它的核心收藏来自科学博物馆图书馆的藏品。科学博物馆图书馆的部分或者全部藏品被要求移交给国家外借科学技术图书馆,但允许科学博物馆根据自己的需求考虑自己图书馆的类型:

> 如果没有科学博物馆图书馆,建立一个包含大约150种重要期刊和15000本书的图书馆可能会被充分考虑,并且无论未来的科学图书馆结果如何,科学博物馆必须有一个不低于这个标准的图书馆。它应该是一个关于科技史的专业图书馆(因为伦敦没有这类专业的其他图书馆),而不是努力成为一个全面的科学图书馆。[31]

然而,科学博物馆并不是科学图书馆唯一的用户。科学图书馆还充当了帝国理工学院的中央图书馆。它仍坐落在大学建筑物中,大学工作

150

人员和研究生是其相当大的一部分用户，所以未来任何规划都需要考虑他们的需求。

厄克特和不情愿的普莱奇详尽调查了图书馆的收藏和服务。[32] 他们发现，图书馆有 34% 的期刊被列入《世界科学期刊名录》，藏品被分成几块，以分别适应博物馆、大学和新图书馆的需要。对图书馆及其工作人员来说这是一个不确定的时期：

> 图书馆的未来，无论在地域上，还是管理上，将一直是管理层密切关注和产生焦虑的主要方面。它已经占据了图书馆高级管理员的大部分时间。[33]

1957 年，俄罗斯的藏品资源首先被搬到波士顿斯帕中心。总之，科学博物馆图书馆为 1962 年新开业的国家图书馆捐了 100000 册资料。

除去这些捐赠，科学博物馆图书馆仍然拥有大量的资源，有370000 册资料，包括 18000 册期刊，其中 4500 册是现刊。现在的图书馆可以专注于本地用户：博物馆、公众、帝国理工学院的员工和研究生。它仍然充当一个馆际互借的备份角色，与此同时，它还可以开发自己的科技史专长。它还有其他用途，如 1964 年电影《伊普克雷斯档案》(*The Ipcress File*) 在阅览室取景。[34] 就是在这里，由迈克尔·凯恩(Michael Caine)扮演的间谍哈里·帕默(Harry Palmer)与邪恶的"冠蓝鸦"(Bluejay)保持联系。

这一时期的珍宝

1961 年，曾经担任科学博物馆物理馆策展人的约翰·查尔德科特(John Chaldecott)成为科学博物馆图书馆的馆长。直到 1976 年，图书馆再一次面临储存空间紧张的问题，图书馆库存分散在许多偏远的库房。1959 年，帝国理工学院建立了自己的本科生图书外借中心——普莱费尔图书馆，在女王门 180 号。大学也对科学博物馆图书馆的所在地有新的开发计划。两个图书馆被要求腾空它们的馆舍，分别迁到彼此相邻的新的建筑中。新的科学博物馆图书馆建筑是由诺曼和道伯恩公司设计的。在广泛的调研后，他们在非常紧张的预算下把最新的图书馆设计和装备理念展现了出来。

1969 年 8 月，图书馆开始搬进新建筑，第二年 11 月由英国女王和爱丁堡公爵殿下宣布正式对外开放。"对许多行业来说，这一时期的珍宝是长期渴望的新科学博物馆图书馆。"[35] 新四层大楼建筑面积为 60000 平方英尺，有 160 个读者席位，可供开放获取过去 25 年的期刊和所有 20 世纪的科技专著。地下室有两层非开放空间，装备有密集的滚动货架，因此，目前图书馆所有的藏品可以放置在一个屋檐下。这栋大楼的设计允许向上扩展两层，向下扩展到地下室。

馆内配备了新设备：气动管、个人呼叫系统、电梯和负责运送书到主询问台的传送带。其中的一些创新设备并没有工作很久，但也有些很成功，如 IBM 870 文档书写系统和 IBM 82 卡分选机。馆内还包括一个设备齐全的复印工作室、一个微型拍摄房间和一个摄影工作暗房，这些都是迫切需要的。图书馆每年处理 32000 次外借请求和大约 30000 次扫描或冲洗复印副本、缩微平片或缩微胶片的服务。

国家科学博物馆图书馆搬迁之前的状况出现在 1969 年的国家图书馆委员会报告中。这个报告由弗雷德里克·丹顿（Frederick Dainton）编制而成。报告调查了图书馆的服务、应用模式和藏品。它的借阅服务主要集中在科学博物馆和帝国理工学院。报告指出："很难明确区分资料的获得主要是在科学博物馆，还是帝国理工学院，但图书馆极好的科技史资源试图满足了科学博物馆的基本需求之一。"委员会看到两个图书馆相邻，库存重复浪费，建议科学博物馆图书馆"将某些库存完全整合进普莱费尔图书馆"，继续获取资金专门收藏科技史类的书籍。

然而，当 1971 年白皮书出现的时候，委员会修改建议，并提出，科学博物馆图书馆不应该完全被普莱费尔图书馆吸收，它应该发展成为科技史的文献图书馆，并为科学博物馆和其他邻近的博物馆提供专门服务。此外，委员会建议一般性的文献查阅工作和大部分库存应该由普莱费尔图书馆接管。然而，也有人提议在未来科学博物馆的西边安置博物馆图书馆，但是这些提议都没有被采取。科学博物馆图书馆得到查尔德科特的保护。作为谈判者，他的谈判技巧和决心确保图书馆仍然在科学博物馆的管理下。他确保图书馆的独立身份和角色，同时又保持和科学博物馆密切合作。因此，图书馆尽可能继续搜集全面的历史专著，同时保有一些非历史资源。

扩大收藏

152   20 世纪 70 年代，科学图书馆增加了图像收藏和档案收藏。图书馆的图像收藏使科学博物馆丰富的图片资料更集中，因此，于 1992 年图片资料被移交到科学博物馆。科学博物馆用现有收藏的档案材料辅以捐赠或购买物品创建了档案收藏，并形成主题多样的丰富资源，从船舶的草图到查尔斯·巴贝奇的论文。1974 年，图书馆获得另外两种收藏：比得收藏，包含铁路和其他工程作品的档案及印刷材料；西蒙斯收藏，包含英国风车、水磨的文档和照片。

1976 年，查尔德科特退休，兰斯·戴（Lance Day）被任命为图书馆馆长直到 1987 年。20 世纪 50 年代早期，他已经在图书馆作为一位研究助理开始他的职业生涯，但后来调到科学博物馆。在重新回到图书馆之前，他在科学博物馆做过化学馆助理主管和通信电气工程馆主管。在他任职期间，图书馆继续发表一系列的文献目录[36]，兰斯·戴在学术期刊上发表了两篇历史收藏指南。[37]图书馆通过获取或者从现有库存中创建的方式得到重要文献，从而大幅增加历史收藏。

从 1978 年到 1980 年，一个重要的个人古董科学书籍收藏——霍尼曼收藏，被索斯比拍卖行出售。图书馆获得一笔特别基金用来竞标其中的一些收藏，包括哈维的《动物的心脏与血液运动的解剖学研究》(*Ex-*

ercitatio Anatomica de Motu Cordis，1628）、开普勒的《世界的和谐》（*Harmonices Mundi*，1619)和爱因斯坦的《论狭义与广义相对论》(*Über die spezielle und allgemeine Relativitätstheorie*，1917）的副本(有作者亲笔签名)。1979年，科学博物馆出版了一本1641年之前印刷的书籍目录，1982年又出了一份补充目录。补充目录包含了从这个收藏中购买的资料。[38]

20世纪80年代，两个其他的收藏从科学博物馆搬到图书馆：瓦特收藏和佩恩-加斯科尔(Penn-Gaskell)航空收藏中的印刷物品。瓦特收藏是詹姆斯·瓦特的私人图书馆的一部分，包含广泛的医学、文学和科技作品，如由波普先生校对修正的莎士比亚作品(1766)、亚伯拉罕·贝内特(Abraham Bennet)的《新电学实验》(*New Experiments on Electricity*，1789)。佩恩-加斯科尔收藏的书包括加斯顿·提森迪亚(Gaston Tissandier)的《气球及著名气球驾驶员的历史》(*Histoire des Ballons et des Aeronautes Célèbres*，1887，有作者签名)以及西哈诺·德·贝热拉克(Cyrano de Bergerac)的《月亮和太阳帝国的滑稽历史》(*Comical History of the States of and Empires of the Moon and Sun*，1687)。

尽管只是有选择地收集，但是威尔康收藏1976年被存入科学博物馆，图书馆扩大了包括医学史方面的收藏。虽然它永远不可能与医学史收藏齐全的威尔康图书馆的资源竞争，但1987年在大量机构资金的帮助下，通过购买兽医史领域的主要收藏——康姆本收藏(Comben Collection)，科学博物馆图书馆在该领域的收藏范围大幅扩大。康姆本 153 收藏包含了从16世纪至20世纪大约900种印刷书籍和小册子。5年后，图书馆发表了这个收藏的详细目录。[39]

20世纪80年代早期，图书馆工作人员意识到将文献作为一种信息资源的价值。他们认为，应该收集、维护资源，并让资源可访问。科学博物馆附近的收藏都被转移到图书馆，分散到各处的资源也补充进来。国际展览出版物也被收集起来。

与其他博物馆相比，科学博物馆在使用计算机管理收藏方面相对较晚。尽管曾使用输入卡片来记录图形和威尔康收藏，但科学博物馆仍使用明细分类、索引卡和登记文件来编目录。虽然自 20 世纪 60 年代以来，图书馆已经自动生成期刊列表并打印输出，但是其主要编目仍然在卡片上。20 世纪 80 年代早期，图书馆的工作人员成功地使图书馆目录和科学博物馆物品资料计算机化。科学博物馆获得了一台早期微型计算机，它被放置到图书馆里。科学博物馆管理员很快意识到它的价值，并用它来管理财务。Adlib 软件包被购置用来对物品和图书馆资料进行编目，即使在不同的数据库中，记录也可以相互连接。1984 年，图书目录编撰者开始用 Adlib 软件编辑新的库存。

重组和更新

1987 年，在兰斯·戴退休之际，在新馆长科森斯的管理下，科学博物馆进行了重组。人员结构发生了改变，主管和助理主管的职位消失了。在很短的一段时间内，由科学史学家罗伯特·福克斯管理图书馆，这是他作为研究和信息服务部助理主任职责的一部分。然而，他于 1988 年离开图书馆成为牛津大学的科学史教授。取而代之的是杜兰特。他于 1989 年作为新成立的科学传播部的助理馆长加入博物馆。杜兰特也是帝国理工学院公众理解科学专业的客座教授。所以科学博物馆的收藏计划再次扩大，优先收藏公众理解科学领域。这个领域覆盖广泛的专题，包括科学教育、科学的社会性和科学传播。图书和信息服务部主任这个新的职位被建立，并由伦纳德·威尔(Leonard Will)担任，他是一位专业的图书管理员和计算机信息系统的热情支持者。

1992 年，丹顿委员会最初的建议被采纳，两个邻近的图书馆变成了"帝国理工学院和科学博物馆图书馆"。这涉及移动、整合、重组收藏和合并服务，以及重要的建筑工作。然而，科学博物馆图书馆仍然是一个独立的实体，有自己的预算、员工和管理层。1993 年，员工人数减少了三分之一，伦纳德·威尔提前退休，由保利娜·丁利(Pauline Dingley)接替图书馆馆长的职务，直到 2003 年退休。保利娜·丁利曾主持合并图书馆目录和学院的计算机目录的工作。

科学博物馆图书馆的新科技研究收藏提供专家服务。这些收藏整合 154 了科学史藏品和科技通俗书籍。在这里，图书馆工作人员继续为科学博物馆、帝国理工学院、国际学术团体和一般公众的需求服务。这样的安排一直持续到世纪之交，当时图书馆再次被评估。经过漫长的选择分析之后，图书馆与帝国理工学院签署了一项协议：图书馆 85％的藏书被搬到新场所——科学博物馆的大型存储库（位于斯温顿附近的罗顿），将过度使用的科技研究收藏留在伦敦。

现在，科学博物馆图书馆是一个大型的专门图书馆，主要集中在物理相关科学、工业和工程历史上。它拥有约 500000 卷国际重要收藏，它是欧洲此类大型图书馆之一。它约是巴黎国家艺术学院图书馆大小的 1.3 倍、德意志博物馆图书馆的 55％、世界上最大的图书博物馆——史密森学会图书馆大小的三分之一。

结　论

由于内部和外部的压力，科学博物馆图书馆有一段复杂而动荡的历史。它的起源并不是由于科学博物馆的需求，而是科学和技术教育的需要，多方面的原因使图书馆逐渐独立于科学博物馆。有一段时期，它在没有任何政府政策支持的情况下承担着国家科学信息中心的角色。但布拉德福德过于自信，科学博物馆没有收到额外的资金支持图书馆，既没有空间、人力，又没有政府来支持如此雄心壮志的工程。虽然布拉德福德获得了亨利·里昂的支持，但后来的管理者没有被这个宏大的愿景说服。然而，图书馆从来没有减小到科学博物馆的"理想"大小，帝国理工学院的需求也不得不被考虑。因此，即使国家科学外借图书馆创建之后，图书馆也只缩小了 21％。在发展的大多数历史时期，图书馆占据着学院的财产，直到最近，它才真正迁居到科学博物馆所拥有的土地上，但和它初始的位置相距甚远。员工和藏品地发生了改变，它的收藏数量增长迅速，并且成为科学博物馆及更广泛世界的关键信息资源。图书馆在很多方面更新自己，而且这一过程直到今天仍在进行，但有些事情永远不会改变。

参考文献

1. *Catalogue of the Science Library in the South Kensington Museum* （London：HMSO，1891），p. v.

2. L. W. Fulcher，'Science Library：Report on Periodicals'，3. iii.［19］03，Science Museum Library.

3. Quoted in Dave Muddiman，'Science，Industry and State：Scientific and Technical Information in Early-Twentieth Century Britain'，in Alistair Black，Dave Muddiman and Helen Platt，eds *The Early Information Society：Information Management before the Computer* （London：Ashgate，2007），pp. 55-78，on p. 57.

4. L. W. Fulcher，'Science Library：Report on Periodicals'.

5. Gregor Mendel，'Versuche über Pflanzen-Hybriden'，*Verhandlungen des naturforschenden Vereines in Brünn* 4 （1866），pp. 3-47.

6. Donald Urquhart，*Mr Boston Spa* （Leeds：Wood Garth，1990），p. 8.

7. Library Association Record （1918），on p. 110.

8. Alistair Black and Dave Muddiman，'Reconsidering the Chronology of the Information Age'，in Alistair Black，Dave Muddiman and Helen Platt，eds *The Early Information Society：Information Management before the Computer* （London：Ashgate，2007），pp. 237-243，on p. 240.

9. Advisory Council Annual Report for 1920，p. 7.

10. Noted in Charles R. Richards，*The Industrial Museum* （New York：Macmillan，1925），p. 17.

11. H. T. Pledge，'The Science Library'，in R. Irwin and R. Staveely，eds *The Libraries of London*，2nd edn （London：Library Association，1961），p. 49.

12. Marion Gossett，'S. C. Bradford，Keeper of the Science Museum Library，1925-1937'，*Journal of Documentation* 33 （1977），pp. 173-176，on p. 174.

13. P. R. Harris，*A History of the British Museum Library 1753-1973* ［Can't understand note］（London：British Library，1998），p. 526.

14. Quoted in David Follett，*The Rise of the Science Museum under Henry Ly-*

ons (London: Science Museum, 1978), p. 134.

15. Quoted in Follett, *Rise of the Science Museum*, p. 135.

16. H. P. Spratt, 'Technical Science Libraries', in *The Year's work in Librarianship* 6. (London: Library Association, 1933), pp. 114-134, on p. 119.

17. Advisory Council Annual Report for 1934, p. 49.

18. S. C. Bradford, 'The Organisation of a Library Service in Science and Technology', *British Society for International Bibliography Publication* 2 (September 1935).

19. S. C. Bradford, 'Sources of Information on Specific Subjects', *Engineering* 137 (26 January 1934), pp. 85-86.

20. Quoted in Robert Wedgeworth, *World Encyclopedia of Library and Information services*, 3rd edn (Chicago: American Library Association, 1993), p. 142.

21. J. H. Shera and M. E. Egan, 'A Review of the Present State of Librarianship and Documentation', in S. C. Bradford, ed. *Documentation*, 2nd edn (London: Crosby Lockwood, 1953), pp. 11-15, on pp. 11-12.

22. H. J. Parker, 'Science Museum Library', *Libri*, 3 (1954), pp. 326-336.

23. H. T. Pledge, *Science since 1500 : A Short History of Mathematics, Physics, Chemistry, Biology* (London: HMSO, 1939).

24. Urquhart, *Mr Boston Spa*, p. 11.

25. Helen Plant, 'Women's Employment in Industrial Libraries and Information Bureaux in Britain, c. 1918-1960', in Alistair Black, Dave Muddiman and Helen Plant, eds *The Early Information Society: Information Management before the Computer* (London: Ashgate, 2007), pp. 219-234, on p. 221.

26. Plant, 'Women's Employment', 22.

27. *The Royal Society Scientific Information Conference, 21 June-2 July 1948 : Report and Papers Submitted* (London: Royal Society, 1948), pp. 201-202, 207.

28. 'The Co-operative Provision of Books, Periodicals and Related Material', *Library Association Record* (December 1949), p. 383.

29. Advisory Council Annual Report for 1952, p. 41.

30. Ibid. , p. 42.

31. Ibid. , pp. 41-42.

32. Donald Urquhart, 'A Domesday Book of Scientific Periodicals', *Journal of Documentation* 12 (June 1956), pp. 114-115; Donald Urquhart, 'Use of Scientific Periodicals', in *Proceedings of the International Conference on Scientific Information, Washington, D. C. November 16-21, 1958* (Washington, DC: National Acad-

156

emy of Sciences, 1959).

33. Advisory Council Annual Report for 1955, p. 29.

34. 'Ipcress File'. Directed by Len Deighton (London, Network, 1965). Chapter 4, The Science Museum Library. Video: DVD.

35. H. A. Whatley, ed. , *British Librarianship and Information Science, 1966-1970* (London: Library Association, 1972), p. 522.

36. S. A. Jayawardene, *Reference Books for the Historian of Science: A Handlist* (London: Science Museum, 1982).

37. Lance Day, 'Resources for the History of Science in the Science Museum Library', *BJHS* 18 (1985), pp. 72-76; 'Resources for the Study of the History of Technology in the Science Museum Library', *Iatul Quarterly* 3 (1989), pp. 122-139.

38. Judit A. Brody, *A Catalogue of Books Printed before* 1641 *in the Science Museum Library* (London: Science Museum, 1979); *Supplement Comprising Acquisitions to End of 1981* (London: Science Museum, 1982).

39. Pauline O. Dingley, *Historic Books on Veterinary Science and Animal Husbandry: The Comben Collection in the Science Museum Library* (London: HMSO, 1992).

第七章

一个有价值且合适的场所：科学博物馆建筑大楼和临时空间

戴维·鲁尼

导　论

伟大的博物馆是实体的象征，是文明的体现。它们蕴含着我们的成 157
就，并成为我们的成就。它们是我们用来体现世界的有形影像。它们是
时间机器：我们的文化被保存，并被投向暂时遥远的时空。甚至在今
天，我们所熟知的科学博物馆建造之前，南肯辛顿博物馆的价值已经很
明晰：博物馆建筑物作为人类科技文化的灯塔照耀着其他文化。威尔斯
在他伟大的早期小说《时间机器》（*The Time Machine*）中描述了时空旅
行者穿越到了 802701 年，那时人类文明已经终结，取而代之的是一个
毫无前景的两极分化的时代，这种分化发生在受技术影响的地下生物摩
洛克斯族与颓废而懒散的埃罗伊人之间。[1] 小说的核心象征是"绿瓷宫
殿"，包含恐龙和化石、机器和火柴，这些是时空旅行者与自己文化唯
一的有形链接："显然，我们处在近代南肯辛顿废墟中！它原本是人类
对抗自然的建筑，但随着时间的推移，被无情地送回土壤中，变成
废墟。"

1895 年，在南肯辛顿皇家科学学院完成 8 年学习后，威尔斯发出

了呐喊。这篇文章的核心是：有多少科学博物馆建筑与常设展厅是它的建造者与使用者精心计划的结果？多少是因外部力量而形成的？科学博物馆的馆长和员工一直以来都知道在创建、展示和维护实物现状与地位的过程中砖和砂浆的力量。科学博物馆建筑大厦被长久规划并进行详细设计。然而结果很少符合它的初衷，正如现实世界往往随着时间与理论发生碰撞一样。如果建筑大厦塑造了访问对象，谁的愿景将被清晰表述？多久前与之相关？

1936 年的一次访问：东楼的"电气照明"展

158   1936 年 12 月 15 日，娱乐记者在《泰晤士报》上呼吁媒体为科学博物馆推出的一个新的名为"电气照明"的临时展览做宣传。它在展览路的主入口举行。这场展览特意以一种互动展览的方式来推广工业和技术的最新产品。正如核物理学家卢瑟福爵士的开幕致辞，该展览"不仅会激发科学家的兴趣，而且还会激起每个男人、女人和孩子的兴趣"。[2]

某位记者非常喜欢这个展览。他看到，只要按下按钮，伦敦布什大厦和圣保罗大教堂的模型就会显示出整个照明体系。他可以探索机场夜间飞行所需的照明。他看见彩色灯光对花、纺织品和图片产生的效应，并知道哪种类型的灯具在室内能提供给人视觉上的愉悦。按历史顺序排列的照明技术藏品装点着商店的橱窗，交相辉映，引起了他的注意。所有这些让他愉悦的明亮灯光都是由威廉·欧迪策划展览的。威廉·欧迪是一位有抱负的年轻助理主管。他有电气工程的背景，获得科学博物馆助理主管这位职位已经五年了。他是电灯制造商协会的成员，这个协会控制了英国绝大部分电灯供应网络。协会的主要领导人是沃尔特·琼斯（Waltter Jones），他是一位高级管理者，以公众服务工作闻名并得到尊敬。1936 年，该记者来参观的博物馆是什么样的呢？博物馆的物理架构——建筑物、布局、展示技术——怎样影响他的主观与客观观念呢？

1910 年，贝尔委员会已经注意到：

具有特色的新建筑不久将被建立在南肯辛顿站点，用来储存科学和地质博物馆的收藏，并以最符合其预期目的的方式展现出来。[3]

一年后，贝尔委员会称，科学博物馆"也应该是有价值且合适用以保存科学进展和发明历史中值得纪念的仪器的场所"。[4]1912 年，贝尔描述了这样一个有价值且合适的建筑。科学博物馆的创建有三个不同的阶段：首先，东楼应该立即开建；其次，吸取了第一个阶段的经验之后，中楼建设应该紧随其后；最后，当有增加空间需要时，西楼应该开建，并完成科学博物馆的总体建设。约翰·利芬在其他地方评价道："贝尔对科学博物馆收藏的评价是'令人炫目的优秀典范'，或许他对建筑物的分析也是这样的。"[5]尽管贝尔的总体规划没有引起争议，但贝尔没有预见到大楼建设工作的时间由于外界力量引起了巨大的延误。

贝尔认为，前两个阶段将会在 1922 年完成。东楼建设始于 1913 年，159 但由于战争，1915 年停止。1920 年，弗朗西斯·奥格尔维馆长沮丧地写道："考古学、工艺美术和自然志都储存在宫殿里。物理和机械科学、工业上的应用科学仍在荒野中！"[6]两年后，东楼再次开工，但这次开工只是因为外部的空间压力，而不是由于科学争论的压力。帝国战争博物馆正在为它的藏品寻找一个新地址，它随后搬进了水晶宫直到 1924 年租赁结束，那时它又同时需要科学博物馆的西展厅。事实上，在奥格尔维表达沮丧之情之后的 10 年或更长时间，科学博物馆仍然面临严峻的空间容纳问题。东楼最终在 1928 年开放，这给人们留下了深刻的印象。巨大的中央天井直通三楼，由被灯照亮的边区展厅环绕；西翼有一堆长长的有屋顶的立方体；北边大厅从一排排长窗户中获得光线。但是科学博物馆其他的藏品仍放在 1862 年国际展览的建筑物里，正如 1933 年里昂指出，"40～45 年前就是不恰当的、危险的"。[7]图 7-1 是来自 1914 年科学博物馆的年度报告，显示了 1913 年到 20 世纪 20 年代中期博物馆的位置。160

亲王路

帝国理工学院
皇家音乐学院
皇家矿业学院
帝国理工学院工程系

西展馆

印度收藏

帝国研究所
伦敦大学

城市古协会学院

皇家刺绣艺术学院

亲王门路

女王门

入口
入口

帝国学院路

西厅
科学图书馆
公共办公室

帝国科学院

南展馆

科学博物馆入口

自然博物馆

去往南肯辛顿站

展览路

克伦威尔路

比例尺 100 50 0 100 200 300 400 500 600 英尺

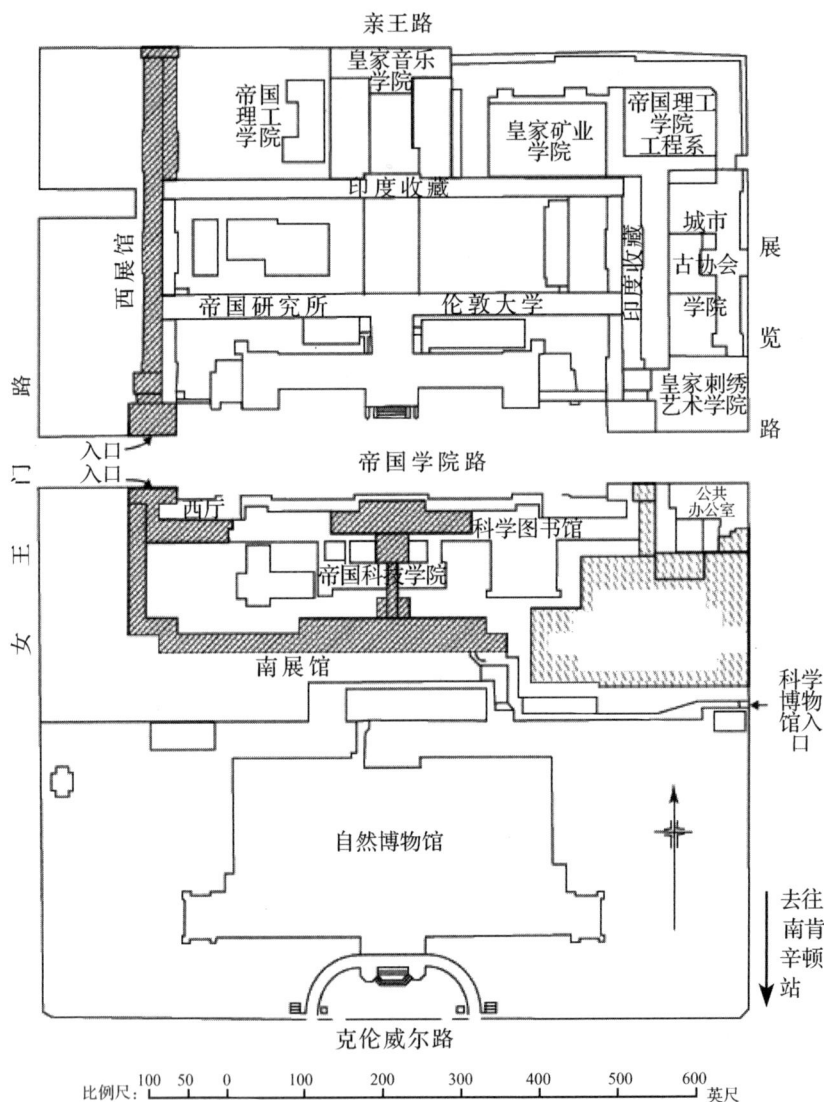

图 7-1　1914 年科学博物馆年度报告中科学博物馆位置平面图

注：此平面图显示了正在施工的东楼（1928 年完全开放），南展馆和西展馆是 1862 年国际展览的遗产。

无论展品是否在戏剧化或危险的环境中储存，科学博物馆的专题展览一直都在进行。早在 1926 年东楼完全开放之前，其空间被提供给国家物理实验室和科学工业研究部来展示他们的劳动成果。由于展

国家的科学——伦敦科学博物馆的历史透视

览只持续一周或 10 天，所以没有足够的时间给工业研究协会来有效地展示他们研究工作的成果。但亨利·里昂认为结果"相当成功"，"展览吸引了很多观众，宣传了参展机构，让人们感受到科学博物馆总有新的东西展示给观众欣赏"。[8] 1936 年，"电气照明"展览展示了科学博物馆的建筑结构及其与展览内容的关系。1936 年 2 月，欧迪的计划获得馆长麦金托什的授权。欧迪提出了一种活泼、互动的展览方案。观众首先看到历史相关的部分，经过一系列照明技术"实验"展示后，到达中心，两个足够大的演示房间展示着最新的照明技术。进入演示房间，观众可以观察蒸汽管的尖端放电和几年后将要在公众场合推出的荧光灯[9]，然后就看到路灯、泛光灯照明演示。这是一个非常有野心且符合时代需要的计划。20 世纪 30 年代，照明是建筑师关心的一个问题。一方面，良好的自然采光被认为是极其重要的。事实上，科学博物馆前面长排的高窗被整合起来就是为了给里边展览的玻璃罩盒子提供最佳的光线。自英国 1916 年夏天首次向前调整时钟以来，日光就可以被"保存"了。另一方面，随着炽光灯技术逐渐成熟和新的电子放电灯（包括荧光管）效率提高、亮度和颜色增加，电器照明越来越引起建筑贸易的兴趣。

　　除此之外，照明设备在博物馆环境下作为学习的促进因素（或阻碍因素）被提出来。1937 年 4 月，《电气时代》（*The Electrical Age*）杂志描述："走入没有尽头的阴暗展厅去看令人情绪低落的埃及木乃伊没有什么意思，中国文物收藏就更没有意思了。"这些都是博物馆的早期形象，在具有逻辑思维的年轻人头脑中，博物馆不可避免地变成了一个无论如何都应该避免的场所。然而，正如一位"电气照明"展览的评论家所说，新方案和新展品与过时的观点混在一起。"10 岁的詹姆斯和年长者或者技术人员一样能找到乐趣，他们通过指令，反复转换开关来观察各种灯光效果。"在这里，作为博物馆展览主体和建筑方法的灯光成为吸引年轻人和对大众进行教育的救星。不止这些，展览将是救命稻草。"每年成百上千的人死亡，成千上万的人视力衰弱，不充分且不匹配的人工照明

161

浪费了成千上万英镑。这就是"电气照明"展览试图消除的状态……"[10]

欧迪和他的同事想要在科学博物馆的前厅举办这个临时展览的原因之一就是展示空间的修饰力量。此次展览的最终目标是建立有关电气照明的永久展厅。科学博物馆的欧迪和电灯制造商协会的琼斯知道，设置在地下室的展览将会很少有机会获得媒体报道，而出现在前面主大厅的临时展览作为高调的"预告片"将会保证获得公众的关注和足够的观众。[11]宣传布置甚至细化到临时展览专用信纸。"这是伟大的资产"，欧迪给琼斯的信中这样写道，"特别要吸引媒体去关注举办此次展会的重要性，这些重要性将此次展览与那些不是很显著的专题展览区分开来，那些不显著的专题展览在其他博物馆也很普通。"[12]这是一次很受欢迎的展出，"所有的元素都让公众感兴趣，留给观众如此特殊的控制权应该会吸引年轻一代"。图 7-2 展示了 1928 年新博物馆建成开放时的入口大厅，当时入口大厅正在展示一个室内科学仪器展。[13]图 7-3 展示了 8 年后在同一地点的"电气照明"展览。很明显，该展览聚焦在宣传、行业支持和展灯技术的创新使用上。与早期图片进行对照发现，展览中电气照明的使用引起了更多视觉冲击，这会让观众产生更大的融入度，也更能吸引观众。

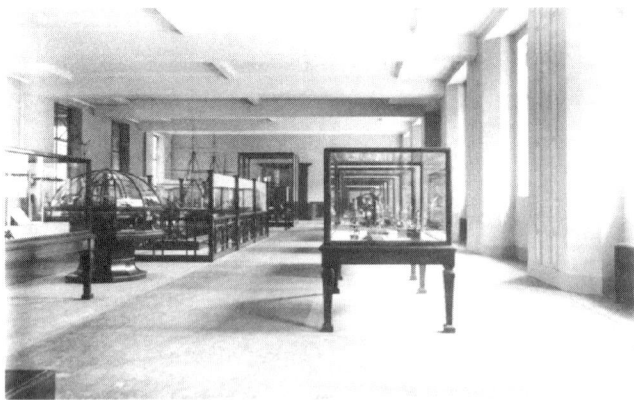

图 7-2　科学博物馆专题展览入口大厅（展厅 1）

注：图中所示为 1928 年展示的国王乔治三世收集的科学仪器，那时这些仪器刚刚到达科学博物馆。

　　　　　国家的科学——伦敦科学博物馆的历史透视

图 7-3　入口大厅的"电气照明"展览，1936 年展示的新型照明技术

展览看起来效果不错。该展览历时 5 个月，大约有 250000 人参观了此次展览（在这个时期平均每天约 1600 人，是参观科学博物馆总人数的 45%），近 150000 人次因为使用互动灯光水平测试展览中的某个展品而被自动记录下来。科学博物馆提供给人们一个可以用感官以及他们的大脑参与科学概念的物理空间，这是很重要的。"科学博物馆已经被要求保留这些测试结果并作为重要结论的依据。比如，科学博物馆如何实现一个有用的功能，就需要大量的统计数据来作为科学研究的支撑材料。"[14] 这个有力的论据表明物理空间与公众科学具有相关性。科学博物馆的东楼在 20 世纪开始就设计好了，但直到 1928 年才开放，展品一直以来都是利用日光照明，用玻璃箱封装。1936 年的展览需要通过黑暗的背景来体现展览的戏剧效果。大楼如此崭新，但也如此难得地证实了这种需求的正当性，于是，它被整修以适应新的要求——日光被遮挡，人造光被释放。建筑物适应了这种改变。人们喜欢欧迪塑造后的建筑，观众需要更多来自建筑物本身的新鲜感。

1951 年的一次访问：中楼的科学展览

1951 年 5 月 4 日，观众因为一个专题的科学展览开幕式而前往科学博物馆。这个科学展览是英国展览节的一部分，它位于科学博物馆现存场馆西面的一个新楼里，可从博物馆巷子，即分开科学博物馆馆址和隔壁自然博物馆馆址的私人小道抵达。截至 9 月末，展览容纳了许多珍贵的展品并吸引了超过 200000 名观众。访问者数量比预测的要低（那年有许多附加展览，或许因为主要集中在伦敦南岸从而使它失去光彩），但是只要有部分科学教育的成功，那它就是科学博物馆管理——边缘策略性游戏——的胜利。最后，科学博物馆大楼的第二个阶段开始了。

里昂见证了世界大战干预科学博物馆第一栋大楼建设计划的结果，并希望这种延迟给中楼的建设提供一些刺激。中楼是贝尔计划于 20 世纪 20 年代早期建造的。关于建造第二栋楼的最根本的理由是：让目前科学及工业实践在科学博物馆中体现出来。这个目的因为空间的短缺在那时没有实现。贝尔委员会和科学博物馆管理层从 1910—1920 年一直强调这个计划，但它从来没从不堪重负的政府那儿获得资金，并且进展缓慢。1931 年，关注焦点发生了微妙的转变。那年，里昂和工程建设办公室的首席建筑师理查德·艾利森（Richard Allison）一起参观了慕尼黑的德国博物馆。两人都想从欧洲大陆的相关部门吸取经验。[15] 里昂认为贝尔的方法已经过时了。东楼完工日期一而再地被延误，导致博物馆严重背离 1912 年的设想。无论什么时候，展厅空出就可能被占领。然而在慕尼黑，博物馆的类似主题已经按照逻辑组合在一起。南肯辛顿博物馆的建筑位置随机且不合逻辑。为了解决这个问题，中楼将不再被计划用作容纳新材料的新建筑。整个科学博物馆地址需要进行长期的策略规划：总体规划整个藏品的最终布局，无论何时只要有基金可用，这个规划便可实行。这是博物馆在物理布局上体现科学与工业主题分类的一个方法。但分类法的问题在于它们要反映当时的时代和时代的变化。如果整个科学博物馆大楼可以在短期内建成，并且分类法仍然流行，它可能会起作用。但现实世界并不是这样的。在对慕尼黑的访问两年后，里昂退休了，看起来他的计划受到了阻碍。新馆长麦金托什似乎更关注基金安全。1937 年，南肯辛顿皇家艺术学院对新住宿的需求迫使政府重新考虑整个区域。根据这些建议，科学博物馆的中楼获得了更高的建筑优先权。但全球风暴很快让当地政治黯然失色。两年后，第二次世界大战爆发，所有计划停止了。

1945 年，随着和平的到来，赫尔曼·肖接替麦金托什，再次把注意力转向中楼的计划，科学博物馆终于在黑暗隧道的最后找到了一些光明，正是可怕的战争为科学博物馆发展提供了动力。1951 年的英国展览节意在振奋民族精神，其中展览的关键部分是科学展览。组织者需要摆放空间，欧迪意识到了这个绝佳的机会："1947 年我开始行动（在肖进一步热情的推动下），为英国展览节开始建造中楼。"[16] 在如此短的时间内，工程建设部试图阻止这个想法。例如，1948 年有一位官员告诉肖："我一直希望 1951 年的提案将会作废！"[17] 但肖没有理会他的悲观想法。在欧迪的操纵下，欧迪的想法得以通过。

1948 年 8 月，肖写信给政府申请在东楼西扩展区的第四层为这次展览提供 35000 平方英尺的空间。东楼自 20 世纪 20 年代被占用以来一直未完成。如果中楼在 1950 年年底完成，那么又可以提供一个 200000平方英尺的空间。尽管这种妥协已经被拒绝——因为工程建设部不可能迅速做出反应——但肖仍然在他的信中建议："即使在最后时刻雇佣外部承包商，这个问题仍可能被解决。我一直在咨询科学博物馆的一位主管，他和承包公共工程的大型公司之间有私人联系。这种咨询严格来说是非官方性质的，没有任何入侵工程建设部职责范围的企图。"但管理机构比桶还臃肿。教育部部长个人支持肖的建议，他的官方说法是："我们很满意肖和主管们的结论是基于严格的事实根据而得出的。"工程建设部的官员局促不安。赫伯特·莫里森（Herbert Morrison，展览节的最高领导人）被他们的观点吸引，教育部门也高兴接受，结果达成了一个协议：1950 年年底建成新中楼的地下室和第一层，同时搭建一个临时的屋顶。1949 年，大楼开工了。

在急需的中楼部分开建的同时，展览也要求使用东楼的西翼。这栋楼一直没有建成：1921 年在只建了一个临时骨架外墙的时候，它就被占用来缓解展览空间的压力。[18] 现在是时候来完成它了，而且欧迪也计划这么做。欧迪是在科学博物馆里开设"科学展览"这个决定的背后支撑者。欧迪以他在 20 世纪 30 年代策划"电气照明"展览和展厅的经验为基础，开始了一种新的博物馆展示范式。这种范式以电气照明为基础，直到现在，这种范式仍然有效，且对全世界博物馆建筑物理特性的变化影响深远。[19] 现在，中楼已开建，欧迪正在计划什么样的展览将最终进入东楼的西翼展厅，而且，不像 19 世纪 20 年代流行的那样用长排的窗户来获取最大限度的日光。他认为："中楼一层空间应该没有窗户。既然高效荧光灯可用，博物馆规划师不应该屈服于难以适应且限制性强的日光……多种类型的展品和投影对光强和光照方向的要求太多样化了，这是最难满足的。"[20] 相反，他指定了一个普通的没有窗户的幕墙，来让他随意操纵人工灯光，这在后来的农业展厅中发挥了巨大的作用。

166

167   中楼启动了，东楼也最终完成了。在博物馆闪烁明亮的灯光下，欧迪已经设法通过全球和地方政治使他的世界观不可磨灭地印在科学博物馆的一砖一瓦上。它远离 1912 年贝尔设想的科学博物馆，甚至远离里昂和麦金托什 20 世纪 30 年代的全面整体规划，但它是在所有三个阶段的基础上建立的。看起来建筑在慢慢变化，建造者们也在变化。1950年 3 月，展览节建筑设计师将"科学展览"入口前院的设计提议送到了工程建设部。图 7-4 显示了一个模型：这是一个原子世界。顽固尖刻的工

图 7-4   在科学博物馆和地质博物馆之间的"科学展览"入口的建筑模型照片
（档案工作 17/388，国家档案馆，基尤，惠允转载）

程建设部总是说没有足够的时间。一位高级官员看到照片说："就我个人而言，我认为这种处理很糟糕，但剩下的时间太少了，以至于我们很难让展览节建筑设计师重新设计。"[21] 12 个月后展览开放，欧迪设计的星光已经高高地挂在天上了，第一批参观"科学展览"的观众开始慢慢走进新装饰的博物馆巷，一瞥未来。[22]

1963 年的一次访问：中楼的航空展和帆船展

1963 年 7 月 10 日，记者挤进科学博物馆最新建筑的三楼观看航空展厅的开幕，5 个月之前展示出来的帆船展厅在其楼下。航空展厅的顶层结构一定程度上看起来像要升到天空一样，一套新安装的自动扶梯将观众从大厅入口一直送到悬浮在飞机棚中的飞机上。《星期日泰晤士报》在提前观看了报道之后说："一场反对无聊的战争的展览正在科学博物馆进行着……飞机被悬挂在屋顶模拟飞行时的状态，而不是放在一排排玻璃柜中，并且舰船和小船以真正的远洋客轮的形式来展示。"这个展览有个明星人物，"发动这场'战争'的人是博物馆里 58 岁的兰开斯特门将威廉·托马斯·欧迪先生(图 7-5)。他认为英国传统的博物馆是'糟糕的'"。[23]

图 7-5 威廉·托马斯·欧迪(1905—1981)1966 年 9 月的照片

注：此照片拍摄于他离开科学博物馆成为安大略多伦多管辖下的科学中心的执行馆长之前。

随着"科学展览"给科学博物馆带来新的希望，所有人的目光集中在了中楼剩余部分内容的规划上。肖于1950年去世，新馆长舍伍德·泰勒接管了一套尚未成型的计划并卷入了内部冲突中。1951年8月，对新翼展厅布局的一套新鲜提议被送到科学博物馆主管们那里讨论。欧迪觉得正在进行的规划已迷失了方向，他决定对这种境况发起攻击。他说："这么多看似开放的批评使我停下来重新思考整个事情。"[24]他的观点概述了科学博物馆终极形式中的环境角色和个人政治。主管们希望为展览设计一个连贯的计划，但是他们一直密切关注分配给自己的收藏空间。空间就是一切。但肖曾面临额外的外部挑战。在第二次世界大战结束时，他的员工只有部分返回，大量的展览空间被用在了其他更急需的地方。最终他厌倦了主管之间自相残杀式的争斗，并开始发展自己的空间分配计划。欧迪回忆说："我相信事情就在肖的面前发展，他是在复杂的计算中突然去世的。"

它确实是复杂的。欧迪说："这是一个时间问题。"除了内部政治外，科学博物馆为了获取展览援助而必须与外部机构（如化学或电子行业）打交道，这些机构往往因为争夺最佳展览地点而在后期展览和商业操作中任意支配博物馆。在这种复杂之外的是实际展览的复杂性，欧迪在要求去掉某些展厅的灯光时表达出这种观点。他对挫折和政治权术做出如下总结："我观察到，在各种自然限制（如不恰当的展厅大小或条件）以及有偏见的因素（如所谓与电子、化工和天然气工业达成一致，只有后者达到提供商品的阶段）的影响下，考虑安排的逻辑性看起来正在减弱。我们能否因此用没有偏见或者不那么有偏见的思想重新开始，并考察几个基本问题？"他注意到，所有这些政治活动和关于空间分配的内部争夺的失败者都是观众。"我认为，我们过于关注准确的百分比，过于关注在部门责任间对公众设置人为障碍，过于关注通过提供预定空间对假定慷慨的工业进行安抚，但这些空间后来又被披露并不适合它们的主题。"

向主管们征求意见的结果是收到了欧迪和其他人的强硬回应。舍伍德·泰勒为一个全新重组并拥有完整中楼的科学博物馆拟定自己的计划草案。如果像欧迪的建议那样，计划的实现全依赖时间的话，科学博物馆的外形（如麦金托什在 1931 年的设想）就是试图将科学与工业的物质文化描绘到三维建筑上。舍伍德·泰勒以宽泛的分类来预设空间。三楼储藏航空运输、物理学和通信设备。二楼是水运、化学及其应用（如摄影、玻璃和陶瓷）设备。一楼分成"地与天"及"工业"区域。陆地运输与能源占据两层高度的第一层展区。除了长期的儿童展馆，地下室还有采矿和冶金展厅，但空间预设不仅仅依据这种分类。舍伍德·泰勒有一套能表明基本布局的"固定位置"：地下室的采矿展厅是固定不变的，在那里已经建成示范矿井；横梁发动机摆放在东厅地板上（用特别的地基通往地下室），不能去其他别的地方；中楼的底层是唯一一个有充足空间展览全尺寸的公路和铁路运输设备的地方等。科学博物馆的问题在于其对象的特性。它们只是不喜欢被抓住并被迫塞进部门的框框里。每个部门都有它自己的主管（和日程安排），加上自己的内部机构和建筑，这确实使得馆长的工作非常棘手。舍伍德·泰勒 1955 年发布了布局草图，当时他正病重，附带发布的还有一系列的指导和他对他还没有完成设计的歉意。像他的前任肖一样，舍伍德·泰勒在完成一个所有人都同意的、理性的计划之前就去世了。他于 1956 年 1 月逝世，年仅 58 岁。舍伍德·泰勒的计划被搁置了。

在布局草图上，很少有哪个地方引起的争论比中楼的顶层更多。它是黄金地段，有两个候选对象准备占用顶层：航空方面（欧迪）和天文方面（亨利·卡尔弗特）。一方面，卡尔弗特希望用楼梯将天文展和屋顶的天文馆连起来，并在现有建筑屋顶的西端设置一个天文观测台。另一方面，欧迪要求有一个飞机库风格的自由空间，可以用来展示整个飞机。在这个建议下，如果要建设天文馆，那么要到一楼停车场去建设，通过楼梯与二楼的天文展厅连接起来。舍伍德·泰勒曾暗示航空计划有优势"把各部门很好地结合在一起"。[25]卡尔弗特尖锐地反驳道："我强烈反对将天文观测台建在屋顶上，而天文馆建在建筑物另一端的地下室，并且天文仪器介于两者之间的这一安排。"[26]但馆长并没有被说服。1956

年1月，舍伍德·泰勒去世后，卡尔弗特立即游说他的继任者莫里森-斯考特。卡尔弗特解释道："我给前任馆长写了一份关于建筑物的计划，但他因健康不佳而没能给予考虑。"他的"王牌"是激起博物馆之间的竞争。"我有几个大型望远镜，观众非常感兴趣……但是如果采用前任馆长的计划，那些大型望远镜被展出的机会将会很小。那样我就会建议把它们送到格林尼治，那里的国家海事博物馆正在一个旧的天文观测台上建造一个天文博物馆。"[27]

但争论并未结束。天文学和航空之间的争论，最终是通过外部压力解决的。战后，航空收藏搁置在帝国理工学院古老的西展厅，帝国理工学院想把旧建筑拆除，建立一个新的航空部门。科学博物馆的飞机急需更换空间。正是这种压力最后推动工程建设部重新开始建设中心大楼。中楼的顶层给了现实主义的航天员，而不是理想主义的天文学家，政治精明的欧迪已经确保了自己的藏品第一个被新区收藏，并占据了最好的展厅空间。1960年，莫里森-斯考特离职加入自然博物馆，中楼最终开始建设，并于1961年9月移交给科学博物馆进行装修。

莫里森-斯考特像欧迪一样，是一个科学博物馆内行。电气工程和通信方面的主管戴维·福利特在1937年欧迪的照明展览快要结束的时候加入科学博物馆。1960年，他的第一个项目是完成欧迪最新的工作——新航空展厅的设计：18000平方英尺，比当前放置飞机的场所大50%；悬臂式屋顶适合悬挂20架全尺寸飞机；比地面高出9英尺的中央通道使观众可以近距离欣赏展览，包括放在下面的含有较小手工制品的玻璃陈列台空间。这个展厅连同下层的航海相关部分，是欧迪对科学博物馆展示的最剧烈的干预。当展厅形成后，他花了很多时间向访问记者阐述其博物馆设计的理念。拉乌尔·恩格尔（Raoul Engel）在《发现》（*Discovery*）杂志中写道："这个设计理念可能会使我们维多利亚时代的前任吓得半死，他们甚至会认为取悦公众的需要是匪夷所思的！那样的话，我们成了异教徒；我们坦诚地着手取悦并鼓励非专业人士，我们希望他们除了学习还要开心。"[28]恩格尔提前参观了楼上的航空展览，这进一步强化了他对"具

170

有极大影响并富有想象力的馆长的崇拜之情"。中楼给欧迪的最好回馈就是，自20世纪30年代以来，欧迪在建成的科学博物馆建筑大楼上扮演了非常重要的角色。1966年5月，天文展厅终于开放了，在二楼，没有天文馆，到天文观测台有一段很长的路。欧迪的影响力和想象力获得了工程师们的欢迎，但他在1956年和1960年两次希望得到馆长的职位，都被拒绝。1966年秋天，在"电气照明"展长达30年后，61岁的他辞职并前往海外。

1981年的一次访问：填充区的威尔康医学史博物馆

1981年12月，观众参观科学博物馆时，在科学博物馆看到了南肯辛顿博物馆从未关注的一类展品。走上新建大楼展厅的第五层，人们可以观看到内脏科学的相关展品。亚历山德拉公主为威尔康医学史博物馆剪彩，这个博物馆配有空调和专用的展厅，储存着闻名世界的人工制品中的部分精品。

亨利·威尔康（Henry Wellcome）——科学和医学研究的赞助人、慈善家、企业家和商人，同时也是一位收藏家。他在19世纪后期有了构建博物馆的想法。他构思的博物馆"出于演示物品的目的……精确展示从最初的生命胚胎到今天完全发展的人的进化和成长过程中的每一个显著的变化"。[29] 威尔康医学史博物馆在前一年的临时展览之后，于1914年在伦敦威格莫尔街、牛津街以北对外开放，到1936年他去世的时候，威尔康已经积累了一批大约100万件的人工制品——超过罗浮宫人工制品数量的5倍。[30] 很少人——当然不是普通大众——在他活着的时候有机会看到威尔康的藏品。他的博物馆专门为专家和研究人员服务。威尔康医学史博物馆不是特别热衷于向公众广泛开放，每个月仅允许几十名观众参观。"许多人参观博物馆就像游荡者一样。"他在1929年这样说。和主流博物馆"安排流行娱乐从而满足那些希望观看奇特和令人好奇物品的人"相比，他的博物馆是为了"有智慧的人"。"那些真正关心展出物品并对它们感兴趣的人，他们的参与完全是为获得有利信息。"[31]但是即使在这些专家之中，这个博物馆也是过时和不受欢迎的。[32]威尔康于1936年去世，之后的40多年间，尽管博物馆本身及其相关的图书馆一直保持对外开放，并且活跃在位于尤斯顿路的新威尔康信托基金大楼中，但还是有部分藏品被他的遗产委托人分散到了世界各地的博物馆中。[33]

然而，威尔康对"游荡者"寻求"满足奇异和好奇的物品"的厌恶精神依旧存在。1966年，正式的信托基金会政策指出，博物馆和图书馆应该"为医学历史高年级学生提供设备和材料"，威尔康大楼里的空间仅用于"促进医学和教育研究的发展，仅因为材料可供使用，将其用于边缘感兴趣的学科，也是与信托政策相违背的"。[34]信托基金会集中资源建立大学医学史系。在1967年的一次"专家研讨会"之后，人工制品博物馆怎样或者能否适应大学教学逐渐变得不明确。一位研讨会出席者和医学史的发起人于1968年成立了向信托基金会提出建议的医学小组，他就是格林纳威，科学博物馆的化学馆主管。从最早参与1967年的讨论开始，他就已经有了对这个收藏的计划了。虽然威尔康博物馆在1969—1972年进行了翻新，但有阳光的地方仍是有限的。信托基金会的委员们已变得越来越担心威尔康博物馆在其负责人弗雷德里克·波因特(Frederick Poynter)的带领下，倒向民粹主义，这样就违背了威尔康的意愿，并且使得收藏成本变得越来越昂贵，空间越来越匮乏——而所有的这一切，只是为了大众而并不是为了高级研究。那时，高级研究是历史图书馆的关注焦点。基金会担心他们的博物馆藏品，并开始到处寻找更加适合的地方。

1972年1月，威尔康信托基金会的历史顾问小组为威尔康博物馆的藏品提出了一个策略。两个月之前，格林纳威写信给信托基金会，提议将藏品转移到南肯辛顿，使科学博物馆覆盖它们当时还没有涉猎的生物和医学史。科学博物馆有自己的空间、员工和技术来保证威尔康的遗产被最大化利用，但是现在的言论不得不转变了。严格的学术关注已经落伍了，公众参与开始了。威尔康博物馆每年仅仅吸引约 20000 个观众，科学博物馆在简报注释中这样解释："远少于主体价值的利益。"1972 年 1 月，信托基金会委员们再次认为"威尔康博物馆的藏品应该被转移到科学博物馆以保持其更新，并且向公众大规模展出，这些是信托基金金融资源不可能提供的"。[35]

然而，威尔康博物馆所提供的机会激起了一个博物馆学的问题，这个问题与科学博物馆展览中观众的科学和技术经历有关：医学的所有历史都应该展览吗？"人们普遍认为现代物理和化学的起源与现代医学的起源密切相关。"科学博物馆这样解释。医学科学和技术是国家博物馆的一大空白。"在同一栋建筑里，通过展示医学的历史以及物质科学和工程的历史，公众将认为医学是理性的和可接触的，物质科学及技术与人类相关。"从实际角度考虑，这个提案被反对。这需要 15000 平方英尺的展览空间，而这并不容易获得。而且还需要存储和保护收藏的空间，尽管威尔康信托基金会准备协助。信托基金会的资助也可以对藏品进行历史性的研究，并且专门的大学院系的成立也能提供专家员工，他们可以被招募来为新主题工作。总的来说，这个想法似乎很好。唯一严重的问题是，南肯辛顿建筑缺乏空间。但在同一时间里，科学博物馆正在洽谈拓展东楼，并创建一个具有实质性的新专用展览空间。[36]

东楼和中楼完成后，扩大科学博物馆的计划就回到了贝尔 1912 年报告的第二部分，但是由于前两栋建筑拖延了很长时间才能完成，所以直到 20 世纪 70 年代初，最后一个阶段才被考虑，那时中楼的装配工作已经完工，东部展厅也再次开始进行展览。主要计划是向西扩展到女王门，同时调整科学博物馆的主入口，首次提供一个宽敞的、适合介绍科学博物馆主题服务的空间。[37]然而，这并没有发生。在 20 世纪 90 年代末，威尔康翼展厅被建在中楼的西边，占据剩余位置的一半，用来容纳现代科技展品展览。2003 年 11 月，和女王门相对的威尔康沃尔夫森大楼开放：一座小的办公大楼容纳了公众科学交汇中心。主要入口仍然在展览路拥挤的正东面。但是 20 世纪 70 年代的确有一个建筑扩展项目极大地扩展了旧东楼的展览空间，光线透过一栋结构独立的建筑，射到了20世纪20年代的展厅中。有两个额外的楼层出现在屋顶之上，最顶层悬在现有东楼的屋顶上，同时提供了大量的自由空间。[38]

填充区的计划始于1968年。当时，戴维·福利特和主管建筑师正在工程建设部讨论东区扩建的选择方案。这位建筑师曾在国家艺术馆填充过庭院。这是一个有创造性的方案，如果在30年前这是不可想象的。20世纪30年代，试图为中区寻求资金的事还在进行着，一家报纸报道了教育委员会主席斯坦诺普勋爵建议"科学博物馆最好放弃横向扩张及向上扩张的希望"。科学博物馆已经目瞪口呆，他仍指出，"这与现代世界各地的博物馆建筑相悖。超过两层，或者最多三层，人们不会走上去，并且，这种高层展厅是'不可访问的陵墓'"。[39]然而，到了20世纪60年代，科学博物馆的时尚是建筑向上发展；中楼拥有四层和地下室，由一组自动扶梯相互关联，并且一些最受欢迎的展品被安置在顶层。对戴维·福利特来说，横向和纵向的扩张都是受欢迎的，并且在1973年退休之前，为科学博物馆的新楼建立基础设施是他最后的动作之一。

玛格丽特·韦斯顿接替了戴维·福利特的职位。玛格丽特·韦斯顿长期担任科学博物馆策展人，她于1955年加入科学博物馆，当时舍伍德·泰勒正在中楼项目的内部斗争中挣扎，科学博物馆正在锚定赋予其藏品的重要内涵和历史范畴：接管"有史以来最伟大的藏品"。[40]填充区对容纳问题给出了回应。1974年，玛格丽特·韦斯顿将较大的顶层和下边楼层的一部分分配给了威尔康博物馆。大楼建设工作开始于1975年。1976年，科学博物馆向媒体宣布接管藏品，并于1977年得到合法批准，不久后新区就被移交了。[41]1981年12月，随着"医学的科学与艺术"展厅开放，新威尔康医学史博物馆在科学博物馆中获得了永久存在的权利。《泰晤士报》记者梅尔·刘易斯（Mel Lewis）在新展厅中发现537个陈列柜的内容"迷人且冷酷"[42]，其同事艾格尼丝·维笛歌（Agnes Whitiker）前一年报道其姊妹展厅"医学史一瞥"非常适合"对医学感兴趣的青少年"。[43]20世纪30年代，关于高层博物馆建筑的"陵墓"这一评论在这个高高的医疗展厅里看起来具有一定的讽刺意味。路易斯只选择了人类的头骨这个人造制品来证明这个观念的错误。

结　论

1896 年，路易斯·沙利文（Louis Sullivan）——美国现代主义建筑师，说："建筑形式应符合它的用途。"28 年后，温斯顿·丘吉尔在建筑协会颁奖晚宴上说："我们建设我们的建筑，然后它们成就了我们。"斯图尔特·布兰德（Stewart Brand）——建筑史学家、工程师和发明家，认为这两种深刻见解都站不住脚。相反，他建议："首先我们设计我们的建筑，然后它们成就我们，而后我们再塑造它们，反复循环。功能一直会改变形式。"[44]他投入一生的时间来搞建筑，他不将建筑看成一成不变的，不认为在剪彩之后建筑就再也不会改变，再也不会有问题。

考虑到这一点，我们已经看到欧迪 1936 年的"电气照明"展给科学博物馆东楼带来的机遇和挑战，那是为了得到有价值的宣传和观众数据而在大前厅进行的一次尝试。这次尝试是预定在地下室的永久展的一次预演。23 年前，东楼就已经被设计好，但时代在变化。欧迪重新塑造它的亮度、带窗的大厅来迎接新的展览技术并为它的主题开拓空间。到 1951 年已过去 15 年了，欧迪的农业新展厅开放，这开启了博物馆展览和照明技术的新模式，这个模式直到今天仍然是新颖的，它也导致旧的东楼被重新塑造，这是 20 世纪前 10 年和 20 世纪 20 年代从没想过的，更不用说被批准了。旧的东楼做了如下改造：用一堵没有窗户的墙来挡住日光。功能永远革新形式，毫无疑问，战后节约是更好地应对措施。我们已经在当地，乃至全球看到了空间策略的结果：失败者和胜利者达成交易，争夺领土。欧迪参与了这场游戏并赢了，至少在砖瓦和泥浆方面，他的游说最终导致中楼的建成，为此他获得了优质的储存空间。当然金钱也发挥了作用：转移奥斯顿路的资源优先权，南肯辛顿建筑物进行扩展，将医学史引进科学博物馆。

除此之外，观众试图找到他们自己的方式去理解科学博物馆的建筑物、内部布局、故事及历史。斯图尔特·布兰德也说："当我们讨论建筑物时，我们是在讨论很久前因为未知原因所做出的决定。我们和不知名的前辈争论，结果失败了。我们希望最好与既成事实的建筑相妥协。"[45]一个有价值且合适的场所将永远排在前面。

参考文献

1. H. G. Wells, *The Time Machine* (London：W. Heinemann，1895).

2. This *et seq.* from *The Times*，16 December 1936，p. 12.

3. Terms of reference of the Bell Committee, as cited by David Follett, *The Rise of the Science Museum under Sir Henry Lyons* (London：Science Museum，1978)，p. 19.

4. *Report of the Departmental Committee on the Science Museum and the Geological Museum*，Part I (London，1911)，p. 5.

5. John Liffen, 'The development of collecting policy within the South Kensington Museum and the Science Museum', unpublished briefing paper, April 2002.

6. Francis Ogilvie, Memorandum, 24 January 1920, SMD, ED 79/3.

7. H. G. Lyons, 'A Memorandum on the Development of the Science Museum from 1920 to 1933', August 1933, SMD, Z 186.

8. H. G. Lyons, 'A Memorandum on the Development of the Science Museum'.

9. See W. E. Bijker, *Of Bicycles*，*Bakelites and Bulbs*：*Towards a Theory of Sociotechnical Change* (Massachusetts：MIT，1995)，chapter 4, for a history of fluorescent lighting.

10. *The Electrical Review*，18 December 1936，p. 865.

11. Science Museum Minute ScM 5497/1/1, SMD, ED 79/47.

12. Letter，O'Dea to Jones，22 April 1936，SMD，ED 79/47.

13. *Light and Lighting*，January 1937，p. 22.

14. Advisory Council Annual Report for 1938，p. 9.

15. SMD，Z 188.

16. Confidential memorandum to Director and Keepers, 29 May 1951, SMD, Z 183/1.

17. Letter，Procter to Shaw，26 July 1948，SMD，ED 79/181.

18. Memorandum from the Director, 13 February 1950, SMD, ED 79/181.

19. See, for example, his obituary in *The Times*, 24 November 1981, p. 12. 'A Worthy and Suitable House' 175.

20. W. T. O'Dea, 'The Science Museum's Agricultural Gallery', *Museums Journal* (1952), pp. 99-301, on p. 299.

21. Memorandum, from Eric de Normann to R. Auriol Barker, 22 April 1950, in TNA: PRO, Work 17/388.

22. Notes of meeting, 27 July 1948, and subsequent Festival / Science Museum correspond-ence, in TNA: PRO, Work 17/388.

23. *Sunday Times*, 3 February 1963, in SMD, Z 183/2.

24. Confidential memorandum by William O'Dea to Director and Keepers, 29 May 1951, SMD, Z 183/1. Subsequent correspondence cited is in this file too.

25. Memorandum, from Sherwood Taylor to Calvert, 20 November 1954, SMD, Z 183/1.

26. Memorandum, from Calvert to Sherwood Taylor, 24 November 1954, SMD, Z 183/1.

27. Memorandum, from Calvert to Morrison-Scott, 23 June 1956, SMD, Z 183/1.

28. *Discovery* (March 1963), SMD, Z 183/2.

29. Ghislaine Lawrence, 'Wellcome's Museum for the Science of History', in Ken Arnold and Danielle Olsen, eds *Medicine Man* (London: British Museum, 2003), pp. 51-71, on p. 59.

30. Lawrence, 'Wellcome's Museum', p. 51.

31. Henry Wellcome, in *Great Britain*, *Royal Commission on National Museums and Galleries*, '*Oral Evidence, Memoranda and Appendices to the Final Report*' (London: HMSO, 1929), quoted in Ghislaine Skinner, 'Sir Henry Wellcome's Museum for the Science of History', *Medical History* 30 (1986), pp. 383-418, on p. 400.

32. See Lawrence, 'Wellcome's Museum', pp. 65-69, for an examination of the museum's users.

33. For the dispersal of parts of Wellcome's collection, see Georgina Russell, 'The Wellcome Historical Museum's Dispersal of Non-Medical Material, 1936-1983', *Museums Journal* 86, (1986), Supplement 1986, pp. S3-S15.

34. Quoted in B. A. Bembridge and A. Rupert Hall, *Physic and Philanthropy: A History of the Wellcome Trust 1936-1986* (Cambridge: Cambridge University Press, 1986), p. 134.

35. Trustee Minute，10 January 1972，quoted in Bembridge and Hall，*Physic and Philanthropy*，p. 143.

36. Set of briefing notes，1972，SMD，Z 191.

37. Memorandum，Follett to Keepers，4 January 1973，SMD，Z 158.

38. Ralph Mill，'The Science Museum East Infill Scheme'，*The Structural Engineer* (February1978)，pp. 29-35.

39. *Birmingham Post*，10 May 1939，in TNA：PRO，ED 23/883.

40. Set of briefing notes，1972，SMD，Z 191.

41. Briefing note，Lance Day，22 July 1977，SMD，Z 207/15.

42. *The Times*，18 December 1981，p. 21.

43. *The Times*，29 November 1980，p. 5.

44. Stewart Brand，*How Buildings Learn：What Happens After They're Built* (London：Phoenix，1994)，p. 3.

45. Brand，*How Buildings Learn*，p. 2.

第八章

展览科学：科学博物馆展陈理念的转变

安德鲁·内厄姆

一成不变的展陈方式

1910 年，童年时期的小说家和飞机设计师内维尔·舒特（Nevil 176
Shute）逃课离开学校，花了额外 1 便士乘坐地铁到达科学博物馆，这个
11 岁的孩子在这里发现：

> 这个奇妙的地方，有原始动力机车，有斯蒂芬森发明的火箭以
> 及大量放置在玻璃容器里的各种模型。按一下按钮，有的模型会依
> 靠压缩空气运转。这里还有蒸汽锤、织布机汽车、轮船发动机等模
> 型。最重要的是这里还有飞机模型，接下来的 10 天"我"一直沉浸
> 在这个玻璃仙境中，仔细游览……①

在舒特的职业生涯中，他先是成了维氏飞艇 R100 的设计师，后来

---

① Nevil Shute, *Slide Rule*；*the Autobiography of an Engineer* (London：Heinemann, 1954).
他在此书中署名内维尔·舒特，但是在他设计飞行器的职业生涯中，他用的是全名——
内维尔·舒特·诺韦(Nevil Shute Norway)。他的小说和他的职业是相联系的。例如，他
在 1948 年的小说《天堂无路》(*No Highway*)中，以一种不可思议的方式预示着彗星客机
会因金属疲劳而失灵。

又创办了航空速递有限公司。他成才的过程从一开始就受益于由科学博物馆和科技展览相结合所带来的教育。然而，在之后所参观的一些博物馆中，舒特发现了一个有趣的问题：许多展品在展示风格、内容、方法等方面上都差不多，很少有创新，大多仍然是模仿50年前第一代策展人或者科学博物馆管理者提出的方案——设置一些新的展览馆，融入机械、容器、模型和标签等元素。

这些简单却吸引人的展览中的视觉信息（现在称之为叙事内容），不仅反映了科学博物馆的创始人、顾问和策展人远大的雄心壮志，而且表达了他们对于学科的本质以及科学工业博物馆本身的看法。就其自身而言，这种展览形式一成不变的沿用了很长一段时间，这是非常卓越的。但是，在舒特童年时期参观科学博物馆之后的20年里，科学博物馆中几乎看不到技术的变化和改进，直至20世纪30年代进行了一些试探性的探索。从那时起到20世纪50年代，创新性实践呈现出了增长的趋势。

177　　今天，策展人和解说员都意识到，在某种意义上，他们的工作是"出版"或"生产"创意产品（这里说创意产品是为了对比报纸和电视）。相比其他的一些创作形式，永久展览或者专题展览所展示的信息可能会更快速地传达出来，与此同时一些解释性和技术性的选择也会被有意识地做出。尤其是对叙述起辅助作用的设计，被局部地应用于表格、插图、展览和案例中，也被整体地（如果可以的话）应用于控制和改造整个空间，以达到循环的效果。这不仅包括观众参观展品的顺序，也包括观众感知展览的方式和展览的整体氛围。

从19世纪50年代到20世纪50年代，科学博物馆都很少关注展品叙事、结构和外观的问题。其内部重点讨论的是科学博物馆的目的和功能，以及有关不同主题表达和这些表达之间如何平衡等问题。这就好比决策者会觉得，如果博物馆的各项规则明确，那么公众吸收和理解信息的预想结果自然会实现。一个值得关切的问题是，现在所说的"展览语

178 言"似乎很少出现。事实上，沟通的技术是完全没有问题的，这可以通过展品展示、案例设置、相应标签的配备等得以解决。

这种思想的典型代表是 1890 年的机械产品目录。[1]其引言如下:

> 这个收藏……在上议院教育委员会的指导下,尽最大可能为国家制造企业生产的各种各样的机械设备提供各种可能的信息和使用手册……委员会希望这个收藏是尽可能完整的,以包括所有完好的和新的机器。

这里所指的"收藏",当然是指收集展品。很明显,这表示他们在追求完整性的同时,也会为了构建或提炼一个故事或主题而对展品进行选择。委员会所希望的科学博物馆,并不是一个对机械和工业世界进行评价和分析的工具,而是一个理想化的缩影,是对当前机器发展程度的缩影,而这些机器通常可以展现出他们逐步发展到现在这个程度的过程。(图 8-1)

图 8-1　20 世纪 50 年代东大厅的展览,而内维尔·舒特
在第一次世界大战前就看到过这一切

1922 年,馆长亨利·里昂仍然保持着相同的看法——历史展品用来"展现人类取得这些成就的过程"[2]。与之相似的观点是,科学博物馆管理者也渴望有一个尽可能完整的覆盖科技和科学的分类体系。在这样一个方案中,与科学博物馆发展中的有形展览最为接近的就是自然藏品。在这里，猴子、蝙蝠、蝴蝶等动物的集合因其完整性而闻名，当然，这种力求完整的精神品质也渗透在科学博物馆的管理理念当中。因此，1937年，科学博物馆"空间分析"展仍然希望运用这种分类的方法，给每个展览主题一个空间，并且特别指出需要一个天文学空间，以填补历史系列的空白。抽水机械的收藏是"相当充足的，尤其是在过去的历史中"。但是，尽管往复式蒸汽机"在未来不可能有长足的发展"，已收藏的机器与历史系列仍然"存在差距"。此外，在火车历史系列中，有一些差距应该被填补，许多重要的现代类型的锅炉也没有得到展示。[3]

立体模型和新的展示艺术

到20世纪20年代末，传统的展示技术仍是主流，但有迹象表明已经出现了新的方法并产生了影响。吉斯雷妮·劳伦斯在一份有影响力的报纸上表示，在那个时代，橱窗展示和商店式的展示技术在科学博物馆展览中具有公认的影响力。1929年，一幅绘制的背景画被放置在飞机模型的箱式容器中。这幅画精湛地描绘出了天空和白云……这个事件非常值得关注，以至于出现在科学博物馆的年度报告中。[4]

吉斯雷妮·劳伦斯认为，在19世纪的案例中，布置背景板的做法相当常见。20世纪30年代，展览更多的是注重全方位的、多角度呈现和细节全面展示的技术，有点像"画刊式"的展览，这也许是受1902年教育法案的启发。该法案规定儿童在校时间可参观博物馆。这是对《博物馆杂志》称之为"教育而不是收藏"观念的补充，以取代前些年貌似是系统性、有逻辑的充分解释，而实际上却是"漫无目的的胡说八道"的做法。[5]

也许为了顺应这种工作氛围，更全面、更高标准的工作形式——"画刊式"展览从1931年开始被引入，这是一种专门利用实景模型来布展的展览形式，如1931年12月部署的介绍性展馆（随后迅速更名为儿童展馆)。这些复杂而富有魅力的模型景观构成了一种有趣的艺术形式。有时这些景观被用作现有模型集合的背景来展示。但在最出色的景观艺术中，真正的模型都不是最必要的了，整个场景组成了一个完整的艺术品，充满了新的元素，特别是正在执行中的按比例缩放制成的机器模型和人物形象。①

简·英斯利(Jane Insley)最近的一项研究表明，使用立体模型的想法似乎起源于他们在为帝国理工学院的展厅增加亮度时所受到的意外启发。威廉·弗兹(William Furze)馆长曾经于1924—1926年在温布利(Wembley)举办的展览中发现了环境模式对展览的影响，并邀请艺术家在这个相当不吸引人的展览环境中承担风景展览的设计。在接下来的30年里，拉斐尔·鲁塞尔(Raphael Roussel)工作室和其他独立艺术家为科学博物馆提供了一系列的实景模型来表现多样化的展馆形式。这一传统，从儿童展馆开始断断续续地持续到20世纪80年代。今天，这些展馆被我们叫作"历史掠影"。比如，20世纪30年代，位于威格莫尔街的威尔康信托基金会博物馆，几乎完全依靠展示过去的技术和历史模型来部署新的展品和展厅。[6]然而，到20世纪80年代中期，立体模型的使用率迅速下降。这在某种程度上反映出了充满激情的新馆长科森斯的偏好，他偏好于尽可能"真实的东西"，虽然没有真正的证据表明立体模型已经失去了魅力，但越来越多的馆长和展览开发人员认为立体模型现在稍微有些"过时了"。事实上，英斯利已经断言，从最初的观众被深深地吸引这一点上他们可以推测出，展览带给他们的吸引力，犹如黑暗房间里的一盏明灯。[7]

显然，有时候会出现一些有趣且相当神秘的问题。比如，有时我们会碰到只可意会但又不能完全理解的模型。勒德米拉·乔丹诺娃(Ludmilla Jordanova)表示，"模型"的理想化表现其实隐含了一种憧憬，那

———————

① 我的意思是，在"被计算的视角"这个意义上，不同尺寸的模型可用于不同规模的场景，或者说一个特定的模型可能会需要从自身结构等角度来体现，只有在它自己的立体框架中去考虑，指定的位置才是正确的。

就是成为实物模型。① 也许更简单地说，在作者看来，无论是孩子或成人，当我们观看一个模型时，可以允许我们以一种在现实世界中无法做到的方式来"建立起"一个大概的形象。

180　　这种难以捉摸的吸引力模型也适用于机械模型和最近出现的分子结构模型。它也反映出正规教育和研究的成果无论是在文本、图纸还是图片上的二维呈现，都不可能超越三维的表现方式。这些信息，特别是工程图纸，需要使用三维的方式才能顺畅地与读者交流。模型是最直接和简单的方式，它能帮助更广泛的受众来理解一个复杂的机制或排列结构。[8]

　　包含立体模型和其他新的展示思想的儿童展馆的开发，反映了一种意识——随着时间的推移，在展品密集排列的情况下，无论展品布局有多么好，仍然有许多观众难以理解。尽管如此，他们仍然保持着几十年来科学博物馆大部分空间的排列风格。然而，或许可以这么认为，尽管这一次的科学博物馆并不是没有对这些问题做任何的叙述和分析，特别是因为有大量特殊的临时纪念展览，但产业集中叙事范围的展品如"橡胶工业"一定是高度受限的。而对于战后地方政府可以提供的服务来说，吉斯雷妮·劳伦斯认为，临时展览中能够展出什么类型的展品肯定也是受到限制的。

　　与此同时，新的立体模型技术仍然会时不时地出现在科学博物馆主要的场景中，正如我们所指出的那样，最明显的是儿童展馆。直到它被应用在 1951 年新开放的中心大楼的一个大规模的农业展馆中。这也是对采用一种新的或更明确的方式来布展的探索，我们甚至能够大致地了解到一个特殊行业的生命周期。以前的博物馆强调大窗口区域的必要性，以及玻璃陈列柜的全方位展示。像大卫·鲁尼也在本书前一章指

---

① Ludmilla Jordanova, 'Material Models as Visual Culture', in Soraya de Chadarevian and Nick Hopwood *Models: the Third Dimension of Science* (Stanford: Stanford University Press, 2004), p. 448. 这些文章为博物馆中模型的开发和广泛使用，以及科学和工程方面提供了许多有用的背景知识。

出，作为前电气工程师的威廉·欧迪，了解了新电光源配件的潜力，认为控制照明的使用可以作为一个优势，"既然高效荧光灯是可用的，博物馆规划师应该少使用非弹性和具有限制性的日光"。[9]科学博物馆采用了 20 种特殊制作的实景模型，给观众提供了一个自由控制的视角，使观众能够深入地了解农民一年四季在农场中重要的活动。直到 60 年后的今天，看到这样的场景，我们仍然觉得不可思议。例如，一台小小的拖拉机被固定着在喷洒农作物，喷杆配合着脱脂棉巧妙地喷出化学喷雾，而其他三个按钮用来操作拖拉机犁不断地翻滚耕耘着土地。不得不说，虽然对于现在来说，这些"小景观"已经过时，甚至后一代策展人会对此感到尴尬，但它们仍然保有一种显而易见的强大力量，吸引着儿童甚至成人观众前来参观。(图 8-2)

图 8-2　1951 年的农业美术馆，反映出新的设计意识和现代国际趋势

立体模型不是唯一的创新技术。欧迪与新中央大楼的架构设计师韦 181
尔伯里·肯德尔(Welbury Kendall)一起去瑞典参观，并研究被普遍认为代表博物馆最先进技术的典型案例是什么。经过参观、研究，欧迪发现衡量标准很高，并没有找到能够符合标准的先进技术，因此他做出决定并写道："要开创新局面。"这当然是有可能实现的。不过，根据一些案例中墙壁涂漆的木饰面，我们可以看到，在北欧风格的民俗博物馆中，曾经有模仿历史上农夫耕种的全尺寸展品(现在已经移除)。欧迪在宣传小册子中提出了他的新想法，旨在对外部组织发表见解(尽管小册子可能也在内部传阅）。这是一个令人生畏的文件。小册子被故意设计成了两页的分量……并印在坚硬的宣传板上，这使得它不能被轻易地撕毁。[10]这个小册子介绍了一些特别著名的展馆，除了介绍完整的运转流程和新的设计工作之外，还对其信息意图和叙事结构给出了观点明确的表述。这些意图有幸地能够在展厅文字介绍、展品的选择和排序中表达出来。

这些展厅有组织地选择部分实景模型来展示中世纪农耕的发展——马耕田、蒸汽犁、拖拉机耕种（包括播种、收割、脱粒、绑定、碾磨等）和现代农场的工作（根据季节来安排）。这部分应该是全新的，并且只有最新的、最好的实践才被囊括进来。

182　　欧迪继续说：

新展示的部分设在博物馆一楼，并且是没有窗户的，以便能将最新的人工照明技术融合到展示方法中。在所有展览柜的内部都点亮了灯光，展览柜的顶部到天花板之间的空隙部分，将作为一个发光的可透视的圆形背景墙，展示一些代表过去农民作业的典型场景，如耕作、播种、收割、脱粒和筛选等。这种背景墙通过装在天花板上凹槽里的聚光灯来笼罩尽可能多的展品的方式，可以给展厅营造一种宽敞明亮的氛围。特别设计的家具也会使用更轻的天然木材完成。①

科学博物馆会考虑如何设计的问题其实并不只是受到欧迪的影响。

---

① W. T. O'Dea, brochure for the new Agriculture Gallery, undated, c. 1950. 小册子曾在私人手中，而后被转移到 SMD。欧迪指出："年轻人中的相当一部分人可能会被说服，因农业的吸引力而将农业视为自己的事业……尽可能多的展品将被展示出来，这些展品或不断运行，或是靠按钮控制启动和关闭。"相当多余的是，它宣称"每件展品都有一个描述性的标签，由博物馆的信息部门来制作"。

事实上，从 20 世纪 20 年代开始，设计技术就已经渗入博物馆领域。英国著名的建筑设计师协会在 1951 年英国艺术节上的出色表现，使得设计技术变得更为引人注目，并且协会提出"展示设计已经成为现代展览最重要的部分"的观点。即便如此，欧迪仍然值得嘉许，因为他意识到了这一点，并创造了科学博物馆第一个应用展示设计的展厅。可以说，欧迪的工作从构思到执行都相当清晰，他的"内容计划"以及对于展厅的内部空间和家具使用的整体设计，都有着明确的叙事意图。

然而，农业展厅是一个特殊的例子。根据其综合的视觉语言和强大的设计方案，我们可以推测它之所以能够被实现，是因为欧迪招募的设计师也认为在新展厅中加入设计元素是很重要的。然而，在其他地方，设计的影响仍然是有限的。科学博物馆存有的记录和照片支持了这种观点。科学博物馆 1950 年年度报告中描述了绘图员专用的绘图室。绘图室几乎没有资源可以被应用于设计。因为绘图员的大部分工作都与机械设计的展品有关。绘制模型、制造和重绘文物被认为对实际陈列和指导生产是有价值的。到 1961 年，当年的年度报告指出，近年来越来越多的人关注"快速发展的展示技术的艺术"。于是，科学博物馆创建了一个"展览工作室"，并于 1967 年将其命名为设计办公室。[11] 这些新的设计意识更多地指向图形和布局，而不是整个展览馆的整体外观。策展人莫里森-斯考特特别指出，标签的长度必须缩短。"现在公众习惯于简练，如小报博览会……虽然以后可能会后悔，但在现阶段它必须得到认可。"[12] 不出所料的是，这个命令唤起了馆员们的一些工作热情，但后来莫里森-斯考特又建议在整个博物馆内使用统一字体。同时，他还请来了迈克尔·普雷斯顿（Michael Preston）作为展览负责人，以此对抗"管理者执着于衬线①"的行为。他认为 Times Roman 字体只是最初适用于油墨印刷的新闻纸，达不到"阿德里安·弗鲁提格（Adrian Frutiger）设计的 Univers 字体的视觉品质——20 世纪 60 年代的一种精巧雅致的感觉"。[13]

183

---

① 衬线（serifs）是指字体起始末端的细节装饰。

在农业展厅开放了12年后，航空展厅于1963年7月正式开放。欧迪又揭示了航空展览的一种创新方法。航空展厅的位置和大小都没有达到先前的规模。采矿和电气工程系的坚守者弗雷德里克·哈特利在1950年发表观点称："由于广泛的吸引力和政治影响力，我们应该强烈抵制航空展览超过其适当需求空间的行为。"[14]

然而，精力充沛的欧迪又负责了西区顶层的一项专门设计棚式拱形屋顶的建设工作。在这里，与以往的工作相比，最大的创新就是将22架全尺寸的飞机悬挂在房间中，就像正在飞行中的飞机一样。这在现在看来似乎是司空见惯的展示技术，而在当时，这无疑是大规模利用技术的一个重要案例。事实上，早前科学博物馆的航空部分是避免使用全尺寸飞机的，并且被认为可以用一些有代表性的模型和一些特别委托的样品来代替。然而，科学博物馆偶然间获得了航空发动机。这些代表了航空领域最具技术挑战性和最有待改进的机器的出现，给科学博物馆提供了世界一流的展品。实际上，当时科学博物馆曾经获得过布莱里奥11号飞机（Blériot XI），据称该飞机是第一架于1912年飞越爱尔兰海的飞机。但科学博物馆只获得了该飞机的驾驶舱和控制舱这些被认为是最有趣的技术部分，而余下其他部分则被废弃了。科学博物馆收到的第一架完整的飞机（1912年军事飞行试验中的获胜者科迪上校驾驶的飞机）于1913年安全抵达。然而，随着1919年阿尔科克（Alcock）和布朗（Brown）第一次驾驶维克斯·维米（Vickers Vimy）飞机中途未停歇地穿越大西洋来到博物馆，观众对飞机的兴趣也越来越浓厚。据说，每天前来参观的人数比每日允许入馆的人数多了一倍。此后，更多飞机持续不断地到来，科学博物馆收藏了众多国内外的珍贵机器。

根据《星期日泰晤士报》对1963年2月新开放的航空展厅进行报道的标题"反对无聊的战争"可以看出，航空展厅的展示方法是很新颖的。这篇报道讲述道："发动这场战争的是一位58岁的拥有一架兰开斯特轰炸机的欧迪先生……飞机被悬挂在屋顶模拟飞行时的状态，而不是放在一排排的玻璃柜中进行展示。"[15]

正如戴维·鲁尼在前一章所指出的那样，欧迪认为，在英国传统的博物馆中，除了悬挂起飞机模型的创新展馆之外，其他的都是"糟糕的"、很传统的。玻璃柜的运用仍然是广泛的，大部分都不是整齐排列的，而是散落在展厅各处。有些被塞在高处的走廊里，有些甚至被放在科迪的飞机轮下，这种放置方式本身就是一项不错的创新。飞机与发动机放在一起。其中，飞机大部分是按照时间顺序排列的，但事实上，发动机是根据分类操作的原理来安排分组的。这就产生了一个粗略的、不 184 完善的时间系列，使得分组存在一定的混乱，这从当今馆长的角度来审视是不合格的。也许最明显的幸存下来的传统元素就是在展品上贴标签的方式。这些个别的"对象性标签"几乎可以很好地体现出整个展览的主 185 题。实际上，全面的航空历史只对那些打算阅读这些小标签（针对特定展品而设置）的人来说才有吸引力。无论怎样，航空展厅需要做的是增加收益。以相当大且成本高的规模来展示一个场景的做法，现在看来是合理的，这为现在的科学博物馆提供了一些经验。（图 8-3）

图 8-3　1963 年开放的新航空展厅

注：图片显示了悬挂飞机的景象，但发动机的排列则是严格按照分类学的方法进行的。

大约在同一时期，欧迪还建立了一个巨大的航运展厅。展厅中绝大多数模型都是从英国正日渐消失的航海工艺和来自世界各地的传统工艺中引进的，还有对古船只的假想重建，以及对军舰、游艇和远洋定期客轮的重建模型等。在这里，相较于农业展厅，虽然航运展厅也非常依赖于立体模型技术，但是可能由于材料太多，它的组织原则似乎比其他项目更难以理解。然而，在大多数情况下，并不是完全由实景模型和景观来衬托现有的船舶模型，尽管塑造展品的背景和人物需要高超的绘画和造型技巧。①

然而，科学博物馆仍然完好无损地秉持着基本的"建馆精神"——1920 年里昂关于科学博物馆建馆目的的最早陈述，甚至从令人印象深刻的航空展厅的进步和技术中仍然能看出这种精神。并且，戴维·福利特作为部长在航空展厅开幕式上的讲话几乎完美地道出了里昂的这种意图，即"科学博物馆的基本工作是为后代收集和保存重要物品"，然后使用它们来展示"从早期人类社会到现在的发展进程"[16]。在这项使命中，几乎没有探索或选择的余地，也没有任何去探索社会、科学和发明之间的相互作用的许可。但或许戴维·福利特最令人吃惊的主张是使用科学博物馆的一些最受欢迎的和最有吸引力的展览来推广引人注目的新展示技术。"与艺术展（如伦敦国家美术馆、维多利亚和艾伯特博物馆的绘画、雕塑、马赛克……）不同，因为大多数科学实物没有艺术感染力，所以，人们感兴趣的只是它们的起源和地位。"[17]事实上，里昂自己写道："在 30 多年前，虽然没有人会质疑技术博物馆的价值，但是必须承认，它们与艺术类博物馆相比，其收藏在美学的吸引力上还相差甚远。"[18]或许戴维·福利特做出这些评论的目的是纠正人们对飞机魅力的过度追捧。但现在我们看来，他几乎是在故意拒绝相信技术和科学展品的潜能，它们的存在

---

① 简·英斯利指出，制作这些小景观的艺术家获得了大部分的佣金，他们的签名仍然可以在背景的一些不起眼的角落里见到。坊间的文件证据表明了策展人为了获得立体模型展示的资金所付出的努力，他们是如何与艺术家周旋使得成品能及时交付，而那些经常以低价工作的艺术家，即使在大多数质量过硬的情况下也是如此忠诚。然而，一旦他们最初制作的产品是封闭的，作为对象的立体模型的生存比显示材料的重复使用更成问题，它们不仅大而且笨重，还很脆弱。

能够引起观众的兴趣并将观众的注意力带入它们所代表的主题当中。

然而，戴维·福利特对科学博物馆展品的审美不可能被所有策展人认同，尽管他们可能没有得到像航空展厅提供给欧迪的那样的机会。不久之后，作为通信助理管理员的基思·格迪斯（Keith Geddes）非常欣赏自己的手工作品，其配图和摆放采用和展现了更广阔的视角和社会景观。这一点可以从他和同事埃尔·戴维斯（Eryl Davies）一起负责的关于电视历史的临时展览中得到证明。他们将每台电视机放置在其对应年代的房间里，并且播放着一个适合其时代的电视节目——这可能是科学博物馆第一次尝试在这种规模中如此明确地陈列展品。

叙事和设计

1983 年，格迪斯也将这些方法应用到了为标准电话和电缆（Standard Telephones and Cables，STC）公司一百周年纪念而新开放的电信展厅中。这些提议都是经过 STC 公司高管与馆长玛格丽特·韦斯顿（她本人也是一名电气工程师）以及博物馆服务部主管德里克·鲁宾逊之间的深刻讨论之后形成的。讨论开始于 1979 年，内容是展望 1983 年的卫星实验中心百年纪念。通过这次活动，他们慢慢意识到，科学博物馆的展览应该成为庆典活动的一部分。STC 公司为此向科学博物馆捐赠了 20 万英镑。但是，尽管玛格丽特·韦斯顿和鲁宾逊为此已经做了一定的准备，但这个想法并未明确获得科学博物馆内部的青睐。接到了这个商业投资的消息后，格迪斯满不在乎地评论道："除了这个建议之外，我们也没有什么其他合适的提议了，但我必须承认，我很难满怀热情地去考虑它，即使我知道别人正在为此做着所有的工作。"[19]

STC 公司希望将重点放在未来的创新上，而且要求展览的规模足够大，这造成了格迪斯主要的担忧。对于 STC 公司来说，他们希望这是一个具有前瞻性的展览，并且展现出人类的通信方式从洞穴壁画到光纤的发展史。而格迪斯认为最难的部分在于，如何能够让 STC 公司理解一味追求宏大的展览只会适得其反，从而说服他们接受一个适当规模的展览……然而最终的展览并未出现奇迹。[20]第二年，格迪斯欣然接受了即将到来的任务，而他对这项任务感兴趣的地方在于他和戴维斯设计展览的故事和报道的方式。格迪斯指出，并不是只能通过时间序列这一种排序方法来设计展览。他在论文中也总结了与戴维斯相似的观点——"展览的主要维度"不需要"随着时间推移，它是信息从发送者到接收者的整个过程"。[21]

在科学博物馆与 STC 公司进行洽谈的过程中，双方一致认同展览的目的将仍是庆祝公司的百年纪念，但科学博物馆新电信展厅的展览会延长一段时间。这是玛格丽特·韦斯顿和鲁宾逊重大的外交功绩，也表明 STC 公司的姿态有所放低。这样也算照顾到了格迪斯当初的一个反对意见：STC 公司资助的新展厅与包含通信和电子显示的 66 号展厅中的一些区域重复。格迪斯承认，后一个展厅尽管"很无聊"，但也包含了一些有趣的材料——想必它们会被这场纯粹的 STC 公司庆典活动所遗漏。

尽管早期格迪斯对此有些吹毛求疵，但他还是以一贯的热情与戴维斯
187 处理了新展厅所面临的问题。有趣的是，现在被称为"内容时序"的方法，是格迪斯提出的历史时间线与戴维斯提出的"信息从发出者到接收者的整个过程"这两个观点的结合。线性展厅区域的一般性历史介绍往往会采用"随时间推移"的展览排列方式，随后主展厅会划分为三个独立的附属展厅用以展示信息的来源与发送器、信息的广播与传输技术以及信息的接收设备。

为了吸引观众进来观看，这些小展厅都会在各自入口处贴上一个标记。这些标记是非常必要的，而且展览排列的逻辑对大多数观众不需要太透明。几年以后，这些元素都被清除了，只剩下关于电信的介绍区。介绍区是通过两个画面来进行展示的：一个是展示船舶的无线电空间；另一个是过去和现在人们所依赖的佩伯尔幻象（Pepper's ghost）技术①。船上的无线电空间是以 1950 年马可尼海军（Marconi Marine）为原型，

① 佩伯尔幻象技术是一种在舞台上与某些魔术表演中产生幻觉的技术。这种技术使用一面平坦的玻璃与特定的光源技术，使物体可以出现或消失，或是变形成其他物体，常在大型博物馆中应用。该技术可以有效地还原历史情景，且费用相对低廉。

由杰拉尔德·加勒特(Gerald Garratt)复制重建的，并最终于 1971 年安置在电信展厅。遗憾的是，为兰开斯特轰炸机内部的无线设备操作员所设置的站点，尽管其带有生动的背景音乐，这样的一个真正值得科学博物馆展览的技术，却在几年前被清除了。（图 8-4）

图 8-4　尽管图形面板的使用还是尝试性的，STC 展厅（后来更名为电信展厅）标志着一种新叙述风格的出现

然而，从本章的观点来看，展览最有趣的一点在于它有一个明确的主题结构。这种主题方式似乎介于从农业展厅中表现出的创造一个"叙事环境"（尽管在这种情况下的叙述可以表述为一个简单的命题："农场里发生了什么"）的追求和如今采用的方法之间。而到了现在，尽管在规划阶段可能会提出主题布局的设想，但在开发过程中进行的讨论可能会揭示其缺陷，因为这个做法呈现的效果对于观众来说太模糊了。现在的展览开发人员对自身的要求更加严苛，他们的想法往往要经过多次深刻的内部批评和讨论。

在展览中，带有图片和文本的图形展板的使用也是很有意义且有趣的一点。这种杂志类型的图片展示风格在博物馆中渐渐成了标准的展示风格。我们甚至可以推测，格迪斯作为英国广播公司前工程师，对他来说，与当时的许多其他博物馆的风格相比，使用一种结构化叙事媒介的展览风格更能让人感觉有趣和满意。然而，格迪斯和戴维斯所设计的展板风格仍然处于探索期，因为他们并没有界定展览的规则，没有对展品进行排序、分类以及确定内容范围。相反，这种展板风格是一种中间化的角色，大小适中，能够以一种"超级品牌"的形式很好地嵌入例子和评论内容之间。即便如此，他们仍然会谈及作者创作的各种怪异的命题方法，比如"印度夏天的电磁铁"和"挥手不溺水"。这是因为科学博物馆最早尝试将诗歌隐喻与科技发展相联系，且对展览工艺的奥秘也很感兴趣。

另外还有一个项目明确采用了叙事方式，甚至采用了"工业剧场"的方式进行展示，这个项目就是 1986 年开放的化工业展厅。它试图呈现一个对大多数人来说难以解释且有些乏味的主题，是一个十分大胆的尝试。策展人罗伯特·巴德和建筑师卡森·曼（Casson Mann）提出"幻想"的构思，意在将观众包围在一个逼真的化工厂场景中，用工业结构和多孔钢走道作为场景的背景，以此来做叙事和解释。在这里，图解展板的内容并不是随意拼凑的案例和表格，这对于大多数人理解展览中复杂设备的作用和了解生产中涉及的化学变化都是非常关键的。这个展厅的出现还代表着策展人出现了一种欲望，那就是在负担得起的条件下，创造一个完整的建筑空间用来支持展览的叙事或"精神"。

这些在如今看来似乎是必然的趋势，但在当时也只有部分人能够隐约预见。例如，航空展厅在 20 世纪 90 年代中期被改造。在没有得到任何指令或机构的指导的情况下，博物馆就把一个基于对象标签的展览改造成了一个更加明显的基于展板的叙事类型的展览，尽管这一改造看起来是很自然和有必要的，但在博物馆内，没有特定的标准程序，也没有明确可供遵循的展览模式。采用的策略包括按时间排列的大事记，通过重新合理放置展品来提高展示效果，通过引进新的展品（四架新飞机和一架波音 747 的一部分）来使展馆主题更清晰明确。馆内改用统一的墙体，以及用一种清晰的体例结构、叙述性的风格来阐述航空历史。

189　　　然而，叙事性的风格对于一场已经存在的大型展览来说并不是必需的，这在几乎任何一个时期都是适用的，其原因似乎已经不再有人关注了。因此，这时从其他展示中心（如自然博物馆）发展出的新展览理念，正确地强调了为展览信息和目的进行定义和说明的重要性，但同时揭示了叙事风格与藏品之间有待开发的空间。按照这种理念，展品不仅数量少，而且被毫不留情地筛选和遗弃，因为博物馆只是用三维说明的方法来定义和执行教育和信息传递的任务。一些博物馆的专业设计师和讲解员比他们的策展人更快地接受了这个理念，于是他们经常抛出这样的问题来挑战管理者："像怀表（或者航空发动机和蒸汽机）这样的主题用一些精心选取的例子来表现不是更好吗？"

虽然这样的挑战可能是一个有益的考验，但或许也掩盖了这样一个假设：策展人意识到藏品本身比公众更值得关注，如果不加以节制，博物馆可能会以精心制作的系列展览来展示某一特殊主题的微观演变。但有一个奇怪的事实是，观众似乎觉得"最原始"（未被改造）的展品更迷人，如观众都对博物馆中的故事很感兴趣，还有像格洛斯特郡（Gloucester-shire）的斯诺希尔庄园（Snowshill Manor）遗址（它是由一位古文物研究者提供的特别的收藏）的成功展出。也许凝聚了更多的形式和解释以及历史评价的航空发动机的重新展示，更能够反映出这样一个观点，即藏品自身是极具说服力的。在这种特殊情况下，从非凡的飞行机械结构自萌芽到现在的变化可以看出，具有聪明才智的人类一直致力于研究这个问题。

这里谈到的各种展馆项目并非为了阐述展馆的发展轨迹是从"坏"到"好"，也不是为了突出某一种特定风格的展览。在历史发展的每个时期，科学博物馆的存在都反映了当时人们的某些期望、阅读习惯以及对其他媒介保有的惯例。近年来，博物馆出现的叙事框架也不是固定的。每个新展馆的制度环境及其投资预算，在每个时期都会不可避免地发生变化。开放于 2000 年的"创造现代世界"展厅，在某种意义上是对历史元素向未来发展的展望。它建立起了一个丰富多彩的历史展厅，向观众呈现从 1750 年到现在的历史发展，为威尔康翼展厅展示快速变化的当代科学和技术展览做铺垫。

展馆在某种程度上反映了科森斯所表达的关于博物馆应该展现科学和工业制品文化价值的愿望。它应该停留在令人惊叹的各种"第一"的名单，以及科学博物馆的"雕塑法院"的简单美学中。这是一个吸引人的想

190 法——允许博物馆利用藏品和现有的展馆来展示斯蒂芬森火箭的口径。然而，负责展馆开发的策展人员相信，在这样大的空间内实施这种策略，会使策略难以均匀部署，因此多维解释框架是必不可少的。而解决的方案是将关键展品按照时间线进行排列，将其他的展品并行放在两侧，与中间的大事记同步进行展示。其中一边是日常生活中的技术展，展示每个时代的不同文物，以及用于家庭、工作或者娱乐中的技术。另一边是一系列的历史性研究展览。这些展览反映了这段时间线内所诞生的相关主题研究从"启蒙"到"矛盾"的发展进程，并由这些开始形成一个良好的"工业化的文化史"研究。

人们或许会认为，新兴的记叙风格逻辑会表明"创造现代世界"展馆的这种历史研究性的展览体系会不可避免地受到观众的评判。这种体系
191 能清楚地调整展馆的主要中心区域并使整个空间井井有条。然而，展馆允许观众无限制地参观威尔康翼展厅和 IMAX 剧院，却不能为观众提供大型图形设备或新结构以供参观，这种做法是不可取的。问题的关键是，所有展览项目都取决于一系列的制度和外部环境。此外，由于历史和建筑方面的原因，科学博物馆几乎没有多余的空间以展示新的设计。不过科学博物馆的各个展厅都是相通的，展厅之间的通道也为展览提供了一些空间。（图 8-5）

图 8-5 "创造现代世界"展厅（展示了从 18 世纪的
新兴工业到现代化工业的发展历程）

结论：展陈技艺

"创造现代世界"展览，以其对真实展品的高度呈现，证明了科学博物馆在某种程度上必须"贸易"这一观点。在某种程度上，真实展品的呈现是因为其中包含很多有用的信息，大众可以通过媒体来获取这些信息。与真实的历史相关联是文物的一个独特卖点，因此可以断言藏品本身是具有说服力的。对藏品的叙事设计是一个有趣的提议。

多年来，新技术被广泛应用于展览工艺中。每项技术本身也都属于交流的一个重要组成部分（包括实景模型、视频和与真实展品高度接近的互动展品，能够对展品进行深层次的介绍和解释的计算机终端提供信息搜索或图形模拟等）。这些都是有价值的，但都需要被部署得更具"想象力"一些。这就对作为策展人的我们提出了更高的要求。在这样一个拥有无数电视频道的时代，有很多在科学、技术或历史方面有实质性内容的频道，以及在互联网上令人难以置信的资源，那么如何在这种环境中制作出能够吸引大量观众的展览是专家的主要任务。

尽管面临这些挑战，我们仍然需要以权威人士的声音对展品进行最大限度的解读。当然也会出现问题。例如，一些历史学家最近开始称道的"灵魂"，对此，一些展馆人员却称之为"现实的冲击"。展览所产生的影响并不只与展览本身有关。比方说，阿波罗 10 号指挥舱或是从日本的广岛开始融化的岛屿，这些展览的影响不仅取决于展馆对策展人嵌入的叙事框架，还取决于它的"光环"，同时也与观众作为消费者自身的文化背景和信任感有关。[22] 当然，这不是简单的"给予"的状态，因为策展人也是这个"符号"编码过程中的参与者。例如，查尔斯·巴贝奇是一个有趣的人，他是早期计算历史学家圈子之外一个不为人熟知的人。他构建的第二代差分机在 1991 年的百年纪念时，由多伦·史维德（Doron Swade）负责在科学博物馆展出，这使巴贝奇被明确地注入当代的文化和现代流行的思想当中。[23]

　这种对广博知识的无限需求和对观众理解的不断变化，意味着展览的发展在本质上必须是动态的。此外，随着设计风格、特定技术过时或是起不到真正的作用，工作人员必须不断提出新的解决方案。我们现在在选择和订购展品时，要选择那些能够通过一个令人信服的故事来表达一个特定的命题或者"幻想"，从而吸引观众参观的展品。这与艺术展馆的相似之处在于新展览本身就是一种艺术作品，至少在一定程度上，是一种巧妙的结构。退一步讲，无论是否具有艺术性，展陈技艺必然是一种"沟通的游戏"，而且它渴望通过与其他不能用语言表达的"盛景"进行沟通和协调。[24]

　　在这里提及的这段时期，科学博物馆要打造一个特殊的、多媒体展示形式的展览，这需要通过使用合成的建筑空间设计、图形、电影、真正的文物和文本等多种形式来实现。但是我们不能忽视的是，我们过多的表达和参与的欲望，最终将导致一个展览变成一个可供人们站着阅读（或来回走动）的出版物，这暴露了关于展览选址风格和水平以及媒体报道的文章长短、创新性等方面仍需要做出努力的事实。像很多创新性产品一样，一个展览需要极致的投入和充分的想象力才能够成功。产品从来没有完整的规则，希望展览也能够继续作为一种试验性的和不断发展的媒体而不断进步。

参考文献

1. *Catalogue of Machinery，Models Etc.，in the Machinery and Inventions Division of the South Kensington Museum*，with descriptive and historical notes by E. A. Cowper (London：HMSO，1890).

2. H. G. Lyons,'A Memorandum on the Arrangement of Collections in the ScienceMuseum to Serve as a Basis of Discussion'，August 1922，SMD，Z 210/10/11.

3.'Spatial Analysis of Existing Collections-as Distributed to Officers'，June 1937，SMD，Z 100/1.

4. Ghislaine Lawrence,'Museums and the Spectacular'，in *Museums and Late Twentieth Century.*（Manchester：Manchester University Press，1996），pp. 69-80.

5. Lawrence，'Museums and the Spectacular'.

6. Jane Insley，'Little Landscapes：Dioramas in Museum Displays'，*Endeavour* 32 (March 2008)，pp. 27-31.

7. Insley，'Little Landscapes'.

8. Malcolm Baker，'Representing Invention，Viewing Models'，also in Chadarevian and Hopwood，*Models：The Third Dimension of Science*.

9. W. T. O'Dea，'The Science Museum's Agricultural Gallery'，*Museums Journal* 51 (1952)，pp. 229-301，on p. 299.

10. O'Dea，'The Science Museum's Agricultural Gallery'.

11. Science Museum Annual Report for 1961，p. 7 and Science Museum Annual Report for 1967，p. 1.

12. T. C. S. Morrison-Scott，Note to Higher Staff on labels，25 June 1956，SMD，Z 183/2.

13. M. R. Preston，Note to Higher Staff on labels，25 June 1956，SMD，Z 183/2.

14. F. A. Hartley，Minute to Director on space allocation，5 December 1950，SMD SCM/8252/71.

15. *The Sunday Times*，3 February 1963 in SMD，Z 183/2.

16. D. H. Follett，Briefing for Minister's speech at the opening of Aeronautics，25 June 1963，SMD，Z 183/2.

17. Ibid.

18. 'this fundamental difference affects every stage of museum arrangement'. Col. Sir Henry Lyons，'Heirlooms of Science and Industry in the Science Museum'，Nature，June 30 (1928)，p. 1.

19. Minute of 30 May 1979，WKEG [Keith Geddes] to Dr Robinson 'STC proposals for centenary exhibition'，SMD，SCM/2008/019，Standard Telephones and Cables-1983 (on the occasion of their centenary).

20. Ibid.

21. Note：'STC-Attached "topics" list'，WKEG，22 November 1979，SMD，SCM/2008/019.

22. Eelco Runia，'Presence'，*History and Theory* 45 (February 2006)，pp. 1-29.

23. See，for example，Francis Spufford and Jenny Uglow (eds)，Cultural Babbage：Technology，Time and Invention (London：Faber，1996).

24. Lawrence，'Museums and the Spectacular'，p. 69.

这本装订漂亮的书可以比喻为科学博物馆的历史库。《简短世界性纲要和导航艺术》(*Breve compendio de la sphera y de la arte de navigar*)探讨了三大主题：世界的组成和导航艺术的普遍原则、日月运动及其影响、航海导航仪器的使用及准则。在未知的政治问题上，科学博物馆图书馆也有其面临的困难，它必须察言观色，并且对政府和科学家的研究重心的转移迅速做出反应。为此，科学博物馆图书馆研发了各种工具和技术来记录数量不断增加的科学出版物。在1979年举行的霍尼曼藏品拍卖会上，科学博物馆图书馆购买了这本重要的书以及许多科学和医学方面的重要作品。这本书代表了科学博物馆藏品的国际性质，是一个囊括了500年来科学和工程的写作和印刷记录的杰出藏品。

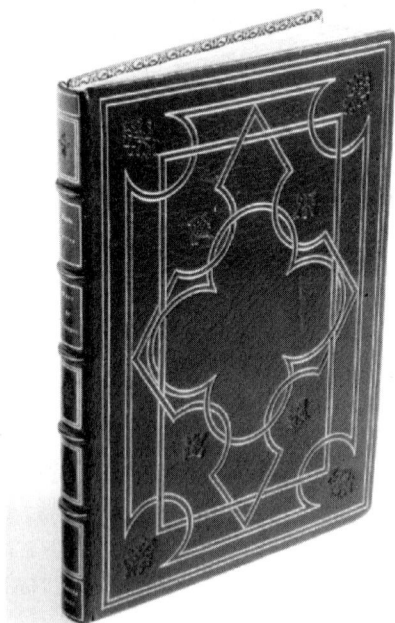

插图 1 马丁·科尔特斯《简短世界性纲要和导航艺术》(1551)

这台幸存的最古老的发动机，最初由托马斯·纽科门（Thomas Newcomen）于1712年左右设计完成，至今保存完好且基本上没有改变。它能够被科学博物馆收藏大部分是靠运气。科学博物馆东楼的建设始于1913年，起初的目的是收集大量的发动机设备，是一个能容纳大型蒸汽发动机的大空间。其中，很多设备组成了动力藏品的核心。然而，这次的收集中缺乏大型蒸汽机。亨利·迪金森（Henry Dickinson）的任务就是弥补这个不足。到1914年年底，他已经完成了调查候选设备的工作，但此后他的计划暂停。直到1919年，一位朋友参观德比郡煤矿，并提醒他发动机有被废弃和取消的危险。迪金森在科学博物馆的新东楼监督采购了铁、石料和木材，拆除了发动机，重新装修了房间里的大部分空间。直至今天这台发动机依然存在，它是替代矿物能源和肌力力量的象征，从而为英国工业革命奠定了基础。但同时，发动机也是最终导致三个世纪之后温室效应的原因之一。

插图 2　弗朗西斯·汤普森（Francis Thompson）发动机（1791）

《夜晚的煤溪谷》(*Coalbrookdale by Night*)这幅画是由法国艺术家菲利普·雅克·德·卢泰尔堡(Philippe Jacques de Loutherboury, 1740—1812)所作。画中描绘了赛文河上著名的熔化铁的煤炉,目前在"创造现代世界"展览中展出。它是科学博物馆藏品中最常被借出去展览的画作,也经常作为工业革命的标志而被广泛复制。然而,它却是科学博物馆收购的展品中最受争议的一个。1952年4月,新馆长舍伍德·泰勒发现纽科门协会正在出售这幅画。在联系了伦敦艺术经销商后,他立即花了250英镑买下这幅画。这次不经意的收购,引发了他与莱贝特的冲突。负责化学冶金的副主管莱贝特认为这幅画的内容是不准确的,因此没有任何历史价值。而在科学普及的大背景下,舍伍德·泰勒认为这幅"引人注目而且至关重要"的画作对工业革命具有重要价值,它能够"激发观众的想象力"并以此改善当前冶金丛刊枯燥乏味的状况。有趣的是,我们发现这幅画被收购的时候也正是立体模型在科学博物馆盛行的时候,然后作者卢泰尔堡就成了实景模型的开拓者。

插图 3 《夜晚的煤溪谷》

这幅"火箭车头"的图片说明了科学博物馆藏品具有变化和连续性的特点。科学博物馆持续收购藏品表明了科学、技术以及历史研究对象的变化。一再被改进的 1829 火车机车于 1862 年被捐赠给专利局博物馆。在萨缪尔·斯迈尔斯的《自助》(Self-Help)出版几年后,它似乎成了智慧的、白手起家的英国工程师罗伯特·斯蒂芬森的代表作。1876 年,在南肯辛顿的"借来的科学仪器展品"展览上,"火箭车头"被认为是"应用力学"的杰作,车头仅仅是作为"原动力"的一部分。被收购后的专利局博物馆在 1884 年与南肯辛顿博物馆的机械制造和发明部门进行合作。随后,车头被放入科学博物馆的运输部作为陆地运输发展的一部分。从 19 世纪 60 年代到 80 年代,车头在更大、更令人印象深刻的现代三角洲柴油机车旁进行展出。目前,这个车头作为工业革命的一个象征在"创造现代世界"展览中进行展示。

插图 4　斯蒂芬森火箭车头 (1829)

库克和惠特斯通五针电报机是一个典型的科技藏品，但在多年前一直被错认为是原始的人工制品。两个五针设备只是发明者制造的众多设计产品之中的一部分。它们是由伦敦和伯明翰铁路的负责人威廉·福瑟吉尔·库克（William Fothergill Cooke）和查尔斯·惠特斯通（Charles Wheatstone）设计的。虽然这样的设计很成功，但馆长们却拒绝采纳这个系统。后来，发明者把这两个设备买回来并带到了伦敦国王学院的惠特斯通实验室。其中一个设备1963年年初被租借到科学博物馆进行展览，直到最近才被认定为是1837年的原始工具。这个五针电报机从1876年在科学博物馆展出开始，就一直被描述为是在1837年制造的原件，但很多不经意的细节证明这种说法是不可信的。最近的研究证明，这个五针电报机是在1849年制造的众多模型中的一个，并在专利侵权审判中得到证实。它在1876年首先出现在南肯辛顿的"借来的科学仪器展品"展览中，目前在"创造现代世界"展览中展出。

插图 5　五针电报机（1849）

当 18 岁的威廉·亨利·珀金（William Henry Perkin）在 1856 年复活节发现了一种人造紫色染料后，他便开启了一场工业革命。这场工业革命导致了无数基于合成有机化学的工业产品的诞生。这种染料从 1859 年开始被称为"淡紫色"（mauve），但很快被其他人造染料取代了。人造紫色染料发现 50 周年时，珀金早已退休，英国染料行业也因其竞争对手德国的崛起而蒙上了阴影。以拉斐尔·麦尔多拉（Raphael Meldola）为首的英国化学家利用这个周年纪念来维护英国在这个领域的领先地位，并哀叹随后的落败。科学博物馆于 1932 年夏季，第一次举办了有关淡紫色的"技术行业 75 年进展"的专题展览。部分染料（包括淡紫色）深受欢迎。罐子中的晶体被珀金的儿子阿瑟·乔治·珀金（Arthur George Perkin）借给别人，于 1937 年珀金去世前归还，随后消失。这里所展示的染料是珀金的女儿安妮·弗洛伦斯·珀金（Annie Florence Perkin）捐赠的，用来纪念 1947 年"化学学会百年"展览。最近的化学分析证明，这个样本（苯胺紫醋酸）可能产生于 1863 年 4 月珀金研究淡紫色的结构时，并且它也导致了新同分异构体被发现。这个紫色罐子如今已不再展出。

插图 6　淡紫色晶体染料（1863）

这个 X 射线机是世界上最古老的设备之一——它是一个幸存者，来自威廉·伦琴（Wilhelm Röntgen）。当时伦琴还在学校，他与他的全科医生父亲罗素·雷诺兹（Russell Reynolds）一起工作。雷诺兹对 1896 年 1 月英国的第一个关于发现 X 射线的报告充满热情，并开始建造他自己的 X 射线机。可能是从伦敦哈顿公园的许多出售物理设备的公司购买的材料，雷诺兹在一年内制作了这台设备，他不仅保存了这台最早的 X 射线机，还于 1938 年将其捐赠给了科学博物馆。和许多其他捐助者一样，由于雷诺兹向科学博物馆捐赠了自己的仪器，他被认为是放射学的先驱，这是他付出了一生来追求的事业。这个案例证明了科学博物馆在这段时间内的地位。同时，随着更多的装置被收集，科学博物馆的名声和地位也得到了显著提升。

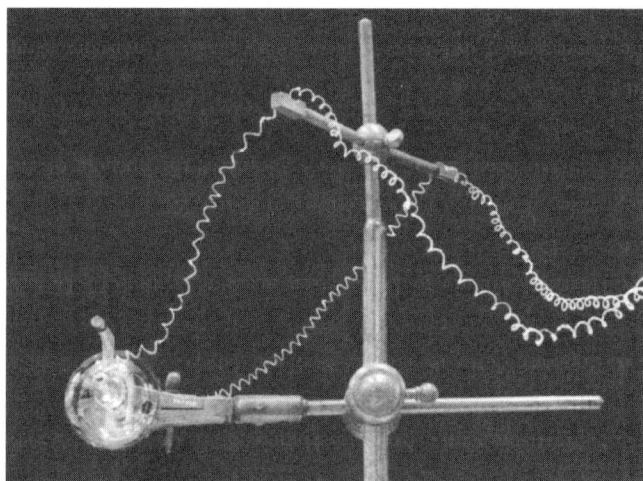

插图 7　罗素·雷诺兹 X 射线机（1896）

福特 T 型汽车于 1997 年被收购并在"创造现代世界"展览中展出，这代表着收购品和展览对象标准的变化。它背后有两个故事。最明显的一个就是它是一辆完整的和实用主义设计的美国汽车。但现在它更多地被视为亨利·福特（Henry Ford）生产线技术的象征，并作为福特主义的一种特色，成为全世界关注的焦点。移动生产线完美地实现了"将人工换成机器"的设想。而另外一个很少有人知道的设想，是提取神秘工匠的知识，并将车间放置在由哲学家指导的环境下。亚当·弗格森（Adam Ferguson）写道："机械艺术……抑制情绪和理性才能成功，车间……制造繁荣的地方……可能被视作一个发动机，其中大部分都是人。"这可能是对福特的海兰帕克工厂的完美描述。有趣的是，福特和他的理念给希特勒和斯大林都留下了深刻印象。

插图 8　福特 T 型汽车(1916)

青霉素的发明是科学创造力的真正标志之一，其科学研究方法仍然值得遵循。在过去的 60 年里，科学博物馆获得了许多有关青霉素于 20世纪 40 年代早期在牛津大学作为药品的人工制品。这个青霉素样本展示了青霉素从一个奇怪的现象转变成为一种拯救生命的药物的缓慢过程。1935 年，亚历山大·弗莱明（Alexander Fleming）首先找到了最新发现的百浪多息（磺胺类药物）的用处。他把自己发现的一些潜在的更强大的东西告诉了一个朋友，但却没有得到回应。随后，他将这个青霉素样本交给了这个朋友。它于 1997 年在拍卖会上被科学博物馆购得。目前，该样本被作为"激进的现代主义"时期的标志，成为英国从殖民帝国向科技大国转变的伟大代表，在科学博物馆"创造现代世界"展览中进行展出。

插图 9　青霉素样本（1935）

V2(或者更确切地说是 A4)火箭发动机和所有现存的火箭发动机一样，发挥着很多作用：它在第二次世界大战中作为第一个远程弹道导弹的推进装置首次亮相；它的发动机使用了最新的技术——不仅有推进剂泵还有惯性制导系统，因而为其在"冷战"时期成为无懈可击的导弹奠定了基础；那些制造商对待奴隶的残暴行为对很多人带来了巨大的伤害，更不用说超过 3000 个 V2 火箭给英格兰所带来的死亡和破坏性灾难。但是，在科学博物馆展览的大部分时间里，它的作用是展示第一个太空运载火箭的发展历程。这个特殊的发动机是科学博物馆在 1949 年从白金汉郡威斯克的火箭推进部门收购来的。1963 年，这个 V2 火箭发动机则作为新航空展厅的一部分在科学博物馆三楼公开展出。在那里，各种火箭发动机在飞机的空气呼吸机旁边展出。但在 1986 年，发动机被移到了一楼的航天新探索展厅中。它所展示的管道模型说明了早期太空火箭的工作原理，即燃料和氧化剂的运输路线是从罐泵到燃烧室。2000 年，发动机被搬到了现在的位置，这个位置属于后来的探索太空展馆。作为最小的解释对象(在技术层面上)，V2 火箭发动机成了太空时代的一个标识。

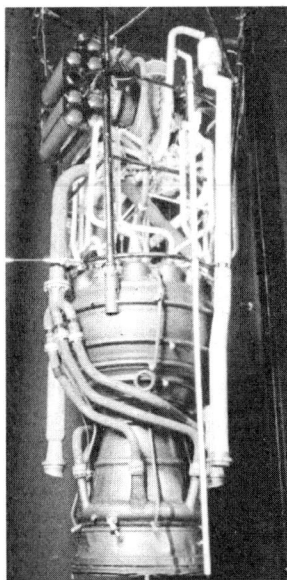

插图 10　V2 火箭发动机(1944)

飞行者自动计算发动机（Pilot ACE）是英国最早的电子存储程序计算机之一。该机器是在米德尔塞克斯郡（Middlesex）特丁顿（Teddington）的国家物理实验室创建的，它体现了天才数学家阿兰·图灵（Alan Turing，1912—1954）的最初创意，以及他提出的通用计算机的概念。飞行者自动计算发动机在 1950 年 5 月完成了它的第一个程序，并且在接下来的 6 年里，被用于从事先进的科学和工程工作，包括飞机机翼颤振、X 射线晶体学和计算炸弹轨迹等方面的研究。它的发展旨在推出一个国家的计算机产业。但事实上，飞行者自动计算发动机的工作生涯是很短暂的。1956 年，当它被带进科学博物馆时，英国《每日镜报》（Daily Mirror）发布了报道——"第一个机器人大脑已被解雇了，现在的它过于老旧，所以经常出错"（1956 年 6 月 28 日）。飞行者自动计算发动机被陈列在科学博物馆的计算机展厅，它反映了计算机从计算机器到可编程机器的根本转变。可编程机器可用于解决一系列任务。如今，它在"创造现代世界"展览中展出，显示了英国对战后科技领域发展充满信心。

插图 11　英国第一代计算机（1950）

对 DNA 的化学结构和顺序是如何决定我们的遗传特性这个问题的解释是 20 世纪下半叶最重要的科学发展之一。DNA 结构的突破性发现发表于 1953 年，随后詹姆斯·沃森(James Watson)在他的《双螺旋结构》(*The Double Helix*)一书中对此做了详细叙述。这是一个伟大的公共科学事迹。其核心是建立一个模型，证明双螺旋结构满足伦敦国王学院为采集 X 射线所制定的严格标准。在这个令人欣喜的发现之后的数周内，弗朗西斯·克里克(Francis Crick)和詹姆斯·沃森在剑桥建立了一个大型模型来证明他们假设的有效性，并在旁边拍摄了一些著名的照片。随后模型虽被拆除，但大多数组件得以保存下来。在 20 世纪 70 年代，这些组件被重新组装，并成为科学博物馆的一件宝藏。目前，它在科学博物馆的"创造现代世界"展览中展出。

插图 12　基因模型(1953)

阿波罗 10 号指挥舱，代号查理·布朗（卡通人物），于 1976 年被科学博物馆收藏。指挥舱的拥有者史密森学会已经在欧洲大陆对其进行了巡回展览，现在希望可以在一个更稳定的环境中展示它。与史密森学会有着良好关系的国家航空博物馆（国家航空航天博物馆是在同一年的晚些时候成立的）经协商允许科学博物馆将该航天器借出展览三年。科学博物馆迅速将阿波罗 10 号指挥舱放到了新探索展厅中，与它的一个原尺寸复制品摆在一起。国家航空航天博物馆延长了航天器的借出展览时间。当太空探索展厅于 1986 年开放时，查理·布朗仍在那里不断地讲述着阿波罗登月任务的故事。2000 年，作为科学博物馆最重要的历史人工制品之一，阿波罗 10 号指挥舱被转移到了现在的"创造现代世界"展览中。随着时间的流逝，查理·布朗似乎得到了越来越多观众的青睐。2009 年的夏天，恰逢科学博物馆百年纪念和阿波罗 10 号 40 周年纪念，国家航空航天博物馆同意科学博物馆打开飞船的舱门，以便观众可以观看飞船内部的指挥舱。

插图 13　阿波罗 10 号指挥舱（1969）

未来科学博物馆的板块：

插图 14　根据艺术家对"灯塔"的印象，在科学博物馆拟建的一条新的展览路

插图 15　根据艺术家对"雕塑和天空"的印象，在三楼拟建一个新的宇宙学展厅

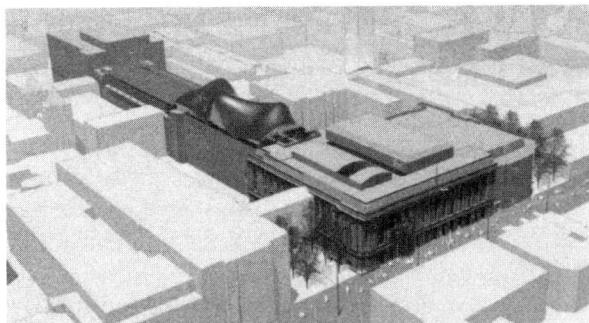

插图 16　艺术家设计拟建的新宇宙学展厅的"黄金屋顶"

第九章

儿童展厅的意义：儿童对科学博物馆发展的影响

安娜·邦尼

194　　多年以来，儿童逐渐成为科学博物馆观众的主要人群。据统计，1949 年，儿童大约占到所有观众数量的 25％～30％；1951 年，这个数字已达到 40％；1999 年，16 岁以下的观众所占比例已经上升到48％。[1]科学博物馆通常会为他们提供一些特别的展厅。儿童展厅开放于 1931 年，于 1995 年关闭，在 1986 年逐渐被互动展厅（如"发射台"）所取代。

　　尽管科学博物馆面向许多儿童观众开放，也常常被人们称为"儿童游乐场"，但科学博物馆很少将自己定义为一个专为儿童成立的机构。①与许多机构博物馆的历史不同，儿童这一群体已经被科学博物馆和其他科学与技术博物馆的历史学家们所考虑到，只不过大部分是通过引用或者暗示提到的。② 儿童展厅自 1931 年开放以来，经常被人们提到，而这往往是和科学博物馆的受欢迎程度相关联的。威廉·斯特恩（William

---

① "儿童游乐场"是戴维·福利特描述的一些人对科学博物馆的看法。David Follett, 'The Presentation of the Museum's Collections', 31 January 1961, SMD, Z 182/2 (No. 1).

② 在其他博物馆的历史记录中出现儿童的字眼一般是用来讨论美国的儿童博物馆运动或者是有关博物馆的教育服务活动的。例如，Eileen Hooper—Greenhill, *Museum and Gallery Education* (Leicester: Leicester208 Anna Bunney University Press, 1991); Marjorie Caygill, *The Story of the British Museum* (London: The British Museum Publications, 1981, p. 45; and David Wilson, *The British Museum* (London: The British Museum Publications, 2002), pp. 15, 88。

Stean)在谈及伦敦自然博物馆历史时提到了儿童，该馆的儿童中心开放于 1948 年。[2] 虽然有人声称，展览工作能够使科学博物馆的观众感到快乐的同时激发他们的好奇心，但这些观众中是否包括儿童却很少有明确的说明。①

那么，为什么科学博物馆史中要包括儿童部分呢？原因之一是，作为博物馆观众数量以及博物馆经费的主要来源，他们理应得到考虑。另一个原因是，科学史家在研究儿童这一群体时，提出了一个有趣的问题，即人们是如何通过社会、性别和阶层看待和传播科学的。②

本章主要研究针对儿童群体的特殊规定，以及怎样充分理解科学博物馆针对儿童观众采取的方式以及将他们与科学博物馆其他区域隔离开来的行为。本章将讨论儿童展览的展品和玩具与它们自身所具有的教育价值之间的联系。专为儿童设计的展览将以现实世界中的情境为中心，特别是充分利用科学史元素。由于这些展品也有利于成年人参观学习，因此它们可以被看作是帮助公众理解科学的物品。也正是通过儿童这一群体，现实和历史得以同时在科学博物馆的展品中展现出来。

195

---

① Eugene Ferguson, 'Technical Museums and International Exhibitions', *Technology and Culture*, 6 (1965), pp. 30-34; Hellmut Janetschek, 'From the Imperial—Royal Collection of manufactured products to the Museum of Technology and Industry in Vienna', *History of Technology*, 17 (1995), pp. 191-213. 有一个例外是芝加哥西尔斯 8 岁的儿子——威廉·罗森威尔德，曾经对建立科学工业博物馆做出贡献的他，也在 1911 年访问了德意志博物馆。Edward P. Alexander, *Museum Masters. Their Museums and Their Influence* (Nashville, Tennessee: American Association for State and Local History, 1983), p. 356. 然而，奥托·迈尔等人在慕尼黑的德意志博物馆的介绍中并没有提到儿童。*The Deutsches Museum, Munich. German Museum of Masterworks of Science and Technology* (London: Scala Publications, 1990).

② 历史和科学研究传播的例子有 James A. Secord, "Newton in the Nursery: Tom Telescope and the Philosophy of Tops and Balls, 1761-1838", *History of Science* 23 (1985), pp. 127-151; Jackie Britton, "Technology in Toyland: A Study of Miniature Technology", unpublished MSc dissertation, London Centre for the History of Science, Medicine and Technology, 1995; Aileen Fyfe, "Science for Children", in Aileen Fyfe, ed. *Science for Children* (London: Thoemmes Press, 2003), pp. xi-xxii; and Alice R. Bell, "The Childish Nature of Science: Exploring the Child/Science Relationship in Popular Non—Fiction", in Alice R. Bell, Sarah R. Davies and Felicity Mellor, eds *Science and Its Publics* (Newcastle: Cambridge Scholars Publishing, 2008), pp. 79-98.

儿童展厅特殊规定颁布前后都有儿童参观科学博物馆，本章考察的正是这些儿童。我重点关注的是那些"不在学校的儿童，这些儿童观众人数高于在校的儿童观众人数，比例约为5：1"。[3]这种说法从1955年就有，但一直到最近，上学的儿童观众仍只占了儿童观众中很小的一部分。不过，在近期博物馆的观众中，学生观众的数量有了一定程度的上涨，这是因为20世纪80年代英国在学校中开始实施相关的国民教育课程战略。① 科学博物馆本身作为一个国家机构，也应该考虑如何发挥自身的作用来指导学校制定相关规定。例如，在第一次世界大战期间，弗朗西斯·奥格尔维撰写了一份关于博物馆和学校之间的联系的报告。但他认为，作为国家博物馆，科学博物馆不应该仅仅专门为学校和儿童提供相关设施和服务。[4]然而，我认为，无论是否在学校接受教育，博物馆都应该平等地对待每一名儿童。

"通常是年轻人的涌入"

虽然南肯辛顿博物馆以及之后的科学博物馆都不再仅仅只针对儿童而设立，它们宣称的目的是教育成年人。但相关证据表明，从这些博物馆成立之初起，儿童就开始参观这些博物馆。"晚上，上班族在妻子和孩子的陪同下去了南肯辛顿博物馆。"②尽管1858年的这份年度报告是整个19世纪南肯辛顿博物馆的官方报道中唯一一篇涉及儿童的，但是，孩子们参观科学博物馆的事实在当时还是引起了广泛的评论。例

---

① Sophie Forgan, ' "A Nightmare of Incomprehensible Machines"：Science and Technology Museums in the Nineteenth and Twentieth Centuries', in *Museums and Late Twentieth Century Culture* (Manchester：Manchester University Press, 1996), pp. 46-67, on p. 66. 与科学博物馆形成鲜明对比的是，在其他地区的博物馆中，小学生在观众数中占据了很大一部分。Samuel Alberti, *Nature and Culture：Objects, Disciplines and the Manchester Museum* (Manchester：Manchester University Press, 2009).

② Science Museum Annual Report for 1858, p. 127. 这份年度报告对科学博物馆傍晚开放期间"没有发生过任何不良行为"以及拒绝无人陪伴的儿童进入科学博物馆参观的行为提出了质疑。

如，1857 年，《建筑新闻》(*Building News*)认为观众数量可能被夸大了，原因是"儿童的课外娱乐时间被跑进跑出科学博物馆所占据，所以，科学博物馆更多的是统计十字转门的转动次数而并不是准确记录儿童的参观次数"。[5]

在南肯辛顿博物馆的教育收藏区域，前来参观的儿童已经被各种各样的展品所吸引，如地球仪和各种样式的工作模型。1863 年，一位富有的权威人士亚历山大·贝雷斯福德·霍普(Alexander Beresford Hope)指出："在我周围，我看到的是一群快乐的孩子。在老师的指导下，他们期盼与渴望的眼神一直盯着放在玻璃橱窗里面的各种宝藏。"[6] 这意味着，儿童是因为接受教育，才来科学博物馆参观。然而，其他的一些关于儿童观众的评论认为，科学博物馆是儿童的乐园。例如，1883 年威廉·斯坦利·杰文斯(William Stanley Jevons)表示："邻近的富有居民有个习惯——在阴雨潮湿天会把孩子们送到布朗普顿锅炉博物馆，以便他们能够在博物馆的展馆中快乐穿行。"[7]

杰文斯并不赞同"邻近的富有居民"把孩子放在科学博物馆里，同时有其他迹象表明，下层阶级的那些孩子更不受欢迎。[8] 从 1888 年开始，这种情况被总结为一个案例，但是这个案例还没有得到证实——"欧文爵士正努力制定一个长期规则，即儿童必须在成年人的陪同下才能进入馆内参观，否则不允许进入。南肯辛顿牧师利用这个规则区分了那些有保姆陪伴的富裕阶层的孩子和那些不具备这些条件的贫穷阶层的孩子。"[9] 这个案例经常用来提醒那些不守规矩的观众：

> 物品要排列整齐以方便全面检查。而这些用于检查的设施也被禁止随便触碰。
>
> 尤其是男孩子们被警告——喧哗吵闹或者乱跑乱跳，甚至是仅仅出于学习的目的而摆弄、触摸展品等行为，在这里都不会被允许。任何扰乱科学博物馆正常运行秩序的观众都将被要求离开博物馆。[10]

从 1911 年贝尔实验室的报告到 19 世纪 20 年代末，科学博物馆中无人陪伴的儿童观众数量迅速增加，而且并没有很明显的预兆。贝尔实验室的报告指出，科学博物馆针对学校相关活动提供直接指导的作用（如演示科学仪器和资金筹措）在降低；也指出学校获得贷款得以发展，学校进行展示的新方法也得到更好的宣传。[11] 1912 年，奥格尔维指出，当年小学的假期让许多年轻人来参观博物馆。[12] 但是一些儿童观众并没有来这里参观。里昂描述道："衣衫褴褛而且不太整洁的儿童或许会给博物馆带来一些困扰和麻烦，而那些试图把科学博物馆当作游乐场的男孩们就更让人烦恼。"[13] 首席监察员乔治·邦尼曼（George Bonnyman）在给奥格尔维的报告中写道："从贫困地区来到科学博物馆的各个年龄段的儿童，通常由一个或两个带头，其他的则跟在他们身后，科学博物馆也适当地为那些有个人缺陷的儿童做讲解。"他同时还表明，那些陪同孩子来科学博物馆的成年人也许会认为那些粗暴的儿童应该被禁止进入。[14]

1925 年，科学博物馆年度报告指出：

> 有大量的学龄男孩和女孩来参观科学博物馆的藏品。尽管其中一些参观的孩子因为年龄太小并不能明白其中蕴含的丰富知识，但这增加了他们对藏品的熟悉程度。而现在许多抱着认真学习的态度来参观的人还是会被科学博物馆的工作人员认为仅仅是为了娱乐而来的。[15]

1927 年和 1928 年的年度报告①宣称："1928 年 10 月月末的两天是伦敦学校的放假时间，这两天科学博物馆的参观人数分别是 7000 和 6000。人数增长主要是由大量平时上学的儿童在放假的时候来参观藏品

---

① Science Museum Annual Report for 1927 & 1928，p. 12. 这两年的年度报告在同一卷中出版。

引起的。"[22]官方声称，从 1929 年开始，"有更多的儿童参观科学博物馆以及伦敦的其他博物馆"。[16]

相对于参观德意志博物馆的儿童而言，参观科学博物馆的儿童表现 197
得有些不尽如人意。咨询委员会的不同成员在 1929 年访问德国时特别
注意到了这一点。[17]20 世纪五六十年代，儿童在参观科学博物馆时的
不良行为被不停地指出。1958 年，儿童展厅在周日下午禁止那些无人
陪同的儿童进入，这是由于科学博物馆接到了其他观众对孩子们在儿童
展厅一些不文明行为的投诉。[18]1969 年，博物馆的值班员斯坦利·詹
森(Stanley Janson)讲述了一个男孩和其父亲之间因为如何使用潜望镜
而发生争吵的故事。[19]

让孩子们待在儿童展厅

科学博物馆专门为孩子们提供了一个展厅。[20]儿童展厅于 1931 年
12 月开放，其展示了蕴含科学原理的工作模型，如时间测量模型和起
重装置，还展示了运输和照明发展历史的实体模型。其他展品包括一个
巴特西电站模型和人造彩虹模型。[21](图 9-1)

图 9-1 1931 年儿童展厅开放时的概况

这个展厅自开放起便获得了成功。仅 1932 年 1 月，就有 171263 人 198

参观了科学博物馆,比上年全年增长 80652 人。科学博物馆参观人数的激增被普遍认为是儿童展厅开放引起的。儿童展厅也被媒体接受。很受欢迎的科学杂志《发现》将其称为"光明的博物馆"。《观察家》(*Observer*)称其为"一个真正为儿童设计的展厅,且不再是'禁止触摸'的"。[22]

新增展品是从 1932 年"光电电池及其应用"的临时展览中转移过来的,这其中包括自动门和一台分离彩色弹珠的机器。[23]两年后,儿童展厅的规模扩大了一倍,观众的数量也增加了近一倍。[24]

儿童展厅是第二次世界大战后第一批重新开放的展厅之一。在 20 世纪 50 年代和 60 年代期间,展厅持续受到关注,而且其中的展品也得到充分的利用。1956 年的科学博物馆年度报告提到,新型金属制造的立体模型必须使用福米卡,因为它是唯一足够坚硬的材料。1957 年,新的环绕立体模型"浅色塑料薄膜"被证明是不易受攻击的物体。[25]1961 年,在"消失的金球"展览上的计数器显示结果为 450 万次。[26](图 9-2)

图 9-2 儿童展厅中一些男生在驻足观看时间测量展品

199   1969 年,尽管媒体一再宣称需要新的红色、粉红色和橙色的墙壁,但是儿童展厅还是有一部分被重新安置在地下室的中心区域,这样或多或少地保留了其原始形式。[27]20 世纪 60 年代,新的展品包括街道实景模型和潜望镜。观众可以利用潜望镜观看上面的墙壁。开幕式得到了媒体的广泛报道，几乎所有的媒体都提到了新的"布伦特交叉立交桥"立体模型。[28]儿童展厅完全开放是在 1971 年，而且仍然是科学博物馆中最拥挤的展厅之一。[29]

人们通常认为，儿童展厅存在的意义就是专门给儿童提供参观的场所。1963 年，展厅因其展品对儿童有特殊的吸引力，而被形容为"阿拉丁的洞穴奇观和科学奇迹"。随着参观的次数增多，一提到"科学"这个词，孩子们就会变得兴奋起来。[30]1931 年的科学博物馆年度报告写道："儿童展厅毫无疑问是以激发年轻观众的科学兴趣为目的的，同时也会鼓励他们去科学博物馆的其他展区参观。"[31]

然而，大量证据表明，儿童展厅的重要功能就是要保证孩子们不去参观科学博物馆的其他区域，从而能够保障更多的观众享受安静的参观环境的权利。1922 年，里昂曾表示："儿童展厅会将孩子们从主展馆吸引过来，因为孩子们在主展馆参观有时是一件很麻烦的事。"[32]伴随儿童展厅的开放，有关隔离的话题仍然存在。例如，《学校科学评论》(School Science Review)称赞儿童展厅"将主展馆中大部分的儿童吸引过来"的行为，因为主展馆中的展品对于孩子们来说不仅数量多而且难以区别，这容易让孩子们感到困惑不解。[33]

支持针对儿童和其他观众分别举办展览的观点来自"针对不同的读者提供单独合适的展览"这个政策。里昂尝试将科学博物馆的观众按重要性升序排序，即"①普通的观众，②技术观众，③学生，④专家"，这里的分类没有直接涉及儿童。[34]1933 年的科学博物馆年度报告建议，针对不同观众的独立展厅应尽快落实下来。这个建议在 1949 年展览座谈小组的报告中被反复提到。该座谈是由负责儿童展厅的弗雷德里克·哈特利主持的。[35]1949 年，赫尔曼·肖将实现"把孩子们和他们自身有活力的行为从科学博物馆的其他区域移除"这个目标概括为设立儿童展厅，并声称，应为了其他观众而设立不同的展厅。[36]

1955 年的一项心理学研究将儿童展厅描述为一个充分吸引孩子的地方，并以此减少他们可能给展厅中其他更多认真的学生带来的影响。[37]舍伍德·泰勒重申这个观点："许多年龄较小的孩子来到科学博物馆参观可能会使年长的观众分心，因此可以将他们的注意力集中到儿童展厅，从而给其他观众留下科学博物馆的大部分区域。"[38]

200 　　儿童展厅有一部分是位于地下室的。这块空间最初并不是打算用于展览的，而是用另一种方式表达了打算将儿童与其他观众分开的想法。儿童展厅将儿童和其他观众分开的做法是备受争议的。科学博物馆年度报告经常提及儿童欣赏展品的行为。1957 年的年度报告指出："男孩子对操作广播电台很感兴趣。"[39]

　　在科学博物馆内，儿童展厅通常被认为是一种创新。戴维·福利特形容道："对于科学博物馆来说，这是一个创举。"[40]然而，在当代关于儿童的一些规定下，如在南肯辛顿地区其他的博物馆，以及国内外关于博物馆中儿童的辩论中，科学博物馆这样的行为被认为是与时代相悖的。《博物馆杂志》对 1930 年的儿童展厅进行了批判性评估，认为"男孩和女孩应该自己独立制作模型，美国儿童博物馆的组织者已经通过这种教育方法取得了显著成效"。[41]

　　孩子们还参观了伦敦其他的博物馆。1893 年的"教育指导儿童"和1903 年的"引导和陪伴年轻人"的记录表明了儿童也在自然博物馆的观众中。① 1893 年，女性先驱讲师协会在英国国家博物馆、自然博物馆和国家肖像馆都举行了"教育指导儿童"的活动。② 1915 年，维多利亚和艾伯特博物馆组织了一些圣诞节假期活动。[42]20 世纪 30 年代末，杰夫瑞博物馆为无人陪伴的儿童观众举办了一些参与性活动，如模型制作。[43]

────────────────

① 伊丽莎白·奥克·戈登(Elizabeth Oke Gordon，地理学家威廉·巴克兰的女儿)写了一本自然博物馆的指南：Elizabeth Oke Gordon, *Natural History Museum*, *South Kensington. Guide－Companion for the Young* (London：British Museum (Natural History)，1903)。
② 女演员讲座协会文件(1893)，在自然博物馆中展出其影印版(1889－1903)，见 293～294 页，296～298 页，312 页，314 页，317 页，336～337 页。

工程模型

　　孩子们被科学博物馆所吸引的一个原因是他们对机车、飞机、轮船等模型感兴趣。"虽然孩子们并不理解怎样制作这些模型，但是因为这些模型可以运动，所以，吸引了大量的孩子前来参观。"[44]奥格尔维评论说，孩子们参观科学博物馆，其中大多数都有机会亲自操作和看到一些东西，如观看活鱼或者把玩一块科学博物馆提供的磁铁。①

　　目前尚不清楚科学博物馆何时开始展示它们的移动模型和机器，这些内容只是在1869年的科学和艺术年度报告中提到过。1891年，用来操纵模型的压缩空气设备已经到位，比如纽科门机。[45]工程机的数量快速增加，截至1919年已有219个"运动模型"，1929年这个数字增加到300个。[46]1924年，科学博物馆任命了一位讲解员，同时有许多观众从学校来科学博物馆参观。[47]无线展览大约始于1925年。1926年，科学博物馆添加了自动电话交换机。

　　虽然人们普遍认为孩子们"并不理解"这类工程模型的工作原理，然而科学博物馆仍然在儿童展厅提供了很多工程模型。[48]这些模型和玩具有明显的联系。例如，1931年，《每日电讯报》的一篇文章用"玩具飞机"这个词来形容风洞模型。② 科学博物馆制作玩具最直接的参考就是广告中玩具商店里玩具的外观和在儿童展厅中展出的模型，尽管科学博物馆方面很担心因展品和展品指南所包含的商业活动引起不必要的困扰。这些广告出现在20世纪30年代到50年代，它们被用于模型制作、玩具、糖果公司以及书籍等方面。1946年，哈姆利玩具店的广告明确

201

---

① 这句话中提到的"活鱼"是在科学博物馆1868年年度报告第251页中提到的巴克兰的鱼类收藏。科学博物馆为了给工业化学创造更多的空间，在1928年处理了这些藏品。这些藏品是由威廉·巴克兰的儿子——弗兰克·巴克兰(Frank Buckland)捐赠的。

② 这篇文章里关于展厅的描述还有："每个班级都有男孩和女孩，而且他们都来参观展览，却很难说出能够从中获得多么大的好处。但是，有时却可以从孩子们的发现和惊呼中判断出所谓的'路边的野花'从兴趣共享上来说是有优势的。"

了这种联系：

> 在您参观科学博物馆后，我们建议您来位于摄政街的哈姆利玩具店参观，保证您会对这里流连忘返。在这里，您会发现很多模型或工具，新的或者旧的东西都会激发您对科学发明的热情，提高您参观儿童展厅的意愿。[49]

此外，玩具和孩子们之间的联系也是显而易见的。尽管 1938 年的广告（图 9-3）将"阿塔兰特"风筝描述为"男孩、女孩以及成年人都适合的完美玩具"，但是在展览指南中提到的其余玩具通常都是男孩子的玩具，如铁路模型和化学设备。[50]参观儿童展厅的男孩似乎比女孩多。1955 年关于展厅的心理学研究发现，在针对 100 个孩子（68 名男孩和 32 名女孩）进行的问卷调查中，男孩比女孩待的时间更长，而且参观次数也比女孩多。[51]参观自然博物馆的男孩也比女孩多。自然博物馆的儿童中心于 1948 年开放，到 1950 年儿童观众中有 70％是男孩，30％是女孩。[52]

从 19 世纪开始，科学博物馆热衷于强调工程模型的"教育价值"。[53]在展厅指南中，弗雷德里克·哈特利提道："不要认为展品仅仅只是用来玩耍的，我们应该尝试去学习和理解它们。"[54]里昂热衷于从学校教师那里寻求建议来建立儿童展厅的教育可信度。学校教师也从 1930 年开始成为咨询委员会的成员。[55]1949 年，肖赞成使用按钮，他认为，通过这种方式，科学博物馆可以带来"教育和娱乐"，也可以鼓励孩子们阅读标签。[56]舍伍德·泰勒在 1955 年继续推动这个主题发展，并强调科学博物馆的特殊功能是寓教于乐。他承认，"婴儿魔法师通过按下按钮来表演他的魔术，通过展示一系列灯光变幻和运动的魔力而受到大家的欢迎"。然而，他提出，这些孩子在以后的生活中也许会被科学激发灵感，而一些大一点的孩子会去学习魔术背后蕴含的科学道理。舍伍德·泰勒对那些污蔑这里是"游乐场"的观点表达了强烈的不满。[57]戴维·福利特还提到，这些工作模型能够鼓舞孩子们。他认为，将科学博物馆比作一个儿童游

　　　　　　国家的科学——伦敦科学博物馆的历史透视

乐场，是"非常不合理的，是一个非常狭隘的观点"。他认为，如果一个孩子在接受了 5 分钟教育的基础上来参观，那么整个参观就是有价值的。[58]（图 9-4）

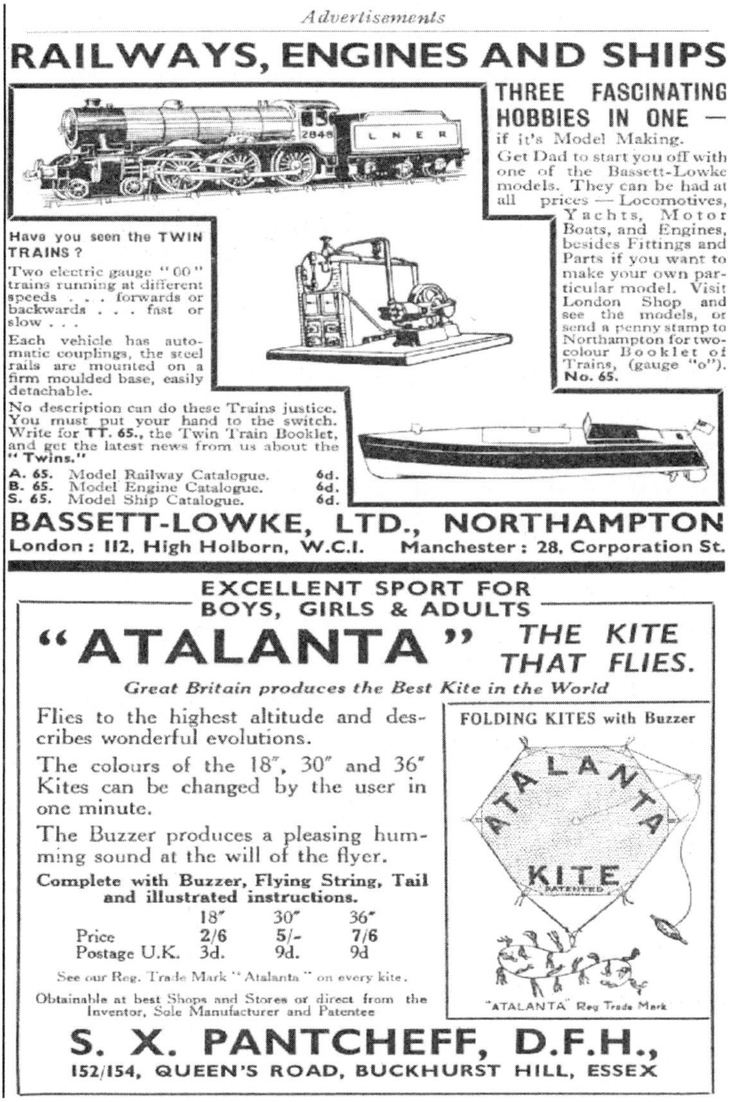

图 9-3　儿童展厅指南的广告页面(1938 年版)

图 9-4　1951 年，儿童展厅中女子学校的学生正在体验滑轮组

203

　　托尼·西姆科克认为，舍伍德·泰勒时期的一个政策就是"使科学博物馆变成真正有效的教育资源"。[59]他指出，舍伍德·泰勒的职业生涯是从一名化学教师开始的，在这期间他成了科学博物馆馆长，同时他也是一名科普教育工作者和科学史家。舍伍德·泰勒成立了一个咨询委员会来讨论现有的针对孩子的教育制度如何改善。[60]委员会任命了两位来自教育学院的心理学家——乔伊斯·布鲁克斯（Joyce Brooks）和菲利普·弗农，他们对儿童如何使用科学博物馆，特别是儿童展厅，进行了心理学方面的研究。在他们的报告中，布鲁克斯和弗农认为，儿童的教育设施应该基于教育心理学，科学博物馆应该"重点培养儿童的探索精神"。①根据这份报告的建议，虽然儿童展品的本质没有改变，但是专门为学校的服务有所改进。1956 年，科学博物馆任命了一名学校联络官，随后就制订了有关学校宣传公告、电影发展和学校讲座等方面的计划，这些也是特别为中学制订的。学校讲座服务一直持续到 20 世纪 60 年代中期，直到科普类电视节目的出现，其参与人数才有所下降。[61]

---

①　Brooks and Vernon, 'A Study of Children's Interests and Comprehension at the Science Museum'. 萨德·帕森斯指出，在 SMD 会议中有几分钟的议程表明这项研究的价值和相关性在工作人员中引起了激烈讨论。

家的科学——伦敦科学博物馆的历史透视

展陈技艺

儿童展厅中的展陈技术和教育中的科学史，二者有很强的联系。[62]"全民科普运动"认为，历史和环境提供了一个使科学更容易被理解和更人性化的方法。威廉·霍德森·布罗克（William Hodson Brock）认为，一些支持者追求"让儿童的心理与社会文明发展相平衡"。在世界文明史上，自然和科学开始是人们出于好奇而研究的，后来因为实际运用而研究，最后为了得到知识的满足而研究。因此，科学知识首先应该通过利用儿童的好奇心来传授，然后引导他们发现科学与日常生活的联系。通常，许多儿童和成年人对科学的理解都只是停留在想象和功能上。因此，全面系统的科学课程应该建立在实际应用和科学史的基础上。[63]

拉斐尔·塞缪尔（Raphael Samuel）指出，在 20 世纪 20 年代，结合历史场景和当代科技活动的可视化展示，对社会历史的介绍正在引入小学"最前沿"的教学过程中。他认为，通过生动的元素和模型的制作来展示物质文化——比如房屋、食物、服饰和运动等——的技术在学校中使用，能够帮助孩子们更容易理解具体而非抽象的概念。塞缪尔将这个可视化展示跟文学和公共场所中使用历史插画进行展示的行为联系在了一起。[64]

这个"全民科普运动"在儿童展厅开放之前就影响到了其他科技博物馆以及科学博物馆中的一些展陈方式，如自然博物馆的实景模型和儿童博物馆中的模型，以及在德国博物馆中逼真的"煤矿和盐矿"模型。[65]

科学博物馆尝试在儿童展厅中借用其历史背景展示更丰富的科学知识。弗雷德里克·哈特利认为，科学史和人类史就像一根重型电缆一样紧密地绑在一起，知识将引导人类更好地理解并且为未来的发展道路指明方向。因此，历史的发展在儿童展厅大多数的展品中得以体现。[66]（图 9-5）

图 9-5　这张照片展示了"早期人类"和"原始人"以及他们的运输工具的实景模型，这个模型尽可能真实地还原了当时社会的情景

　　儿童展厅一直以来的主题都是关注非专业人士和孩子，这个主题符合"全民科普"的意义。这个观点早在 1915 年就被提出。奥格尔维认为，提供给成年人的教育物品也可能对未成年观众非常有用，特别是在由教师或相关人士的引领之下。[67]一开始，儿童展厅展出的展品经常被认为是"入门级展品"。弗雷德里克·哈特利在 1951 年写的关于展厅起源的文章一再强调这个关系：

　　　　有人觉得应该做点什么来帮助门外汉和儿童把科学发展的过程看作一个连贯的整体，并且准备在 1930 年的儿童展厅实施以此为目的的计划。这个计划实际上包含介绍科学博物馆中的藏品和物质文化发展中的一部分理论科学与应用科学，并希望以此给门外汉和孩子们带来启发。[68]

　　展厅的相关报道指出，成年人也参观了儿童展厅："儿童展厅不仅吸引来了儿童，而且吸引了更多人的注意。虽然只是一小部分，但是成年人也来参观了儿童展厅。"[69]

　　大众科学教育家舍伍德·泰勒与"全民科普"运动有很密切的联

系。[70]他指出，最初的按钮带来的乐趣仍然存在，甚至在孩子们超过 10 岁或 12 岁都还存在，它确实进入了成人的生活。他认为，儿童展厅必须有一个系统的计划，因为科学博物馆的观众不仅有年龄大的儿童，也包括年龄小的儿童，甚至还有成年人（在科学的世界里也相当于儿童）。[71]1956 年，《泰晤士报》声称："展厅中成年观众的人数超过了儿童。其中有许多成年人都是曾经陪同孩子来参观的，现在他们都是独自来参观的。"[72]

在儿童展厅中利用现实和历史的对比来吸引孩子和非专业的成年人所取得的成功，意味着这可以应用到科学博物馆的其他领域。因此，这也为科学博物馆引入科学史作为展览主题提供了依据和动力。1931 年的科学博物馆年度报告指出，在儿童展厅中，每一个船舶模型都是根据航行日志的记载来展现船舶历史演变的。一个或多个人物模型的放置是为了展示船舶的规模，也更好地展示了船舶的工作原理。这种展览方式所取得的成功经验表明，在主展厅中添加类似的模型并展示出相关的参数，使公众能够更容易欣赏到所展示的船舶的大小，并深刻地体会到建造船舶的目的。[73]

1936 年，有关照明的临时展览涉及了儿童展厅。由于特殊的展览 206 经验，这项技术的发展最初是在儿童展厅使用，在专题展览中积累经验，后来经过不断地修改以适应常设展览。这项技术的目的是使实验和展览的物品能更全面、更人性化地展示出来，并使其更吸引观众的眼球，更容易被接受。[74]这次展览由立体模型、全尺寸的复制品以及背景等组成。

1949 年的科学博物馆年度报告描述了如何将灯光展览的经验应用到"新实验农业展厅"中。[75]这个展厅对于科学博物馆显然是一种新尝试，但年度报告也指出，这种由新的展览创造的氛围已经达到了最大的吸引力，它在书面形式的呈现中是不容易表达出来的。[76]文中提到，科学与技术在 1963 年开幕的航运和航空展厅中得到了进一步的发展。用于航空展厅中的展示技术在科学博物馆中引发了反对无聊的争辩，甚至理所当然地出现在了《星期日泰晤士报》中，这在本书第八章中讨论过。[77]

科学博物馆出版物使用了更多的科学技术展览的内容和图像。1963年，一种新的科学博物馆的科普书籍发表。书籍的前两个系列是"船舶模型"和"计时器"，每个系列都有"20种颜色的插图"。这些书籍与那些目标读者为专业学者的书刊不同，书中的图画作品被认为能够"满足一般读者的需求"。[78]于1968年出版的科学博物馆指南——《在科学博物馆》(In The Science Museum)[79]，"通过可读的文本和流程化的黑白及彩色线条勾勒出了科学博物馆展的社会历史背景"。[80]儿童展厅将人类的相关元素放在科技展中取得了很大的成功。斯特拉·巴特勒(Stella Butler)认为这种成功与科学博物馆的向导模式是有直接关系的。科学博物馆指南的作者表示，科学博物馆之所以能比伦敦其他的博物馆吸引更多的年轻观众，是因为指南变得越来越有影响力，并且逐渐接近日常生活中人们所熟悉的应用方式。科学博物馆指南的受欢迎程度表明，许多观众通过立体模型、人工矿井提升模型或等尺寸电车的展品首次对历史有了深刻的理解。他们也表达了对"全民科普"运动的观点："即使是对那些没有科学和工程学相关知识背景的人，科学博物馆也为他们参观展览提供了更好的理解方式。"[81]

结 论

在这一章里，我认为儿童需要融入科学博物馆的历史中去，因为这样可以给"科学博物馆关于如何让观众更好地理解历史"以及"观众如何影响科学博物馆的发展"的问题提供有效的解决方案。没有观众博物馆将不会存在，但在历史叙述中，观众通常没有一席之地。当人们参观博物馆时，他们常常按照自己的方式而不是博物馆规定的方式进行参观。

207   儿童之所以来到科学博物馆是因为科学和工业是通过工作模型展示来吸引他们的。儿童也认为这些东西是有趣的。科学博物馆不希望儿童是主要的观众。但是，正是由于儿童的到来，科学博物馆要提供展厅来展示更多儿童想要的东西——儿童展厅就诞生了。儿童展厅取得了巨大的成功，以至于它的展陈技术影响了整个科学博物馆展品及展陈方式的发展，以及如何在互动性和科学史等方面进行更广泛的展示。如果没有儿童观众的影响，科学博物馆很可能以其他不同的方式发展。

最近，从"发射台"和其他互动展厅的开幕，以及科学表演和戏剧等节目表演的增加中都可以看到，在儿童展厅的背景下，工程模型的教育价值和"全民科普"运动的传统影响。"发射台"的发展受到了1969年旧金山探索博物馆开幕的影响。受"全民科普"运动的影响，由物理学家罗伯特·奥本海默(Robert Oppenheimer)的弟弟弗兰克·奥本海默(Frank Oppenheimer)创建的实践中心旨在揭开科技的神秘面纱。奥本海默写道："加强公众对科学的理解是很有必要的……科学的基本现象不容易被直接观察到，但是它们还是像美丽的蝴蝶和花朵一样是一种美丽有趣的自然现象。"[82]

"发射台"于1986年开放，通过运用教育理论和评价方法，这种基于技术的互动性被开发出来了。早在三年以前，新展厅的愿景就是"提供一个地方，让各个年龄段的人都意识到，对于技术的探索和尝试是让人感兴趣和有意义的一段经历"。[83]教育思想和研究的应用，如多元智能的概念，会继续应用在"发射台"和其他互动展厅的开发中。[84]

科学博物馆互动表演的根源，也可以追溯到诸如指导讲座、工程模型和互动演示这些影响儿童展厅发展的元素。到20世纪70年代末，科学博物馆的互动讲座包含了能够激发儿童想象力的元素，如活鸭子和爆炸垃圾桶等。①

---

① 我想感谢丽贝卡·迈尔汉姆(Rebecca Mileham)和安东尼·理查兹(Anthony Richards)对本节内容的贡献。'Hands-on at the Science Museum', Rebecca Mileham (2006); Hilde Hein, *The Exploratorium: The Museum as Laboratory* (Washington: Smithsonian Institution Press, 1990).

参考文献

1. Herman Shaw，'The Science Museum and Its Public'，*Museums Journal* 49 (1949)，pp. 105-113，on p. 105；Frank Sherwood Taylor，'The Physical Sciences and the Museum'，*Museums Journal* 51 (1951)，pp. 169-176，on p. 169；Yvonne Harris and Ben Gammon，'Science Museum Audience Profile. A summary of data from the MORI polls and admission data' (internal Science Museum report，1997).

208　　2. William T. Stearn，*The Natural History Museum at South Kensington. A History of the Museum*，*1753-1980* (London：Heinemann in association with the British Museum (Natural History)，1998)，pp. 154-156.

3. Frank Sherwood Taylor，'Children and Science in the Museum'，*Museums Journal* 55 (1955)，pp. 202-207，on p. 204.

4. A memorandum from Sir Francis Grant Ogilvie to Sir Cecil Smith，director of the V&A，1915，SMD，Nominal File 1776 Pt 1；Gaynor Kavanagh，*Museums and the First World War. A Social History* (Leicester：Leicester University Press，1994).

5. Anthony Burton，*Vision & Accident：The Story of the Victoria and Albert Museum* (London：V&A Publications，1999)，p. 50.

6. Burton，*Vision & Accident*，p. 50.

7. Forgan，'A Nightmare of Incomprehensible Machines'，p. 55.

8. Ibid.

9. 'Memorandum from Francis Ogilvie，1912'，SMD，ED 79/1.

10. Admissions，'Notice'，SMD，ED 79/1.

11. *Report of the Departmental Committee on the Science Museum and the Geological Museum Part 1* (London，1911) and Part 11 (London，1912)，SMD，Z 170.

12. 'Science Museum Memorandum. Conduct of Visitors (especially Children and
209　Boys) No. 18 F. G. O. 3 August 1912'，SMD，ED 79/1.

13. 'Science Museum Memorandum No. 18'，SMD，ED 79/1.

14. 'Memorandum from Inspector Bonnyman to the Director，20 March 1915'. SMD，ED 79/1.

15. Science Museum Annual Report for 1925，p. 10.

16. Science Museum Annual Report for 1929，p. 4.

17. 'Set of Papers for the Meeting of the Science Museum Advisory Council on Friday June 13 1930'，SMD，Z 193/1.

18. Frederick St A Hartley, 'Children's Gallery Memorandum, 16.12.58' 1958, SMD, Z253/1.

19. 'Report of Museums Officer on Duty, Sunday 27 April 1969', SMD, Z 253/2.

20. Science Museum Annual Report for 1931, p. 4.

21. Science Museum Annual Report for 1932, p. 40; Anonymous, 'The Science Museum's Children's Gallery', *Museums Journal* 31 (1932), p. 555.

22. (M. H. L.) 'Brighter Museums', *Discovery* 13 (1932), p. 9; *The Observer, Sunday* 22 July 1934.

23. Science Museum Annual Report for 1931, p. 40.

24. Science Museum Annual Report for 1934, p. 43.

25. Science Museum Annual Report for 1955, p. 31; Science Museum Annual Report for 1957, p. 24; Science Museum Annual Report for 1961, p. 17.

26. Science Museum Annual Report for 1961, p. 17.

27. Science Museum Annual Report for 1969, p. 11; in the Science Museum archives, a Press Notice, 'Children's Gallery at the Science Museum, London, 3 April 1969', SMD, Z 242/2.

28. 'Flyover in the Museum', *Willesden Mercury*, 11 April 1969; 'Science for Children', *Kensington News*, April 1969.

29. Science Museum Annual Report for 1971, p. 13.

30. Anonymous, 'A Science Museum's contribution to Science Education' (1963), SMD, Z 253.

31. Science Museum Annual Report for 1931, p. 14.

32. Henry Lyons, 'Letter to H. M. Richard, 4 January 1930', SMD, Z 253 Box 1.

33. Anonymous, 'Extension to the Children's Gallery at the Science Museum, South Kensington', *The School Science Review* 15 (1934), pp. 415-416, on p. 416.

34. Henry G. Lyons, 'A Memorandum on the Arrangement of Collections in the Science Museum to Serve as a Basis of Discussion' (1922), SMD, Z 253 Box 1.

35. Science Museum Annual Report for 1933, p. 9; Frederick St A. Hartley, 'Memorandum. Advisory Panel on Display' (1948), SMD, Z 157.

36. Herman Shaw, 'The Science Museum and its Public', p. 105.

37. Joyce A. M. Brooks and Philip. E. Vernon, 'A study of Children's Interests and Comprehension at the Science Museum', *British Journal of Psychology* (1955), pp. 175-182, on p. 175.

38. Sherwood Taylor, 'Children and Science in the Museum', p. 206.

39. Science Museum Annual Report for 1957, p. 19.

40. David Follett, *The Rise of the Science Museum under Henry Lyons* (London: Science Museum, 1978), p. 116.

41. Anonymous, 'Science Museum, Staff Reception', *Museums Journal* 31 (1931), p. 39; Gaynor Kavanagh, *Museums and the First World War*, p. 82.

210   42. Kavanagh, *Museums and the First World War*, p. 82.

43. Barbara Winstanley, *Children and Museums* (Oxford: Blackwell, 1969).

44. Science Museum Annual Report for 1929, p. 4.

45. 'South Kensington Museum' in *Report of the Department of Science and Art for the Year 1869* (London: HMSO, 1870), pp. 352-353 and 'South Kensington Museum and Bethnal Green Branch Museum' in *Report of the Department of Science and Art for the Year 1891* (London, HMSO, 1892), p. xlii.

46. Science Museum Annual Report for 1919, p. 13; Science Museum Annual Report for 1929.

47. Follett, *The Rise of the Science Museum under Henry Lyons*, pp. 103-105.

48. Science Museum Annual Report for 1929, p. 4.

49. Frederick St A. Hartley, *The Children's Gallery* (London: HMSO, 1946).

50. Hartley, *The Children's Gallery*, 1938 edition.

51. Brooks and Vernon, 'A Study of Children's Interests and Comprehension at the Science Museum', p. 179.

52. In the Natural History Museum unofficial archives, Children's Centre Papers DF5006/11.

53. 'South Kensington Museum and Bethnal Green Branch Museum' in *Report of the Department of Science and Art for the Year 1891* , p. xlii.

54. Hartley, *The Children's Gallery*, 1935 edition.

55. H. G. Lyons, 'Letter to H. M. Richard, 4 January 1930', SMD, Z 253, Box 1.

56. Shaw, 'The Science Museum and its Public', p. 110.

57. Sherwood Taylor, 'Children and Science in the Museum', pp. 202-207.

58. David Follett, 'The Presentation of the Museum's Collections' (1961); David Follett, 'The Purpose of the Science Museum' (1965).

59. Anthony V. Simcock, 'Alchemy and the World of Science: An Intellectual Biography of Frank Sherwood Taylor', *Ambix* 34 (1987), SMD, Z 194, pp. 121-139.

60. Science Museum Advisory Council. Committee on the Provision for the needs of Children in the Science Museum. Minutes of the first meeting, 1 October 1951

SMD，Z 194.

61. Science Museum Annual Report for 1956，p. 3；Science Museum Annual Report for 1964，p. 4.

62. Anna-Katherina Mayer，'Moralizing Science: The Uses of Science's past in National Education in the 1920s'，*British Journal for the History of Science* 30 (1997)，pp. 51-70.

63. W. H. Brock，'Past，Present，and Future'，in Michael Shortland and Andrew Warwick，eds *Teaching the History of Science* (Oxford: Clarendon Press，1989)，pp. 30-41.

64. Raphael Samuel，*Theatres of Memory* (London: Verso，1994).

65. Donna Haraway，'Taxidermy in the Garden of Eden，New York City 1908-1936'，*Social Text* (1984-1985)，pp. 20-64；Ghislaine Lawrence，'Museums and the Spectacular'，in *Museums and Late Twentieth Century Culture* (Manchester: Manchester University Press，1996)，pp. 69-80，on p. 69；Anonymous，'Boston (Mass.) Children's Museum，Transportation Exhibition'，*Museums Journal* 31 (1931)，p. 121.

66. Hartley，*The Children's Gallery* (1935 edition)，p. 1.

67. A memorandum from Sir Francis Grant Ogilvie to Sir Cecil Smith，director of the V&A，1915 SMD，Nominal File 1776 Pt 1.

68. F. St A. Hartley，'Science Museum，Children's Gallery'. Paper prepared by Mr Hartley and tabled at meeting of Children's Committee on 1 October 1951 SMD，Z 194.

69. Anonymous，*Museums Journal*，31 (1932)，p. 555.

70. Simcock，'Alchemy and the World of Science: An Intellectual Biography of Frank Sherwood Taylor'.

71. Sherwood Taylor，'Children and Science in the Museum'，p. 205.

72. 'Butterflies in the Science Museum. Children's Response to "Amusement Arcade"'，*The Times*，31 August 1956，p. 11.

73. Science Museum Annual Report for 1931，p. 32.

74. Science Museum Annual Report for 1938，p. 145.

75. Science Museum Annual Report for 1949，p. 21.

76. Science Museum Annual Report for 1951，p. 15.

77. *The Sunday Times*，3 Februrary 1963 in SMD，Z 183/2.

78. Science Museum Annual Report for 1963，p. 2.

79. John van Riemsdijk and Paul Sharp，*In the Science Museum* (London: HMSO，1968)，p. 4.

80. Stella V. F. Butler，*Science and Technology Museums*，Leicester museum studies series (Leicester: Leicester University Press，1992)，p. 35.

211

81. Riemsdijk and Sharp，*In the Science Museum*，p. 126.

82. Frank Oppenheimer，'Rationale for a Science Museum'，*Curator* 11 (1968)，pp. 206-209.

83. Science Museum funding brochure，1983.

84. Howard Gardner，*Frames of Mind* (London：Heinemann，1983).

第十章

一个有效的公共启蒙机构：临时展览
在科学博物馆中的作用

皮特·J. T. 莫里斯

1919—1984 年，临时展览（又称专题展览）是科学博物馆展览的一 212
大特色。1911 年贝尔实验室的报告大力提倡临时展览，其认为临时展
览是"一种使博物馆能跟上当今时代变迁的方式"。[1]第一次临时展览在
1912 年举行，主题是航空学知识。[2]正如麦金托什在"科学博物馆专题
展览"手册中的描述：

> 截至 1926 年，科学博物馆举办了各种各样的展览及一些纪念
> 日庆祝活动，且都在相当适当的规模和适合该主题的展厅中进行，
> 但也会产生一个问题：必须移动永久展品来让出空间，有时会引起
> 勤奋好学的经常来访观众的抱怨。[3]

1928 年东楼正式开放后，临时展览的数量大幅增加。里昂提出了一种
新的展览形式，目的是让公众对国家研究机构正在进行的工作产生兴趣。[4]
　　然而，对科学博物馆来说，临时展览依然是一种简单有效的方式。
科学博物馆既能够满足外部机构进行活动展示的需求，又能得到这些机
构的支持，也不会因此影响到常设展厅的正常运行。1932 年，受上一
年英国玻璃技术学会成功举办"现代玻璃技术"展览的影响，里昂向咨询

委员会做了一个题为"博物馆政策"的论述：

科学博物馆的展览朝着工业化方向发展可能并且应该是有用的，在确保不会将临时展览转变为普通的商业展览的情况下要增加对工业的应用。各行各业从业人员都参观过科学博物馆，但各行业高层人员对科学博物馆并不熟悉。科学博物馆的目的就是要引起后者的兴趣，从而与他们合作来探索科学博物馆帮助工业发展的新方式。我期待未来的政策向着卓有成效的趋势发展。[5]

全行业研究协会（在商业中保持中立）是该领域的先驱，它与英国毛纺织研究协会和英国有色金属研究协会在 1927 年联合举办了一场临时展览。在化学工业协会（塑料部门）和英国塑料模具行业协会的支持下，塑料行业在 1933 年 6 月举办展览——"塑料材料及其用途"，这是第一个举办行业展览的产业集群。[6]很快，1935 年，国有企业帝国航空公司（后来的英国航空公司，现在的波音公司）举办了第一个由企业主办的展览——"帝国的航线"。科学博物馆通过这样的方式来满足外部机构的期望，进而获得一些展览对象和支持，但其所需的工业资金流则难以实现。尽管如此，截至 20 世纪 70 年代末，使用科学博物馆的空间举办临时展览，而不使用科学博物馆的资金和策展人的服务已成为一个权衡后的策略。[7]

麦金托什在报告中提到了一些改善社会科技方面的展览，如减少噪声或烟雾展。[8]因为这些展览的权威性及严肃性，企业往往利用它们来帮助公众接受一些新变化。这些变化可能是采用无烟燃料、购买电视、使用电脑、改用调频收音机或天然气，或者在更为极端的情况下，公众能理解和接受煤炭的短缺状况，以确保工业依然能正常运作。人们可能会认为举办这种展览的主动权来自外部机构——麦金托什指出"举办工业或公共展览通常是外部机构建议的结果"[9]——但许多对社会有益的展览似乎都是由科学博物馆的策展人提出并提供给相关的外部机构的。

在东楼开放之后，里昂和麦金托什作为负责人举办的临时展览（表10.1）每年约为 5.5 场。第二次世界大战后，肖、舍伍德·泰勒和戴维·福利特作为负责人举办的临时展览数量有所下降，每年约为 4 场。然而，莫里森-斯考特平均每年举办的临时展览数量非常低，每年仅1.3 场。战后的第一次年度报告指出，麦金托什热衷于临时展览，平均每年举办 5.8 场，数量仅次于玛格丽特·韦斯顿。玛格丽特·韦斯顿举办临时展览的数量是惊人的，平均每年 7.4 场，而且在 1978—1980 年达到了一个高峰：1978 年 10 场，1979 年 12 场，1980 年的 13 场又刷 214新了历史纪录。这其中的一部分原因是 1977 年 6 月 30 日填充楼转交的区域为科学博物馆增加了额外的空间，科学博物馆建立了 5 个新的展厅；另一部分原因是科学博物馆希望利用外部机构举办的临时展览吸引观众，而长期员工更加关注新的或重建的展厅的发展，特别是填充楼的威尔康医学展厅以及科学博物馆在 1976 年 6 月 21 日正式获得的威尔康相关藏品。

表 10.1　不同时期临时展览的数量

时期	馆长	总量	年平均
1928—1933	里昂	31	5.2
1934—1938	麦金托什	29	5.8
1946—1950	肖	20	4.0
1951—1956	舍伍德·泰勒	24	4.0
1957—1959	莫里森-斯考特	4	1.3
1960—1973	福利特	56	4.0
1974—1983	韦斯顿	74	7.4

不同类型的展览

1928—1939 年，外部机构举办的展览占临时展览的 25%；1972 年上升至 40％；1973—1983 年，约占临时展览的 48％。1979 年，科学博物馆的年度报告是这样报道的：

> 1979 年，几乎所有的专题展览都是由外部机构主办的，当然在会场布置方面也获得了来自科学博物馆服务部不同程度的支持，管理部门也会在展览的规划方面给予辅助。近年来，科学博物馆逐渐开始限制这种模式，因为科学博物馆自身的资源仍应致力于发展永久性藏品。[10]

最令人惊讶的是，衰弱下来的临时展览类型是数量相对较少的工业展览。我所指的工业展览是由工业企业或组织本身举办的展览，或者至少是受到这些企业或组织巨大影响的展览。从这个定义出发，其他一些涉及工业主题的展览，并不在"工业展览"的范畴内。科学博物馆与设计委员会和工业部合作组织的展览"芯片的挑战"，就是一个很好的例子。1928—1983 年，工业展览仅占临时展览的 12％。在经历了麦金托什时代临时展览的数量激增之后，它们就减少了。在福利特时期举办的工业展览占所有工业展览总数的 20％，但临时展览却只有 11％。相比之下，纪念日——一直是一个举办展览的绝佳理由——展览占所有临时展览的 25％以上。另外，倾向于学术的舍伍德·泰勒提出了书籍展览，但是在他的时代过去之后，大部分的书籍展览都逐渐变为了图书馆内的小型展览。1957—1983 年，博物馆只举办了两场重要的书籍展览。（表 10.2）

表 10.2　不同类型临时展览的数量

时期	总数	外部机构展览	工业展览	纪念日展览	书籍展览
1928 年以前	20	4	3	8	0
1928—1932	27	4	2	4	0
1933—1938	33	12	7	8	0
1946—1949	15	7	1	3	0

时期	总数	外部机构展览	工业展览	纪念日展览	书籍展览
1950—1956	29	10	4	9	4
1957—1959	4	1	1	0	0
1960—1972	54	23	6	13	2
1973—1983	76	37	7	26	0
总计	259*	98	31	71	6

注：* 包括展览"和平与战争中的飞机"，该展览没有计算在表 10.2 中。

单看表 10.3 中临时展览涉及的外部机构的类型，各种形式的工业机构（柯达博物馆和柯达公司本身有 8 个摄影展览）举办的临时展览数量最多，英国政府（包括英国文化协会、艺术委员会和国有企业）举办的临时展览与其数量相当。尽管代表整个行业的组织及工业研究机构在早期就开始举办临时展览，且占有战争期间的时间优势和商业中立优势，但其举办的临时展览数量并不是很多。令人惊讶的是，临时展览中出现了一大批与学术团体和专业协会合作的展览。与重要的国际科技会议相关的展览在临时展览中占有显著的比例，尤其是在 1939 年之前。

表 10.3　临时展览涉及的外部机构的类型

机构类型	举办的临时展览的数量
公司、工业协会或研究协会（含柯达博物馆）	44
英国政府和国家机构	43
专业的学习机构和会议	41
博物馆和艺术展厅（不含柯达博物馆）	18
其他机构，包括慈善机构和外国政府	13

这一章将介绍在 1935—1982 年期间举办的 8 次临时展览（表 10.4），这些展览在某种程度上涉及英国社会的一些特定的技术变化或挑战。我一直避免使用"赞助商"一词，因为这些相关机构通常不承担展

览费用。这些展览涉及政府部门、公共卫生机构、国有企业和文化机构等。

表 10.4　本章中介绍的展览

年份/年	主题	相关机构
1935	噪声消除	卫生部、办公室等组织的抗噪声联盟
1937	电视机	无线电制造商协会、英国广播公司
1947	化学进展	化学协会、科学与工业研究局
1947	家庭和工业用电	燃料动力部
1954	石油的故事	壳牌石油公司
1971	天然气	天然气委员会
1976	伊斯兰的科学与技术	伊斯兰世界节日信托基金会
1980	芯片的挑战	设计委员会和工业部

噪声消除(1935 年)

以"噪声"为主题举办展览是令人惊讶的,尤其是在萧条时期。[①] 公众会认为政府有更重要的社会问题需要处理。然而,工业噪声和工业性耳聋已成为重要的社会问题。噪声和烟雾被视为现代工业社会的双重恶魔。这些都是不会引起任何社会动荡就可以通过技术解决的问题。而且,不同于此时期的许多其他问题,这些都是英国政府能够解决的问题。展览的幕后推动者是成立于 1933 年的一个志愿健康组织——抗噪声联盟。该联盟是由贵族医生领导的,其中最著名的是皇家医师托马斯·霍德(Thomas Horder)。该联盟还与全国消烟协会密切相关。霍德不仅是组织的一个重要成员,而且在教育委员会中有着特殊的影响力。

---

① 这部分基于 T. M. 布恩(T. M. Boon)于 2000 年 8 月在慕尼黑第五次文物会议上发表的论文《20 世纪 30 年代中期的噪声和烟雾展览:科学博物馆在机器上的花销》("Noise and Smoke: Displaying the Costs of the Machine Age at the Science Museum in the Mid-1930s"),得到作者的允许后使用。

"噪声消除"（连同一年后与其相关的消烟展览）是一种比较罕见的展览类型。唯一类似的例子是在1965年举办的"摆脱饥饿"的短期展览。科学博物馆并不将公共卫生和医药内容的传播视为自己的职责。1978年之前，和医疗相关的展览只有1947年举办的一次"外科的历史"展。科学博物馆却将消除工业化的产物——噪声和烟雾视为自己的职责。但这个问题是被一个外部机构所提出而不是科学博物馆自己先提出的，这一点是不寻常的（至少在以后回顾的时候是这样的）。（图10-1）

图10-1 "噪声消除"展览（1935）

拉姆齐·麦克唐纳（Ramsay Macdonald）于1935年5月31日（他正式辞去首相的职务7天后）拉开了"噪声消除"展览的帷幕。展览在整个6月期间持续进行。[11]展览大致分为三个部分：研究与发展、运输与机械、建筑。在每个部分中，每个参展商都有自己的展位，所以它更像是一个商业展，而不是一个由科学博物馆主办的主题展览。这是那个时期的典型特征。展览如何"展示"噪声这个问题是通过互动部分来解决的。在这里，观众可以听到噪声，也可以做噪声实验。

科学博物馆的年度报告指出：

> 展览吸引了大量的观众，尤其是一些建筑师和从事建筑行业的人员。许多感兴趣的社团和学校也组织了参观……在这30天里，

超过 44000 人参观了这个展览。大量的观众及 200 多条的新闻报道说明展览确实引起了外界的广泛关注。而且毫无疑问，展览提供了有效的公共服务，它向观众介绍了各种可用于减少噪声的手段。[12]

显然，这是一次非常成功的展览，但是科学博物馆仍然认为它的作用是提供科学与技术信息，而不是启迪社会大众或者关注公共卫生。一年后举办的不太成功的消烟展览可能更能说明这一观点。直到 1983 年，临时展览才开始作为"公共启蒙机构"关注社会重要问题，但是隐藏在这些问题背后的技术成为关键要素时，该作用才能达成。

电视机(1937 年)

人们通常认为英国的电视广播是第二次世界大战以后发展起来的。但是早在 1929 年 9 月，英国广播公司就使用约翰·洛吉·贝尔德(John Logie Baird)的 30 线机电系统，通过伦敦 2LO 发射机正式开始实验广播。[13] 1933 年，贝尔德电视机公司开始在水晶宫工作室开发一种新的 240 线机电系统。与此同时，1932 年，百代唱片公司开始研发新的电视系统。在加入马可尼公司成立马可尼-百代唱片电视公司后，海因斯实验室(类似未来科学博物馆商店)研发出一个 405 线的电子系统。研发出的系统准备在 1936 年 11 月给英国广播公司使用。电视咨询委员会于 1934 年 4 月成立，由邮政总局前局长罗德·塞尔斯登(Lord Selsdon)主持。他决定把给英国广播公司的合同拿来组织一场竞争。有几家公司参加了竞争。史柯风公司也参与了该竞争，但只有贝尔德和马可尼-百代唱片电视公司有实力坚持到最后阶段。1936 年 11 月 2 日，伦敦北部的亚历山德拉宫殿开始定期(一天两小时，一周六天)播放一个采用双机电系统播放的电视节目，在电视机上有一个开关可以切换 240 线和 405 线电子系统。人们预期最后的竞争会持续六个月。但三个月后，即1937年2月，塞尔斯登委员会决定英国广播公司将使用马可尼-百代唱片电视公司的电子系统，该电视节目停止播放。① 在1939年战争爆发的前两天，英国广播公司关闭了它的电视服务，这意味着这个时期的电视广播走到了尽头。电视的临时展览具有明显的吸引力，但同时也存在问题。虽然英国广播公司是唯一的国有电视台，但是电视制造商也在努力迎合大众。同样，电视设备制造商也竞相争夺英国广播公司的业务。这就造成了科学博物馆禁止商业广告（实际上是英国广播公司的禁令）的局面，因为政府不能有所偏袒。

　　或许有人会认为举办展览是英国广播公司为了提升观众对其电视频道的兴趣所采取的方式，但从英国广播公司给出的"官方对这个提议的祝福"来看，似乎是科学博物馆在1936年夏天把举办展览这个主意提供给英国广播公司的。[14]科学博物馆试图通过提议英国广播公司首席工程 ²¹⁹师诺埃尔·阿什布里奇（Noel Ashbridge）爵士担任组织委员会主席来拉近英国广播公司和展览组织的关系，否则他将主要代表电视台的利益。麦金托什认为："举办展览对发展大众审美，以及大众对电视的兴趣和企业的切身利益有非常广泛的影响。我觉得，如果他亲自承担委员会的主席，公共责任会被很好地履行。"[15]诺埃尔把包袱扔回给科学博物馆，他说，如果他接任主席"可能会使展览与英国广播公司和电视咨询委员会联系太过紧密"[16]。然而，他的副手 T.C. 麦克纳马拉（T. C. Macnamara）会定期出席委员会会议。麦金托什亲自担任主席，但他在开幕后就从未出席过会议。在会议上，麦金托什的位置由弗雷德里克·哈特利接替，然后是机械工业和制造副管理员或麦克纳马拉轮流接替。在这个开放的会议上，参会者一致认为，展览将作为一个合作的展览而不是一个商业展览，并且按照科学博物馆的惯例，宣传个人的参

---

① 我很感激国家媒体博物馆的馆长伊恩·洛基·贝尔德（Iain Logie Baird），他在2009年2月26日的个人通信中帮助我与英国电视台达成早期的合作。

展商将被贴上限制的标签。[17]展览被委派给一个名义上由麦金托什主持的委员会负责。该委员会包括科学博物馆的代表、英国广播公司的代表和主要的电视制造商。最初，科学博物馆曾希望无线电制造商协会资助展览 250 英镑，但是实际上他们并没有资助，而科学博物馆必须支付展览的所有安装费用，所以参展商必须支付他们坚持要放在开幕式上的茶饮的费用。

1937 年 1 月 8 日，执行委员会举行了第一次会议，会议决定放弃个人标签，使用通用标签来告知来访者"接收器（即电视机）是下列公司提供的……"[18]，以此来加强对广告的禁令。一周后的第二次会议涉及的是展览中一个最重要的问题，那就是英国广播公司只在科学博物馆开放期间的下午 3 点到 4 点之间播放报道。幸运的是，科索尔公司已经提供了科学博物馆内的视频传送材料（扫描片），这让观众在展览中的任何时候都能看到电视节目。[19]展览的组织机构提出了一系列有趣的问题。马可尼-百代唱片电视公司在销售 HMV 和马康尼弗（Marconiphone）这两种不同标签的电视时，询问是否可以在电视上显示为"这些组织在商业竞争中运作"，科学博物馆同意了。[20]史柯风公司想在其他商业电视机旁边展示一个 2 英尺的投影电视屏幕（它的目标市场是电影院，而不是家庭观众）。但委员会认为，"在阴极射线接收器旁展示一个 2 英尺的投影电视会误导公众，这会严重影响个人制造商现在持有的股票"[21]。这个问题在下一次的会议上得到了解决，会上同意把阴极射线接收器作为"公众可用的接收器"（这是商业许可的）在展厅的一边展示，而把史柯风混合电子和 5 英尺机电及 2 英尺接收器作为"现代机械接收器"在展厅的另一边展示。[22]在这次活动中，5 英尺的屏幕（对现在来说是 77 英寸的屏幕）是展览的重点对象，吸引了许多关注。[23]

开幕式在 6 月 10 日举行，由英国广播公司董事长罗纳德·诺曼（Ronald Norman）主持，电视咨询委员会的罗德·塞尔斯登宣布开幕，而约翰·里斯（John Reith）则谢绝了开幕式的邀请。[24]《泰晤士报》在第二天刊登了一篇报道。报道强调开发商需要生产出能把画面中的至少两个人显示清楚的大屏幕，并称赞了展览中的史柯风大屏幕。展览空间是 T 形的，在 T 形的长竖杆部分是历史展览。电视接收器被放置在 T 形短臂的单独隔间里，这就使得观众不能在正常光照条件下轻易看到屏幕。而我们现在看到的史柯风电视机，被放置在该短臂另一侧的一个单独隔间中。[25] 展览持续到 9 月 21 日，吸引了超过 25 万名观众。展览结束后，科学博物馆趁机收购了展览中的 35 个展品来组建一个电视系列。麦金托什同意了这些收购计划，并指出："电视是一个全新的话题，我们必须明确我们的观点，即涉及哪些原则和如何解释这些原则。"[26] 他的评论表明，这些 20 世纪 30 年代的展品显示了电视机背后与科学博物馆相关的基本科学原理，但它的价值不是其内在的历史意义或价值，而是创造了适合长期保存的历史文物。否则，科学博物馆的租借行为看起来就像是纯粹的商业活动。（图 10-2）

图 10-2　"电视机"展览（1937）

　　展览手册被设计得很好——在绿色封面上有一个外观时尚的亚历山德拉宫殿发射机，但其内容比大多数科学博物馆展览手册更有技术性，这可能会让没有技术性背景的观众难以理解。[27] 虽然素材能引起潜在观众的兴趣，但是对于普通观众来说，一张显示亚历山德拉宫信号强度的地图是没有帮助的，因为它显示的是 mV/M 的信号强度，而不是在该强度下可获得的画面质量（虽然公正地说，画面的质量现在越来越受观众自己的天线影响）。这是主动观看展览的观众（即以各种形式从事与电视机相关职业的人——制造商、技术人员、零售商、修理技师等）而不是大众中潜在观众的反映。手册印制了一万份，并分发给书商。大部分手册是被电视机生产厂家买走分发给自己的员工。虽然科学博物馆在 20 世纪 90 年代的地下商店还有未售出的手册，但几乎都卖完了。

尽管之前决定不把品牌名称放在展品个体的标签上，但是展览开幕时，标签上还是出现了品牌的名字，这是委员会最后一次会议结束时蓄意为之。当时，贝尔德电视有限公司的哈里·巴顿-查普尔（Harry Barton-Chapple）提出，制造商的名字应该显示在各种阴极射线接收器上，而不是在科学博物馆标准做法的鸣谢标签上。这个由制造商主导的提议得到了委员会的一致通过。[28] 这一违反决定的做法使得 GEC 研究实验室的负责人克利福德·科普兰·帕特森（Clifford Copland Paterson）在 7 月 5 日给麦金托什写了一封私人信件，信里说道：

> 在我们这里得到帮助的其他展览都是匿名的，并且这些展览对公众教育起到了真正的作用。在我看来，这次电视展览已经脱离了这个原则。展览现在更多是厂商之间的竞争……[29]

帕特森威胁要撤回 GEC 的展品，因为该公司设计的这些展品仅为其所谓的教育价值，而且据 GEC 的其他人称："和其他展品相比，他们的展品并没有很好的表现。"他最后说："我写这封信不是要为难你，而是表明我的立场。我觉得这关乎科学博物馆展览的未来福祉。"麦金托什明显有些尴尬，他回信给帕特森：

> 我出席了电视展览委员会的第一次会议，并提到匿名的可取性。我了解到该项提议已经通过，因此并没有再去考虑这件事情。

恐怕是我没有明确表达出"匿名"这个观点，才导致开幕式前一两天送来的文书局印刷的展品标签全部印有租赁商与供应商的名字。这显然违反专题展览的原则，是我们这部分工作的疏忽，我必须承担所有的责任。我最近才得知这件事情。我们决定撤掉展品，而不是去冒中断展览的风险……我对这件事情表示真诚的歉意，我一定会亲自协助你处理这件事情。①

现在轮到帕特森为难了。作为电气工程师协会的代表，他刚刚被任命为咨询委员会成员。麦金托什是他非常尊敬的人，帕特森对麦金托什的回信感到吃惊。于是帕特森回复道："我本应该尽力帮助你，避免给你造成任何尴尬，看到你的回信后我更应该这么做……请不要再因为我的信让你感到困扰。"[30]

1937 年 7 月，巴顿-查普尔抱怨科索尔公司播放的电影很无聊，并询问为什么不使用贝尔德公司租借的电影。[31]弗雷德里克·哈特利回复说，科学博物馆因为最近的投诉已经停止播放 A 类电影。[32]迄今已经获得大量的地方性权威证书的英国电影审查委员会成立于 1912 年，致力于标准化电影分类，并将电影分为两类：U（通用）类和 A（成人）类。20世纪 30 年代以前，未成年人可以看所有类型的电影，但随后人们对此存在争议，一些公众运动提出禁止未成年人观看 A 类电影。[33]显然，科学博物馆赶上了双方的"交火"。在这之后，科学博物馆就只剩下三部影片：乔治五世的登基庆典（被弗雷德里克·哈特利描述为"不太适合"和"相当陈旧"）、米老鼠电影和收藏的电影预告片。弗雷德里克·哈特利说，他会设法用米老鼠电影的一些预告片来做一个 20 分钟的电影。

"电视机"展览和它的展览手册都是非常成功的。尽管展览有很强的技术性，但科学博物馆在面对激烈的企业竞争时始终能保持它的商业中

---

① 这在信件隔天才能送达的时期是严重的延时。这可以明确看出麦金托什在他的回应速度上做出了很大努力。

立性。展览的目的是解释电视背后的原理而不是它的历史（电视的历史

到目前为止显然是很短的），也不是促进大众对它的关注。尽管科学博物馆已经尽其最大努力去避免展览中商业广告的出现，但是电视机制造商想方设法在展览中融入企业标志的做法已经让麦金托什经受了一次沉重的打击。虽然里昂表示，只是想在前几年使用临时展览作为科学博物馆和产业巨头之间的桥梁，但是科学博物馆禁止广告的做法和许多企业想利用展览做宣传的决心之间的矛盾，必然会使同一家公司或一小部分公司的展览失去吸引力。

化学进展（1947 年）

　　化学学会举办的周年庆学术交流活动符合临时展览的主题。化学学会成立于 1841 年，是化学领域中最古老的学会。它是一个学术社群而不是专业协会。成立于 1877 年的英国皇家化学学会是一个专业的化学协会。[34]化学学会有两个截然不同的功能。伦敦及周围诸郡以外的学会成员更注重通过成本较低的渠道获得学会的知名杂志，而在牛津、剑桥和伦敦的学术成员可以经常参加该学会举办的学术会议。考虑到第二次世界大战的背景，化学科学在两年前结束的交战中发挥了较为突出的作用，且并不亚于物理。既然战争结束了，英国政府急切地想要表明，虽然他们战后负债累累遭受重创但仍然可以恢复。1946 年，在维多利亚和艾伯特博物馆举办的著名展览也传达出了这个观点。英国的工业实力被认为是其战后经济恢复的一个主要因素。与此同时，对原子弹的恐惧也迫使英国进行科学研究，因此有必要通过某种方式表明，进行科学与工业研究是有益的。于是科学与工业研究部适时地抓住化学学会百年庆典的机会，庆祝科学研究的成功。

　　但事实上，1941 年化学学会的百年庆典因为战争而蒙上阴影，通过展览的方式记录这个事件在之后成为可能。庆祝活动在第 11 届纯粹化学与应用化学国际会议及国际化学联盟的第 14 次国际会议之

前于伦敦举行，而且安排了一个相关的展览来展示化学的发展历程。百年纪念展览委员会成立于 1946 年 5 月，主席是罗伯特·罗伯森（Robert Robertson），他曾在 1921—1936 年担任政府化验师［不要将他与同时期著名的有机化学家罗伯特·鲁宾逊（Robert Robinson）混淆］。[35]委员会的第一次行动是在 1946 年 5 月 7 日——邀请科学博物馆工作人员加入委员会（连同舍伍德·泰勒一起），并提出展览要在威斯敏斯特中央大厅或中央大厅附近的地方举行。[36]作为一名研究化学史的业余爱好者，哈罗德·哈特利（Harold Hartley）可能会参与到科学博物馆的工作中，虽然他到 1951 年才成为咨询委员会的一员。当²²⁴赫尔曼·肖被邀请加入展览委员会时，他立即提出将化学展厅设置在三楼，并提出让化学展厅的负责人亚历山大·巴克利（Alexander Barclay）作为科学博物馆在委员会的代表。[37]

展览委员会邀请汤姆·S. 摩尔（Tom S. Moore，著名物理化学家，曾编写官方历史[38]）和亚历山大·芬德利（Alexander Findlay，著名化学史的作者[39]）起草一份化学家主要化学成就的列表，但他们都拒绝了。联合展览委员会（展览委员会和国会委员会合并而成）邀请舍伍德·泰勒在 6 月 19 日的会议上围绕主题"英国著名化学家"来探讨展览的内容。[40]舍伍德·泰勒随后独立发表了他对展览内容的观点——《英国化学一百年》（"A Century of British Chemistry"）。[41]帝国化学工业公司的华莱士·埃克斯（Wallace Akers）爵士，英国化学制造商协会董事兼秘书长、英国道路沥青协会主席詹姆斯·戴维森·普拉特（James Davidson Pratt）受邀加入委员会。埃克斯带来的是帝国化学工业公司展览部门的支持，戴维森·普拉特则负责委员会及科学与工业研究部之间的沟通工作。科学与工业研究部的爱德华·阿普尔顿（Edward Appleton）爵士任命他的同事奥斯卡·布朗（Oscar Brown）作为他在委员会的代表。[42]这是一次非常令人惊讶的任命，因为布朗是一名无线电工程师，是一本无线电通信教材的作者之一，战前他曾在塞尔斯登电视咨询委员会供职。事实上，科学与工业研究部通常都是由克里斯托弗·乔利夫

(Christopher Jolliffe)担任委员会代表的，他在 1956 年差点就成了科学博物馆的馆长。[43]8 月 8 日的会议一致决定将展览分为三个部分：一部分是历史展览，内容包括自 1841 年以来在这个国家工作并取得重大成就的化学家；一部分是书籍展览(推测可能是当代书籍，就像往常在国际代表大会上一样，但从会议记录看，这一点并没有明确说明)；一部分是科学与工业研究部组织的化学展览。[44]由著名化学家 J. D. 贝尔纳(J. D. Bernal)、西里尔·欣谢尔伍德(Cyril Hinshelwood)、伊恩·海尔布伦(Ian Heilbron)、N. V. 西奇威克(N. V. Sidgwick)组成的一个学科小组，负责帮助舍伍德·泰勒完成他个人的历史调查任务。最弱的部分(从展览手册判断)是分析化学，已交给乔治·M. 贝内特(George M. Bennett，政府化验师罗伯森的继任者)来负责，而没有为这一部分组建一个团队。

在 10 月 17 日的会议上，委员会一致认为咨询小组的报告是非常有价值的，为制作一份好的展览指南打下了基础。[45]展出的对象都是由咨询小组选择的，其中得到了罗伯森的帮助，也考虑到了科学博物馆自身的藏品。[46]这是一个大型的展览，横跨了东区(化学展览厅的旧地，在战争时期被摧毁了)三楼的三个展览厅。历史展览部分是 T 形的，观众将按照预定的路线参观展览。[47]每个部分通常有 10~20 个展览品，但有机化学有 37 个，固体化学有 28 个。令人惊讶的是，虽然仪器在这一领域十分重要，但分析化学仪器只有 7 个展品。设计展览内容的一般做法是基于史实，但此次展览明显地强调了自 1841 年化学学会成立以来的这一段时期。这是高度的内在论，还有一些"辉格式"的意味，旨在说明当时化学发展达到了一定的高度。一些部分会将几个不同化学家的作品联系起来，而大部分(如贝尔纳关于固体化学的那部分)就类似于对一篇化学论文做了一个与上下文无关的历史介绍。① 12 月的新闻稿，强调了法拉第对苯(曾是 1925 年临时展览的主题)的发现、柏琴对苯胺紫

---

① 这一描述基于手册的内容，不过展览似乎与此是相似的。

的制备、拉姆塞对稀有气体的研究。[48]事实上，科学博物馆由于这个展览从柏琴处获得了几个重要的项目。

在政府部门和一些工业研究协会的协助下，科学与工业研究部接受了由戴维森·普拉特为首的委员会的提案——将对于观众来说更易理解的"日常生活中的化学"（看似没什么东西）展品聚集在一起，旨在展示化学是如何影响每个公民的日常生活的。[49]展览涉及农业、食品、健康、家庭、建筑、燃料、运输和工程，主要关注化学的实际应用，而不是学术探索。（图 10-3）

图 10-3　"化学进展"展览（1947）

该手册以如下结论结尾，强调了现在我们称之为科学公民权（scientific citizenship）的内容。　226

> 不管愿不愿意我们必须承认，我们目前的生活必须依靠科学才能实现。事实已经证明，只有正确地应用科学，在科学家、工程师和各个行业的努力之下，才能使卫生领域、食品领域等得到改善和进步。但是科学知识是把双刃剑，它的使用可以导致善或恶，也可以导致生或死。只有理解知识才能发挥科学的正确用途，这也取决于我们做何选择。

手册中的这个结论明显是受到了当时原子弹发展的影响，总结了许多临时展览的理念。这个问题的概述被传达给了观众，而且描述得相当有权威性。因为相关政府机构、专业机构和工业组织都参与了进来，所有的这些机构都通过国家的科学网络联系起来。接下来该轮到观众自己得出结论，但是当时政府并没有付出真正的努力，来提高公民的参与式民主意识。评判委员会本来可能会有所作为，但其已被明确地指示了临时展览的内容。

最初，肖提议展览应该进行一个月，然而在 1946 年 11 月他写信给罗伯森建议将展览的时间期限延长一段时间。他的理由是，目前公众对科学问题有广泛的兴趣，而化学学会也很乐意接受这个建议。因此，此次展览持续了 11 周，从 7 月 14 日开始到 9 月月底结束。

家庭和工业用电（1947 年）

1947 年 2 月和 3 月，天气异常寒冷并且伴有大风雪。由于煤矿产量不足，这一时期的天然气和电力供应也受到了影响，这使得取暖问题更加恶化。煤炭短缺的部分原因是交通路线的堵塞，这使得煤炭不能顺畅运输，但更大程度上是因为多年投资不足、人员配备不足和劳资关系紧张。1946 年，煤炭的产量仅是 1937 年的 80％。即使是国家煤炭局对这个问题也束手无策。实行五天工作制后，劳资纠纷和生产力低下的混合问题，使得之后的煤炭产量仍然很低。由于严寒，1947 年的前 3 个月，煤炭的需求量超过了供应量。此后的产量仍旧很低，在当年 7 月达到最低水平。许多指责都指向了国家煤炭局的主席海因德利（Hyndley），其中一些指责可能是不公平的。煤炭短缺对工业产生了重大影响。1947 年 1 月，位于英国北部的纺织工业因为动力不足几乎面临倒闭。贸易委员会的主席斯塔福德·克里普斯（Stafford Cripps）发布了紧急配给计划，才使工业得以运转起来。如果国家煤炭局不能在夏天结束前提高煤炭的产量，危机很可能会在下一个冬天重演。[50]

227

鉴于需要说服公众接受寒冷以便让英国工业可以继续经营运转，有人提出，如果科学博物馆举行一个典型的自上而下的临时展览可能会对此有所帮助。事实上，虽然并不清楚是谁的主意，但动机似乎来自科学博物馆。因为威廉·欧迪在 8 月 27 日给燃料和电力部副部长艾尔弗雷德·M. 雷克（Alfred M. Rake）写信抱怨：

> 自从弗雷德里克·哈特利和我看见你的人在米尔班克（Mill-bank）讨论馆长的提议——在科学博物馆为一个小展览提供设施，已经过去 13 周了。这个展览是为了向 250000 位观众强调在即将来临的冬天储存能源的重要性。结果发现，把可怕的结果不负责任地呈现给公众的主意与你的部门应对这一重要任务的计划非常契合。

作为一个对展览工作充满热情的策展人，欧迪告诫道："如果把不是静态展示的展览强加给通常不会投入太多注意力的观众，随着时间的推移，展览计划会从令人几近绝望变为不可能。"他接着说："馆长（肖）已经因为没有进展而感到越来越不安，如果再没有有效实施的希望，馆长授权我可以撤回我们的供给。"[51] 在弗雷德里克·哈特利接下来的一天的笔记中，记载了欧迪的惊呼："各部门都有相当丰富的经历，但我没有见过比燃料和电力部的展示更失败的。"[52] 欧迪的话对该部门产生了显著影响，一周后对展览的财政支持被缩减了。[53]

燃料部公共关系负责人 W. H. 威尔逊（W. H. Willson）提议让曾在参军前策划过理想家居展览的伊恩·杰夫考特（Ian Jeffcott）担任设计师[54]，预算是 2500 英镑，主要的任务是要为 10 月中旬的开幕式准备好两个展览。[55] 肖认为，应该由科学博物馆的研究会利用工作之外的时间策划该展览——"在燃料和电力部持续的拖延下，这似乎成了按时准备好展览的唯一方式"。[56]

科学博物馆给该部门施加压力是希望能获得尽可能多的官方支持，以便展览能够于 10 月 21 日在东楼如期举办。值得高兴的是，英国电力委员会主席西特林勋爵（Lord Citrine）愿意出一份力。他是由两位现在比较出名的政治人物——燃料和动力部部长曼尼·欣韦尔（Manny Shinwell）和议会秘书休·盖茨克尔（Hugh Gaitskell）推荐的，因为这两位不能确定是否能够出席。科学博物馆还尽量不邀请国家煤炭局的主席欣德利勋爵（Lord Hindley）①，因为他的出现在当时可能不是一个好消息，这或许与他推行的五天工作制加剧了持续的煤炭低产量的问题有关。[57]开幕式的新闻公告这样写道：

> 科学博物馆展览的物品是为了展示家庭用电和工业用电的关系，并说明为什么需要在保证每个家庭的合理使用下实行最低限度的用电政策。因此，展览根据工业中每马力的边际电需要的工作量这个理论来设计展品。科学博物馆聘用了 24 个人，构建了一个 24 名工人的车间来等同于一个由马力发动机驱动的模型。工人机械般地工作着，直到观众按下开关，启动马力发动机来替代人力。车间的工人立即停下手上的工作坐下，等到开关再次被按下关闭了发动机电源，再起来继续工作。一张醒目的标签向观众说明了刚刚发生的情况，以及在一天中的哪些时段可能有这样的灾难性结果发生。此外，还有充足的信息生动地展示了有技巧地使用各种家用电器的重要性。例如，如果观众学会在晚上而不是早上洗热水澡，这比减少使用时很吵但是无害的真空吸尘器更为有效。展览方希望在展览的三四个月里会有 25 万人来看这个展览，而且他们中的许多人将会学习如何避免像上个冬季那样最糟糕的不适感，同时也给工业部门一个公平的机会。[58]

西特林勋爵在回复来自馆长（因为突然要去中部出差而错过展览的开幕式）的道歉信中写道，他认为这次的展览真的很好，希望展览能跟

---

① 标题拼写的是"Hyndley"，但是他的姓是"Hindley"。

预期的一样发挥出减少用电的作用。[59]

　　展览最终在 1948 年 2 月 9 日之后的一周内搬到肯特的布罗姆利(Bromley，Kent)，之后又轮流搬到了"各省级中心"。[60]为了完成这次巡回展览，负责部门询问是否可以获得科学博物馆的发电站模型。相关的负责人弗雷德里克·哈特利认为："这比我们之前希望找一个以后永远不会再展览的模型更有用。"[61]馆长认为，在调查委员会还没正式处理模型之前不能把模型给该部门。但科学博物馆还是在 2 月借给他们使用了一次，然后在 1949 年 5 月调查完成后把模型赠送给了该部门。[62]

　　如果政府将科学博物馆看作国家的宣传机构——中央信息办公室的一个分支——这当然是要求科学博物馆为公众做好准备的一个时机，以应对 1947 年能源危机的再次上演。但是，看似是科学博物馆策划的展览，而燃料和电力部却一拖再拖，差点错过了最佳时机。不过展览还是 ²²⁹ 很成功的，这其中的部分原因是，在电视展览出现之前的这一时期没有其他临时展览与之竞争；同时也因为公众认为这次展览的主题是一个很重要的问题，并且信任科学博物馆的权威性。因为它是一个与能源相关的主题，而且是由政府部门举办的，公众愿意相信展览中的任何信息。这次的能源危机被化解了，但这并不是因为科学博物馆的展览，也不是侯爵夫人全国巡回劝说人们节约能源的努力，而是多亏了 1947 年温暖的秋天和 1948 年年初的暖冬。

石油的故事(1954 年)

　　如果说煤炭业在 20 世纪 40 年代末和 50 年代竭力维持其发展，石油显然是未来的化石燃料。20 世纪 50 年代早期，近东和中东地区的大型油田首次被发掘，开采出数量惊人的原油，而且是历史性的低成本。事实上，这些油一大部分来自伊斯兰国家，从而使这些国家变得非常富有，并且产生了重大的政治和文化影响(我们谈到伊斯兰的科学与技术展览时会提到)。对西方控制石油业的怨恨促使中东民族主义兴起，这是西方石油公司当前面临的问题。在伊朗，备受尊敬的、国有化的提倡者穆罕默德·摩萨台（Mohammed Mosaddeq）1951年上台之后，民族主义的浪潮最终以伊朗石油业的国有化而告终，而在此之前伊朗的石油业一直是由英伊石油公司（1954年12月更名为英国石油公司）掌控。两年后，由于美国中央情报局发动的一场政变，摩萨台被罢免，但是石油业仍然掌握在伊朗手中。英伊石油公司是由英国政府掌控的，为皇家海军提供燃油供应，在英国的主要竞争对手是英荷皇家壳牌公司。

公共关系是这一时期石油企业关心的主要问题。石油行业需要说服公众——石油是未来的化石燃料，石油公司是值得信赖的。因为石油业是由少数跨国公司（所谓的"七姊妹"）控制的垄断行业，在价格上不存在有效竞争（在20世纪50年代还没有加油站），产品的质量差别也不大，但是品牌之间的竞争很激烈。这就意味着每个公司都在热切地寻求机会将其特定的品牌推送到公众面前，就像香烟或洗涤剂公司采取的方式一样。[①]

石油公司也依赖于科学技术，如利用地质学、地震学寻找石油，利用钻井技术将原油开采出来，采用一定的处理技术将原油转化为柴油、汽油和石油化工产品。20世纪50年代，石油业对科学家和工程师的需求几乎是无止境的。由于人才供应是有限的（1952年只有24.4%的主修科学的英国毕业生从事工商业[63]），石油公司需要鼓励年轻人成为地质学家和化学工程师，旨在使他们以后能够从事这个正在蓬勃发展且工资

---

① 目前，石油工业在整体上并没有一个完整的学术史。比较流行的报告是 Daniel Yergin, *The Prize*: *The Epic Quest for Oil*, *Money and Power* (New York and London: Simon & Schuster, 1991) and Anthony Sampson, *The Seven Sisters*: *The Great Oil Companies and the World They Made*, 3rd edn (London: Coronet Books, 1993). For the history of Royal Dutch/Shell, see Jan Luiten van Zanden, Joost Jonker and Stephen Howarth, *A History of Royal Dutch Shell*, four volumes (Oxford: Oxford University Press, 2007). For Anglo-Iranian/BP, see James Bamberg, *The History of the British Petroleum Company*, volume 2, *The Anglo-Iranian Years*, *1928—1954* (Cambridge: Cambridge University Press, 1994) and Bamberg, *British Petroleum and Global Oil*, *1950-1975*: *The Challenge of Nationalism* (Cambridge: Cambridge University Press, 2000).

较高的行业。

　　实现这两个目标(将他们的品牌推送到公众面前、鼓励年轻人为他们工作)的一种方式就是举办巡回展览。在电视普及之前，大公司，包括英国化学工业公司、壳牌石油公司与英国石油公司，都有自己的展览部门。"石油的故事"是壳牌石油公司展览部举办的一场巡回展览。当这场展览在多个省份举办过之后，沃尔特·温顿(Walter Winton)——当时的化学助管员，于1953年夏天向壳牌石油公司提议在科学博物馆举办展览。[64]巴克利非常赞成这个想法(他已经看过之前的展览)——"我们需要做的是提供5千瓦的电力供应"——并提出在1954年的春天举办展览。[65]然而，舍伍德·泰勒担心展览会变成对壳牌石油公司的宣传而不是关注石油工业。[66]正如我们所见，壳牌石油公司的竞争对手——英伊石油公司是由英国政府掌控的。科学博物馆并不愿意公开支持任何公司，当然也不希望被视为是在推动英国政府(科学博物馆的后台老板)所掌控的公司的竞争对手的发展。巴克利向他保证，壳牌石油公司已经意识到这个问题，在展览中他们甚至使用到"英伊"两个字。唯一的潜在问题是"在手册中谨慎地介绍……如果有必要的话，这些毫无疑问是可以改变的"。[67]

　　虽然科学博物馆同意举办这场展览，并将时间定为1953年10月27日[68]，但潜在的令人烦恼的问题并没有消失。科学博物馆前任策展人舍伍德·泰勒与石油地质学家、壳牌石油公司展览部门的主管A.埃弗拉德·冈瑟(A. Everard Gunther)进行了通信，而埃弗拉德·冈瑟恰巧是牛津科学史博物馆创立时的策展人罗伯特·T.冈瑟(Robert T.Gunther)的儿子。1940年老冈瑟死后，他曾与舍伍德·泰勒一起清理父亲的各种事务。[69]11月18日，舍伍德·泰勒充满信心地给冈瑟写了一封信，表明自己对英伊石油公司及该行业其他公司的反应产生了担忧："我想知道，如果在科学博物馆举办展览的话，你认为如何能避免这种风险？"[70]在回信中，冈瑟指出，公司之间达成了一个君子协议，展览计划要互相通知。他提出，从印刷的展览手册中去除"壳牌石油公司提供"字样。最后，他写道："我们的目的并不是宣传自己，但如果我们展示的油轮烟囱上有'壳'这个字样，也请谅解，毕竟它们是实实在在存在的。"[71]毫无疑问，两人之间的亲近关系（在通信中并没有表现得太明显）有助于防止这种分歧的失控。

231   舍伍德·泰勒对提出的解决方案很满意，但当1954年2月科学博物馆在展览开幕式之前（4月）收到展览手册时，新的问题又出现了。壳牌石油公司的相关内容被删除了，但壳牌石油公司的标志还在封底。显然，温顿觉得这并非疏忽而是有意为之。他写信给巴克利："不管冈瑟是如何保证的，这个展览都带有很强的商业广告性质。"[72]曾担任科学博物馆兼职宣传官的多诺万·奇尔顿（Donovan Chilton）联系了冈瑟，要求他将展览手册带回去，重新制作一份没有壳牌石油公司标志的手册。据奇尔顿所说，冈瑟先生并不是很高兴，但他说会尊重科学博物馆的决定。奇尔顿继续说："在这件事上，我们不仅要表现得坚决，而且只要外部机构在科学博物馆举办展览我们都要重申我们的主权和地位。"奇尔顿表示，作为对壳牌石油公司去掉公司标志并重新印刷展览手册的补偿，科学博物馆应该在手册中增加"致谢"部分，以对壳牌石油公司在开展展览方面给予的援助表示感谢，这样不仅能抑制壳牌石油公司的宣传热情，也能够表明科学博物馆的地位。[73]虽然没有得到壳牌石油公司的答复，但很明显双方都很满意，因为新一版的手册中用"致谢"代替了原来的公司标志。温顿在这次有争议的展览中扮演了一个很尴尬的角色。他写信给奇尔顿："我认为这是一个很好的解决方案，符合感谢承办单位这一既定习俗。"[74]4月8日开幕式上发布的新闻公告消除了科学博物馆之前的担忧。该新闻公告是由奇尔顿撰写的。全篇文章并没有提到壳牌石油公司，甚至没有提到冈瑟在演讲会上的介绍性演讲，这使冈瑟与展览或者石油工业的联系都变得模糊。[75]

    虽然引起了一些麻烦，但这次展览显然只是短期的。巴克利在5月11日给冈瑟写信说："展览已经结束了，专家小组也安全返回了。"[76]无论是科学博物馆还是壳牌石油公司似乎都对四周内23000多名观众的

296   国家的科学——伦敦科学博物馆的历史透视

访问量感到满意。[77]"已经有足够多的学生来参观过展览,因为他们想了解更多关于该行业的内容。"冈瑟认为,这一点是非常令人喜悦的。[78]起初,我们并不清楚他所说的"足够多的学生"是什么意思,但现在看来,为快速增长的行业招聘人才是壳牌石油公司举办本次展览的主要目的之一。冈瑟在最后写道:"我们很高兴本次展览的举办对科学博物馆也是有益的。"然而,巴克利在信中评论"展览是值得的",看起来更像是出于礼貌而不是真的有热情。

出现这个小插曲有两个主要原因:一是科学博物馆急于避免与壳牌石油公司表现出任何明显的联系;二是整个过程中经费的短缺。科学博物馆担心与壳牌石油公司产生联系一方面是由于英伊石油公司对其的重要性,另一方面是科学博物馆对于所有商业广告的严格管控。英伊石油公司是一个大型能源公司,但是,从科学博物馆的角度出发,更重要的是,它是一个国有企业。对壳牌石油公司的支持会使得科学博物馆以"削弱石油王国其他公司"的名义受到控诉。更重要的是,伊朗石油行业民族主义爆发以及 1953 年 8 月摩萨台下台后,英伊石油公司的处境变得十分微妙。1953 年 11 月,舍伍德·泰勒给冈瑟的信中隐晦地提到,他现在怀疑在这样一个敏感时期帮助某一特定石油公司举办展览是否是明智之举。[79]科学博物馆认为壳牌石油公司正在试图利用展览来宣传品牌,再加上其他公司对于宣传自己品牌的渴望,可能会使各方不欢而散。温顿对于手册上壳牌标志的事情说道:"壳牌的公众形象已经倒塌。"壳牌市场经理匈牙利贵族 A. E. 艾博尼(A. E. Apponyi)对此表示不满。温顿回应道:"艾博尼先生很擅长打广告并且会用尽一切方法。"[80]科学博物馆对该展览十分感兴趣,因为它展示了工业化学的重要性。然而,已经延误了很久的工业化学展览依然遥遥无期。这表明科学博物馆并没有利用该展览来吸引壳牌石油公司为科学博物馆投资,而且这个事件也表明这个时期科学博物馆资金的短缺。

天然气（1971 年）

20 世纪 50 年代，煤气行业已成为低效和逐渐过时的行业，这是数十年的投资不足和分散生产的结果。[①] 20 世纪 60 年代初，煤气产业和化工业的发展推动了石油加工工艺的发展，这使得制造天然气的原材料煤逐步被石油取代。此外，煤气产业的其他产品，如煤焦油和硫酸铵，由于化工业的进步而逐渐失去了价值。20 世纪 60 年代中期，天然气成为能替代工业煤气的能源之一。天然气委员会决定选择天然气作为对煤气行业的补充。天然气主要来自北海，通过诺福克郡巴克顿的一个新通道来传输。然而，如果天然气代替煤气，那么家庭和工厂使用的燃气设备就必须更换。在 1964 年坎维岛和埃塞克斯开展的试更换工程成功之后，1965 年的燃气法案授予了天然气委员会更换设备的权力。这是一次大规模行动，于 1967 年 5 月在伯顿特伦特中部开始，于 1977 年 9 月在爱丁堡的科姆利银行结束，历经 10 年，花费了 6 亿英镑。闭幕式是由英国天然气公司主席，也是后来科学博物馆董事会的主席丹尼斯·鲁克爵士主持。从某种程度上来说，该行动是很浪费的——我记得当时给了我家一个全新的煤气炉和煤气点火棒，现在它们仍然放在我的阁楼里，从来没有被使用过，但此次行动为把煤气向天然气安全地转换提供了可能。因此可以看出，临时展览实际上不是在天然气转换过程的一开始，而是在过程当中举办的。

在"家庭和工业用电"展览中，我们已经看到，科学博物馆率先举办了一场展览来促进国家政策，即倡导在某些时间段减少国内电力的使

[①] 20 世纪 50 年代到 60 年代，英国天然气工业的兴起导致煤气向天然气的转换，见 Trevor I. Williams, *A History of the British Gas Industry* (Oxford: Oxford University Press, 1981) and Andrew Jenkins, "Government Intervention in the British Gas Industry", *Business History* 46 (2004), pp. 57-78. 令人惊讶的是，到目前为止，还没有学者对转换过程进行任何深入的研究，但在上述书中，威廉姆斯在第 17 章对转换的技术过程做了一个很好的描述。

用。"天然气"展览是科学博物馆临时展览满足国家需要的另一个例子，即需要使公众理解并接受煤气向天然气的转换（在那时天然气是国有行业）。与"家庭和工业用电"展览一样，该展览也是由科学博物馆而不是工业机构提出的。然而，"天然气"展览的动力实际上并不是来自全国天然气转换的迫切性，而是直到 1973 年科学博物馆才有能力修复现存的天然气展厅。化学馆主管格林纳威（当时天然气被划分到化学学科），向天然气委员会提出这次展览计划。现存的天然气展厅始建于 1937 年，由于 1939 年 9 月战争爆发而暂停建设，直到 1954 年才竣工。该展厅是在英国天然气协会指导下开发建设的，这是非同寻常的。因此，它被视为天然气行业"自己的"展厅。1939 年 2 月，麦金托什说："虽然我们的天然气产业一直都在做出贡献，也逐渐变得慷慨大方，但迄今为止没有一个行业能够在国家级的科学博物馆进行全面的主题展览。"①他希望该展览能够成为激励其他行业的典范。[81] 当行业国有化时，天然气展厅的责任将转交给国有天然气委员会，随后科学博物馆和其他国家机构将会在更为普遍的领域内展开合作。

1970 年 10 月，天然气委员会秘书 T. E. D. 梅森（T. E. D. Mason）要求格林纳威考虑"关于天然气展厅的进一步发展"这个问题。格林纳威意识到，需要"将保持与公众良好的关系和公众对天然气的反应作为科学博物馆的主题"。他提出举办一个关于"转换"的临时展览，这对永久性展览不会起到任何显著作用。[82] 戴维·福利特认为，对科学博物馆来说"向天然气的转换"是一个太狭隘的主题，应该将"天然气"与"能够说明转换必要性的一个突出因素"结合起来作为主题。[83] 在给梅森的信中，戴维·福利特提到科学博物馆在 1971 年年初就为展览腾出空间。"石油的故事"展览非常有意思地回应了格林纳威说过的话："你和我所认识的天然气委员会成员都对科学博物馆的惯例和习惯做法太熟悉了，因此似 234

---

① 请注意，麦金托什说的是"主题展览"，而不是"行业展览"。这表达出科学博物馆不是一个贸易展览馆。

乎没有必要说展览不应该有任何广告或竞争的特性。然而，我相信没有人希望如此。"[84]

1970年圣诞节前夕，一份写给天然气委员会的内部报告指出，临时展览产生了非常积极的正面影响：

> 天然气委员会非常急切地想要全面利用科学博物馆的设施来展示天然气产业的发展以及说明天然气的应用方法。科学博物馆提出的不只是翻新展厅的初衷，事实上，它将依照展厅最近的发展制订一个完整的重建计划——在下个财政年建成可以进行现场气体实验的相关操作设备的永久性展览。

然而，科学博物馆很清楚地意识到自身对天然气及相关转换计划的兴趣。因此，在当时的条件下举办专题展览，相关机构要：告知公众技术发展对于国家的重要性；在科学博物馆的条件下，提供给科学博物馆以及天然气委员会处理大型生活天然气的示范性经验。

粗略地进行估计，成本在15～20000英镑的范围之内。这显然是一个公关活动，而且必须满足预算。有人建议天然气委员会接受科学博物馆的报价……而且科学博物馆组织现场展示的成本不超过20000英镑。[85]

展览由公共关系部和天然气委员会展览部负责筹备。格林纳威被告知，委员会同意在1971年3月举办展览，那么在展览开幕前就只有4个月的时间了。[86]

展览分为三个部分：天然气、家庭转换和工业转换。[87]所以，尽管戴维·福利特担心将天然气转换作为主题是否合适，展览的大部分仍是关于转换的过程，当然不只是设备转换这一个方面。展览上有海洋钻机和巴克顿管道终端的模型，通过对比煤气和天然气在灶具中生成的火焰，将天然气推销出去。展览的"新进展"部分中有压电点火（如图10-4所示，现在看来是很平常的）的现场演示。展览从1971年7月13日至

11 月 30 日共吸引了 250000 名观众，这是一个很高的访问量。观众中包含了英国南部的学校团体和很多的外国观众。[88] 这反映了观众对天然气转换过程的兴趣，因为它影响着每个家庭，而且也是一项技术成就。

图 10-4　互动展示——压电点火，天然气展览(1971)

展览结束之前，在一封写给天然气委员会的信里，格林纳威说："现场的天然气展览已经证明了观众的浓厚兴趣，也完全证明了在设计和安装上所做的工作的成效……在获得了基本经验之后，博物馆就可以开始设想一种新形式来重新设计永久性的天然气展厅。"[89]

科学博物馆，而不是相关机构本身，再一次提出了展示公众关注的一个领域的展览的建议，这个机构(在这个案例里面指天然气委员会)对展览的倡议表示欢迎并很乐意为展览提供资金。展览吸引了大量的观众，这也证明了大众热衷于能够反映其兴趣和关注点的展览，当然展览必须是公正或公益的。提出的具体观点不符合科学博物馆自身精神的展览通常不会很成功。消烟展览和下一部分的"伊斯兰的科学与技术"展览似乎就是很好的例子。

伊斯兰的科学与技术(1976 年)

对于目前存在的应如何表现英国社会中多元社区文化的争论来说，

236 举办临时展览是非常有意义的一种措施。① 但是要举办这样一个展览存在一些问题。例如，如何展示伊斯兰的科学与技术，特别是如何避免留下它是"先进"西方科学的先驱这样的印象，以及如何在展示伊斯兰文化时避免产生"东方主义"。[90]此外，这里还引发了一场争论，即到底在展览中展示伊斯兰文化对一些具体科学或技术所做的积极的贡献，还是展示与伊斯兰文化本身相关的科学和技术。考虑到科学博物馆对 20 世纪50 年代舍伍德·泰勒道歉活动的敏感性，科学博物馆在展览中将科技与宗教融合在一起可能会令人不安。当前，这样的展览也可以看作是与富裕的海湾国家建立关系的一种方式，为未来的资金支持提供机会。事实上，在展览的发展过程中，几乎没有出现以上这些问题。虽然大部分展览经费（30000 英镑）来自新成立的阿拉伯联合酋长国（以下简称阿联酋）政府，但是科学博物馆并没有表现出要维持长期关系的兴趣。更引人注目的是，展览的组织者将展览的意义看作是将近东和中东的伊斯兰文化瑰宝展现给英国观众。[91]当时没有任何资料提及穆斯林居住在英国。虽然从事后看来，1971 年大约有 369000 名穆斯林生活在英国，而1976 年英国有大约 200 万的穆斯林。[92]展览主要是关于中世纪伊斯兰的科学和技术的，丝毫没有考虑如何全面展现伊斯兰的诸多成就。事实上，科学博物馆的馆长戴维·托马斯（David Thomas）在展览期间承认他"对伊斯兰国家知之甚少"。[93]

展览背后的推动力量可以认为是伊斯兰世界节日信托基金会及其主席保罗·基勒（Paul Keeler）。[94]1973 年，第四次中东战争和第一次石油危机爆发之后，紧接着在 1976 年春天和夏天举行的节日被伦敦政治经济学院的教授唐纳德·瓦特（Donald Watt）[95]怀疑是伊斯兰国家进行的政治运动，而不是一个真正的文化活动。事实上，这很大程度上是基勒的个人观点，他曾是艺术馆的老板，而且到现在仍然活跃在这个领域。

---

① 对这些问题的一个全面的讨论见 Yasmin Khan, "The Representation and Interpretation of Islamic Science in the Museum", a paper presented to the "Representing Islam: Comparative Perspectives" conference at the University of Manchester, September 2008。

基勒在 1968 年遇到印度古典音乐家马哈茂德·米尔扎（Mahmud Mir-za），由于受到音乐的影响，基勒对伊斯兰文化产生了兴趣。[96]后来在 1971 年 11 月和 12 月（第一次石油危机爆发之前），他在当代艺术中心申请了一个小型的有关伊斯兰文化的节日。[97]节日申请的成功给基勒带来了很大的鼓舞。考虑到公众对伊斯兰文化的忽视，基勒设想了一个能够涉及伊斯兰文化各个方面的盛大的节日。他开始关注在海沃德美术馆举办但是由英国广播公司支持的展览以及各博物馆（如霍尼曼博物馆）举办的各种展览。1973 年，阿利斯泰尔·邓肯（Alistair Duncan）也参与进来，并与基勒一起开始筹集资金。他们邀请一些著名的专家，如哈罗德·比利（Harold Beeley，前驻埃及和沙特阿拉伯大使）、卡拉登勋爵（Lord Caradon）、安东尼·纳丁（Anthony Nutting）加入董事会，希望他们能够加强和中东的联系以寻求资助。1973 年年底，这件事情有了重大突破。第一位是来自阿联酋的大使，也是迪拜王室的商业顾问——穆罕默德·马赫迪·奥-塔吉（Mohamed Mahdi Al-Tajir），成为董事会副主席。他成功地筹集到了 400 万美元，而这些资金主要来自阿联酋。

　　1973 年的春天，基勒向科学博物馆提出建议，表示科学博物馆应该举办表现穆斯林科技成就的展览，因为"穆斯林在科学与工艺技术方面的成就确实十分可观"。[98]一开始，科学博物馆就发现了三个问题：科学博物馆忙于展厅和国家铁路博物馆的发展，每次举办展览的时候都需要提供人员；要寻找合适的展厅；从科学博物馆的收藏来看，极度缺乏合适的展览对象，这在一定的程度上会导致对展览手册的依赖。从积极的方面来说，一旦威尔康藏品被转移到科学博物馆[99]，我们很快就有机会使用其中的一些材料举办展览，否则在伦敦是看不到这些物品展览的。如果大英博物馆参与这个节日的话，科学博物馆也会感受到一些压力，事实也是这样。1973 年的春天，科学博物馆的管理人员[尤其是格林纳威和约翰·瓦纳比（John Wartnaby）]谨慎地通过了这个建议，但到 1974 年的秋天时却变为了彻底反对。瓦纳比在 1974 年 9 月指出，科学博物馆确实没有合适的仪器，不建议在这里举办展览。[100]格林纳威似乎也对托马斯让他举办一场关于炼金术的展览表示反感。[101]由于托马斯（他接管了温顿在科学博物馆的服务工作）的热情，及科学博物馆的展览负责人迈克尔·普雷斯顿和玛格丽特·韦斯顿对托马斯的支持，展览得以成功举办。他们认为，托马斯敢于反对格林纳威、瓦纳比和肯尼斯·丘（Kenneth Chew）的"旧势力"。[102]临时助理研究员安东尼·特纳（Anthony Turner）出色的工作背景也为这个项目打了一针"强心剂"。

展览的内容主要是由牛津科学史博物馆策展人弗朗西斯·麦迪森和赛义德·侯赛因·纳瑟（Seyyed Hossein Nasr）负责的。纳瑟是德黑兰大学科学史和哲学史系教授、伊朗帝国学院哲学系主任，他曾在哈佛大学撰写过一篇关于伊斯兰的科学与文明的博士论文。他后来成为第一批从伊斯兰视角关注环境危机的学者之一。[103]两位学者之间形成了对比。作为博物馆策展人，麦迪森较为关注能够反映伊斯兰科学与技术实际应用方面的事物。而作为伊斯兰国家的一名权威学者，纳瑟倾向于使用抽象和全面的方法去展示伊斯兰的文明、《古兰经》（Quran）与科学之间的关系。[104]托马斯指出："我曾见过纳瑟，他还没有找出让我们举办一个完全成功的展览所需的物品资源。"[105]据基勒所说，这种紧张关系在展览中以一种创造性的方法得以解决。[106]

展览的一个主要特点是展示欧洲最早的科学仪器，如1026—1027年被苏格兰皇家博物馆租借的一个摩尔人的星盘、第一个动力泵（用于抽水的）的复制品、使用来自威尔康藏品的材料重建的一个伊斯兰药店、被埃克塞特海事博物馆租借的一艘迪拜渔船。[107]基勒对展览非常满意，大约30年之后，他评论说："我认为展览举办得非常好而且设计得很出色，它将其他文明背景下的科学与技术进行了整体展示，我认为这是领先于时代的。"[108]

1974年10月，托马斯曾预测，"这不是一个能吸引大量观众的主题展览"[109]，到1976年8月月底访问数只达到了32236人次，这比较令人失望。[110]于1976年4月7日开始的展览在举办了四周之后，伊斯兰世界节日信托基金会给科学博物馆写信说："科学博物馆每天有成千上万的观众，但很少有观众观看这个展览。"[111]该组织指责了展览售票区域不准确的指示牌和较高的价格。于是，展览售票厅的位置被移动了，也新增了一些路标和报纸广告以增加该展览的访问量，但是这些举措也没有发挥作用。毫无疑问，部分原因是天气太热，虽然为保护古代手稿，部分展览区安装了空调，但 1976 年夏天还是非常炎热。另外一个主要原因是参观展览是需要付费的，这在当时的科学博物馆是非常罕见的。而且，本次展览没有与科学博物馆的其他展览很好地融合，可能无法引起科学博物馆常客的兴趣。展览的参观人数确实比较少。虽然展览很受媒体欢迎——瓦特教授是在出版物上批评这个节日的极少数人之一——但是由于石油危机的影响，伊斯兰国家作为产油国在英国并不受欢迎。（图 10-5）

图 10-5　"伊斯兰的科学与技术"展中的展品（1976）

　　"伊斯兰的科学与技术"展向我们展示了科学博物馆几乎可以举办任何主题的展览，甚至是那些科学博物馆自身收藏比较薄弱的主题。但是举办这样的展览并不能确保有可观的观众数量。这次展览也说明了临时展览几乎对科学博物馆没有产生任何长期影响。"伊斯兰的科学与技术"展览并没有为科学博物馆带来任何新的赞助，也没有增加科学博物馆在伊斯兰科学与技术领域的藏品。总之，较低的参观数量、缺乏合适的展览对象，再加上伊斯兰社会学生联合会反对展览的示威游行——因为它展示了一幅描述穆罕默德的袖珍画——似乎更加说明了科学博物馆不应该涉足这个新领域。

如今的情况和以前大不相同了。如果关于这个主题的展览在今天被提出，那么人们会以更积极的方式去看待展览，博物馆会接触到新的观众，会以更新的、更具包容性的方式来展示科学。人们对伊斯兰科学有更多的了解，不只是因为纳瑟教授在这个领域的努力[112]，更重要的是科学博物馆更关注于如何让主题能够有效地吸引观众而不是关注是否有充足的展品。曼彻斯特科学与工业博物馆在 2006 年举办了主题为"1001项发明——在我们的世界里发现穆斯林传统"的展览，这一展览的成功举办说明面向公众举办关于伊斯兰科学的展览是有可能的。①

芯片的挑战（1980 年）

一些技术变革对经济和社会具有巨大的影响，而且已经受到了公众的关注。如果说科学博物馆具有解释这些技术变革的作用，那么在 20世纪 70 年代末期最突出的主题展览便是电脑芯片（科学博物馆称之为微处理器）的发展。② 微处理器上的备忘录很好地体现了科学博物馆的角色，即在 1978 年 10 月，化学家格林纳威和数学与计算机科学家助理简·内姆斯所说的科学博物馆在教育公众中扮演的角色。格林纳威写的开放声明敲响了警钟：

> 在过去的几个月中，从公众对于微处理器的言论中，我们可以认识到，微处理器已经在相当长的时间里引发了很多技术观点。也

240

---

① 这个评价基于亚斯明·可汗（Yasmin Khan）的"伊斯兰科学在博物馆中的表现和解释"。我要感谢亚斯明·可汗和保尔·基勒对这个话题的帮助。

② 也许令人惊讶的是，微处理器本身没有学术史，但它的发展和影响可以追溯到计算机的历史，这一点可参见 Paul E. Ceruzzi, *A History of Modern Computing* (Cambridge, Massachusetts: MIT Press, 1998) and Martin Campbell-Kelly and William Aspray, *Computer: A History of the Information Machine* (New York: Basic Books, 1996)。

就是说，分电子电路装置的快速发展已经并且正在产生影响，未来还将在更大程度上影响技术、经济和社会环境。这些讨论，即使是发生在高层中，也似乎总是令人困惑和容易产生误导的。科学博物馆将这些记录直接展示给公众以及那些咨询科技信息的人们的方式是可取的。

在"紧迫感"之下，格林纳威继续说：

鉴于政府决定创建一个资金充足的组织来促进微处理器的使用，科学博物馆的迅速反应是值得的，一方面科学博物馆可以在时过境迁之前做一些有用的事，另一方面显示出科学博物馆在社会重要领域承担着启发公众的作用。[113]

尽管如此，在科学博物馆服务的新管理员德里克·鲁宾逊提出了一个清晰并且相当引人关注的观点：他担心展览的规模太大，以至于没有足够的时间来完成它。他警告说：

即使给予近乎无限的金钱和人力资源，这个方案只有10个半月时间来实施，而且还没有被采纳，也没有进行可行性检验。假设给予这些假定资源去举办一场符合我们标准和模式的展览，就像之前描述的那样，似乎仍然是不可能的。[114]

相比之下，产业部门的约翰·安德森（John Anderson）向格林纳威表示，他的部门欢迎由科学博物馆或者微处理器设计协会组织的展览。[115]当设计协会的代表在1979年1月与格林纳威见面时，展览已经有65000英镑的资金支持（产业部门提供40000英镑，科学博物馆提供25000英镑），但还需要50000英镑。这次会见商讨的目标是举办一个从1979年11月6日开始的为期6个月的展览。[116]讨论会共有三个机构参加，主要强调开展这样大型的展览（5500 平方英尺）准备时间却非常短，而且资金必须在 7 月 7 日之前筹集完成。现阶段的基本方案是各种工业产品和不同类型的芯片、编程微型计算机，以及在教育和休闲、制造业和医药领域的应用。格林纳威和内姆斯对这个展览做了初步的设想，即"从社会影响力的目标来考虑，他们不同意把时间花在计划一个具有影响力的单独部分，而是试图在每一个部分都产生一些社会影响力"。[117] 到了这个阶段，展览仍然缺乏一个标题，但在 3 月 26 日诞生了一个时髦的标题"芯片的挑战：微电子将如何影响你的未来"。总指导玛格丽特·韦斯顿是一位电气工程师。她提出了这个展览领域是否真的那么宽泛，是否应该将"微电子"改为"微处理器"等问题，但最终还是选择了这个标题。[118] 也许是因为这种异议（玛格丽特·韦斯顿没有公开），或者是因为副标题很少使用，后来一直称之为"芯片的挑战"。

241

1979 年 4 月至 11 月，科学博物馆主要在为展览筹集资金做出努力。科学博物馆所采取的措施大部分是通过细节部分的承诺来吸引新的赞助商支持。在这个困难时期，设计协会为其他展览提供了十分可观的帮助。曾在设计中心工作的工程师和工业设计师威廉·亨利·梅奥尔（William Henry Mayall）提供了几个月的有效帮助，其功劳仅次于科学博物馆。他与内姆斯建立了亲密的合作伙伴关系。他们既确定了展品涵盖的种类，也确定了与展览相关出版物的内容和布局。[119] 5 月，新保守党政府的上台对展览的影响微乎其微。他们认为，首相玛格丽特·撒切尔应该会对展览的基本主题"芯片是一个机遇而不是威胁"很感兴趣，甚至尝试邀请首相来为展览开幕，但结果以失败而告终。[120]

由于要增加新的部分以及科学博物馆没有确定好内容的原因，展览被推迟。[121] 而且由于展会规模很大并且有许多不同的组织参与，包括工业部门、设计委员会、邮局、穆拉德公司、马可尼公司和蒙纳公司等，原定的目标日期（11 月中旬）显然是不现实的。8 月，展览的开幕日期又被推迟到了 12 月上旬。[122] 国家电子产品委员会的主席肯特公爵的展览开放时间表上的开幕日期从 12 月 13 日被替换为了 11 月 2 日。[123] 然而，由于约翰·贝克莱克(从 11 月离开的内姆斯手里接管科学博物馆的日常管理)在选择展厅建筑的承包商时出现了问题(其中的一个承包商破产了),展览开幕不得不再次被推迟到了 11 月 22 日。[124] 展览最终于 1980 年 2 月 26 日,在艺术部副部长尼尔·麦克法兰(Neil MacFarlane)议员的组织下开幕。麦克法兰曾短暂地支持过兰开斯特和艺术部部长诺曼·圣约翰·史蒂华斯(Norman St John Stevas),但史蒂华斯没有出席开幕式活动。[125] 本来计划参加的肯特公爵和微芯片的发明者也由于时间一再延迟而未能出席开幕式,但后来肯特公爵在 4 月 23 日参观了展览。[126]

甚至在开幕之前,将展览延期到超过 6 个月的可行性问题还在激烈的讨论中。这个展览很受欢迎,因此它的闭幕日期从原来的 1980 年 12 月 31 日推迟到了 1981 年 5 月 5 日。而这场展览的"浓缩版"直到 1982 年 8 月 15 日仍在科学博物馆展出。[127](图 10-6)

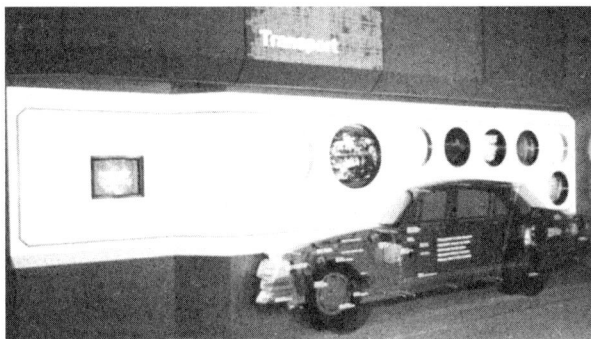

图 10-6 "芯片的挑战"展览(1980)

注:"芯片的挑战"显示出微型芯片在汽车上的潜在应用价值,这在 1980 年对大多数观众来说都是一个奇怪的概念。这张照片还显示出,这次展览的设计完全突破了以前的做法。

这可能是 1980 年科学博物馆参观人数达到峰值(4224000 人,比 1979 年多出 514000 人)的原因之一。[128] 很显然,主题也是吸引人们参观的原因之一。微芯片使用的可能性及其能够对自己的工作产生何种影响,引起了观众对这次展览极大的兴趣。当时电脑还没有被大多数人所熟知，而且个人计算机也还在发展初期，公众对微芯片的广泛关注度再加上科学博物馆对复杂技术事件的把握能力，引起了来自公众的强有力的反应。

结　论

科学博物馆的临时展览最初是作为展示技术进步的一种方式，后来演变成和工业部门合作的一种手段，但是他们也建立了一种方式去影响公众。这个过程在一定程度上被企业采取的不同形式隐藏了，包括个人运动，如霍德的噪声消除联盟；政府部门；国有工业，如天然气委员会；有影响力的特定组织，如支持伊斯兰世界节日信托基金会的前外交部人员。大多数引人注目的展览是由科学博物馆而不是外部机构提出的。事实上，由外部机构提出的展览，从 1936 年的"烟雾消除"到 1976 年的"伊斯兰的科学和技术"都不如科学博物馆依据自己的想法举办的展览成功。所有临时展览中最成功的是"芯片的挑战"，它几乎完全是由年轻策展人简·内姆斯一手策划举办的。很难判定它的成功是科学博物馆意识到该展览能带来成功的结果，还是策展人了解观众的结果，或者是观众在展览中感受到了科学博物馆的真实声音和权威性的结果，而且不同展览的情况也不尽相同。

正如里昂希望工业展览可以使科学博物馆能够接触到顶级商业领袖那样，这些展览使科学博物馆可以展示出顶级公职人员、政府部长和其他政治人物是如何建立和塑造公众舆论的。以这种方式，科学博物馆及其策展人可以证明，科学博物馆不仅是一个博物馆（特别是不仅是一个儿童博物馆），而且是与公众交流有关社会重要领域的技术和其他问题的一个强有力的手段。因此，通过这些临时展览，科学博物馆不仅启发了大众，而且使它与广播电视（尤其是英国广播公司）和报纸一起成为英国舆论形成的主要力量。虽然临时展览的观众不可避免地比电视观众要少，尤其是在只有三个频道的节目却能吸引到超过一千万观众的时期，科学博物馆的观众相对较少也是情有可原的。一场博物馆展览不仅仅是经验的强度和信息的深度的平衡，通常还包括实际演示、讲座和研讨会。

参考文献

1. Quoted in E. E. B. Mackintosh，'Special Exhibitions at the Science Museum'，internal typescript intended for use as a manual，dated 30 March 1939，SMD，Z 108/4，1.

2. As cited by Mackintosh，'Special Exhibitions'，p. 1. A complete list of special exhibitions can be found in Appendix One.

3. Mackintosh，'Special Exhibitions'，p. 3.

4. Ibid.

5. H. G. Lyons，'Museum Policy'，a position document for the Advisory Council，dated 11 November 1932，SMD，Z 186.

6. Mackintosh，'Special Exhibitions'，p. 4 and Follett，*The Rise of the Science Museum under Sir Henry Lyons*，(London：Science Museum，1978)，p. 120，although arguments can be made for adhesives (1926)，glass (1931) and refrigeration (1934).

7. See the Joint Science Museum Annual Report for 1976 and 1977 (p. 5)，the Science Museum Report for 1978 (pp. 9-10) and the Science Museum Annual Report for 1979 (pp. 8-9).

8. Mackintosh 'Special Exhibitions'，p. 1.

9. Ibid.［or Mackintosh，'Special Exhibitions'］p. 2.

10. Science Museum Annual Report for 1979，pp. 9-10.

11. Science Museum Annual Report for 1935，p. 9.

12. Ibid.，p. 11.

13. Keith Geddes (with Gordon Bussey)，*The Set-Makers：A History of the Radio and Television Industry* (London：BREMA，1991). Also see Russell W. Burns，*British Television：The Formative Years* (London：Peregrinus，in association with the Science Museum，1986) and Burns，*Television：The International History of the Formative Years* (London：IEE，1998).

14. Letter from Mackintosh to Sir Noel Ashbridge of the BBC dated 16 November 1936 (but actually sent on the 18th)，SMD，ED 79/178.

244

15. Ibid.

16. Letter from N. Ashridge of the BBC to Mackintosh, dated 20 November 1936, SMD, ED 79/178.

17. Minutes of the meeting held on 25 November 1936, item 4, quotation on 3, SMD, ED 79/178.

18. Minutes of the meeting held on 8 January 1937, item 5, quotation on 3, SMD, ED 79/178.

19. Minutes of the meeting on 15 January 1937, item 2 (amendments to the minutes of the first meeting) and item 6, SMD, ED 79/178.

20. Minutes of the meeting on 15 January 1937, item 5, SMD, ED 79/178.

21. Minutes of the meeting on 15 January 1937, item 7, quotation on page 4 of the minutes, SMD, ED 79/178.

22. Minutes of the meeting on 22 January 1937, item 4, quotation on 2, SMD, ED 79/178.

23. See Science Museum Annual Report for 1937, p. 11, and 'Television Exhibition at the Science Museum', *Nature* 139 (1937), 1077.

24. Science Museum Annual Report for 1937, p. 10. For Reith declining the invitation, see the minutes of the meeting held on 13 April 1937, item 4, SMD, ED 79/178.

25. There is a map of the exhibition and a picture of the cubicles at http://www.thevalvepage.com/tvyears/1937/tvy1937text.htm (accessed 7 May 2009).

26. Note from Mackintosh to Hartley agreeing to the acquisitions, dated 14 September 1937, SMD, ED 79/178.

27. G. R. M. Garratt, ed., *Television: An Account of the Development and General Principles of the Television as illustrated by a Special Exhibition held at the Science Museum, June-September 1937* (London: HMSO, 1937).

28. Minutes of the meeting held on 16 June 1937, item 6, quotation on p. 2, SMD, ED 79/178.

29. Letter from Mackintosh to Paterson, dated 13 July 1937, SMD, ED 78/178.

30. Letter from Paterson to Mackintosh, dated 14 July 1937, SMD, ED 79/178.

31. Letter from H. J. Barton-Chapple of Baird Television to Garratt, dated 22 July 1937, SMD, ED 79/178.

245
32. Letter from Hartley to Barton-Chapple, dated 23 July 1937 (Garratt was away), SMD, ED 79/178.

33. Sarah Smith, *Children, Cinema and Censorship: From Dracula to the Dead End Kids* (London: I. B. Tauris, 2005), pp. 45-76.

34. T. S. Moore and J. C. Philip, *The Chemical Society, 1841-1941: A Historical Review* (London: Chemical Society, 1947); D. H. Whiffen and D. H. Hey, *The Royal Society of Chemistry: The First 150 Years* (London: Royal Society of Chemistry, 1991); and Robert F. Bud, 'The Discipline of Chemistry: The Origin and Early Years of the Chemical Society of London', unpublished PhD Thesis, University of Pennsylvania, 1980. Also see C. A. Russell, N. G. Coley and G. K. Roberts, *Chemists by Profession: The Origins and Rise of the Royal Institute of Chemistry* (Milton Keynes: Open University Press, 1977). For the history of the celebrations themselves, see *A Record of the Centenary Celebrations* (London: Chemical Society, 1948). Sophie Forgan 'Atoms in Wonderland', *History and Technology* 19 (2003), pp. 177-196.

35. See his biography G. M. Bennett, 'Robertson, Sir Robert (1869-1949)', rev. K. D. Watson, *Oxford Dictionary of National Biography*, Oxford University Press, 2004; online edn, Jan 2008 [http://www.oxforddnb.com/view/article/35785, accessed 19 Jan 2010], and for his work at the Laboratory of the Government Chemist see P. W. Hammond and H. Egan, *Weighed in the Balance: A History of the Laboratory of the Government Chemist* (London: HMSO, 1992), chapter 15.

36. 'Report of the first meeting of the subcommittee held on Tuesday May 7th 1946', SMD, ED 79/154.

37. 'Note of a discussion at the Science Museum at 11 am Monday May 27th 1946' and a letter from Shaw to D. C. Martin, General Secretary of the Chemical Society, dated 30 May 1946, both SMD, ED 79/154.

38. Moore and Philip, *The Chemical Society*, 1841-1941.

39. Alexander Findlay, *A Hundred Years of Chemistry* (London: Gerald Duckworth, 1937). It was reissued in a revised version by Trevor I. Williams in 1948, presumably to capitalise on the interest generated by the exhibition. For the centenary celebrations, Findlay produced a compendium of biographical memoirs, *British Chemists* (London: Chemical Society, 1947), with W. H. Mills.

40. 'Minutes of the second meeting held on June 19th 1946', SMD, ED 79/154.

41. F. Sherwood Taylor, *A Century of British Chemistry* (London: Longman Green, 1947). For the papers relating to this book (and Sherwood Taylor's involvement with this exhibition as a whole), see folders 132 to 137, MSS Taylor, Ar-

chives of the Museum of the History of Science, Oxford. I am indebted to Tony Simcock for this reference.

42. 'Minutes of the third meeting held on August 8th 1946', SMD, ED 79/154.

43. For Jolliffe's attendance in place of Brown see the minutes for the fourth and fifth meetings in SMD, ED 79/154. For his near-appointment as Director (he was placed third on a shortlist of four) see 'Results of Competition' dated 15 May 1956, TNA: PRO, Comp. No. S. 4575/56.

44. 'Minutes of the third meeting held on August 8th 1946', SMD, ED 79/154.

45. 'Minutes of the fourth meeting held on Thursday 17th October 1946', SMD, ED 79/154. The handbook was published as *Chemical Progress: Handbook of an Exhibition*, a slim volume with a light blue cover, by His Majesty's Stationery Office in 1947.

46. See the letter from A. Barclay to J. R. Ruck Keene of the Chemical Society, dated 7 August 1946, with an attached list of possible exhibits from the Science Museum, SMD, ED 79/154.

47. 'Suggested Layout of Exhibition and Summary of Exhibits', undated, SMD, ED 79/154.

48. A press notice entitled '100 Years of British Chemistry' dated December 1946 with a cover letter signed by D. C. Martin, also dated December 1946, SMD, ED 79/154.

246   49. Quotation taken from 'D. S. I. R. Section of Chemical Society Centenary Celebration Exhibition', undated but around October 1946, SMD, ED 79/154.

50. For a detailed study of this crisis, see Alex J. Robertson, *The Bleak Midwinter: 1947* (Manchester: Manchester University Press, 1987). For a more general history of the coal industry in this period, see chapters 4 and 5 of William Ashworth, *The History of the British Coal Industry*, volume 5, *1946-1982 : The Nationalised Industry* (Oxford: Clarendon Press, 1986).

51. Letter from O'Dea to A. M. Rake of the Ministry of Fuel and Power, dated 27 August 1947, SMD, ED 79/164.

52. Note from O'Dea to Hartley appended to a timetable of his dealings with the ministry, dated 28 August 1947, SMD, ED 79/164.

53. Letter from W. H. Willson of the Ministry of Fuel and Power to Hartley, dated 8 September 1947, SMD, ED 79/164.

54. Note from O'Dea to Hartley, dated 28 July 1947 and confirmed by Willson in

his letter of 8 September, SMD, ED 79/164.

55. Note from Hartley to Shaw, dated 10 September 1947, SMD, ED 79/164.

56. Shaw's response to Hartley appended to the original note, dated 11 September 1947.

57. Note from O'Dea to Hartley, dated 3 October 1947, and Hartley's response of 4 October. SMD, ED 79/164.

58. Science Museum press release, undated but clearly composed in early October 1947 as it was sent to Lord Citrine on 15 October, SMD, ED 79/164. The projected visitor figures were probably inflated for political reasons, but the actual total was a very respectable 218, 717.

59. Letter from Lord Citrine to Shaw, dated 29 October 1947, SMD, ED 79/164.

60. Letter from Willson of the Ministry of Fuel and Power to O'Dea, dated 6 January 1948, SMD, ED 79/164.

61. Note by Hartley to the Director, appended to a note from O'Dea to Hartley, dated 13 December 1947, SMD, ED 79/164.

62. Response from Shaw to Hartley, dated 16 December 1947, and subsequent internal exchanges in the file, SMD, ED 79/164.

63. *Hansard*, HC Deb 11 June 1953 vol. 5 16 c440, Response by the Financial Secretary to the Treasury (John Boyd-Carpenter) to a question by Cledwyn Hughes MP, available online at http: //hansard. millbanksystems. com/commons/1953/jun/11/science-graduates-employment (accessed 13 May 2009).

64. Letter from A. E. Gunther to Barclay, dated 7 September 1953, SMD, ED 79/179.

65. Note to the Director written by Barclay, dated 27 October 1953, SMD, ED 79/179.

66. Sherwood Taylor's response to Barclay, dated 28 October 1953, SMD, ED 79/179.

67. Barclay's response to Sherwood Taylor's comment, dated 3 November 1953, SMD, ED 79/179.

68. Formal letter from Barclay to Gunther, dated 27 October 1953, SMD, ED 79/179.

69. A. Simcock, *Sphæra*, 8 (Autumn 1998); available online at http: //www. mhs. ox. ac. uk/sphaera/ (accessed 29 April 2009).

70. Letter from Sherwood Taylor to Gunther, dated 18 November 1953, SMD, 247 ED 79/179.

71. Letter from Gunther to Sherwood Taylor, dated 19 November 1953. Sherwood Taylor sent a brief response on 25 November, accepting Gunther's offer to remove the reference to Shell, SMD, ED 79/179.

72. Memo to Barclay and Chilton written by Winton, date-stamped 21 July 1954, SMD, ED 79/179.

73. Memo from Chilton to Barclay, dated 26 February 1954, quotations on pp. 1 and 2. Also see the letter from Sherwood Taylor to Gunther, dated 1 March 1954, confirming the new arrangement. All SMD, ED 79/179.

74. Note from Winton to Chilton, dated 2 March 1954, SMD, ED 79/179.

75. Press Notice, dated April 1954, SMD, ED 79/179.

76. Letter from Barclay to Gunther, dated 11 May 1954, SMD, ED 79/179.

77. Figure given in Barclay's letter of 11 May.

78. Letter from Gunther to Barclay, dated 14 May 1954, SMD, ED 79/179.

79. Letter dated 18 November 1953, cited above, SMD, ED 79/179.

80. Memo to Barclay and Chilton by Winton, cited above, SMD, ED 79/179.

81. Letter from Mackintosh to J. H. Markham, Chief Architect of the HM Office of Works, dated 25 February 1939, SMD, ED 79/53.

82. Note from Greenaway to Follett, dated 22 October 1970, Nominal File 4584.

83. Response by Follett to Greenaway, dated 12 November 1970, SMD, 4584.

84. Letter by Greenaway to Mason of the Gas Council, dated 17 November 1970, signed by L. R. Day, SMD, 4584.

85. 'Science Museum-Gas Gallery', a document for the meeting of the Executive Committee of The Gas Council prepared by the Public Relations Adviser and the Manager, Publicity and Marketing Projects, dated 22 December 1970, SMD, 4584.

86. Letter from Mason to Greenaway, dated 17 March 1971, SMD, 4584.

87. For the content of the exhibition, see 'Natural Gas Exhibition: Summary of Contents', dated 8 July 1971, SMD, 4584.

88. Letter from Greenaway to C. A. R. Jones, Deputy Secretary of the Gas Council, dated 10 November 1971, SMD, 4584.

89. Ibid.

90. Edward W. Said's path-breaking but controversial book on orientalism was published by Routledge & Kegan Paul in 1978, just two years after this festival. For a more recent edition, see Edward W. Said, *Orientalism*(London: Penguin, 2003).

91. Personal communication from Paul Keeler, dated 5 May 2009.

92. *The Guardian*, 18 June 2002.

93. Letter from Dr Thomas to Ahmad Bahafzallah, President of the Federation of the Students Islamic Societies, dated 2 June 1976, SMD, Z 228.

94. For general accounts of the 1975 'World of Islam Festival' see Harold Beeley, 'The World of Islam Festival, London 1976', *Museum* 30(1) (1978), pp. 10-11, and John Sabini, 'The World of Islam', *Saudi Aramco World* 27/3 (May/June 1976), available online at http://www.saudiaramcoworld.com/issue/197603/ the.world.of.islam-its.festival.htm (accessed 20 January 2010). For the Science Museum's exhibition (with illustrations of the exhibits) see David B. Thomas, 'Science and Technology in Islam: An Exhibition at the Science Museum', *Museum* 30 (1) (1978), pp. 18-21.

95. A copy of Professor Watt's letter to the *Daily Telegraph*, published on 25 November 1975, is attached to a letter from Paul Keeler to Dr Thomas, dated 18 November 1975, SMD, Z 228.

96. Personal communication from Paul Keeler, dated 5 May 2009.

97. For the prehistory and background to the 'World of Islam Festival', see the draft letter to the *Daily Telegraph* written by Keeler and sent to Dr Thomas with his letter of 18 November 1975, SMD, Z 228.

98. Letter to the Director from Paul Keeler, dated 23 March 1973, SMD, Z 228.

99. Note by Greenaway, dated 3 April 1973, appended to a note by Winton of the same date.

100. Note by Wartnaby, dated 10 September 1974, appended to a note by David Thomas about Nasr, dated 9 September, SMD, Z 228.

101. Contrast David Thomas's breezy remark that 'Dr Greenaway is confident that the alchemy section can done successfully' in his memo of 4 October 1974 with Greenaway's marginal note of 5 October on this document that 'I am not "confident" that an alchemy section based on original material would be easy to do ... ' (underlining in original). By 31 October, Greenaway was 'not at all happy with this'; a marginal note on Thomas's memo to the Director on the pros and cons of continuing with the exhibition, dated 28 October, SMD, Z 228.

102. Weston replied to Thomas's memo on the exhibition of 28 October with the marginal note 'I am going to let Dr Thomas go ahead with this, though I do regard it as a very borderline case', SMD, Z 228.

103. Personal communication from Paul Keeler, dated 5 May 2009.

104. See the four-page 'Proposed Outline of the Exhibition of Islamic Science for the Festival of Islam, London 1976, prepared by S. H. Nasr', undated, SMD,

248

Z 228.

105. Note by David Thomas to Wartnaby (originally Greenaway but scored out), dated 9 September 1974, SMD, Z 228.

106. Personal communication from Paul Keeler, dated 5 May 2009. Maddison and Turner helped to produce a exhibition catalogue at the time, but Maddison's efforts to produce a scholarly 'catalogue raisonne' were probably defeated by his own perfectionism; personal communications from Tony Simcock, dated 3 March 2009 and 4 September 2009. Leonard Harrow and Peter Lambourn Wilson, *Science and Technology in Islam: An Exhibition at the Science Museum, London … based on information and research by F. R. Maddison and A. J. Turner* (London: Crescent Moon Press, 1976).

107. For the content, see Thomas, 'Science and Technology in Islam'.

108. Personal communication from Paul Keeler, dated 5 May 2009.

109. Thomas's memorandum on the pros and cons of the exhibition, dated 28 October 1974, SMD, Z 228.

110. 'Final Attendance figures', a handwritten and undated list of visitor figures for the period 8 April to 29 August, 'final' added afterwards and double underlined, SMD, Z 228. Later, in 'Science and Technology in Islam', Thomas stated that the visitor numbers were 'around 40000' (p. 21).

111. Letter to the Director from Guy Pearce of the World of Islam Festival 1976, dated 3 May 1976, SMD, Z 228.

112. See, for example, Seyyid Hossein Nasr, 'Islam and Modern Science', a lecture delivered on the eve of the Middle East peace conference in Madrid, 30 October 1991.

249　　113. Proposal by Greenaway and Raimes, dated 16 October 1979, sent to Weston on 18 October. Although the memorandum was produced jointly, the style is that of Frank Greenway rather than Jane Raimes, so we can ascribe the authorship of this passage to him with some confidence, SMD, SCM/2002/00/09 & 11.

114. Memo from D. Robinson to Weston, dated 25 October 1978, SMD, SCM/2002/00/09 & 11.

115. Note of a telephone conversation with J. G. Anderson of the Department of Trade by Greenaway, dated 20 November 1978, SMD, SCM/2002/00/09 & 11.

116. Minutes of a meeting between the Science Museum and the Design Council on 17 January 1979, SMD, SCM/2002/00/09 & 11.

117. Minutes of the 'initial meeting' (of the Microprocessors Advisory Group?) on 2 February 1979, SMD, SCM/2002/00/09 & 11.

118. Note of a meeting of the Microprocessors Advisory Group held on 26 March 1979 and a subsequent exchange of notes between Raimes and Weston on 27 and 28 March, SMD, SCM/2002/00/09 & 11.

119. Personal communication from Mrs Jane Raimes, dated 4 May 2009.

120. See the letter from Weston to the Prime Minister, dated 27 July 1979, inviting her to open the exhibition around 26 November, SMD, SCM/2002/00/09 & 11. There is no reply from the Prime Minister's Office on the file, and she may have declined (or never responded) because Norman St John Stevas was probably keen to open it himself; for his enthusiasm for the exhibition, see the note from Mary Giles to Mrs [Sheena] Evans of the Department of Education and Science, dated 11 July 1979, SMD, SCM/2002/00/09 & 11.

121. 'Financial Situation as at 26th October 1979' by Gordon Bowyer and Partners, dated 26 October 1979, SMD, SCM/2002/00/09 & 11.

122. A letter from M. Weston to HRH The Duke of Kent, dated 24 August, states: 'the exhibition will open during the first half of December'. A letter from his Private Secretary, Richard Buckley, dated 2 October refers to 13 December, presumably a date which suited the Duke of Kent, SMD, SCM/2002/00/09 & 11.

123. See the draft programme sent to St James's Palace by Derek Robinson with a cover letter from Robinson to Commander Buckley, the Duke of Kent's Private Secretary, dated 2 November 1979, SMD, SCM/2002/00/09 & 11.

124. File note by Becklake, dated 23 November 1979, referring to a meeting on 22 November, SMD, SCM/2002/00/09 & 11.

125. Science Museum Annual Report for 1980, p. 5. Mr MacPharlane's [sic] name is written by hand into the (undated) schedule for the opening of the exhibition on 26 February 1980, SMD, SCM/2002/00/09 & 11.

126. For the invitation to Kilby and his non-appearance, see a letter from Becklake (signed by J. Griffiths) to R. Mann, dated 7 February 1980, SMD, SCM/2002/00/09 & 11. For the Duke of Kent's visit, see Science Museum Annual Report for 1980, p. 5.

127. Science Museum Annual Report for 1980, p. 5.

128. Ibid. , p. 12.

科学博物馆的收藏：藏品、文化
与制度三者关系的建设

罗伯特·巴德

导　论

250　　科学博物馆的藏品是世界上最好的。这种说法既真实，同时也存在着很大的争议。但科学博物馆的藏品规模之大、数量之多确实是毋庸置疑。从古埃及的测量仪器到最新的电子设备，科学博物馆拥有超过25万件的文物藏品。这些藏品涵盖了科学、工程学、运输学和医学等学科的发展历史和发展现状，而其中不乏一些个人藏品（如詹姆斯·瓦特个人实验室中的数千件物品）。

　　关于藏品的类别存在的争议更大。自20世纪以来，欧洲各地相继建立了与之范围相似的博物馆，这种结合更像是对文化多样性的继承，如"自然博物馆"或"国家历史博物馆"。然而，在科学博物馆出现之前，许多博物馆建立的目的只是为了展现人们对历史或发明创造的尊重。相比之下，科学博物馆自19世纪80年代建立之初起，就一直是个现代化的机构。它一直致力于借鉴历史经验来了解我们自身文化创造力的现状，并且为未来的发展照明道路。如何将历史与当代结合，将科学与技术结合，作为先驱者，早期的科学博物馆只有一个例子可以参考，那就是巴黎工艺博物馆。尽管两个博物馆之间有许多相似之处，但与巴黎工艺博物馆不同的是，科学博物馆的重点在于科学而非技术。而在随后的发展中，管理者们反复寻找那些能够在科学与技术两者之间取得平衡的博物馆，但是却很难找到。即使是最接近科学与技术平衡点的位于慕尼黑的德意志博物馆，也达不到很好的平衡。

科学博物馆收藏的创始人、专利局官员伍德克夫特，在其 1864 年的官方报告中阐述了他的文物收集策略。他提出了一种定位于 20 世纪工业革命丰富遗产所在位置的考古技术。[1] 近 150 年后，我们可以通过考古的方式接近这些文物藏品。这个过程揭露了一段跨越近代文化多个层次进行考古探究的诱人历史。希望和梦想、失望和胜利就像车床和星盘一样明显。这些藏品不仅仅揭示了科学博物馆是以机构的形式存在的，也展现了科学博物馆的文化内涵，同时也体现了资助者、观众以及将这些文物重现天日的相关机构工作人员的价值观和愿景。

251

每次文物采集都有相关的记录，而这些记录通常保存在文献中心的相关技术文件中。在这些文件中我们不难发现，只有通过大图片才能够清晰地看到在这个特殊的"探究"中的每一层。首先，我们可以看到文物藏品是如何反映现代话语层的。那么它们是如何做到的呢？我们将通过随着时间推移而产生变化的文物采集方式以及科学博物馆自身承受的压力（这种压力影响了科学博物馆相关收藏长达一个半世纪）来对其进行探究。此外，对数百万名观众产生的影响及其保存下来的物质文化，有助于科学博物馆向英国大众解释其存在的价值和"科学"的本质。特别是其自身的藏品历史向英国公众阐明了科学与技术之间的关系。它揭示了一个流程。在这个流程中，起初科学是技术应用的表现特征，但一个世纪后，技术已经成为科学博物馆的主要特征，甚至已经成了科学和医学的特征。

长期问题

人们反复提到的有关藏品的一个问题是伦敦的这些大型博物馆关于

文化空间（culture space）长期以来存在的争议和矛盾。科学博物馆起初作为一个刚起步的机构，按照惯例，必须长期排除某些特定的区域。即使到了1857年，仍有一些机构声称其自身具有相似的专业、文化和物质空间。这其中就包括那些致力于自然研究的机构。1883年，大英博物馆将自然类的藏品独立出来，建立了我们现在所熟知的自然博物馆。19世纪后期，皇家矿业学院的地质学相关教学工作与其他学科的教学工作相分离，同时地质学的展览也明显地体现了这一点：展览首先在杰明街的博物馆内举办，这个博物馆位于皮卡迪利广场附近（地质调查院和皇家矿业学院旁边的第一栋建筑），而后又在南肯辛顿举办了同样规模的展览。美学设计已经成为南肯辛顿博物馆艺术收藏的范围，随后又落到了维多利亚和艾伯特博物馆身上，而绘画艺术则成为国家美术馆关注的领域。科学博物馆与格林尼治博物馆（1873年成为海军博物馆，而后在1934年改为国家海事博物馆至今）藏品的紧张关系直接导致了科学博物馆与船舶之间的紧张关系，而各军事博物馆也影响了科学博物馆对战争物质文化的态度。

252　　　通过国家的计时收集分区，我们可以体会到复合生态的含义。历史悠久的时钟已经安置在大英博物馆显著的位置，航海钟则安置在国家海事博物馆，而反映技术发展的时钟则安置在科学博物馆。14世纪晚期，威尔斯大教堂钟的加工、维护等工作是在1884年具体落实到科学博物馆的，而大英博物馆则负责17世纪早期的卡西奥伯里塔楼时钟的相关维护工作。早期木制的约翰·哈里森（John Harrison）时钟保存在科学博物馆，而著名的天文钟则保存在国家海事博物馆。

　　　各个机构之间对文化空间的竞争已经开始约束藏品的物理空间。这种强有力的约束迫使博物馆对藏品收购的优先级做出决定。正如约翰·利芬在本书的下一章所提到的，只有在1952年，位置偏远的商店的需求是持久的。20世纪70年代末，科学博物馆收购了斯温登附近莫尔伯勒丘陵上的机场。科学博物馆从皇家海军飞机场那里接管老机库，建设自己的现代化仓库以获得更多空间，以便于在已有空间消耗殆尽之前实施更大的采购计划。

　　除了像这样的存储空间，其实展厅本身是一类巨大的资源，它们的采购需求一直连绵不断甚至处于主导地位。20世纪70年代，新化学展厅的开幕更是引发了藏品采购的热潮。与60年代相比，科学博物馆70年代从实验化学中收集的藏品多出了4倍多。而从当时的工业化学类藏品收藏中，我们发现了一种类似的不成比例的增长率。有时甚至一个临时展览，如1936年的低温展览，就带来了大量藏品收购的机会。此时，科学博物馆既是藏品的受益者也是保存者，如科学博物馆拥有的弗朗兹·西蒙(Franz Simon)爵士的低温液化器。相比之下，在大多数情况下，展览的物品都是借来的，只是在展览期间由博物馆临时保存。因此，在著名的1933年的塑料展览中，尽管有100万人参观，最后没有一件展品留在科学博物馆，就连一个由压缩成型机(这个机器主要是按照人们的想法将碗制作出来)现场制作的碗的样本都没留下。

　　在收藏的过程中，即使是在特定的时代，理论科学、应用科学和技术之间还是存在着深刻并且持续紧张的关系。随着时间推移，这种关系已经通过很多方式表达出来了。比如，科学博物馆在1923年使用了国家科学工业博物馆的非官方标题，做出了对工业界以及学术界非常重要的承诺。科学博物馆策展人也做出承诺：为了公众利益以及与媒体的约定，无论科学或工业起源如何，科学博物馆都将不遗余力地获取之前的和现在的重要发明作品。

　　在科学博物馆的藏品中心我们可以看到，科学博物馆追求的共同目253标是展示过去最重要的遗址和现代最重要的产品以及对未来的预测。这些都体现了管理者和外部顾问，特别是早期科学师范学院的教授和专业工程师的专业判断。

　　科学博物馆对过去、现在和未来的态度之间的关系已经发生了变化，但是对"进步"的特殊态度却是一成不变的。科学博物馆形成于这样一个时期：在这个时期，发展和演变的理论是交织在一起的，而所有的讨论都是建立在达尔文自然选择论和生命树理论的基础上的。近几十年来，通过这些讨论，科学博物馆得到了一个关于科学和工业设备改进的演化模型，这甚至比从任何历史学家那里得到的内容都多。我们将从个体时代的详细研究中看出这个演化模型如何影响收藏。

令人惊讶的是，研究学术的历史学家很少直接参与这些讨论，而社会历史学家也很少参与到科学博物馆建设过程的讲述中来。另一方面，科学博物馆一直是科技史学科发展的中心。纽科门协会和英国科学史学会都在那里召开了各自的早期会议。具有划时代开创意义的纽科门和瓦特蒸汽机在科学博物馆入口的大厅有详尽的图表展示。[2]这张图表呈现了 11 个平行柱，每个平行柱都能使观众将其关联到相应的重大历史事件。第一个平行柱展示的是"在理论科学和应用科学上，对原动力的发展有直接和间接影响力的重要事件"。第二个是"工程师的生活"。第三个是"时间表"。后面 6 个柱子说的是发动机和锅炉的发展。紧接着的平行柱是一个展现英格兰和威尔士人口，联合王国的煤、生铁产量和铁路里程数的综合图表。最后一个平行柱说的是"英国和世界历史的重要事件"，又分为经济史和政治史。这些平行柱并没有整合政治的发展状况——最近的一项是爱尔兰的新芬党（1915—1916）的发展、妇女解放（1918）和伴随着技术改革的爱尔兰自由州协议法（1922）。这些图表清晰地展示了科学博物馆为改进自身做出的努力以及自身与潜在的社会经济变化之间的联系，但很难表示出它与社会之间的联系。

因此，科学博物馆的藏品自 19 世纪 70 年代一直保持了下来。过了将近一个半世纪，我们意识到，复杂的文化生态对于空间以及展览的需求已经处于主导地位。还有这样一种学术观点——通过实际应用和实验成果而不是通过对社会历史的持续怀疑，来颂扬科学的重要性。

如果我们观察科学博物馆目前的收藏，然后将藏品根据正式入馆的年份划分，观察各个年代的藏品量比例，我们不难发现，科学博物馆经历了 19 世纪 80 年代、20 世纪 20 年代和 20 世纪 80 年代这三个藏品量激增的高峰阶段。进一步观察目前的藏品（不包括韦尔科姆收藏）我们可以看出，藏品的 5％来自几十年前的第一个高峰阶段的收藏，10％来自第二

254

个高峰阶段，25％来自第三个高峰阶段。纵观科学博物馆 160 年的藏品，仅这三个高峰阶段的藏品就占据总量的 40％。因此，观察这些高峰值可以帮助我们发现需要重点关注的问题和关键的转折点。（图 11-1）

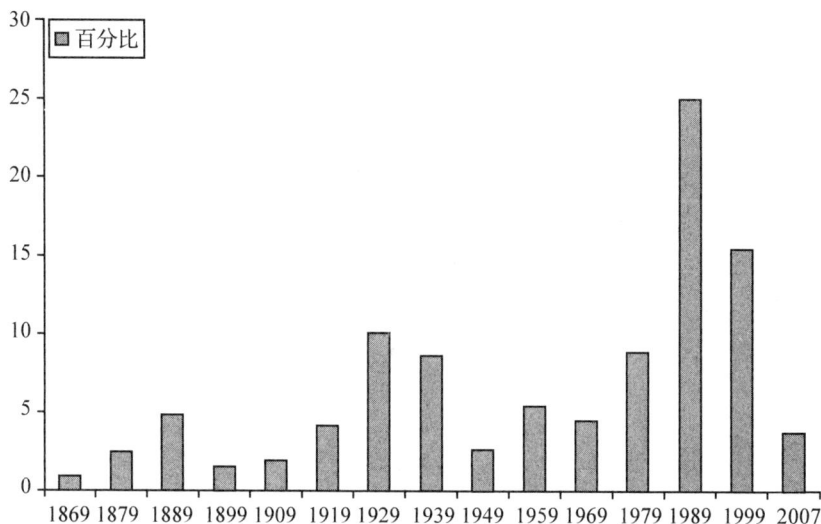

图 11-1　截至 2008 年，科学博物馆藏品在过去每 10 年入馆数量所占百分比

藏品的构成

要想了解科学博物馆藏品的构成，我们需要思考两个机构之间的"反向收购"，同时还要考虑于 1883 年开始使用的新的馆名"科学博物馆"（虽然"科学博物馆"这种说法直到 1909 年才被正式认同）。正如本书第一章中所描述的，这个过程中的具体细节也是受到 1876 年"特殊租赁科学仪器设备"展的发起者影响。这些发起者包括科研机构的成员、新科学师范学院的教授，还有当时的新科学杂志《自然》的编辑。这个团队在其反对者——一些哲学家团体的逼迫下解散，这些哲学家想要说服英国财政大臣支持"科学促进"。[3] 如赫胥黎已经呼吁大多数皇家矿业学院的师生从杰明街转移到南肯辛顿。因为南肯辛顿是开展广泛的科学教育

的基地，而不是用于采矿专业的技术培训基地。这个奇妙独特的现象可以说是 19 世纪的奇迹之一。只需要一些职员和 19 世纪中期的技术，《自然》杂志的编辑诺曼·洛克就从世界各地收集了 20000 件藏品，并在 3 个月内将它们展示给 30 万名观众。所谓的职员团队是由 5 个小组委员会的科学家，在 1875 年的第一次会议时组成的。团队后来又陆续吸引了本地一些顶尖的科学家，而时任英国科学促进协会会长的约翰·廷德尔(John Tyndall)也对科学与艺术部门的配合表达了诚挚的谢意。根据英国协会各部门的指示，这些小组委员会是：

A. 力学(包括理论数学和应用数学)委员会

B. 物理学委员会

C. 化学(包括冶金)委员会

D. 地质学、矿物学和地理学委员会

E. 生物学委员会

尽管收集的大件藏品多数被退回，但仍有一部分藏品保存了下来。这些藏品中有些是捐赠的，有些则是用科学与艺术部门的专项资金购入的。在那些被退回的藏品中，有一些重要的藏品是通过使用埃尔金顿公司的电铸手段的新型复制工艺进行复制得到的。因此，在退回到布拉格之前，科学博物馆使用这种工艺复制了第谷·布拉赫的象限仪——它曾经提供图片证实了开普勒关于太阳系的理论。在这些图片中，行星是围绕着太阳转的。同样被复制的还有格瑞克的两个半球——它证明了就算是数量多达两支队伍的马，都不能将被大气压压在一起的两个球分开。

展览原本计划永久性开放，但却在 1876 年年底关闭了。受到展览关闭的影响，展览的发起者计划以个人名义购买这些藏品。但当政府决定将现有的南肯辛顿博物馆藏品交予他们时，这个计划反而被叫停了。最终，教授受邀去搜寻南肯辛顿博物馆和位于展览路东侧的专利局博物馆的各种非艺术藏品，拿走他们想要的东西，其余的则丢弃，并临时借用南肯辛顿博物馆的品牌名称，并借鉴其管理结构进行管理。1874 年，德文郡委员会公开谴责南肯辛顿博物馆所谓的科学藏品数量匮乏的说辞：

> 在哈姆雷特这部戏剧中与丹麦王子有关的部分都缺失了。缺失的部分有文物、图片和书籍；也有美国人所谓的"虫子"，即自然标本。但是，博物馆没有任何能够让学生对观察和实验科学产生兴趣的藏品，以及对那些依靠应用科学的工业人员有实用性的藏品。[4]

虽然科学博物馆有古物、图片、书籍和"虫子"，但到目前为止，很少有科学藏品。

新来的顾问只想要很少量的南肯辛顿博物馆现存藏品，这主要是指教育类藏品的大部分以及重要的船舶模型藏品。按照商业领域的通用办法，其余的就被进行"资产剥离"。大部分非艺术类藏品、建筑类藏品、动物和食品类藏品都将被剥离。

这次收购的第二个受害者是专利局博物馆，主要是因为当时为了艺术类的藏品而占用了专利局博物馆位于展览路东侧的空间。这是令人敬畏的拥护者和创造者伍德克夫特充满激情与活力的杰作。以历史为基础的藏品主要包括早期的蒸汽发动机，如现存最早的博尔顿和瓦特蒸汽机、彗星发动机、欧洲最早商业化的蒸汽动力船、普芬·比利机车（现存最早的机车）及其伟大的"继任者"——斯蒂芬森火箭。1874 年 1 月，艺术学会的一个代表团来到大法官面前，为藏品寻求更好的安置地，他们称自己的藏品为"世界上最有趣的、独一无二的藏品，其中更是包含了一些发明最原始的标本，而这些发明彻底改变了现代工业、现代旅游业和整个'文明'的特点"。[5]

解决安置问题的方法是将各种藏品合并在一起管理。而于 1876 年退休、1879 年逝世的伍德克夫特，并没有妥善保护他的藏品遗产。根据 1883 年颁布的专利法，伍德克夫特的藏品将移交到科学与艺术部门并由他们保管，财政部也同意将这些与其他藏品合并在一起。

19 世纪 80 年代

1882 年，科学与艺术部同意把科学师范学校教授所建议购入的藏品补充到现有藏品中。物理学教授弗雷德里克·格思里（Frederick Guthrie）在其相关的物理介绍中主张："应该通过仪器设备来阐明物理发现及应用的各个步骤。因此，我收集了一个完整的电流发电机藏品，包括沃尔塔的冠杯以及最近的蓄电池和发电机。"在确定了光和热的等价标题（被他称为收藏的"脊髓"）后，他强调：

> 只有不及上述那样重要的藏品会出现在展览上，用于展示关键的发现或方法。我的意思是，那些重要的藏品毫无疑问不会一直用于展览。这些重要的藏品包括展示了波义耳定律的仪器、通过棱镜对光进行分析的藏品、通过电流引起转动的磁针，还有透析仪器。这些藏品应用并不广泛，但它们却是"脊髓"。如果这两个主要目标能在预定的计划中着重标注，我相信其他的展品会自行协调，分成三类：技术工具类，如电报和电话仪器；乐器类；气象仪器类，如天文测量仪器等。很可能还有其他政府部门，如海军部、军需处等会需要这些东西的帮助。还有天文学、气象学等学科，甚至许多仪器的设计，如气压计、温度计、分光镜等，与理论物理学科有共通点。将两者联系在一起应该没有难度。[6]

随后，格思里认识到了"感性认识文物对象的重要性（不是牛顿的棱镜，而是牛顿的笔）"。最后他提到了"所谓的'集合'指的是具有不同理念的仪器制造商用于展示的物理设备的全部。在接受、选择和整理这些展品等方面具有相当大的难度。而大多数这种集合却存在大量的垃圾"。生物学和化学教授也采用了类似的方法。

在格思里提到的大多数集合背后都有一个重要的共同因素，也就是今天我们所说的科学设备或仪器。詹姆斯·克拉克·麦克斯韦在 1876 年的展览演讲中第一次对这个新兴类别进行充分详尽的说明。科学在技术和材料方面比理论或书籍方面更要适合博物馆。正如格思里所表明的,我们研究所采取的方法正是科学研究要经历的过程。他的分析并没有涉及大的理论方案或哲学见解,而只涉及发现和应用的步骤。

与此同时,工程师委员会审查了专利局博物馆的藏品。委员会要将其作为科学博物馆的一项核心工作进行审查,同时他们也参考相似的标准对专利局博物馆的科学家进行审查:

> 我们遵循的标准主要是看藏品对于历史发展是否有重要意义、对实践是否起到示范作用或是说与发明创造是否有关。①

值得注意的是,本次审查的重点在于那些位于应用科学前沿的机器。

19 世纪 80 年代后期,科学博物馆出台了一个收藏的政策。当时博物馆已经有了一定数量的藏品,而这些藏品也已经引起了世人的瞩目。第一个应用于煤矿的安全照明灯是现在保存在南肯辛顿博物馆的汉弗莱·戴维(Humphry Davy)原始安全灯,而一个世纪后,它被看作藏品中的珍品。这些藏品最初保存在地质博物馆,于 1857 年才转移到南肯辛顿博物馆。1862 年,由于专利局博物馆的原因,伍德克夫特收购了火箭机车和彗星蒸汽机。1876 年的科学仪器临时展展出了赫切尔棱镜和反射镜以及汤姆森的镜式检流计。同时展览展出的赫切尔装置在 80 年后送给了科学博物馆。

后来,一系列被忽视的"珍品"实际上在 19 世纪 80 年代科学博物馆 258 收购的藏品中占据了大部分。1889 年,科学博物馆收藏了约翰·珀西

---

① 1883 年 12 月 21 日委员会的任命报告。教育委员会向上议院就南肯辛顿博物馆机械部门准备成立专利局博物馆提供了咨询意见,特别是科学和艺术部对科学博物馆的各个部门应该保留哪些内容提供了意见,并从科学和教育的角度对科学博物馆机械部的发展提出了建议。

晚年时期的巨大冶金样本，这使科学博物馆成为当时国家科学领域的资料库。这对珀西来说是一个胜利，因为他作为皇家矿业学院冶金化学教授，曾因反对藏品搬到南肯辛顿而辞职。

科学博物馆将各种材料聚集在一起，并再三强调，科学博物馆的主题是"理论科学和应用科学"。有一些新出现的或者未定义的藏品类别，这些类别既可以标明藏品所属，反过来藏品也可以使这些类别变得生动起来。当然，大部分公众在参观科学博物馆时也会首先关注到这些类别。

1888 年，藏品被分为两类：指导与研究类、工业应用类。[7]1889 年的一次议会调查表明，科学博物馆的建设重点是将工业应用与纯工业博物馆分离。纯工业博物馆的藏品也在一定程度上反映了科学实践和应用。[8]发动机和螺旋桨之所以重要，不仅因为它们在工业上的重要性，还因为它们在应用科学上的地位。同样，光谱仪和直尺之所以重要，也不仅因为它们对少数从业者具有重要意义，还因为它们是当今世界财富的基础。然而很多人并不认可这种说法。时任工程办公室主任的米特福德强烈反对 1884 年的调查："一个人并不是在游逛南部展厅的排水管走廊、参观兵马俑样品、观察铸铁工作和各种过时的无意义的东西之后，才能学习建筑行业。要想成为一位建筑师，就必须在工作台上工作。要成为一位设计师，就必须去给有手艺的大师当学徒。"[9]换句话说，要想掌握一门实践性的技术需要的是亲自实践，而不是只看不做。对他来说，南肯辛顿藏品的唯一价值是其能够向新师范学院的教授展示藏品的储备。米特福德的反对虽然遭到了拒绝，但他的一些报告使科学家感到震惊。

争论的另一方，洛克认为，现存的藏品数量只有原本应有数量的十分之一。在 1889 年的一个调查中，他声称，自 1876 年展览以来，"藏品的数量已经'蒸发'了一半"。[10]在对潜在空间需求讨论之后，有人建议他："你最好是管理一下博物馆，定期对藏品推陈出新和替换淘汰，从而使藏品能够跟上科技进步的步伐。"他回答说："嗯，我不知道，但我觉得其他博物馆没有这样做过。"有人进一步提示他："难道要让博物馆来适应空间吗?"洛克用一个疑问句"你指的是国家博物馆?"简洁地进行了反驳。[11]

我们可以根据现代藏品的采购情况来了解 19 世纪 80 年代的藏品采购情况。在 20 世纪 80 年代期间,科学博物馆共采购了 6728 件藏品。在这些藏品中,冶金类藏品占了一半多(3730 件)。在那之后,我们看到数百个藏品被分门别类地收录到矿业、电力和天文学等几个类别中,同时还看到有几十件藏品收录到了时钟、水上运输、动力学、热学、光学、化学实验、艺术和纺织机械等几个类别的藏品中。虽然这 10 年间与科学博物馆的藏品数量(从 1876 年的临时展览算起)有关的数据一直很活跃,但是这种模式与 19 世纪 70 年代的模式差别并不大。

1889 年,南肯辛顿科学博物馆藏品报告对当时的藏品情况提供了全面的统计。科学藏品严格采用 1876 年的临时展览会上小组委员会选出的结构。在那之前,科学藏品采用的是英国协会采用的结构,在这个结构中生物学要在地质学的前面而不是后面:

A. 力学和数学

B. 物理

C. 化学、冶金、农业原理

D. 生物学

E. 地质学、矿物学和矿业

F. 航海学、"航海天文学"与自然地理学[12]

根据不同的类别进行更深层次的收藏,这种藏品的组织形式显得相对保守。这种补充了工程类、地质学类和生物学类藏品的结构,将在藏品领域和员工的相关组织内持续一个世纪。

委员会根据赫胥黎教授、师范学院的教授以及因为推广达尔文进化论而闻名的皇家学会秘书的证词,对藏品的价值进行了总结。该委员会指出,"赫胥黎教授拥有大量的藏品信息",认为教授与科学师范学院的联系是"附属的和意外的"。与之相比更重要的是,首先他们与来自全国各地的科学教师接触，这些教师需要熟悉现代化的仪器、模型和标本；其次是"保存具有历史研究价值的仪器和模型作为发展的阶段性标记，同时也将科学原理应用于艺术和工业领域"。[13]

19世纪80年代末，科学博物馆拥有了丰富的藏品，以及完整的采购流程和思想体系。科学博物馆的工作人员有一种根深蒂固的信念——科学发展的进程将会引领工业发展并且在未来走向辉煌；还有一个坚定的信念是认为人们同藏品之间存在交流能力。1889年，洛克向委员会讲了一个故事。他讲述了自己去曼彻斯特拜访伟大的工程师约瑟夫·惠特沃思的经历。现代标准之父看着身边年轻的天文学者，先是指了指一幅能够让他在将来得以立足的宏伟蓝图，又指了指旁边的手推车，强调道："很多人看不懂图纸，但他们能看懂立体模型。"[14]（图11-2）

260

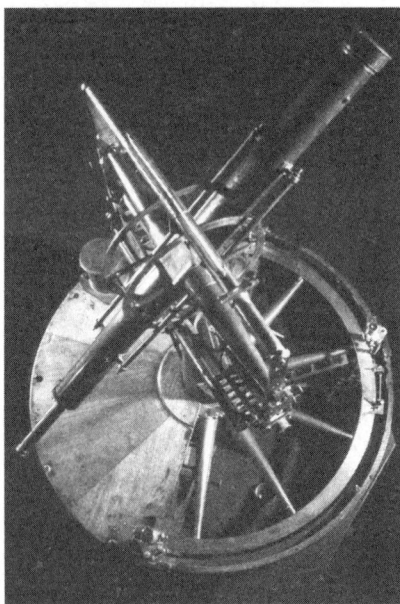

图11-2   杰西·拉姆斯登（Jesse Ramsden）于1792年发明的三脚经纬仪

注：三脚经纬仪一直使用到1862年，观测距离超过100英里。1876年，该仪器在展览上展出，自那以后就一直放在科学博物馆中。

20 世纪 20 年代

时间向前推进 30 年。即便当时科学博物馆在 1909 年出现了由基础 261
式向企业式发展的转折，藏品数量的增长也是渐进式的而非爆炸式的。
在新馆长里昂的领导下，藏品数量在第一次世界大战后的 10 年内出现
了急剧增长。在里昂的管理之下，科学博物馆有一群卓越的员工，这其
中就包括工程部负责人亨利·迪金森和科学部负责人戴维·巴克森德
尔。尽管如此，由于馆长需要亲自签署每一封从科学博物馆发出的信
件，所以里昂也亲自参与了每一次的采购过程。

这 10 年来，科学博物馆总共收藏了 14340 件藏品。今天最伟大的
上百件珍品中的八分之一就是在 1920 至 1929 年这 10 年间收集起来的。
其中的每一件藏品，在现在看来都是伟大的历史性代表，如阿斯顿的质
谱仪、石英微量天平和洛吉·贝尔德电视之类的藏品，它们是当时在尖
端科学和高新技术上的应用。一些藏品时代久远，但非常贴近新技术和
科学核心，包括第一架飞机（莱特兄弟）、1888 年柯达 1 号相机、帕森
斯的海洋涡轮机和克鲁克斯的辐射计。还有一些是工业革命的标志，如
特雷维西克的固定发动机。我们还可以算上乔治三世收藏的伦敦大学国
王学院和瓦特车间的科学仪器，在半个世纪前伍德克夫特就已经预料这
些会成为伟大的藏品，但这一预测在当时却没能获得认可。

在一定程度上，藏品的增长意味着需要更大的空间。新建筑在
1928 年完成建设并投入使用，这意味着有了更多的空间来存放藏品。
1920 年的机器工具目录用熟悉的语言描述了科学博物馆的作用：

> 科学博物馆的藏品和图书馆，旨在对数学、物理和化学科学领
> 域以及它们在天文学、工程、艺术和工业上的应用进行说明和阐
> 述。为此，科学博物馆收藏了标记历史发展中重要阶段的、具有历
> 史意义的藏品和其他能将科学原理运用到当前实践中的具有代表性

的藏品。[15]

20世纪20年代，最受欢迎的藏品主要包括数学，实验化学，天文学，水路、道路和铁路运输类的藏品，还有新出现的如无线通信、电信和航空等领域的藏品。这些领域和其他新的领域，如装卸机械和机床领域，不仅是科学进一步的应用，同时也代表着整个新型工业的产生和发展。

262　　人们会问，这个变化多大程度上反映了意识方针呢？在一个层面上来说，新馆长里昂和咨询委员会主席理查德·格莱兹布鲁克将传统价值观建立在关于前一个时代的紧凑规划和社会反思上。里昂否认自己有任何收藏策略，因为他的预算不允许他有计划地主动实施收藏策略。[16]他只能被动地接受提供给他的藏品。从另一方面来说，尽管建设了新大楼，里昂仍旧处于藏品空间不足的巨大压力下，而且他声称科学博物馆只是在接受那些通过"精挑细选"后所剩下的藏品。[17]

科学博物馆在面临新的压力的同时也遇到了新的机遇。研究实验室和卡特尔行业联盟成立于20世纪初期，这给德国和美国带来了竞争压力：化学方面有英国帝国化学工业公司；电力供应方面有通用电气公司；通信方面有邮局；航空方面建立了皇家航空公司。虽然天然气和电力公司分布零散，但还是有活跃的工业团体激烈地相互竞争，迫切地想把科学博物馆视为宣传他们事业的场地。帕森斯船用汽轮机公司向科学博物馆免费提供汽艇"透平尼亚"号（第一代涡轮动力船）的部分产品，包括发动机和螺旋桨。它们是帕森斯首个实验性涡轮发动机的内部材料，用于展示这个公司的历史。然而，这个发动机却在研发仅仅一年后，于1896年被替换。[18]

新技术的发明者也将科学博物馆视作他们发明展览的优先选择。安布罗斯·弗莱明（Ambrose Fleming）把他向债权人李·德·福里斯特（Lee de Forest）索赔的工具——先锋阀门捐赠了出来。[19]史密森学会的秘书塞缪尔·P.兰利（Samuel P. Langley）的一则声明震惊了莱特兄弟。

他声称，他是史上第一个飞上天的人，而莱特兄弟只不过是将他们的飞行器赠予了科学博物馆，从而使史密森学会承认他们的专利优先权。

当然，科学博物馆不能只是被动地依赖于新发明给科学博物馆带来的优势。经过迪金森和莱特8年的协商，科学博物馆最终获得了莱特飞行器。1920年，迪金森写信给莱特索要飞行器设备，询问如何让飞机尽快地在科学博物馆展出，但是并没有得到回应。于是，1923年迪金森亲自前往俄亥俄州代顿拜访莱特。直到1928年，莱特飞行器才顺利抵达科学博物馆。[20]在第二次世界大战后，飞行器就被送回原来的地方。

许多重要的藏品是来自政府的其他部门。鲍尔森的"录音电话机"——1903年出现的一种早期的磁带录音机，于1924年由战争办公室提供。[21]其他藏品都是通过购买获得的。在1926年12月的拍卖会上，巴克森德尔花费10英镑通过拍卖得到了1882年的维姆胡斯特起发电机，这种发电机能够产生大量的静电电荷。[22]次年，科学博物馆为得到阿斯顿的第一个质谱仪向卡文迪什实验室支付了90英镑，这笔资金能够使卡文迪什再购买一个磁铁代替科学博物馆收购的那个质谱仪。[23]

收购的主要目标是那些1924年帝国展览中首次展出的文物。有趣的是，科学博物馆从灯展临时借过来的藏品使得J. J.汤姆逊发现了电子。艾伦·莫顿表示，这个展览虽然从科学的应用方面看似复制了 263
1876年的临时展览，但这个展览使人们从仪器本身，而非仪器的类型中，获得更多的前沿知识。[24]因此，它依赖于科学博物馆的记录，但反过来又对记录加以补充。策展人巴克利编写了一些有关化学工业藏品的手册，向人们讲述了一个科学和初始的实验向今天的工业转型的历史故事。[25]但是自19世纪以来，化学工业本身并没有在科学博物馆的考虑范围内。

在1934年格莱兹布鲁克建议将科学博物馆从学校董事会转移到科学与工业研究部时，工业研究对当时的科学发展有着深远的启示。他的基本观点是，科学博物馆越来越多的作用是反映对变化的理解而非对永恒真理的理解。虽然博物馆后来增加了拨款但是核心活动没有收益，于是他的建议被科学与工业研究部否决。[26]（图 11-3）

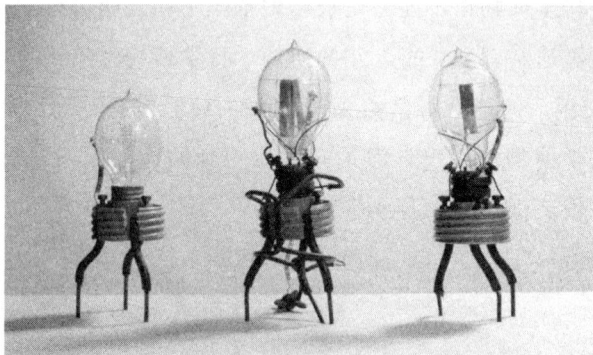

图 11-3　约翰·安布罗斯·弗莱明于 1903 年发明的原始热振荡阀
注：这些发明作品于 1925 年从弗莱明手中获得，实现了博物馆做出的获取
当代高科技产品的承诺。

早在 1929 年，国家博物馆和美术馆的皇家委员会就提出了工业研究的相关问题。一般来说，科学博物馆自身会积极地对外界的质疑和建议做出回应，只是报道很少提到。[27]然而，许多建议的核心内容是完全一致的，即社会需要更多的临时展览，尤其是关于当代主题的。为了响应主席格莱兹布鲁克将科学博物馆转入一个类似于大英博物馆系统的提议，委员会建议成立一个由工业代理人组成的更具有发言权和代表性的工业代表咨询委员会。而这个建议在赞美声后更多的是严厉的批评声：

> 目前，很难有一组单一的藏品能使大家学习了解当时科技的实际情况。很多工业代表和那些先进科技教育的负责人也都强调过这种需求。虽然机器、设备和模型等很容易从制造公司那里借得，但是涉及扩大藏品所需的费用问题依旧不容忽视。[28]

为了回应外界的质疑，科学博物馆做出了改变。科学博物馆采用了非正式称呼——"国家科学工业博物馆"，而且从 1929 年以后，这个称呼得到了越来越广泛的使用。工业代表加入咨询委员会，以工业为主题的临时展览加入了与塑料有关的主题。皇家委员会还建议，科学博物馆应该收藏现代车库或工厂的模型。我们能想到的一个最好的例子是建于1932年的国王基金医院模型，这个模型后来由韦尔科姆收藏馆获得（随后借给科学博物馆）。

然而，相比于收购更多的工厂模型，代表行业的担忧更加难以应对。专利局博物馆创始人伍德克夫特，将提高专利中的各种机器的质量作为目标融入他的历史模型中。从他那个时代来看，代表行业可以被看作是技术文物的"生命之树"。对收藏者来说，这个模型是强大的启发式设备。在19世纪90年代里昂为洛克工作期间，里昂获取古埃及测量装置的经历可以看作是对现代科学和技术早期发展的探究。①

不过，在伍德克夫特死后，科学变革的内生模式还是受到在科学博物馆影响下科学与技术融合的挑战。在一定程度上，管理者可以通过反思"理论科学与应用科学"的融合过程来解决这个问题。这是迪金森在他的历史著作——1939年出版的《蒸汽机小史》(*A Short History of the Steam Engine*)中采用的方法。[29] 尽管本书的叙述翔实而又复杂，但本书对工业谈及甚少。不同于对科学基础的描述，这本书忽视了社会和商业层面。自20世纪30年代起，随着工业部门在科学博物馆中变得日益重要，科学博物馆收购的藏品需要代表更广泛的社会和文化变革，而不是仅仅体现工业关键技术的改进。就像皮特·莫里斯在1937年指出的那样，馆长欧内斯特·麦金托什并不赞同将电视组件作为电视图标类进行收藏，他认为其只能作为科学设备进行收藏。

20世纪80年代

我们现在进入第三阶段——快速增长时期，也就是20世纪80年   265

---

① 参考柏林皇家博物馆收藏的由里昂捐赠的1913-573号藏品，这是用于计时的古埃及及计量设备的复制品。

第十一章　科学博物馆的收藏：藏品、文化与制度三者关系的建设　　　337

代。这个时期的文化对整个藏品的形态尤为重要。目前藏品数量的
25％(不包括韦尔科姆收藏)都是这 10 年内购入的。这个时代的特点是：
科学博物馆具有收藏意向强烈的馆长和高级策展人，他们能够敏锐地意
识到其他博物馆具有强烈的收藏意愿。到目前为止，藏品已经发展到了
一定规模，远远大于展览上展品的数量。藏品的数量持续增长，伴随而
来的是在科技和医药方面不断出现的新的研究热点。科学本身就是一个
要素。以前的制度——判断技术文物的收藏是否合理的依据是其自身的
科学实用性，已经彻底结束了。

  除了科学博物馆藏品增长了 25 个百分点外，还有来自威尔康信托
基金会医学史的韦尔科姆藏品。采购计划在 1976 年 6 月正式启动，并
在接下来的 10 年内落实到具体行动中。[30]这次采购量十分巨大：韦尔
科姆藏品包括大约 100000 件藏品，其规模与整个科学博物馆藏品一样
大。韦尔科姆藏品还给科学博物馆收藏范围增加了一个新的主题——医
学史。此外，在其档案中发现，"威尔康信托基金会还提供了其他的藏
品。例如，在 1982 年，它提供了居里夫人于 1934 年研究放射性同位素
实验时使用的塑料玻璃管。在实验中，氮化硼在硼核素 α 粒子的轰击
下，产生了氮-13"。[31]新产生的氮是具有放射性的，因此，这个塑料玻
璃管也具有一定的人工放射性。

  科学博物馆在米德尔塞克斯郡的海耶斯租赁了大型的仓库，这使得
藏品的增长成为可能。此外，科学博物馆得到了位于罗顿的机场，这也
为藏品的增长提供了新的空间。尽管如此，在这 10 年的前 5 年内，科
学博物馆藏品的增长仍旧得益于不断地展览。1977—1986 年，相当于
科学博物馆整个展区一半的空间里举办了多次展览。科学博物馆为威尔
康医学史馆在大楼顶层创造了一些空间。同时为了填补下面楼层的多余
空间，科学博物馆在一楼为"发射台"提供了展览空间(1986)，在二楼布
置了电信、印刷及造纸的相关藏品，三楼是摄影与电影藏品。科学博物
馆在下部楼层展示了工业化学、核物理与核能相关的藏品。当时的许多
其他区域也同时展示了包括气体、塑料、化学实验以及太空等领域的相

关藏品。

科学博物馆的收藏一直都有很强的连续性。直到 1984 年，馆内一共有七个展览部门：物理、化学、医学、电气工程和电信、交通、机械工程、地球和太空科学。每个部门的结构甚至与一个世纪之前的结构相似。当然，尽管藏品的数量随着藏品类型的增加而增多，但是固定的部门结构也让这些藏品得以妥善分类安置。（图 11-4）

266

图 11-4　马尔凯塞·文森罗·朱斯蒂尼亚尼（Marchese Vincenzo Giustiniani，最后一任希俄斯岛的热那亚总督）所做的药箱，属于威尔康信托基金会于 20 世纪 70 年代展出的藏品的一部分

另一方面，科学博物馆空间缺乏的压力比以前缓解很多。每年的收藏数量达到了 2000 件。起初，罗顿镇主要使用飞机来运输藏品，因此，科学博物馆在 1982 年购买了 1933 年出产的波音 247 飞机，这架飞机是第一架采用全金属的外壳和可伸缩起落架的飞机。[32] 同年，一个 V2 火箭从克兰菲尔德技术学院被运送到科学博物馆。[33] 最初，科学博物馆收藏预期的受益方是农业，于是大量拖拉机于 1982 年被收藏入馆。[34]

飞机和拖拉机可以存放在空旷地，如果遇到潮湿天气，可以存放在

267

飞机库中。1983 年，英国化学工业公司在其发现聚乙烯 50 周年之际，举行了一个临时庆祝展览。英国化学工业公司捐赠了原始压力板凳（original pressure bench）。在这个原始压力板凳的作用下，乙烯可以被压缩到 2000 个大气压，而在压缩后的第二天，我们可以在反应器中发现固状物体。[35]为了 1977 年再一次举办化学工业展览，科学博物馆找到了 9 升反应釜和米歇尔斯台，从而做出了第一吨聚乙烯。科学博物馆可用空间之大意味着那些迄今为止博物馆无法获得的重大技术的相关展品，如今都是可以被容纳的。1985 年，德国路德维希港首个合成氨设备中的一个反应器是由巴斯夫化学公司捐赠给科学博物馆的。该反应器约 13 米长、60 吨重。[36]

在这一阶段，政府对科学博物馆的采购补贴——用于藏品购买的专项资金——急剧增长。1931 年的时候采购补贴只有 1000 英镑，而到 1960 年就增长到了 8000 英镑，到 70 年代中期增长到了 18000 英镑。[37]在 20 世纪 80 年代初期，采购补贴就已经涨到了 100000 英镑。因为罗伯特·霍尼曼（Robert Honeyman）的古代科学书籍和手稿收藏具有很大的实用性，补贴的这种跳跃式增长才得以实现。议会以投票的方式通过了用一次性专项补助购买像哈维的《心血运动论》(De Motu Cordis)这样的重要书籍的决议，而这种投票每年都会有，这笔款项也在第三方的监督下投入科学博物馆的建设发展中。此外，国家遗产纪念基金可以为科学博物馆投标文物提供进一步支持。这意味着，根据传统的科学博物馆的标准，科学博物馆可以拿出更多的资金来收购文物。因此，1983 年，科学博物馆以高达 25000 英镑的价格购入"带有齿轮传动历法的拜占庭便携式通用海拔日晷"[38]。19 世纪的摄影开创者朱丽娅·玛格丽特·卡梅伦（Julia Margaret Cameron）支付总价 52000 英镑收购了包含 94 张照片的摄影文物集，并将其献给了约翰·赫谢尔（John Herschel）爵士。[39]

这个时期也是科学博物馆及其藏品处于快速变化的一个时期。最终，科学博物馆在 1987 年针对自身藏品正式提出了首个收藏政策。科学博物馆的馆长(玛格丽特·韦斯顿和尼尔·科森斯)不再像他们的前任一样签署每一封采购许可文件(虽然这些信件的副本还是流转在繁杂的文件中等待他们浏览),而只有那些需要采购补助或者占据重要空间的采购计划才会让他们签署。

1987 年 10 月 6 日,在董事会和布赖恩·布雷斯格德尔的领导下,管理者向信托公司(1983 年根据国家遗产法新成立的一个机构)提交了一个决策。潜在的采购对象被映射在一个重要的二维模型上。[40]

在 5 个前提条件下,第一个维度详细划定科学博物馆的藏品范围: 268

A. 与特定的重要性事件、人物或机构的历史或现状有一定的联系

B. 科学或技术的实践

C. 科学或技术变化的过程

D. 公众眼中科学或技术的一个方面

E. 非西方的科学或技术的重要方面

比起前半个世纪的进化模型,藏品与历史和当前事件的联系成为科学博物馆选择藏品首要考虑的因素。此外,科学博物馆藏品的重点并不在科学或发明的实例而是在其解释说明上。政策规定:"对藏品理想的采购是藏品能够引起观众的共鸣,对观众具有指导和说明作用。"而重点也不仅仅是在表面上的科学那么简单,科学、技术和医学的延伸同样重要。

第二个维度划定了这个范围内潜在采购藏品具有的特质是:

A. 通过对比或比较,提升藏品现状的潜力

B. 有在其他场合获得类似的对象的可能性

C. 随附文件的完整性,包括签名、日期、来源、出处、使用情况

D. 展览或出版的短期或中期潜力

E. 美观性

F. 收购成本，包括运输成本、处理成本等

G. 储存成本——保存或复原的潜在花费

H. 存储的花费——从安全、大小、重量、潜在危险的成分、活性材料等方面考虑其花费

这些标准在当时并不是完全的新标准，但却代表了当时主流的正规做法。当时的政策描述了每个部门（从先前的 7 个部门降到了 4 个：自然科学部、医学部、工程部和运输部）如何以过去的优势为基础来弥补当时的劣势，从而实现对藏品进行收购的区域战略规划。

每个部门都有其各自的历史。物理科学部最初是借助于 1876 年特别展以及师范学院教授的努力才得以发展，这些教授竭力保存现代化的实践科学藏品。同时，工程部和运输部起源于南肯辛顿博物馆的"海军模型部和工程部"。而这三个部门都起源于专利局博物馆。20 世纪 20 年代，运输部也在很大程度上受益于英国皇家空军。然而，铁路部最初没有受到科学博物馆的重视（除了开创性的机车），直到 20 世纪 60 年代才受到青睐，并于 1975 年新成立了一家博物馆——国家铁路博物馆。于是，铁路部可以在当下丰富的收藏资源和相关制度指导的环境下继续收购道路车辆模型。

相比之下，医学部的收藏起源于韦尔科姆馆，但自从 1936 年亨利·韦尔科姆去世之后，二者之间的联系越来越少。与南肯辛顿博物馆积攒下来的艺品不同，亨利·韦尔科姆爵士的收藏具有浓重的历史色彩，但是涉及现代医学技术的其他方面的藏品很少。因此，藏品的管理者觉得有责任对藏品进行及时更新，使其"与时俱进"，于是就将藏品收购的重点放在了能够阐明医药近代史的藏品上，这一举措也引起了同行的关注。

从藏品目前的情况和采集策略上，我们可以看到藏品不同的起源，而且可以看到对不同的藏品有不同的策略。物理科学部明确指出，它有两个独立的收集策略，二者截然不同。一个是继续积累藏品的"整体价

值"。这就要求在全新领域内收藏藏品和"填补已有领域内藏品的空白"，这两部分需要同时进行。另一个是将已收藏的藏品作为打开其他领域的 270 敲门砖，寻找一些藏品来说明"科学应用与科学实践之间联系的情况、过程、性质和后果"。工程部门、运输部门或者医药部门都不追求权威地位，但它们都专注于提高第二次世界大战后文物的收藏效果和高科技进步的需求。而运输部门的负责人则意识到他们需要记录"社会使用车辆"的不足之处，同时收购的藏品还需要避免与其他部门的藏品重复。（图 11-5）

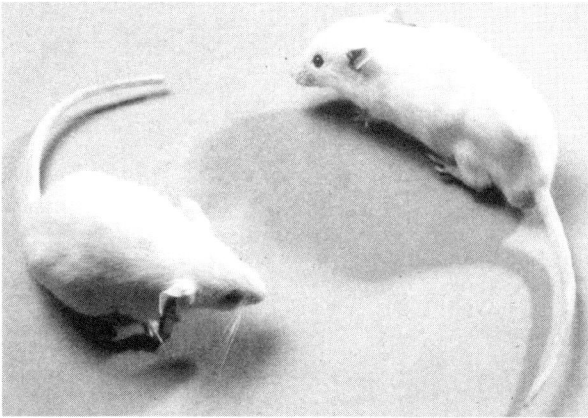

图 11-5　两只经过冷冻干燥的雄性转基因白鼠(编号 1134 和编号 1136)

注：它们是第一批哺乳动物的直属后代，1988 年 4 月 12 日被授予美国专利 4736866 号。1988 年科学博物馆获得的白鼠是 20 世纪 80 年代后期人们十分关注"现代"藏品的实例。

除了采购的问题，剩下的就是对藏品处置的问题。在战前，正如里昂所说的，科学博物馆对藏品的处置是"残酷"的。在 20 世纪 20 年代获得的 14340 件物品之中，4637 件都已经被处理掉。当然，这些藏品包含了科学博物馆从别处借来然后又物归原主的藏品。尽管严格按照处置规则操作，但这却是科学博物馆自愿进行的。调查委员会的负责人审查采购的提案发现，那些要迅速处理的藏品在考虑销毁前首先考虑的方案是提供给其他博物馆，但是却从未考虑过出售。

科学博物馆自我管理的方式于 1984 年结束。受 1983 年国家遗产法的相关条款的制约[41]，当时众多博物馆被转化成非政府部门的公共机构。该法案明确指出，藏品只有因受到物理损坏而失去价值时，才可以对其进行销毁。与其他国家博物馆进行藏品复制，以及"会对学生或其他公共个体"造成伤害的物品的买卖、赠予或交换也是被严令禁止的。藏品空间的不足和资金短缺不能成为科学博物馆处理藏品的借口。这些严格的标准使得 20 世纪 80 年代收购的 50505 件藏品中，只有 1540 件被处理，而这个数字也包括科学博物馆从别处借用后物归原主的藏品。所以应该说，近年来科学博物馆对藏品的收购更加有计划性。

科学博物馆中的科学

2007 年，联合国博物馆馆长保罗·福曼(Paul Forman)发表了一个带有辩证性的论题：在过去，技术被看作是科学的重要体现，但到 20 世纪末，技术本身已经成为主要的参考资料。科学已经被广泛地评价为创新和技能的一个来源。福曼提出，技术地位的转变发生在 1980 年左右。他将这个转变和一个更广泛的文化转变联系在一起，这种联系被认定为是从现代到后现代时代的转变。这是否是对科学博物馆的知识发展趋势的合理解释，是值得商榷的，但科学与技术之间地位和关系的转变确实可以从南肯辛顿观察到。一个世纪后，科学似乎已经不再拥有特权地位。

结 论

1987 年的收集策略开始定期更新，但它的后续版本都是围绕这个基本方案更新的。至少在 20 世纪，科学博物馆对藏品外形的担忧比起对藏品数量转折点的关心更加明显。收藏的方式对藏品能否在过去和现在之间找到所谓"正确"平衡点的担忧持续存在。此外，到 21 世纪初，

271

从改革的具体化到改革的示范之间的转变已经加强了。在某种程度上，这是由科技的不断变化以及电子技术日益重要的现状推动的。

人们现在已经越来越少地通过近距离观察的方式来发现设备之间工作原理的区别。人们逐渐通过藏品在一个故事中的意义来判断收购是合理的。"进步"就是一个这样的故事，但其他更多的是文化历史报告，比如对不断变化的环境的反思或者是世界范围内工业的变革。总体来说，关于现代和古代有趣的故事逐渐变成支撑那些有趣的物品或藏品的框架。这些藏品与大众文化之间的关系并不是单方面的。科学博物馆通过其藏品和展览，定义并重新界定、监测科学的范畴，这些已经成为它对物质文化保护的动力和对数以百万人的影响力。

参考文献

1. 'Report of the Patent Office Library', *PP* 1864, XII, p. 26, quoted in Christine Macleod, *Heroes of Invention: Technology, Liberalism and British Identity, 1750-1914* (Cambridge: Cambridge University Press, 2007), p. 261.

2. A copy of this chart is appended to H. W. Dickinson, *A Short History of the Steam Engine* (Cambridge: Cambridge University Press, 1939).

3. 'Y' [a pseudonym], 'Royal Commission on Scientific Instruction and the Royal School of Mines', *The Times*, 24 August 1871.

4. 'Science collections at South Kensington. Report of the committee appointed by the Treasury to enquire into the science collections at South Kensington; with appendix, index, and minutes of evidence', *PP.* 1886 (246), evidence of Lockyer, q. 853, p. 55.

5. Deputation of Society of Arts to Lord Chancellor, 17 January 1874, quoted in Bennet Woodcroft to Board of Management of the Commission appointed by her Majesty for the Promotion of the Exhibition of the Works of All Nations (hereafter 1851 Commission), Enclosure L, Minutes of the 105th Meeting of the Commissioners of the 1851 Commission, p. 13, Archives of the 1851 Commission, Imperial College.

6. Guthrie's report is reprinted in 'National Science Collections. Copy of report of the Interdepartmental Committee on the National Science Collections', *PP* 1889 [C. 5831], p. 19.

7. 'Science Collections at South Kensington' (1889), p. 3.

8. 'Science Collections at South Kensington' (1889), Donnelly testimony p. 24, q. 181~8.

9. 'Report by A. B. Mitford', reprinted in 'National Science Collections' (1886, p. 37).

10. 'Science Collections at South Kensington' (1889), q. 854, p. 56.

11. Ibid., q. 866, p. 56.

12. Ibid., p. 3.

13. Ibid., p. 4.

14. Ibid., q. 899, p. 58.

15. Board of Education, *Illustrated Catalogue of the Collections in the Science Museum South Kensington with descriptive and historical notes: Machine Tools* (London: HMSO, 1920), p. 1.

16. Lyons to Beresford, 10 April 1929, 'Royal Commission on National Museums and Galleries, Organisation of the Science Collections at South Kensington', document 175, TNA: PRO, AF 755/11 part 5.

17. Royal Commission on National Museums and Galleries, 'Report of South Kensington sub-committee', p. 9, TNA: PRO, Works 17/288.

18. SMD, File T1927-479.

19. SMD, File T1925-814.

20. SMD, File T1928-186.

21. SMD, File T1924-188.

22. SMD, File T1926-1029.

23. SMD, File T1927-1085.

24. Alan Morton, 'The Electron Made Public: the Exhibition of Pure Science in the British Empire Exhibition, 1924-5', in Bernard Finn, ed. *Exposing Electronics* (London: The Science Museum, 2000), pp. 25-44.

25. Alexander Barclay, *Handbook of the Collections Illustrating Industrial Chemistry* (London: HMSO, 1920).

26. See TNA: PRO, DSIR 17/129. The suggestion was made by R. Glazebrook, minute dated 24 November 1934. The response was given in a meeting on 8 February 1935, minuted by F. E. Smith.

27. 'Interim Report of the Royal Commission on National Museums and Galleries (Royal Commission)' *PP* 1928-1929 [Cmd. 3192]: VIII. 699.

28. 'Final Report of the Royal Commission on National Museums and Galleries: Part II. Conclusions and recommendations relating to individual institutions (Royal

Commission)' *PP* 1929-1930 [Cmd. 3463], p. 47.

29. Dickinson, *A Short History of the Steam Engine*.

30. On the Wellcome collections, see Ghislaine Skinner, 'Sir Henry Wellcome's Museum for the Science of History', *Medical History* 30 (1986), pp. 383-418.

31. SMD, File T1982-548.

32. SMD, File T1982-1172.

33. SMD, File T1982-1264.

34. SMD, SCM/1982/295/306 and SCM/1982/975/1033.

35. SMD, SCM/1983/408.

36. SMD, File T198-1289.

37. V. K. Chew, 'The Purchase Grant of the Science Museum', SMD, Z 204.

38. SMD, File T1983-1393.

39. SMD, File T1984-5017.

40. SMD, Collections Division, Science Museum, 'Collecting Policy', October 1987, Science Museum Records Management Group, pp. A1-A2.

41. The relevant chapter 47 of the National Heritage Act of 1983 is available on the web on http: //www. opsi. gov. uk/acts/acts1983/pdf/ukpga _ 19830047 _ en. pdf (accessed 14 February 2009).

第十二章

景象的背后：储存藏品

约翰·利芬

273　　2009 年，以单个物件计算，科学博物馆的藏品已达到了 220000 件左右。而若将藏品的各种组成部件也包含在内（如工具箱内包含的成百上千的工具），这个数据将更加可观。但是，统计科学博物馆里单个可计数藏品的数量而得到的 220000 是一个更为简便的估计值。在该统计数据中，仅有 7% 的珍品展示在科学博物馆位于南肯辛顿博物馆的展厅中，剩下的约 204000 件藏品仍然存储在伦敦西部的修复中心或者威尔特郡斯温登附近一个废弃的飞机场。虽然在这些储存品中会存在一些被称作"枯木"的物品，但是总体而言，它们代表着重大物品明智筛选后的结果，这些物品是科学、技术、工业、医学在多个世纪以来的创新物证。然而，给定任意合理数量的资源，就现在而言在一个常规的科学博物馆将它们全部展出是不可能的。这必定不是科学博物馆员工或者观众所希望的，但是这已经成为生活中一个不可避免的事实。更加值得一提的发现是，直到 1936 年，理论上而言，科学博物馆中几乎所有的藏品或是在展厅免费展示参观，或是可通过办理简单手续到地下研究室进行参观，或是储存在南肯辛顿博物馆的其他地方。

那发生了什么改变了这种乌托邦式的局面呢？科学博物馆在其成长期内添置和处理藏品的方式和如今又有何不同呢？影响了过去一百年科学博物馆收藏政策的社会对博物馆的态度转变又是因为什么？此外，科学博物馆的收藏和展出之间又有怎样的联系呢？科学博物馆藏品增长速度总是远远超过现有的空间量，也总是超过其管理者和用户对其观念的转变速度。

拥有库房之前的储存方式

274

从 1857 年初次开放的南肯辛顿博物馆和专利局博物馆两个先例开始，围绕藏品增长的问题开始出现。一开始，南肯辛顿博物馆的艺术藏品比科学藏品发展得更好。与此同时，科学博物馆也逐渐开始感受到收藏空间需求的压力。为解决这一问题，科学博物馆立即在"布朗普顿锅炉"博物馆附近建立了新的展厅群。在 1851 年成功举办大展会的基础上，1862 年南肯辛顿博物馆又举行了一次国际展会。一栋巨大的红砖建筑竖立在如今的自然博物馆的位置，并向北沿展览路和艾伯特王子路(今女王门)拓展了一条很宽的路。不同于 1851 年修建的水晶宫，这栋建筑外形并不美观，并于 1863 年被爆破拆除了。建筑北侧的一块狭小区域，是 1862 年展会的茶点休息室，用来衬托南肯辛顿建筑群的主体部分——英国皇家园艺学会的花园。这些建筑一直被保留着，并于 1863 年被政府收购。它们最开始被称为"南商场"，后来以"南展厅"为人所知。在当时，南展厅以较低的价格为南肯辛顿博物馆提供了一个便利的空间。1864 年，动物制品和修建藏品所用的大型材料被转移至南展厅，科学博物馆腾出的空间便用于存放海军模型和船用发动机藏品。第二年，这些藏品也从展览路合并进了南展厅。1866 年，南展厅又收入教育藏品；1867 年，食物相关藏品也陆续搬进来。科学与艺术部的年度报告首次提及"科学藏品"的概念。与概念相呼应的是，"机械类藏品"于 1870 年在南展厅建立，如今也包含在"科学藏品"的概念中。很明显，从空间上将艺术展品和科学展品分隔在展览路两侧逐渐成为一条准则。

独立经营的专利局博物馆，按照其连任馆长伍德克夫特希望的方式在自由发展。在"布朗普顿锅炉"博物馆南部狭小的空间内，总会有一些空间被莫名其妙地用于部分藏品的展览，如马修·博尔顿（Matthew Boulton）的索霍厂制造的博尔顿和瓦特的蒸汽机（1788），普芬·比利历史悠久的机车（约 1814）和火箭（1829），以及一组阿克莱特纺织机。科学博物馆难以再开发出空闲的空间且大部分区域都未经处理，因此展示的空间非常有限。即使那些应该支持展览的人也无动于衷。《工程》(*Engineering*) 周刊的编辑在 1869 年写道：

275
      在南肯辛顿区一栋破旧的贝壳状建筑物内，杂乱无章地堆放着一堆连基本分类都没有的藏品，这其中许多是我们国家拥有的早期工程师和发明者最宝贵的遗物。这栋简陋的棚式建筑不仅规模极小，而且采光也不好，甚至连最基本的防火设施都没有。[1]

这听起来更像今天的"开放储存"，事实上，可能远没有那么好。在当时，专利局博物馆是仅存的铁制矮楼建筑物，这种建筑物大部分都在 1867 年被拆除以便在伦敦以东的贝斯纳尔格林（Bethnal Green）重建（重建的这些建筑物现在属于儿童博物馆）。对于其余单独存在的遗留物品，科学博物馆的收藏方法（称之为政策可能还为时过早）并没有发生什么改变，尽管最后物品的摆放被略微整理了一下。

1871 年，曾负责过 1851 年展览的皇家委员会在南肯辛顿举办了国际展览系列中的第一场展览。不像 1851 年和 1862 年的两次展览那么全面，此次展览的所有展品都被摆放在新的建筑物内，即园艺学会花园南端的东西两侧，分别被称为东展厅和西展厅。本次展览在 1874 年最后一次展出完成之后结束。两年后，西展厅和南展厅的一部分用来放置科学仪器藏品。在展览尾声，许多展品都被留在了南肯辛顿博物馆。这些展品形成了"科学藏品"的核心。"科学藏品"被永久地放置在了西展厅。船舶模型、海洋发动机模型以及机械模型在此时也被添加到藏品中，并被放置在南展厅。所有这些科学藏品数目的扩大使公众的视野聚焦到未来科学博物馆正在兴起的事实上。

显而易见的是，科学博物馆即使没有继续扩大藏品数目的计划，对展览空间的需求仍在增长。这种需求得通过占用现有的用于他用的建筑来达到满足或至少得到缓解。当然，撤掉那些没有太大展示意义的展品也不失为一个好的缓解办法。比如，1881年，科学博物馆就将关于军火的藏品全部撤出并转移到了谢菲尔德公共博物馆以及伯明翰免费图书馆和博物馆。1883年，那些在实际应用中早已过时的部分建筑材料和建筑模型的藏品也被撤出了。[2]两年后，大部分留下来的展品都成了滞留品，因为那些暂时安置藏品的外围木质通道被拆毁了[3]，这些滞留品只是被安置在了储存室的箱子里。

　　专利局博物馆的合并进一步增大了科学博物馆对空间需求的压力。有人认为，有充分的理由证明存在一笔可供丢弃的好交易。科学艺术部于1883年12月任命了以约翰·斯拉格议员（John Slagg MP）为领导的委员会以实施清查。委员会于1884年3月公布清查报告。报告显示，大约600件藏品被保留下来，72件借来的藏品被归还给相应的主人，另外的420件藏品被放置在储存室等待处理。尽管如此，在选中的展品可以从马路对面搬进"布朗普顿锅炉"博物馆之前，南展厅和西展厅的展览还有相当多的重组工作有待解决。该部门1855年的报告显示这些展品将会与科学藏品合并，未来将属于科学博物馆管辖，这一举措终于在1886年年初正式实施。

　　从19世纪80年代到1909年维多利亚和艾伯特博物馆的一系列新建筑对外开放的这一段时间内，科学藏品的发展目标一直在持续修正着，发展速度也在不断加快。在这期间，很有可能不少藏品都被存储在储藏室，并没有对观众开放，但是引证的文献相当少。实际上，"藏品"这个概念都是用来描述在展览上展示的展品。如果有一个展品目录，那么它就可以描述整个展览的状况了。

　　1909年，科学博物馆在展览路上设有一个不起眼的主入口，入口直接通向一个狭窄而封闭的走廊，通向空间更大但只是简略修建的南展厅。在一楼，走廊的右边通向令人神往的科学博物馆新建的阅览室（大

276

约是在前几年才开放）。向西穿行，则是更多相当狭窄拥挤的展览，最终通向北边帝国学院路的入口。马路的对面则是西展厅，另一条长而狭窄的走廊通向北边。在所有的展厅里放眼过去，展厅中挤满了一排排整齐摆放的玻璃展示柜，只有个别放置大型机器和古董机车的地方稍微不那么拥挤。展览的总面积约为 98000 平方英尺。[4]部分藏品可能被储存在附近其他临时的建筑物内，但是大部分藏品还是在展出着。

贝尔委员会曾猜测，从展览路到女王门的一切展览建筑都会随着现代化建筑的崛起而被拆迁。科学和工程变革覆盖的范围将十分全面，但委员会的报告并没有提到藏品将被作为参照物或者只是储存起来而不被展示出来。

一个独立管理的科学博物馆的建立需要经过一系列的审查程序。其中一个就是科学博物馆库存管理清单制度，以保证科学博物馆的审计以及对文物更直接地跟踪。收购来的藏品被分类登记在"分区登记册"上，每个部门都有一个登记册。[①] 登记册用一系列的藏品首字母来进行标识。那些负责藏品库存管理的人，用含有交错空白页的特殊印刷目录来添加新的索引或进行藏址标注。

从 1911 年开始担任馆长的弗朗西斯·奥格尔维发明了一种新的库存管理系统，并在 1913 年被投入使用。这种库存系统只使用单一的数据序列来编号，而不再考虑收藏类目，具体方式是使用收购的年份、连字符以及一串数字来给展品命名，比如 1913-573。[5]库存注册中心会为每一个新注册的藏品提供一个新的序列号，同时提供一个按照购置日期以及藏品分类来编排的索引卡片。这一系列卡片将会发给管理藏品库存的工作人员。而如今虽然索引卡片已不再发行，但在计算机的库存数据库中仍保留着原来的基本编号系统。和现在的做法一样，工作人员起草了一些严格的工作流程以保证藏品库存的安全和良好的秩序。[6]

1913 年，为了修建贝尔委员会提议的东楼首批新建筑物，展览路

---

① 1915 年，分区登记册为：机械和发明、海军和海洋工程、科学仪器、巴克兰鱼类收藏。

附近的建筑全部被清理拆毁了。这导致剩余展厅的大合并，大量的展品都被存储闲置起来直到新建筑修建完毕。此外，委员会还决定在新建筑一楼的东大厅放置6个大型的固定式蒸汽机展品，这个早期的决定直接影响了如今藏品的基本格局。

由于第一次世界大战的影响，东楼的修建进程在很大程度上受到了影响。在此期间，尽管科学博物馆从未真正意义上的完全关闭，但由于其他地方都被政府挪用，1923年1月科学博物馆再次开放时，可供展览的空间比1914年还要少。1923年，西楼必须被腾出来以便建设帝国战争博物馆。这一举措又使得可展览的空间减少到了仅63000平方英尺。[7]多达25％的藏品都被储存在展览柜里，被拥挤地堆叠在展览现场。观众对这些杂乱的景象感到很不舒服。[8]

正是在这个时候，剩余未展示展品的比例问题开始被关注。陆军上校亨利·里昂接任馆长后，东楼快速竣工的责任就落到了他的肩上。1922年8月，他命令他的高级员工做一个关于科学博物馆藏品盘点的记录来作为讨论的基础。讨论的主题包括目的和范围、发明物的历史、展览的物品以及标签。尽管整个讨论主题都是当时人们比较感兴趣的，但展览的藏品在当时可能是最受关注的。里昂说道：

> 当前展览中藏品被拥挤放置的现象一定不能发生在新的展厅中。新的展厅将合理地在其有限的空间内展示部分藏品。虽然只能进行保守的粗略估计，但可以确定的是，当前在展的展品至少需要40％的额外空间，以便它们能被妥善安置，并且为缓解这一拥挤现象，甚至还需要更大的空间。要展出的展品大概需要100％～150％的额外空间，另外可能还需要150％～200％的额外空间以供储存藏品。这些所需的空间加起来超过了新建的东楼和南楼的空间总和。因此，科学博物馆现有的藏品只有一部分能够被充分地展示出来。

随后，里昂提出了关于藏品储存的问题：

　　一般情况下，一位观众不可能在一个半小时甚至两个小时浏览所有藏品的期间，一直保持着充满收获或十分满足的状态。因此，哪些东西能够使观众在参观时感到满足和愉悦是值得考虑的问题。同时，彼此相关的藏品应该被放置在一起，从而使观众在漫步的过程中可以看到一组同系列的藏品，以此来避免观众因为只看到一两个主要的藏品而感到失望。另一方面，即使只有少数现存的藏品会让观众满意，也需要将它们充分展示出来。这就产生了下一个问题：剩下的展品该保存在哪里？如果它们储存在很少被参观的离展厅很远的地下存储室，如果有任何实际的使用需要，那么它们将会时不时被循环往复地取出以替换其他藏品，这将耗费相当大的劳力。大量的藏品被推荐收入科学博物馆，但是用来处理这些藏品的具备实践性的方法却还没有被提出。如果它们被挤在临近展厅的地方以备不时之需，部分问题就得到了解决，但随即也会产生新的问题——难以提供储存更多新藏品的空间。

简而言之，里昂论述了困扰着所有博物馆管理者的核心问题：当藏品越来越多以至于超过可利用空间时，博物馆该如何处理？

通过藏品储备，里昂描述了藏品看似被井井有条地储存在展柜中，同时附以标签，实则被摆放得相当拥挤的情况。这些空间可供那些有特殊兴趣又不太介意狭窄的参观环境的观众来参观。与此形成对比的是，那些没有任何标签的被随机放置或者打包在包装盒或包装箱之内的藏品，除非有相关专业人员陪同，观众要进行参观几乎是不可能的。科学博物馆的导览手册从 1923 年便开始发放。展览手册上面写道：

　　由于缺乏相应的空间，下列藏品被临时放置在相应的陈列室里，但观众可以向管理人员递交申请之后进行参观，它们包括运动学藏品、建筑工程藏品、机械纺织工具(除去被放置于房间1的一部分)、农具、造纸及印刷机械、写作和复制工具、照明工具、煤气生产工具、巴克兰鱼合集藏品。

这表明，在无须包装的情况下，藏品的储存更接近藏品储备而非深度存储了。当然这种情况只是暂时的，因为会有新的材料被转移到东楼 279的新展区中。事实上，这一特殊指南的备份还有很多修订版本，可以较好地反映出建址的持续变化。但是这些储藏室实际上到底如何变化，我们很难证实。可能因为这些地方在当时看起来太普通以至于并没有人会拍照留念，我们至今仍没有发现过相关的照片。

科学博物馆 1923 年年度报告提出了一种新的收藏政策，这也成了里昂在 1922 年的论文中阐述的主要结论：

> 正如国家科学工业技术博物馆那样，由于所形成的每组藏品都代表着一系列的科学技术发展，并且可以代表该阶段的主要成果，科学博物馆得以形成。科学博物馆可以展示当时投入实际应用的主要科学工业技术的机械。这里的每组藏品都代表着科学或者工业的分支，有 50~60 组。因此，如果要使收藏的数量可控，就必须将这些组的数量控制在设计之初的严格数量限制之内。[9]

要实现这个设想就必须建立一个非常完善的"历史系列"。目前的实践案例就是科学博物馆向制造者租借展品，然后制造者在适当的时候撤回旧展品并用新展品替换。这个"历史系列"的具体发展方式并没有被详细地陈述。它的隐藏原则似乎是藏品应该仅包含会被展出的材料。科学博物馆一旦完成了贝尔报告所规定的全部收藏范畴，就没有再去设想如何储存藏。当然，从 1920 年开始发行的藏品目录的收录范围似乎仅仅包括对外展示的展品，并没有包括摆放在其他地方的相关藏品。从相关策展人的关注点可以传递出一些相关的信息，这些藏品都是在策展人的"关怀"下进行所谓的"保管"的，它们被放置在"馆长库房"中。如果后续需要被展示，藏品将会被策展人重新取出来。

当然，另一个可以缓解空间拥挤情况的选择是实施更加严格的处理政策。人们意识到，有些藏品已经严重过时，或者已经在19世纪被调查委员会淘汰。1913年，作为引进的新处理程序的一部分，调查委员会被建立起来。一个调查委员会由三位科学博物馆的管理人员（包括高级策展人员）构成，他们将定期查看有哪些藏品已经不需要再被展出，然后提出相应的保留或处置的建议。如果是处置，这些展品将会被转移到另外的一个机构进行出售或者销毁。除了将返还给出借人的物品，其余均视为国家财产。委员会的建议需要得到会计长办公室和教育委员会的统一批准方可被采纳。该过程确保了展品对象不会被轻易丢弃，并且原则上相同的管理系统，即调查委员会一直运营至今。不同的是，调查委员会不再需要经过政府的允许就可以对藏品进行处置。[10]

1923年之后，东楼开始逐步筹备开放，并最终于1928年3月20日由英国国王乔治五世宣布开放。在接下来的几年中，策展人对未参展的物品进行了评估以决定它们是否可以成为科学博物馆藏品。例如，在1890年电子通信领域发表的291项藏品目录中，不少于159项是在1926—1933年处理的。许多剩余的藏品通过邮局被返还给原主人，其他收件人也包括苏格兰皇家博物馆①和位于赫尔、纽斯卡尔地区的新建博物馆。

尽管整个20世纪30年代，科学博物馆调查委员会坚持每年进行一次藏品处理，但新进藏品的永久保藏工作也在持续进行。新展品或在走廊上拥挤地陈列，或被置于各种各样的散布于南肯辛顿博物馆的储藏室中。然而，于1936年收藏的一批物品却十分显著地说明了外部存储空间的必要性。在英国国王爱德华八世短暂的统治期间，他在科学博物馆需求之外捐赠了很多皇室马车。显然，科学博物馆是难以拒绝这种捐赠

———————————

① 现在被命名为苏格兰国家博物馆。

的，但这肯定给科学博物馆带来了相当大的放置上的困难。

早期兴建科学博物馆下一阶段建筑（中楼）的计划没能实现。[①] 那么权宜之下，科学博物馆拥有外部存储空间就变得十分重要。因此，科学博物馆在伦敦郊区艾伯顿海耶斯设立了总计约 2000 平方米的外部存储仓库，但这些仓库的具体位置我们难以获得。[11] 1937 年科学博物馆的年度报告指出：

> 科学博物馆逐步移出目前占用储藏空间的暂存品以腾出空间给新收藏的物品。全部的藏品空间都已经被占用了，使用科学博物馆建筑外的存储空间很有必要。接收新藏品时应当更加仔细地审查，但也应抓住机会填充重要的历史空白，并且要有选择地陈列，否则科学博物馆将难以体现国家意志。[12]

一个类型目录显示，1939 年 1 月公路运输类型的交通工具藏品得到了保留。在 39 辆汽车、24 辆摩托车以及 40 个车厢的藏品集合中，有 19 辆汽车、9 辆摩托车和 15 个车厢被存放于艾伯顿。即便如此，在1939 年，科学博物馆仅有 5％的藏品未参展。[13] 不过从这个时候起，科学博物馆在南肯辛顿以外的外部空间存储的藏品比例随着时间的流逝在不断增加。

1938 年 9 月的慕尼黑危机之后，英国社会强烈地预感到战争即将来临。由于预料到伦敦可能会爆发战争，科学博物馆制订了一个撤离最重要和最稀有藏品到远离城市的乡村住宅的计划。[②] 科学博物馆在 1939年战争爆发后不再对公众开放。后来科学博物馆曾经重新开放过部分区域，但又在 1940 年 9 月再次闭馆。东楼的上层展厅被清空，工作人员尽可能地把藏品转移至一楼或地下室存放。南楼展厅被彻底地清空以降

281

---

① 参见第三章相关"讨论推迟建造中楼的原因"的内容。
② 有关战前计划和藏品撤离的更全面的讨论，请参见第三章。

低建筑物起火的风险。同时，战前的外部存储地显然不能再使用了，其中一半的藏品不得不挤进科学博物馆的地下室中。后来在战争过程中，科学博物馆决定将剩余的藏品尽可能多地送离伦敦。最终大约三分之二的藏品被储藏在别处。

赫尔曼·肖是物理学和地球物理学专业的权威学者，他在战争期间担任科学博物馆的副馆长。他深入思考了展厅重新开放时应当采取的形式，并起草了一份长篇文件以促进该问题的讨论。在专门描述展厅展览的一部分内容中，他写道：

> 尽管调查委员会成员人数众多，但在科学博物馆几乎所有部门都必须进一步严格淘汰藏品这一点上很少有人怀疑，如果大幅实施这一举措，展览的吸引力将极大提高。在科学博物馆重新开放前，所有部门应当尽最大的努力来严格检查所有区域的藏品，保证只有那些价值巨大或非常新奇有趣的藏品以一种具有吸引力而且庄严高贵的方式被展出。通过这种方式，有75％的正在参展的藏品变成了"储备藏品"，这样一来每部分都可以方便地展示剩余的展品。从逻辑上来讲，这吸引了不具备专业知识的观众并为他们提供了便利。[14]

在关于"储备藏品"的内容中，肖继续写道：

> 采取上述建议将会迫使大部分收藏品从展览中撤出，但是这些物品可以适当地整合成"储备藏品"为展览提供补充，并且被专门地放置在展厅中以实现"储存和研究"的目的。该方法在地质博物馆被证明是非常方便和有效的。
>
> 这些"储备藏品"应像主要收藏品那样被很好地贴上标签，尽管这些物品可能被紧密地放置在一起，但是也应该精心地排放，以便学生和其他受许可的观众随时研究和观赏。

虽然科学博物馆在 1946 年 2 月重新对外开放，但展厅只能等待职员们逐渐从战场返回后才能真正开始运行。此外，南展厅已不适合再使用，这使得总陈列空间比 1939 年本就不足的陈列空间还要小。1949 年南展厅被拆除，原址用于建造期待已久的中心区的地下室和地上一层。科学博物馆部分开放的原因是为了给英国的"科学展览会"提供展览场所。然而，在展览结束后，财政的限制使得当时无法再实施进一步的建设。

第一个外部站点

在战后初期关于空间分配的讨论中，西展厅曾被科学博物馆专门用于储存藏品，这一现象可能是由于之前出现的航空藏品无处陈列导致的。1946 年 3 月，它们被放置在东区主楼一楼的 6 号展厅中。1949 年，这个展厅被重新规划用于 1951 年的科学展览。航空藏品被认为是"当前利益、声誉和流行吸引力的主题，它甚至不能被固定存储在标记特定年限的展区中"。[15]科学博物馆也曾考虑过将藏品暂时在南肯辛顿外陈列，但并没有找到合适的位置。取而代之的是，藏品在西展厅被临时放置了 10 年之久，并于 20 世纪 50 年代中期开放展览。展览的开放使得西展厅不再是藏品储藏地，并且整个 20 世纪 50 年代期间，科学博物馆都在讨论如何重新分配展厅的空间。这仍然是一个复杂的问题。

1952 年，未展出的藏品比例约为 50%。[16]最后一小部分藏品刚刚从分散存储的地方重新集中，但是必须找到其他的地点来存储和放置这些藏品直至它们能被重新展览出来（希望如此）。但是没有专为科学博物馆设计建造的存储地，且其他地方作为科学博物馆专门的存储地或多或少都有不适合之处。1947—1950 年，位于伦敦南部的斯托克韦尔地下避难所被用来存储藏品。1948 年，工程部对位于雷丁附近沃伦街的一个战时地下工厂进行了重新规划。尽管这是一个尴尬的位置，但从环境保护的角度来看是合理的。沃伦街存储地一直被保留到了 1960 年。科学博物馆搬出之后，那个地方被政府征用成了区域政府用地，在国家应急状态下使用。① 1949 年，科学博物馆征用了一间位于萨里郡西拜弗利特珀福德（Pyrford，West Byfleet，Surrey）路的飞机棚。另一间被征用的厂房是于 1950 年由政府分配的位于克罗伊登（Croydon）附近的沃登（Waddon）的大英百科全书工作室。1954 年，这间厂房不得不被舍弃，藏品被转移到另一个位于伦敦南都的下锡德纳姆（Lower Sydenham）的阿伦代尔（Allandale）工作室。同样，1958 年存放在拜弗利特的藏品被转移到与洛克霍尔特（Knockholt）邻近的肯特郡塞文欧克斯（Sevenoaks，Kent）的政府通信广播电台。（图 12-1）

图 12-1　1953 年 5 月，伯克郡雷丁附近沃伦街上的一个
储藏室。这里曾经是第二次世界大战时期的地下工厂

这样频繁的转移增加了藏品不断暴露、错送甚至丢失的风险，且导
283　致了员工需花费大量时间进行开箱、检查、审计的工作。早在 1952 年，科学博物馆就认识到，在博物馆之外存储藏品将在未来成为主流趋势，于是咨询委员会于当年提出了建议：

---

① 1963 年，在被发现并被一个反核组织宣传之后，沃伦街获得了全国性的关注。到 2009 年，它又再次成了存储地。

①在伦敦的周边地区提供一个约为 100000 平方英尺的地区用作藏品固定的贮藏地；

②在该地存放未经实际操作就可接触的藏品；

③在该地陈列不太可能会进行展览或作为礼物赠送、出售、销毁的藏品。[17]

1957 年，政府终于批准了曾经提议的中楼建筑工程。建筑施工于 1959—1961 年开始并于 1963—1973 年逐步完成。最先开放的新区之一便是航空区，这使得科学博物馆可以完全搬出原来西展厅的藏品。不过由于英国帝国理工学院的扩建和科学博物馆及大学的新联合图书馆的建设空间需要，它们很快便被拆除了。

或许在这里适合讲一讲藏品是如何被物理处置的，以及大家普遍关心的中楼究竟是如何开放的。规模最大最贵重的物品，如飞行器和完全按照原样大小制作的铁路机车模型等都是被专业的承包商负责搬运的。284 除此之外，藏品处理尽可能在室内进行。科学博物馆雇用了一大批"手工服务"的劳动人员来清理展厅的地板和陈列柜。在必要时，他们会根据藏品对象和陈列柜的需要组成小分队在管理者的监督管理下进行工作。他们只接受过很少的在职培训且几乎不使用什么专业的工具进行工作。他们做的绝大部分都是体力劳动。然而，他们是被其他雇员喜爱的一类人，因为他们用机智和处世之道来限制自己做过度的动作。

清洁展品的工作由专门的展品保洁员（通常是从前文所述的"手工服务"劳动人员转变而来）进行，他们同样没有经过规范的训练且总是使用着类似于"吐口水"的清洁方法。藏品保护在这一时期还是一个不被人熟知的概念。藏品在科学博物馆的工作间内由技艺高超的装配工和木匠进行维护和修复工作，从而使得藏品达到"可供展览的条件"，这一过程通常涉及拆分、彻底清洗、重新粉刷、更换破损的部件等工序。不幸的是，他们几乎没有意识到历史的证据可能在此过程中被破坏。这并不是对他们工作的反思批评，仅仅是为了说明半个世纪之前对于藏品的保存

和展览标准与现在的要求和期望有诸多不同。(图 12-2)

图 12-2　1956 年 11 月，一个"手工服务"人员小分队正在搬运
1886 年的爱迪生发电机(藏品目录编号 1931-29)

注：图中人员左起为——约翰·弗兰纳里(John Flannery)、"时髦的"沃波尔
(Walpole)、姓名不详、迪克·海恩斯(Dick Haynes)、姓名不详、吉姆·洛
马克斯(Jim Lomax)、姓名不详。

285　　　中楼展厅的使用在一定程度上缓解了外部存储的压力。但在此期
间，科学博物馆收集藏品和展览规则的改变预示着存储藏品将在未来科
学博物馆的活动中成为一个重要的因素。20 世纪 50 年代，科学博物馆
继续增加历史展览来满足工业教育的需要。舍伍德·泰勒是一位科学史
家，于 1950 年被任命为馆长。他认为，历史藏品是科学博物馆用途和
功能的必要组成部分。贝尔写于 1952 年的一份评估报告中指出：

　　　　我们不追求太多孤立的有趣藏品，从而形成许多孤立事件的纪
　　录。我们更希望通过一系列有联系的藏品表现一段连续的历史，呈
　　现它们从最原始到目前状态的发展过程。这已经成了我们的主要历
　　史功能——藏品保护，而展示著名的藏品则是次要的。[18]

　　　现在回想起来，舍伍德·泰勒在历史方面的担心反映了技术和工业
藏品在保存过程中的新发展：非专业人员在业余时间也会做出贡献。由

于英国在 20 世纪 50 年代至 60 年代经历了重建的过程，更多过去传统的技术被大众认为处于即将消失的危险中，从而得到了大家的呼吁。随着社会对保护文物的要求激增，科学博物馆不仅要寻求独特的人工制品用于收藏，如固定式蒸汽机、电车、公共汽车和铁路机车等，更需要获得空间让它们可以作为博物馆的藏品进行展览。整个铁路支线都被购买和管理，志愿者们用尽全力进行废气管道的修复工作。术语"工业考古学"于 1956 年出现并在随后的几年内成为大学的一门学科。

戴维·福利特在 1960—1973 年担任科学博物馆馆长。他的政策，无论是有意的还是无意的，大致上反映了整个社会广泛观念的改变以及文物保护运动的兴起。1960 年 3 月，他在被任命前不久起草了一份文件："科学博物馆的目标和功能的简要说明"。在这份文件中他写道："科学博物馆的所有工作都是不朽的，因为它具有历史功能，它为后世保存着机械和科学仪器，这些仪器往往标志着工程和科学的重大发展阶段。"[19]1965 年，戴维·福利特陈述了科学博物馆的三个主要目的：

①为后代保存在物理科学与技术发展历程中具有重大历史发展意义的藏品，同时，这些藏品也是人类努力理解自然并开始发挥人类自身优势的一部分记录。

②通过藏品的收集来追寻科学技术从最开始出现到当代的发展过程，向社会公众完整地呈现科学技术的发展全貌，也为科学家和技术专家提供了解自己熟知的科学技术领域历史的机会。

③通过科学博物馆员工的研究和发表的文献推进科技史的研究，并为各个层级的学生提供了解藏品及其相关知识的机会。[20]

戴维·福利特认为，把为后世保存文物的功能置于藏品的广泛教育功能之前有着十分重要的意义。虽然科学博物馆并不是为了成为历史博物馆而设置，但目前这已然成为它的主要目的。[21]上文所描述的科学博物馆的第二个目的中完全没有使用"博物馆"一词，而是使用了短语"追寻……发展过程"和"呈现科学技术的发展全貌"来说明科学博物馆的展览功能。这一观点对科学博物馆的展品保存来说意义重大。收购已经不是目前科学博物馆创造和维持展览会上藏品一致性的首要工作了。这对其自身而言是结束，同时也是其他更多美好事物（包括科学博物馆展品展出）出现的源泉。

正当戴维·福利特和他的员工对科学博物馆为后世收藏文物的前景感到乐观的时候，科学博物馆正在进行地域的扩张。而存储工业藏品的博物馆的出现，可能会减轻科学博物馆的负担。迄今为止该博物馆几乎代表着工程产业历史的唯一知识库。

科学博物馆外部存储的适宜性问题在 3 年后凸显了出来。1968 年10 月 15 号，位于锡德纳姆的贮藏室被洪水淹了将近 3 英尺，而且持续了 24 小时。雨水充满了贮藏室旁边的河池。由于位于河道下游的刘易舍姆附近的涵洞部分堵塞，河流很快泛滥。科学博物馆的工作人员很快做出了补救措施。洪水过后，90％的工作人员在锡德纳姆持续工作了数周，购买了水罐用来清洗、排水，用除锈液来为金属制品除锈。湿透的包装必须拆除和更换。板条箱的移动也存在严重的问题：板条箱的堆叠意味着必须要把最上层的四五个箱子搬掉才能接触到底层的箱子，但贮藏室的空间太满，没有空间用来放置上层的箱子和物品。

锡德纳姆的洪水事件，连同对于洛克霍尔特适宜性和长期性的担忧，引发了博物馆对于高质量存储的需求，这正是咨询委员会早在1952 年就提出并放在议程首位的内容。随着科学博物馆成为一个行政部门，存储相关的规定交由公共建筑和工程部制定。于是，戴维·福利特在 1968 年 12 月给该部门写信。在描述了锡德纳姆洪水的长期影响后，他继续写道："我认为这是有必要的，因此，我请求贵单位为科学博物馆提供可以抵抗洪水以及其他自然灾害风险的存储空间，这些风险会对我们的初衷——为后人保存物品——产生危害。"[22] 正如所期望的那样，公共建筑和工程部回复说会有一个洪水救援计划，这些藏品不用搬迁到其他位置。1969 年 4 月，戴维·福利特再次向该部门发出请求，

287

礼貌地反驳了他们的提案和解释，再次强调了申请新存储空间的理由。可能因对此感到相当惊讶，该部门代表 L. 波茨（L. Potts）回复说：

> 你在 4 月 23 日又给我写了一封信来申请联合贮存室以替代现在锡德纳姆和洛克霍尔特所使用的储存地。我们被你所说的合理性所触动，并在和教育科学部协商之后，决定认可新增储存地的需求。如果你在开始行动之前告知我的话，我将联系地产鉴定师看他们能否及时安排以便必需的适应性工作顺利完成。我们相信你将最大限度地降低你的要求。[23]

图 12-3　1969 年 8 月，科学博物馆馆长和保管员检查位于米德尔塞克斯郡海耶斯的新仓库

注：图片左起为——约翰·瓦纳比（天文和地理学家）、基思·吉尔伯特（Keith Gilbert，机械和土木工程专家）、杰拉尔德·加勒特（水运和采矿专家）、戴维·福利特（馆长）、多诺万·奇尔顿（电气工程与通信专家）、弗兰克·格林纳威（化学专家）、约翰·加勒特（John Garratt，副馆长）、弗朗西斯·沃德（Francis Ward，物理学家）、玛格丽特·韦斯顿（科学博物馆工作人员）。

即使是戴维·福利特可能也会对该部门的态度如此快速地全然转变而感到惊讶。在几个月之后，一栋建筑物就竣工了，并且在经过科学博物馆管理者的审查之后验收了。这是一栋邻近电磁干扰集中区域的位于米德尔塞克斯郡海耶斯的新建仓库。尽管有着住房保障权，但仓库也只有 21 年的租约。它提供了 75000 平方英尺的仓库空间、3000 平方英尺的办公空间，并且道路和公共运输相对方便。为了有效利用可用空间，充分利用储存室的立体空间而不只是平面空间很有必要。通过安装波特莱斯设计的移动货架系统，一个机架拥有了高密度货架，所有的藏品以托盘为单位得到储存，并通过货架系统进行存取。所有这些工作都彰显着对于实现藏品储存的长期努力，是对先前收购的藏品的根本性发展。在此之前，藏品或在地板上自由散放，或用牛皮纸、聚乙烯包裹放置在

288　木质货架上，或用大型木质板条箱堆叠在一起。如果藏品放在箱子中，工作人员对物品进行日常检查几乎是不可能的，另外大量的工作都花在了卸下或打开藏品包装这样的工作中，使物品遭受不必要的风险。其他工业处理技术使得不同标准范围的纤维板可以被使用。物品可以通过聚苯乙烯泡沫进行固定。一个栈板上最多可以堆积12个箱子，节约了存储空间。只是到后来才意识到，聚苯乙烯并不适合存放博物馆物品（例如，它自己会紧密结合在一起，这对于橡胶绝缘电缆来说是不好的）。之后的10年对科学博物馆工作人员而言是不断学习的过程，随后合适的保护技术也逐渐出台。现在人们认识到，如果条件允许的话，保存物品最好的方式是不将其装在箱子里。

　　由洛克霍尔特开始的运动结束于1971年12月，而从锡德纳姆开始的运动结束于1972年7月。存储地命名时采用了"海耶斯附属建筑"而不是"海耶斯仓库"，这是为了实施一个雄伟的计划——将部分仓储用半导体电子屏展示出来，并且允许在恰当的时机向大众开放。它的目的是要重新架设蒸汽机泵，直到1961年，一个采用蒸汽驱动的抽水系统用来干燥塞文河底的铁路隧道。[24]然而这些愿望都没能实现，仓储变满的速度超出了所有人的预期。20世纪70年代，当"烟囱"行业的承包和生产输给了外国竞争对手，英国发生了巨大的变化。博物馆策展人几乎没有受到收集物品和收集数量的限制，他们所需要做的就是把每一项前瞻性的收购都交给他们的部门主管，因为获取一些带有争议的物品必须获得部门主管的许可。有很多东西被认为是需要保存起来的，而海耶斯似乎也有无限的空间。其结果是不断需要新的栈板和箱子，但是令人难以

置信的是，两三年之内，所谓的无限空间也逐渐耗尽。只要有空间就会安装多排固定的托盘货架，以及在两个隔间中建起新的阁楼。截至1977年，海耶斯只剩下15％的闲置空间。[25]（图12-4）

图 12-4　1973 年 1 月，海耶斯的立体移动传输系统

布莱斯存储室和罗顿仓库

应用科学一个新领域的兴起导致博物馆对额外空间的需要。1976年，经过几年的谈判，科学博物馆为总计约114000项的医学史的威尔康收藏担保贷款。虽然正在筹建的关于医疗发展史的两个重要展厅占据了南肯辛顿东部街区新建的存储地，但是大部分藏品仍然需要固定的地点来存储。安置在北伦敦恩菲尔德大厦的威尔康医疗藏品需要在四五年之内被清理。1977年，科学博物馆考虑在靠近现有海耶斯的地方修建另一个仓库，但事实证明很难得到下拨资金。

1978年年初的形势是比较紧张的，但解决方案却来自一个意想不到的方向。环境部（公共建筑和工程部的后续部门）物业服务机构（Prop-

erty Services Agency，PSA）告诉科学博物馆，在哈默史密斯布莱斯路
的一栋毗邻奥林匹亚展览馆的大型办公楼，距离南肯辛顿只有大约两英
里，那里很快将空出来。它建于 1901 年，是由亨利·坦纳（Henry
Tanner）设计的，来容纳邮政储蓄银行的管理人员，但是直到 20 世纪
70 年代中期才有几千位工作人员搬进去。PSA 正在为伦敦地区的多个
国家博物馆和展厅提供建筑空间，最终这些空间由 3 个博物馆占据：科
学博物馆、维多利亚和艾伯特博物馆、大英博物馆。每个博物馆分到约
三分之一的建筑空间，并且每个博物馆都有一个单独的安全空间，享有
共享安全和其他服务。以科学博物馆为例，这次共分到了 128414 平方
英尺的占地面积。[26] 和海耶斯一样，科学博物馆一开始也是计划设置布
莱斯存储室展览区，但由于实际情况和财政限制，这些想法很快烟消云
散了。该建筑的改建和整修花了好几年的时间。在此期间，在恩菲尔德
招募的一个专业的项目小组开始对威尔康藏品进行编目和包装。不久，
大量纤维纸板箱开始出现在海耶斯，几乎占据了所有可用的空余空间。
到了 20 世纪 80 年代中期，布莱斯存储室修建好了，从海耶斯运来的威
尔康收藏也被搬进去了。

　　修建布莱斯存储室的机会出现的同时，另一个大型的扩张计划也接
近实现。南肯辛顿的藏品发展主要是为了后代保存而不是以展览为目
的，物品的大小也就不再是一个制约因素。管理者提出收购一些曾因大
小和重量限制而未能购入的特定物品的计划，如商务车辆、民用航空设
备、空间科学设备和农业机械。管理者还有一个要求是要遵守 1968 年
交通法中有关科学博物馆历史道路车辆转移的规定。所有这些都将需要
大量额外的存储空间，远远超过市区中的仓库所能提供的空间。其他主
要的博物馆已成功设置了机场的站点，如达克斯福德（Duxford）的帝国
战争博物馆。于是，科学博物馆决定效仿这种方式。在教育与科学部门
和环境部门的支持下，科学博物馆开始寻找可以为观众提供远离其他博
物馆机场的区域。最终，科学博物馆找到了一个在威尔特郡邻近罗顿的
皇家海军飞机场。该机场已经在 1978 年关闭了，但皇家海军在东南角

保留了直升机维修设施。

　　科学博物馆在 1980 年 5 月 1 日正式接手罗顿机场和六个机库。虽然该机场距离南部斯温顿只有 4 英里，而且靠近 M4 高速公路，但是与公共交通的连接却比较差。然而在当时，这还并不是关键性的问题，因为观众可以开车去参加规定好的年开放日和其他一些景点。科学博物馆看起来几乎是有无限的空间（每个机库是 600 英尺×300 英尺，当空着的时候看起来特别大），藏品收购随之被快速推行。客机如三叉戟、"彗星Ⅳ"和"洛克希德星座"，客车、货车、牵引车和履带式车辆这些用于南极探险的专用车辆，制导导弹如蓝钢，以上这些以及更多未被提及的藏品很快充满了原来"无限"的空间。国家农业博物馆从农民处购买了 66 台历史悠久的农用拖拉机。其一项长期计划在热心的收藏家弗兰克·史密斯（Frank Smith）的帮助下完成了。15 年间，原先的空间逐渐被填满。机库周边的额外区域也被接管，但越来越多不断恶化的情况引起了相关人员的焦虑，因为他们最初的设计没有考虑到这样的长期使用。（图 12-5）

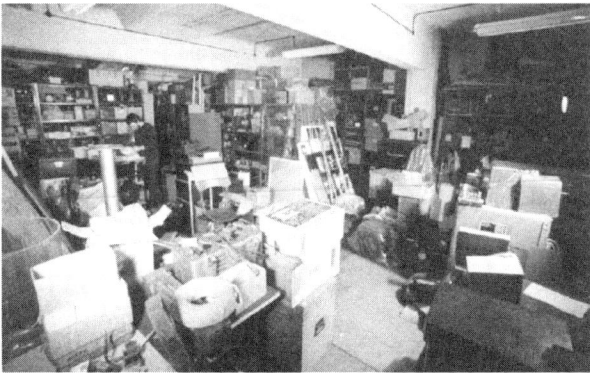

图 12-5　20 世纪 80 年代，藏品的体积超出馆舍空间。图为 1984 年 2 月工程部的地下室仓库［图中的人是科学博物馆助理伊恩·布罗姆利（Ian Blomeley）］

　　尼尔·科森斯馆长启动了对边远储存地的调查，看看它们是否能节省资金。尽管允许将现有租约短暂地延期，但事实证明科学博物馆不可能达成对海耶斯新的长期租约。所以，科学博物馆决定关闭海耶斯仓库，把物品转移到布莱斯存储室或者罗顿仓库。被包装的栈板物品被搬到了罗顿一家有助于较好保存和节约能源的新仓库。建筑的部分区域放置了高密度的可移动货架，在其他区域为大型或者比较重的物品安置了固定货架。安置在橱柜或架子上的较小的物品被转移到布莱斯存储室。当这些转移完成时，海耶斯仓库在 1994 年 3 月 31 日关闭了。同时，新的工作重点是藏品的保护，这意味着几乎所有在南肯辛顿的仓库要被放弃。地下室储藏室和陈列柜下的柜子都不再被认为是保护物品的适宜环境。这些物品大部分被转移到布莱斯存储室。最初工作人员有过反对，他们觉得这种方法是他们对观众的妥协。但布莱斯存储室的条件比较好，有保护实验室和科学博物馆的摄影工作室。

292

科学博物馆的边远储存地目前包括布莱斯存储室和在罗顿的仓库。改变展览的方法意味着旧式以收集为基础的展厅的展现方式已经被范围更广的基于主题的展览所取代。不可避免地，这意味着大量以前能够提供很多技术性和历史细节的藏品不能满足要求了，所以它们不得不下架并保存起来。尽管收购还在继续，但是科学博物馆以更加可预测的步伐行进，每一个提议都进行了更详细的审查。因此，现在对存储空间的压力比以往任何时候都大。这样的空间会花费大量的金钱。目前科学博物馆正在竭力考虑这些保存起来的藏品未来将以什么样的方式来对前期的投资产生收益。长期而言，科学博物馆希望能在罗顿建立足够合适的仓库，以容纳所有储备物品，无论它们是已经存在的，还是目前收藏在布莱斯存储室的。当有了一个连贯的布局后，观众可以接触到这些藏品的可能性将显著增加。从理论上讲，对比 1909 年展览出的物品对于观众的意义，现在的展品对于观众的意义更大。

参考文献

1. *Engineering*，22 October 1869，p. 275.

2. *Report of the Science and Art Department for 1883* (London: HMSO, 1884), p. 249.

3. *Report of the Science and Art Department for 1885* (London: HMSO, 1886), p. 286.

4. Science Museum Annual Report for 1927 and 1928, p. 8.

5. 1913-573: Copy of a merkhet and bay, ancient Egyptian instruments used for astronomical timekeeping (the original is in the Royal Museum, Berlin). See Illustration 1. 7 in Chapter 1.

6. *The Science Museum: Regulations* was a printed volume of forty-four close-packed pages first issued in March 1914.

7. Science Museum Annual Report for 1930, p. 4.

8. Science Museum Annual Report for 1921 and 1922, p. 5.

9. Science Museum Annual Report for 1923, p. 5.

10. SMD, SCM/269/4, Board of Survey, general policy.

11. Col. E. E. B. Mackintosh, *War History of the Science Museum and Library 1939-1945*, p. 79. SMD, Z 101.

12. Science Museum Annual Report for 1937, p. 14.

13. Science Museum Annual Report for 1952, Appendix 1, 'The Policy of the 293 Science Museum, 1952', p. 32.

14. H. Shaw, *A Memorandum on the Future of the Science Museum* (18 June 1943), SMD, Z 183/1.

15. Memorandum, W. T. O'Dea to Director, 11 December 1950, in SMD, SCM/8252/7/1.

16. Science Museum Annual Report for 1952, Appendix 1, 'The Policy of the Science Museum, 1952', p. 32.

17. Science Museum Annual Report for 1952, Appendix 1, 'The Policy of the Science Museum, 1952', p. 32.

18. F. Sherwood Taylor, 'The Bell Report as Seen in 1952', 1952, SMD, Z 183/2.

19. D. Follett, SMD, Z 183/3 No 4.

20. D. Follett, 'The Purpose of the Science Museum', July 1965, SMD, Z 183/2.

21. Xerxes Mazda, *The Changing Role of History in the Policy and Collections of the Science Museum, 1857-1973*. Science Museum Papers in the History of Technology No. 3 (London: Science Museum, 1996).

22. Letter, Follet to L. Potts, 3 December 1968, SMD, SCM/8469k/1/1.

23. Letter，Potts to Follett，28 May 1969，SMD，SCM/8469K/1/1.

24. Science Museum Annual Report for 1970，p. 2.

25. SMD，SCM/2008/206/1，Extension on lease，Hayes Store.

26. SMD，SCM/2000/402，Administration Storage Space for Objects-National Savings，Blythe Road.

第十三章
国际环境和国际主义环境

汤姆·谢因菲尔德

科学史学科的主要创始人之一乔治·萨顿(George Sarton)喜欢将浅显294的"世界主义"(cosmopolitanism)和严肃的"国际主义"(internationalism)区分开来。他认为，世界主义并没有区分不同的国家和文化，也尽量避免做困难的价值判断，同时将人们和那些与他们的生活没有历史渊源的地区联系了起来。国际主义是更为困难的。国际主义开始于其追随者强烈的民族主义，并得益于各种民族主义代表的不断聚集，同时需要仔细考虑不同文化之间的利弊，找出实体文化和历史根源的联系，并在这些联系的基础上创造出 1 加 1 大于 2 的成果。在 1919 年战时沉寂后，萨顿再次推荐科学史的杂志——《爱西斯》(Isis)，他写道：

> 《爱西斯》提到的国际主义不是凭空捏造的，也不是附加的功能，反而是一种自然现象。它是我们研究本质的结果而不是目标。科学的发展不是任何一个单独国家或种族的成果，而是不同种族、不同信仰的人们持续合作的结果。为了避免任何误解，我们需要强调《爱西斯》中提到的国际主义与轻视种族和国家特性的幼稚的世界主义精神是不同的，甚至是对立的。伟大的国际主义者康德很久以前说过，只有当国家健全和强大的时候国际关系才能蓬勃发展。国际主义精神和民族主义精神不是对立的而是相辅相成的。相反，世界主义精

神对于国家理想和国际理想当中的精髓是毁灭性的。[1]

根据萨顿的定义，科学博物馆一直是高度国际化的，而不是世界性
的机构。它们既是国家在科学和工业方面成就的倡导者，同时也是同类
295 型国际兄弟会机构的成员。它们是国家进步的代表，同时也有意识地参
与"科学博物馆运动"。英国的科学博物馆就是一个很好的例子。

科学博物馆关于将民族主义和国际主义结合的迹象可以向前追溯到
1851 年的万国工业博览会。万国工业博览会是这两者结合的先河。万
国工业博览会是艾伯特亲王的心血结晶。其最初的设计目的是全面展示
英国的工业和技术实力，同时也是国际交流的场所。艾伯特亲王在
1849 年 6 月 30 日于白金汉宫举行的第一次展览规划会议上说：

> 有一个问题：这次展览的范围是否仅局限于英国工业？人们认
> 为，虽然对机器、科学的产生和发展人为地加以任何限制看来是错
> 误的——因为这些都不属于某个国家，而应属于整个文明世界——
> 但是把这些置于与其他国家的公平竞争中，可能会给英国工业带来
> 特别的好处。[2]

在展览会开幕式上，维多利亚女王重申了这种观点：

> 我诚挚地和你们一起祈祷，希望上帝能够鼓励和平的艺术和工
> 业发展，加强联盟中每一个国家之间的联系，来保佑这项工作有利
> 于我国人民的幸福以及人类的共同利益，并通过那些上帝赋予人类
> 创造幸福和快乐的能力，促进友好而又光荣的竞争。[3]

维多利亚女王在从内心深处表达普遍同情之时仍注意强调竞争。万
国工业博览会的竞争是显而易见的。本次展览为所有参展商参评的全部
30 多个种类的作品总共授予近 3000 个"评审团勋章"和 150 多个"委员

会奖"。评委会由英国和其他一些国家的评委构成，这两者数量大致相当。大约有 17000 个参展商参加了此次展会，其中大约有一半是英国参展商。[4] 单从获得的奖牌数量来看，此次展会的评选制度是相当公平的，英国获得大约一半的奖牌，法国紧随其后。德国、美国、奥地利、俄罗斯、比利时、瑞士、荷兰、西班牙和土耳其等也获得了奖牌。[5] 展会闭幕式的很大一部分时间都用于颁发各类奖项。"感谢裁判们的服务。"艾伯特亲王以祈祷的方式结束了博览会。他说："这种知识交流，是开放的人们在友好竞争中相遇的结果。知识可以在广袤的土地上分布得越来越广，知识交流进一步表明我们之间是相互依赖的关系，也是促进各国团结、促进人类各民族和平的一种愉快的方式。"[6]

这恰恰与乔治·萨顿在半个世纪后提出的有竞争力的国际主义内涵 296
不谋而合，而这将在 20 世纪的科学博物馆中制度化。纵观它的第一个百年，科学博物馆一直把自己视为志同道合的国际共同体中的一员。不论各博物馆之间是相互竞争的关系，还是合作的关系，在今天依旧经常活跃在国际科学博物馆界的主要博物馆有位于慕尼黑的德意志博物馆和位于华盛顿的史密森美国国家历史博物馆，还有巴黎、维也纳、渥太华、悉尼和芝加哥的大型博物馆，以及世界各地其他的博物馆。

德意志博物馆

虽然慕尼黑的德意志自然科学与工程博物馆是在南肯辛顿首个博物馆建成近 50 年后才成立的，但它还是对科学博物馆的发展产生了巨大影响。科学博物馆早期的历史是由机构间或个人间的相互竞争产生的，而德意志博物馆的历史是由其创始人——具有传奇色彩的奥斯卡·冯·米勒(Oscar von Miller)主导的。奥斯卡·冯·米勒出生于 1855 年，是慕尼黑杰出的铸造大亨费迪南德·冯·米勒(Ferdinand von Miller)的小儿子。最初老米勒决定让他的儿子成为一名工程师，于是奥斯卡·冯·米勒进入了慕尼黑工业大学就读。1878 年，他以班级第一名的成绩从大学毕业，考取了德国的公务员并从事道路、桥梁和隧道修建的工作，从此开始了他成功的职业生涯。

1881 年，奥斯卡·冯·米勒前往巴黎去参加国际电气博览会，在那里，同其他欧洲国家的代表一样，他第一次看到了爱迪生发明的白炽灯泡。新技术具有实现的可能性，这瞬间点燃了奥斯卡·冯·米勒强烈的兴趣。他对展览本身的印象很深。展览媒介所具有的影响公众心理的能力很强大。电气工程和展览媒介这两部分知识对奥斯卡·冯·米勒后续的职业生涯产生了影响。事实上，他从巴黎回来就开始策划慕尼黑国际电气展。这次电气展在 1882 年开幕并取得了巨大的成功。

德国慕尼黑的电气展结束后不久，奥斯卡·冯·米勒就加入了位于柏林的德国爱迪生公司的董事会。1889 年，他开始自立门户，在慕尼黑成立了自己的咨询公司，主要从事水力发电领域方面的工作。在此后近 40 年的时间里，奥斯卡·冯·米勒组织和指导了德国许多大型的公共工程项目，包括巴伐利亚的主电网和著名的拜营电厂（Bayernwerk）。

奥斯卡·冯·米勒对展览会具有浓厚的兴趣，除此之外还对电气具有浓厚的兴趣和极高的参与热情。在 1882 年成功举办慕尼黑的电气展之后，他被推选为 1891 年法兰克福电气展的组织者。相对于慕尼黑的
297 电气展，此次展览会范围更大、更广。而这次电气展举办的经历更加坚定了他对展览媒介的信念。同时，随着参观巴黎和南肯辛顿的科学博物馆，他更加深刻地意识到有必要在德国选择一个固定的地点用于科学和技术的展览。1903 年，奥斯卡·冯·米勒和一个由工程师以及产业工人组成的团队获批建设德意志博物馆。奥斯卡·冯·米勒和他的团队迅速获得德国商界以及帝国贵族的金钱支持和政治支持，包括巴伐利亚州王储路德维希的直接参与和德国的威廉二世送来的热情祝福。1906 年，德意志博物馆开设了临时展厅，并在伊萨尔河中央开始建设一座新的高大建筑。由于战争的阻碍，原本计划在 1916 年盛大开幕的博物馆，推迟了十多年，最终在 1925 年 5 月 7 日——奥斯卡·冯·米勒 70 岁的生

日那天——德意志博物馆开幕，成为当时世界上最大、最现代化的博物馆之一。[①]（图 13-1）

图 13-1　德意志博物馆开幕式时的游行彩车

注：照片拍摄于 1925 年 5 月 7 日，奥斯卡·冯·米勒 70 岁生日当天。照片由德意志博物馆提供。

　　在两次世界大战期间的大部分时间里，德意志博物馆被公认为是科学博物馆的世界领导者。当然，它也是受到资金支持最广泛的科学博物馆，不仅得到慕尼黑市、巴伐利亚以及德国政府的资金支持，还得到工业界的资金支持，还有一部分来自博物馆的门票收入。作为当时世界上最大的科学博物馆，德意志博物馆拥有 360000 平方英尺的展览空间。相比之下，1930 年的英国科学博物馆只拥有不到 200000 平方英尺的展

[①]　德意志博物馆历史的英文资源是有限的。其中有代表性的两个为 Otto Mayr et al. , *The Deutsches Museum：German Museum of Masterworks of Science* (London：Scala Publications, 1990) and Connie Moon Sehat, 'Education and Utopia：Technology Museums in Cold War Germany', unpublished PhD thesis, Rice University, 2006. 其他有用的资源包括 Kenneth Hudson, *Museums of Influence* (Cambridge：Cambridge University Press, 1987) and Bernard Finn, 'The Museum of Science and Technology', in Michael Steven Shapiro, ed. *The Museum：A Reference Guide* (New York：Greenwood Press, 1990), pp. 59-83. 德文资源包括 Wilhelm Füssel and Helmuth Trischler, eds, *Geschichte des Deutsches Museum* (Munich：Deutsches Museum, 2003).

298　览空间。① 在接下来的几年里，德意志博物馆并不仅仅满足于其自身拥有的巨大展厅，而是继续完善其自身的修筑计划，并于 1935 年开设了图书馆和会议室。

　　然而，从 1933 年开始，德意志博物馆的国际领导地位逐渐衰退。两件虽然相关度不高，但是对德意志博物馆很重要的事件，标志着该博物馆近 20 年动荡的开始。第一件事情是纳粹主义在德国开始兴起。自 1933 年纳粹政府开始统治德国起，德意志博物馆发现想要摆脱政治因素的影响而独立运转开展业务的难度越来越大。由于政府和工业部门（其自身越来越受到纳粹干涉的影响）在博物馆的管理和资金运转方面产生的巨大作用，德意志博物馆的这个问题比德国的一些其他机构都更严重。虽然博物馆的主展厅基本保持不动，但是馆内的美术馆和会议室却变成了纳粹党用来进行宣传活动的最佳场所。第二件事情是奥斯卡·冯·米勒在 1933 年退休以及 1934 年的意外身亡。令人遗憾的是，德意志博物馆失去了一位具有非凡魅力、人脉广泛以及性格坚定的领导者，而且是在它最需要具有这些品质的领导者的时候。

　　和德国许多机构一样，经历了第二次世界大战的德意志博物馆百废待兴。从外观上看，它遭到多次空袭，受到严重破坏，直到 20 世纪 60 年代才完全恢复到战前的状态。博物馆精神领域和相关制度方面的恢复，同样也面临着艰巨的挑战：德意志博物馆将自身定位为战后机构进行重建，并在不久之后又重新进入到国家科学博物馆一流行列的队伍中。正如康妮·穆恩·赛哈特（Connie Moon Sehat）所说，德国科学和工程"所具有的科学技术方面的种族歧视和种族灭绝的形象对德国科技博物馆造成了明显的负面影响"。"冷战"期间，慕尼黑德意志博物馆则要面对改变这种形象的挑战。重塑自我形象既可以作为教育的手段，也可以作为"科技与文化交流的辅助工具"。[7]

────────────────

① 在科学博物馆 1930 年年度报告后面附了一份数据资料，这是由咨询委员会成员理查德·格莱兹布鲁克先生整理的有关慕尼黑博物馆访问量的数据，其中就包括了德意志博物馆展厅面积大小的相关数据。格莱兹布鲁克的数据也符合当时人们的预测。

德意志博物馆面对物质和精神双重挑战，采取了相应的办法并且迅速取得了显著的成效。在20世纪60年代中期，德意志博物馆重建了展厅，使其自身大致恢复到了第二次世界大战前的水平。而在20世纪60年代至80年代期间，德意志博物馆加大了对原始研究的关注，同时从两所大学引进了科学史专业，并扩大出版计划，这其中就包括《文化与技术》(*Kultur & Technik*)杂志。德意志博物馆也重新履行其教育使命，强调科学与技术的本质，并率先关注儿童（相对于工人来说）教育领域。与此同时，在整个"冷战"期间，德意志博物馆努力应对一些诸如原子能、太空军备竞赛、环境污染等难题，同时还要向后代以及越来越多的外来观众做出解释。近几十年来，德意志博物馆面临着一系列不同的，甚至在某些方面来说有些艰巨的挑战，包括完成1983年遭受火灾的展厅的重建工作，还有为重新回归统一的德国重新构建它的使命与内涵。今天，作为扩建的一部分，德意志博物馆在三个地方运营：原始地慕尼黑（继续扩大展厅，尤其是2003年开放的巨大的现代运输展厅），位于施莱斯海姆（Schleissheim）机场的航天航空设备展厅（1992年对外开放），20世纪后期建立的、现今位于波恩的科学技术中心（1995年对外开放）。

自1925年德意志博物馆隆重开业以来，它的发展深深地影响着科学博物馆。在它开放的几年时间内，甚至连科学博物馆的馆员都承认，德意志博物馆是科学博物馆界相关技术的杰出代表。[8]这种赞誉对德意志博物馆起到了一定的激励作用。在位于伊萨尔河中央的巨大建筑修建并开放之后，位于城区中心的科学博物馆的扩建工作也变得紧迫起来。而在德意志博物馆开放之后，一些呼吁也多了起来，其中就包括扩建天文馆。天文馆是德意志博物馆中最壮观和最受好评的创新建筑之一。[9]与德意志博物馆相比，天文馆虽然没有那么重要，也没有很强的表现力，但是其为现存展厅带来的改变是不容忽视的。科学博物馆的特别展览计划以及新的儿童展厅就是很好的例子。

我们已经看到，20世纪30年代，以工业特色展览为行业特色和主导的科学博物馆是如何将其发展目标逐步变成民族主义——主要是因为科学博物馆在其发展目标中加入了对国内工业的关注，以及来自第二次世界大战的压力。这不仅是民族主义者在当时国际竞争环境中有意识的行为，也是为了应对来自德意志博物馆的竞争压力而第一次制定这样的目标。通过奥斯卡·冯·米勒和他同事的努力，德意志博物馆自身与工业的关系更加紧密。

1927 年，英国内政部在国家博物馆和美术馆设立了一个皇家委员会，专门调查各式博物馆的总体趋势、绩效和条款，而这些调查原来是由许多部门共同完成的。在研究科学博物馆时，皇家委员会对国外其他的科学博物馆，尤其是德意志博物馆的相关工作进行了大量细致的调查，同时研究每一个人对于该博物馆相关知识的了解程度及其与科学博物馆的关系。委员们尤其感兴趣的是德意志博物馆与工业的密切联系，并反复询问被调查人对如何改善科学博物馆与英国工业界的关系这一问题的看法。[10]

在委员会的邀请下，馆长亨利·里昂于 1929 年到慕尼黑调查相关问题，就像咨询委员会委员理查德·格莱兹布鲁克和策展人威廉·普卢默 (William Plummer)做过的调查一样。普卢默指出，不仅制造商十分慷慨地为科学博物馆提供了展览所需的展品，而且普通市民也对科学博物馆的发展壮大做出了十分巨大的贡献。[11]在给皇家委员会和咨询委员会的报告中，格莱兹布鲁克提及了他与奥斯卡·冯·米勒的对话："奥斯卡·冯·米勒博士曾经对我说过，'富有给予的，不是钢材、石头或者其他材料；工人收到的是他们普通的工资——这些工资甚至不能让他们生存——但是即便如此他们还是在周六下午和周日免费提供服务'。"[12]在 1930 年的最终报告中，皇家委员会对慕尼黑的科学博物馆留下了深刻的印象，并且号召：

……之所以对德国的科学博物馆特别关注，不仅因为它本身就是一个展示现代化博物馆如何成为科技和普及教育的工具的很好例子，而且因为它是国家效率的象征。它是德国如今对工业进展所采取的科学手段的中心，我们相信这个中心对国家产生了重要的意义。[13]

在对德意志博物馆的赞美中却也隐含着对科学博物馆的批判，他们提供这份最终报告的一个主要建议是希望科学博物馆能够像德意志博物馆的发展路线一样与工业界增强联系。科学博物馆对这些建议的一个回应是重建咨询委员会，并扩大其人员范围以包括更多行业的成员。一个更明显的回应是举办专题展览，这使科学博物馆的各个展厅能用于特定行业的宣传与展示。这个项目始于 1933 年的塑料工业展览会。咨询委员会高兴地报告说，科学博物馆已经在德国的相关领域产生了一定的影响。年度报告指出，这次展览还扩大了科学博物馆的影响范围。报告还指出，后续将在美国和澳大利亚安排一些类似的展览。[14]

除了对工业的重要作用外，参观科学博物馆的人们对慕尼黑的印象更加深刻了，特别是关于德意志博物馆对创新实践和科技原则的可移动示范的印象。比如，格莱兹布鲁克在总结他 1930 年的报告时指出，德意志博物馆致力于"使自身具有教育价值"，特别是移动设备，通过这些设备，观众能"根据自身情况多次体验"。[15]于 1931 年开幕的科学博物馆的儿童展厅，更加受到这些创新举措的影响。咨询委员会关于展厅的早期报告反复提到工作模式和实际展品的重要作用："所有这些展品可以由孩子自己进行操作，并能让他们测试和比较不同的实验方法，并根据自己的想法进行实验……"[16]

然而，尽管对慕尼黑的印象是儿童展厅发展的关键，但是科学博物馆办公室没有不加批判地采用德意志博物馆更多的互动功能也是事实。在儿童美术馆项目启动之前，普卢默表明了他的意见：

301

……在慕尼黑有许多工程展品……在我看来，这将是一个更好的计划，演示一个装置需要一个、两个或更多的按钮，在房间或者某个地方通过专业人员更好地进行智能展示……使用数量较少的工程展品，来说明一些根本性的重要现象。[17]

普卢默的感受也在慕尼黑同时期的另一份报告中体现出来。报告指出："观众对所展示的大量实验表现出来的往往是不知所措。在我看来，这种现象表明科学博物馆并没有充分说明其中的现象和关系，同样也几乎没有展示实验可能的后果以及在工业方面的应用。"[18]

最终，儿童展厅在工作原理模型和历史解释两者中找到了平衡点。儿童展厅首次系统地向科学博物馆的观众介绍科学原理、实践展览、教育电影等内容，而儿童展厅的这种平衡也在本质上保持了其自身的传统性。大部分的展示都是按照"过去"和"现在"配对展示文物、文字以及实景模型。正如儿童展厅的官方指南所写的："虽然有一些展品是用来说明基本原理的，但是儿童展厅的主要目标是用来展示事物的具体意义……而不是他们的工作原理。"展厅的安排正是为了加强这一点。儿童展厅开幕后不久，科学博物馆重新布置入口附近的展品，以便让观众能够迅速地穿过，从而更快地到达更实用的人造文物、历史文物所在的主展厅。通过这种方式，科学博物馆不仅能够融合德国的创新技术，而且也不会违背其对历史做出的坚定的承诺。[19]

儿童展厅这一折中的办法更能够反映科学博物馆和德意志博物馆的关系。在两次世界大战之间，慕尼黑这座城市在科学博物馆工作人员、顾问以及总监心中占据着重要的地位。然而，科学博物馆与德意志博物馆之间的关系始终是对话关系而不仅仅只是一种简单的影响关系。正如我们看到的，这种对话关系一直持续到了今天。

史密森学会

科学博物馆与它的美国同行——位于华盛顿的史密森学会保持着悠久的友好竞争与合作的关系。事实上，史密森学会本身也有很深的英国根基，这么说是因为有一个鲜为人知的英国人的慷慨赠予才有了今天的史密森学会。1829 年，詹姆斯·史密森（James Smithson）——诺森伯兰公爵（the Duke of Northumberland）的私生子、自然主义者，同时也是英国皇家委员会的会员，去世的时候将他超过 500000 美元的遗产留给了美国。[20]

史密森从来没去过美国，他将如此大的一笔财富捐赠给美国引发了 302 巨大的争论。最合理的解释是史密森为了泄愤而捐赠。虽然英国继承法允许他继承他母亲的财产，可是却不允许他继承他父亲的头衔。据说史密森被此项规定激怒，他将财产"赠予美国，并且在华盛顿以史密森学会的名义强调和传播人类知识"，他这么做也许是为了表达对自己的国家否认他长子继承权的不满与怨恨。另一个更普遍的解释是，史密森是因为羡慕美国的启蒙思想和其人民具备的创造潜能而这样做的。无论事实真相如何，几年过后，史密森的侄子去世，史密森的遗产也就没有了继承人（史密森遗嘱中的一款约定）。1835 年，国会关于在美国宪法下是否可以接受这笔财产的问题产生了分歧和争议。经过英国平衡法院的遗嘱认证，几年后，这些基金，连同史密森自己收藏的一些珍品和书籍，于 1838 年被赠予了华盛顿。

争论还没有结束。接受史密森捐赠的国会议员很快意识到史密森所谓的"建立传播人类知识的相关机构"这句话可能蕴含着更深层次的内容，于是越来越多的人开始讨论能够使选民受益的解释。美国罗得岛州具有较强影响力的参议员阿舍·罗宾斯（Asher Robbins）主张建立一个国立大学。而马萨诸塞州的参议员鲁弗斯·乔特（Rufus Choate）则主张建立一个国家图书馆。选择在家乡布伦特里度过晚年的美国前总统约翰·昆西·亚当斯（John Quincy Adams），代表马萨诸塞州的众议院，强烈建议修建一个天文台。还有一些其他建议，包括从科学社团到自然学派再到教师培训学院等许多方面。最终，经过 8 年激烈的讨论和最终的商议，国会于 1846 年颁布了"创建史密森学会"的法案，但是这一法案没有让任何相关方面满意。很明显，史密森学会的成立是竞争对手们都不希望发生的事情。[21]

今天，当想到史密森学会时，人们脑海中浮现出的是占地近 20 个博物馆的庞大综合体工程，范围从美国国会向西延伸到华盛顿纪念碑，再延伸至华盛顿特区的社区中。然而，在一开始的 30 年，史密森学会显然并不是一个博物馆。在早年的时候，史密森学会是一个为科学考察提供各种帮助的机构，包括印刷机、讲座、化学实验站及气象站等。此外，史密森从来没有亲眼看到过这个年轻的国家，他不知道在波托马克河旁有宏伟的国会大厦，也不知道 19 世纪上半叶的华盛顿特区不过是政客的"沼泽地"。史密森学会最终建成的大厦，并不是位于现在看到的长达两英里长的草坪，而是挨着波托马克河的泥泞小溪。正是在这片泥泞地带，综合型组织总部于 1855 年开放。"史密森城堡"（图 13-2）仍是该机构主要的行政管理办公室。它不对称的双塔结构和维多利亚哥特式外墙，在随后华盛顿其他的政府建筑中也得到了应用。而即使在今天，我们仍然不能够只通过外表造型来判断该建筑的具体功能和职责。

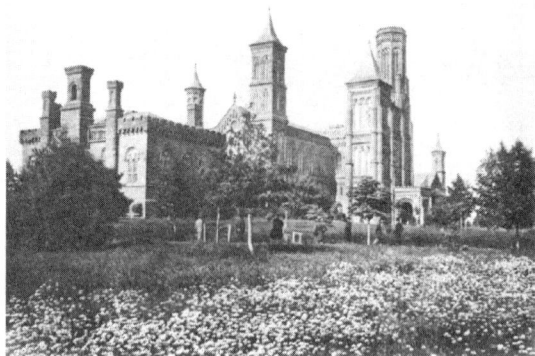

**图 13-2　史密森城堡（1860 年拍摄于另一个空的国家购物中心，
由史密森学会档案馆提供）**

虽然最初的城堡包含一些小型的示范展厅，但史密森学会真正作为一个博物馆出现是在 1876 年的费城百年纪念博览会上。这次在费城举办的博览会是美国历史上举办的第一个大型的国际展览会。为庆祝独立宣言颁布 100 周年，百年纪念博览会有意识地将美国与欧洲大国在工业、文化和政治等方面看齐。展会取得了巨大的成功，将近 40 个国家带着各自的展品参与展览，同时也吸引了近千万名观众前来参观。然而在展会即将闭幕之际，参与展会的国家发现他们处于全球经济衰退之中，于是决定放弃（也可以说是捐赠）他们的展品给美国政府，而美国政府在接受了捐赠后又将这些展品连同美国军事部门、海军部门、财政部门、农业部门以及邮政局的展品都一并给了史密森学会。事实上，史密 304 森学会在这些其他政府部门展品的旁边也展示了自己的展品，包括装满货物和展品的棚车。史密森学会从费城返回时，带了超过 40 车价值不菲的物品。

对史密森学会来说，这些捐赠为其提供了千载难逢的好时机。相对于保护和展示博物馆藏品而言，史密森学会的首任部长（兼首席执行官）约瑟夫·亨利（Joseph Henry）更感兴趣的是促进原创性科学研究。但是和他不同，该机构的继任部长斯潘塞·贝尔德（Spencer Baird）则是一位天生的收藏家。在 1878 年前任部长亨利去世后，贝尔德接任部长，这正好能够将从费城得来的藏品充分利用。

可是问题在于，并没有地方来存放这么多藏品。这个城堡一开始就不是当成博物馆来设计的，因此并不能很好地分类展出这么多藏品。在之前亨利的游说（亨利一开始就不希望这些藏品放在城堡里面）和后来贝尔德（贝尔德的目的是让史密森学会成为一个收藏机构）的游说下，国会终于在 1879 年同意拨款用于建立博物馆。美国国家博物馆，如今被称为艺术与工业大厦，于 1881 年在商场城堡的旁边开幕，这标志着史密森学会有了一个正式的博物馆。[22]

然而正如南肯辛顿博物馆一样，美国国家博物馆内部也是包罗万象的。在费城获得的藏品不仅包括科学和技术方面的，同时也包括了人种学、历史学、艺术学和自然志等方面的。此外，美国国家博物馆还保管着史密森学会在早期研究活动过程中收集来的各种标本和设备，甚至包括与史密森的遗赠一起到来的小型矿物学藏品。而且，在贝尔德的领导下，博物馆通过举办各种国际展览也在不断地增添新的藏品，很快就连新的艺术与工业大厦也快放不下收藏品了。在 1911 年，一个跨商业中心的新的国家自然博物馆开馆，用以收藏、展出这些自然藏品。没过多久，一个专门的科学博物馆宣传团队应运而生，这个团队早期的领导人是一位名叫卡尔·W. 米特曼(Carl W. Mitman)的年轻策展人。

米特曼曾在里海和普林斯顿担任工程师，并于 1911 年来到史密森学会，1918 年成为该机构技术藏品的总策展人。在这个位置上，米特曼致力于使这些藏品稳定下来，并设立了一个独立的机械和矿产技术部门用于管理，于是他也成为该部门的第一领导人。随后在 1920 年，米特曼继续向前推进。在对国家艺术馆的竞争提案中，米特曼呼吁史密森学会的董事会应当尽快形成国家工程与工业博物馆自身的风格。

战时，米特曼关于建立国家工程与工业博物馆的提案在国会没有通过。然而，在第二次世界大战后，呼吁史密森学会建立专门科学博物馆的提案重新出现。于是在 1946 年，米特曼的一个门徒弗兰克·奥古斯都·泰勒(Frank Augustus Taylor)恢复了这项工作。"冷战"期间，国际对抗的气氛也间接证明了国家科学博物馆的存在价值。于是在 1964 年，历史与技术国家博物馆在华盛顿纪念碑旁边开馆。虽然主要是归功于米特曼的独到眼光，但新的历史与技术博物馆的建立主要是基于"冷战"的环境，旨在展示美国在科技成果上所拥有的巨大优势。1976 年，随着美国国家航空航天博物馆的开放，"冷战"的竞争更加激烈。在 20世纪 80 年代，国家历史与技术博物馆更名为美国国家历史博物馆，史密森学会的科学博物馆的民族主义意图更加明确。[23]

20 世纪初的两个关键事件既显示出伦敦科学博物馆和史密森学会之间的紧密联系，又体现出两者的激烈竞争，这种联系与竞争的关系也标志着两者对于在以英语为官方语言的科技馆界领先地位的追求。

今天，前往位于华盛顿的史密森学会以及位于伦敦的科学博物馆参观的观众，都可以看到莱特兄弟于 1903 年在北卡罗来纳州的基蒂霍克小镇第一次飞行时所用的著名的飞机。一件物品能够在跨越海洋、千里之外的展厅里展出，正好开始于莱特兄弟开启载人航天器新纪元的那一年。莱特兄弟并不是仅有的努力研究飞行器的人。在 20 世纪刚开始的几年里，有几个相互竞争的飞机项目，其中就包括位于华盛顿由时任史密森学会部长的塞缪尔·P. 兰利所领导的项目。兰利是一位备受瞩目的物理学家，同时也是空气动力学方面的早期专家。从 19 世纪 90 年代开始，兰利成功建造并测试了几种型号的无人飞行器，其中一些飞行器成功地凭借自身的动力在空中停留超过一分钟，并飞行近一英里。兰利建造无人驾驶飞行器并成功测试的消息引起了美国军事部门的关注，而军事部门也为兰利尝试更大型的飞行器测试提供鼓励和资助，希望实现更重的载人飞行。尽管有超过 70000 美元的资金资助（50000 美元来自军事部门，20000 美元来自史密森学会本身），但是兰利并没有实现自己的目标。当两架载人飞行器在 1903 年坠落到波托马克河以后，兰利就放弃了航空研究。然而，仅仅在兰利最后一次飞行测试 9 天之后，莱特兄弟就完成了历史上首次载人飞行实验。

但是人们当时并没有意识到这件事的重大意义所在。工程界花了好几年才充分认识到莱特兄弟的成就。例如，直到 1914 年，位于费城的富兰克林研究院才成为第一个正式承认莱特兄弟载人飞行器的科学机构。与此同时，兰利的继任者查尔斯·沃尔科特（Charles Walcott）决定根据原型重现兰利的发明。这一次，飞行器成功飞行。于是 1914 年史密森学会宣布，曾经被贴上"兰利的愚蠢发明"标签的发明实际上是"人类历史上第一次能持续自由飞行的载人飞行器"。正是由于这次更正，史密森学会才 306 把重建的飞行器展示出来，但这种行为激怒了奥维尔·莱特。于是，他在 1928 年把自己的飞机送到南肯辛顿，用于科学博物馆的展出。直到 1948 年奥维尔·莱特去世后，由沃尔科特的继任者——部长查尔斯·阿博特（Charles Abbott）正式申诉，莱特兄弟的飞机才得以回到美国并在华盛顿展出。如今，莱特兄弟的飞机原型在史密森国家航空航天博物馆里展出，而利用其在南肯辛顿展出时所绘制的图片制成的复制品，则在科学博物馆里展出。通过这种复杂的途径，无论是史密森学会的博物馆还是科学博物馆都声称已经在自己的藏品中展出莱特兄弟的飞机。引人注意的是，类似的故事也发生在了托马斯·爱迪生 1877 年发明的留声机上。留声机在 1883 年通过专利局博物馆的收藏进入了科学博物馆的藏品中。最终，经过艰苦谈判后，留声机回到美国，并在位于密歇根州迪尔伯恩的亨利·福特博物馆中展出。[①]（图 13-3）

图 13-3　赫尔曼·肖，伦敦科学博物馆馆长，在科学博物馆举行的仪式上发表演说，以纪念在 1948 年 11 月莱特飞行器返回史密森学会

这种争夺藏品的竞争掩盖了一个更重要的协作关系，这种合作给史密森学会的博物馆和科学博物馆带来更友好的关系。尽管发生了这么多事情，科学博物馆和史密森学会博物馆及其代理人之间的关系依然非常

---

① 有关兰利争论的故事在《兰利争端》("Langley Dispute Ends")一文中进行了更详细的说明。*The Science News-Letter* 42(19) (7 November 1942), p. 292. See also Paul Henry Oehser, *Sons of Science: the Story of the Smithsonian Institution and Its Leaders* (New York: Greenwood Press, 1968) and Follett, *The Rise of the Science Museum Under Henry Lyons*, pp. 154-155. 爱迪生的争论由福利特在 154 页进行介绍。Frank W. Hoffmann and Howard Ferstler, 'Edison, Thomas Alva', in *Encyclopedia of Recorded Sound* (2005), pp. 349-351, and 'American Government Honors Edison', *The Science News-Letter* 14 (394) (27 October 1928), pp. 253-254. 这篇文章描述了爱迪生国会荣誉勋章授予仪式，在仪式中伦敦方面将留声机归还给了他。

友好。举例来说，在因为莱特兄弟和爱迪生的发明发生争议的时期，位于华盛顿的国立科学博物馆的重要支持者们前往伦敦，以会见里昂并听取他和员工的意见。[24]

最近，科学博物馆和史密森学会博物馆之间的合作有增无减。20世纪60年代至70年代，策展人开始在两个机构之间加强学术活动的交流。在罗伯特·马尔特霍夫（Robert Multhauf）馆长的领导下，史密森历史科技博物馆成为美国科学技术史上主要的学术场所，同时也成为《爱西斯》杂志的主办方，主办国际科学史期刊，马尔特霍夫则担任编辑长达10年以上。身为一名科学史的博士，马尔特霍夫还让其他经验丰富的科学史家担任他的策展管理人员，如伯纳德·芬恩（Bernard Finn）和德博拉·沃纳（Deborah Warner）。马尔特霍夫也会和这些学者一起参与国际学术圈的交流。正如马尔特霍夫在20世纪70年代把《爱西斯》主办权转移到史密森学会一样，技术史学会期刊《技术与文化》（*Technology and Culture*）的主办权，在20世纪80年代也转移到了华盛顿。[25]

与此同时，一个非常相似的故事正在科学博物馆上演。科学博物馆从20世纪70年代开始也在招募科学史方面的博士生。[26]并不意外的是，随着科技史界专家们对关于物质文化研究的严肃性增强，在史密森学会博物馆和科学博物馆的职工之中共享学术的兴趣也有所增强，这也让策展人相互之间有了更为紧密的联系。早期一段时间，这种关系主要保持为个人关系，如伯纳德·芬恩和科学博物馆馆长玛格丽特·韦斯顿之间。近几年来，这些关系变得更加制度化。这方面最好的例子是文物合作。由美国国家历史博物馆、科学博物馆和德意志博物馆（如上所述，也经历了一段走向严谨治学的转型过程）的策展人联合共同举办的工艺品展，提供了一个以展品为中心的科学技术史的舞台，旨在强调博物馆是一个认真进行学术研究的地方。自1996年以来，文物的组织者不仅在华盛顿、伦敦和慕尼黑，而且也在巴黎、维也纳和乌得勒支等地举办了十几次研讨会，并已出版了7部原创学术合辑，主题涵盖从医疗设备和科学图像到军事和空间技术等各个方面。[27]

结论：遍布全球的科学博物馆

在 1933 年题为"技术博物馆：它们的范围和目的"的备忘录中，亨利·里昂写道，尽管最近在"12 个或 15 个国家"中出现了类似的机构，它们让科学博物馆的各个品类相互之间充分连贯并产生利益关系，但它们本质上仍然是地方机构，对此最好的解释是"因地制宜，满足本地需求和本地资源"的产品。[28]这种说法放在今天依然正确，而和这种说法类似的说法肯定可以(或者在大多情况下已经)在里昂的 12 个或 15 个博物馆的每一个博物馆中找到。但是，正如我们所看到的，关于它们的大部分历史，也让这些机构充分感受到了国际性，双方既有竞争也有合作。这种国际性的参与涉及科学博物馆、德意志博物馆和史密森学会的美国国家历史博物馆等。然而，根据里昂的说法，以及最近文物展览的地区所展示的，这种国际性的参与至少包括十几个位于世界各地首都的其他科学博物馆。即使在英国、德国和美国，也都还有一些参与国际交流的重要成员因为没有被列入这份简短的名单当中而不受重视。在英国，世界级的科学仪器藏品陈列在牛津大学的科学史博物馆和剑桥大学的惠普尔博物馆。柏林的德意志技术博物馆于 2003 年开设了一个重要的新展厅，其门面和藏品足以媲美其在慕尼黑的"表亲"(即德意志博物馆)。在芝加哥，科学工业博物馆和阿德勒天文馆向市民所提供的设施能等同于任何在英国、美国甚至全世界的博物馆。[29]

除了这三个国家的博物馆之外，在本书中同样应该被重视的是在巴黎的法国国家工艺博物馆(Conservatoire National des Arts et Métiers，CNAM)。事实上，CNAM 是最古老的国家科学博物馆。CNAM 比在本书所庆祝的周年纪念早一个多世纪的 1794 年就成立了，并且一直具备启示和对比的作用。正如罗伯特·巴德早些时候指出的，1851 年万国工业博览会的许多同时代人，尤其是那些在科学和教育领域的人，曾希望水晶宫和其展品被保存在法国国家工艺博物馆，以便其成为英国强大的竞争对手。[30] 但是，到了 20 世纪 20 年代，由于 CNAM 停滞不前，这使得普卢默把 CNAM 描述为"垂死的"和"只有相关学科历史知识丰富的观众才会有兴趣来参观的博物馆"。普卢默写道："德意志博物馆的确有些事情不对劲，但是法国国家工艺博物馆一切都错了。"[31] 不过在经历了 20 世纪 90 年代的重大改建和扩建后，CNAM 现在已经在很大程度上改变了这一形象，并重新获得了它原有的世界一流博物馆的地位。① 在 20 世纪的历史上，维也纳技术博物馆也曾出现过类似的情况。在 1918 年开业后的短时间内，维也纳技术博物馆曾是世界上最大的科学博物馆。然而，随着奥地利深陷于两次毁灭性的世界大战后，它很快就衰落了。正如 CNAM 一样，重新翻新后的维也纳技术博物馆开始重点关注教育领域，并在 20 世纪 90 年代和 21 世纪初再次出现在人们眼中。[32] 布尔哈夫博物馆（莱顿）、科学史研究所和博物馆（佛罗伦萨）、国家博物馆科学与技术学院和达·芬奇博物馆（米兰）、科英布拉大学科学博物馆（科英布拉）在欧洲其他城市的主要科学博物馆中排名前列。此外，许多国家博物馆，虽然本身不是科学博物馆，却以科技藏品而闻名。这其中就包括阿姆斯特丹的国家博物馆和伦敦的大英博物馆。[33]

英联邦国家近期的建设也不该被忽视。20 世纪 50 年代至 60 年代，科学博物馆为渥太华的加拿大科学与技术博物馆的创始人提供了一个模型。两名科学博物馆的策展人——玛格丽特·韦斯顿和格林纳威，成为新的加拿大国家博物馆首任馆长的热门人选。同时，动力博物馆，正如科学博物馆一样也是 19 世纪国际展览的产物，最近向科学博物馆提名了一位叫作林赛·夏普（Lindsay Sharp）的馆长。但是其

---

① 博物馆的网站可以查看有关 CNAM 历史遗迹的有关内容。'Muséedes arts et métiers: Chronicle of the restoration', http: //www. arts-et-metiers. net/musee. php? P = 142&. lang=ang&flash=f (accessed 10 February 2010).

他一些英联邦国家博物馆就没有这样紧密的联系了。例如，印度强大的全国科学博物馆理事会网络里面的那些博物馆，包括加尔各答的比尔拉工业和技术博物馆、班加罗尔的维斯瓦力亚工业技术博物馆、孟买的尼赫鲁科学中心以及新德里的国家科学中心，都是在非殖民化后成立的。[34]

在第一个百年的大部分时间里，科学博物馆已经站在联系紧密的国际科学博物馆界的前列。从科学博物馆与它的"表亲"——德意志博物馆和美国国家历史博物馆的长期关系中可以看出，博物馆界一度具有很强的竞争性、持续的协作性以及巨大的创造性。最后，让我们再一次聆听维多利亚女王的祷告：希望科学博物馆在第二个世纪中能够将"友好并光荣的竞争"理念延续下去，同时"促进和平与工业的艺术"，并"起到加强地球上的国家之间的联盟和相互之间的纽带作用"。

参考文献

1. George Sarton，'War and Civilization'，*Isis* 2 (1919)，pp. 318-319.

2. 'Exhibition of the Industry of All Nations'，*The Times*，18 October 1849，p. 6.

3. 'The Opening of the Great Exhibition'，*The Times*，2 May 1851，p. 5.

4. 'The Great Exhibition'，*The Times*，16 October 1851，p. 2.

5. 'The Great Exhibition'，*The New York Times*，16 October 1851.

6. 'Close of the Great Exhibition'，*The New York Times*，31 October 1851.

7. Sehat，'Education and Utopia：Technology Museums in Cold War Germany'，Introduction，Chapter 1. Also see Otto Mayr，*Wiederaufbau：Das Deutsches Museum*，*1945-1970* (Munich：Deutsches Museum，2003).

8. H. W. Dickinson，'Presidential Address：Museums and Their Relation to the History of Engineering and Technology'，*Newcomen Society Transactions* 14 (1933-4)，pp. 1-12，on p. 9.

9. David H. Follett，*The Rise of the Science Museum under Henry Lyons* (London：Science Museum，1978)，p. 93；David Rooney，*The Events Which Led to the Building of the Science Museum Centre Block*，Science Museum Papers in the Histo-

ry of Technology, No. 7 (London: Science Museum), pp. 5, 9-12.

10. *Oral Evidence, Memoranda and Appendices to the Interim Report* (London: Royal Commission on National Museums and Galleries, 1928); *Oral Evidence, Memoranda and Appendices to the Final Report* (London: Royal Commission on National Museums and Galleries, 1929); *Final Report, Part II* (London: Royal Commission on National Museums and Galleries, 1930).

11. W. G. Plummer, 'Report on Visit to the Deutsches Museum, Munich on 6th December, 1929', 23 January 1930, SMD, Z 193/1.

12. Science Museum Annual Report for 1930.

13. *Final Report, Part II* (London: Royal Commission on National Museums and Galleries, 1930), pp. 48-49.

14. Science Museum Annual Report for 1933. See also Follett, *The Rise of the Science Museum under Henry Lyons*, pp. 74, 119-121.

15. Science Museum Annual Report for 1930.

16. Science Museum Annual Report for 1933. See also Science Museum Annual Report for 1931.

17. Plummer, 'Report on Visit to the Deutsches Museum, Munich on 6th December, 1929'.

18. 'Report on Visits to European Museums', undated, SMD, Z 210.

19. F. St A. Hartley, *The Children's Gallery* (London: HMSO, 1935), p. 3; Lewis W. Phillips, *Outline Guide to the Exhibits* (London: Science Museum, 1937).

20. 'Last Will and Testament of James Smithson', October 23, 1826, Smithsonian Institution Archives, http: //siarchives. si. edu/history/exhibits/documents/smithsonwill. htm (accessed 11 February 2010).

21. United States Congress, 'An Act to Establish the "Smithsonian Institution" for the Increase and Diffusion of Knowledge Among Men', August 10, 1846, http: //www. sil. si. edu/exhibitions/smithson-to-smithsonian/1846act. htm (accessed 10 February 2010). Other sources for the foundation and early history of the Smithsonian include William Jones Rhees, *The Smithsonian Institution: Documents Relative to Its Origin and History* (Washington: Smithsonian institution, 1879) and Paul Henry Oehser, *The Smithsonian Institution* (New York: Praeger, 1970).

22. George Brown Goode, *The Genesis of the National Museum* (Washington, 1892).

23. Frank A. Taylor, 'The Background of the Smithsonian's Museum of Engineering and Industries', Science 104(2693) New Series (9 August 1946), pp. 130-132; Marilyn Cohen, 'American Civilization in Three Dimensions: The Evolution of the Museum of History and Technology of the Smithsonian Institution' (PhD, The

George Washington University, 1980); Arthur P. Molella, 'The Museum That Might Have Been: The Smithsonian's National Museum of Engineering and Industry', *Technology and Culture* 32(2) (1991), pp. 237-263.

311   24. Charles R. Richards, *The Industrial Museum* (New York: The Macmillan Company, 1925).

25. Robert P. Multhauf, 'A Museum Case History: The Department of Science and Technology of the United States Museum of History and Technology', *Technology and Culture* 6(1) (1965), pp. 7-58; Arthur Molella, 'The Research Agenda', in *Clio in Museum Garb: The National Museum of American History, The Science Museum, and the History of Technology* (London: Science Museum, 1996), pp. 37-46; Pamela M. Henson, ' "Objects of Curious Research": The History of Science and Technology at the Smithsonian', *Isis* 90 (1999), pp. S249-S269; Robert C. Post, ' "A Very Special Relationship": SHOT and the Smithsonian's Museum of History and Technology', *Technology and Culture* 42(3) (2001), pp. 401-435.

26. Robert Bud, 'History of Science and the Science Museum', *British Journal for the History of Science* 30(1) (1997), pp. 47-50.

27. See the 'Series Preface' in *Manifesting Medicine: Bodies and Machines* (Amsterdam: Harwood Academic Publishers, 1999), the first volume in the series, and the 'Introduction' to *Exposing Electronics* (Amsterdam: Harwood Academic, 2000), the second volume in the series.

28. Henry Lyons, 'Technical Museums, Their Scope and Aim', 1933, SMD, Z 183/1.

29. J. A. Bennett, 'Museums and the Establishment of the History of Science at Oxford and Cambridge', *British Journal for the History of Science* 30(1) (1997), pp. 29-46; Sehat, 'Education and Utopia: Technology Museums in Cold War Germany'; Jay Pridmore, *Museum of Science and Industry*, Chicago (New York: Harry Abrams in association with the Museum of Science and Industry, Chicago, 1997).

30. Hudson, *Museums of Influence*; Stella V. F. Butler, *Science and Technology Museums*, Leicester museum studies series (Leicester: Leicester University Press, 1992).

31. Plummer, 'Report on Visit to the Deutsches Museum, Munich on 6th December, 1929'.

32. Helmut Lackner, Katharina Jesswein and Gabriele Zuna-Kratky, *100 Jahre Technisches Museum Wien* (Vienna: Ueberreuter, 2009).

33. Hudson, *Museums of Influence*; Finn, 'The Museum'; Robert P. Multhauf, 'European *Science* Museums', *Science* 128 (3323) New Series (5 September 1958),

pp. 512-519.

34. Sharon Babian，'CSTM Origins：A History of the Canada Science and Technology Museum'，http：//www. sciencetech. technomuses. ca/english/about/CSTM _ Origins. cfm（accessed 10 February 2010）；Wade Chambers and Rachel Faggetter，'Australia's Museum Powerhouse'，*Technology and Culture* 33(3) (1992)，pp. 548-559.

后　记

——2009 年 6 月 11 日，科学博物馆馆长克里斯·拉普利
教授在科学博物馆百年馆庆晚宴上的演讲

312　　尊敬的各位同事，女士们、先生们，各位同僚，大家晚上好。在科学博物馆建立百年之际，很荣幸大家来参加科学博物馆成立一百周年庆祝活动。

首先，我要感谢我们的受托人之一迈克尔·威尔逊和他的达纳和艾伯特·R. 布罗科利慈善基金会(Dana and Albert R. Broccoli Charitable Foundation)对今晚馆庆晚宴的支持以及他对科学博物馆和国家媒体博物馆一直以来的支持。没有他的支持，我们很难成功举办今晚的盛事，因此我们特别地感谢他。

我还要感谢欧莱雅和博林杰公司对今晚晚宴的支持。从庆祝日程上大家可看到，欧莱雅公司正在庆祝其成立一百周年，同时，他们积极鼓励女性从事科学事业并将其作为公司持续教育工作的一部分。非常感谢你们的慷慨捐助。

在这个欢庆时刻，我应该让你们知道，今天晚上还有一个庆祝晚宴在纽约举行。一家名为生命技术的美国企业，最近已经同意提供资金来支持更新和重启生物医学展"我是谁"项目，他们将在今晚的晚宴上宣布这一决定。这对科学博物馆来说是个好消息，因为这意味着通过威尔康信托基金会、葛兰素史克和生命技术这三家公司的支持，我们完成了筹集 450 万英镑的目标，这使我们有足够的资金完成这一重大项目。

大家都知道，科学博物馆的发展可以追溯到 1851 年的万国工业博览会。这一届博览会产生了大量的财政盈余，这些资金被用来建立这一区域内的许多机构，包括我们的前身——南肯辛顿博物馆，后来更名为维多利亚和艾伯特博物馆。通过天文学家诺曼·洛克、化学家亨利·罗斯科和伟大的教育家、公务人员罗伯特·莫兰特爵士在 20 世纪初的努力，科学博物馆作为一个独立的机构于 1909 年 6 月 26 日正式成立。这些富有影响力的人物始终倡导科学技术是一个国家教育和商业力量的关键因素。

另外，有趣的是，诺曼·洛克是当今在科学期刊中最负盛名的《自然》杂志的创始主编，同时他还是稀有气体氦元素的发现者。他能发现氦元素是因为他意识到他和法国天文学家朱尔斯·詹森（Jules Janssen）在 1868 年的日全食中观察到的神秘黄色谱线是一种前所未知的元素。他将其命名为氦（源于希腊语"太阳神"）是因为这个元素是在太阳发出的光中发现的。37 年后，在美国的天然气田中发现了大量的氦储备，他的这一预判因此被证明是正确的。一种元素、一份期刊以及这个可以看作一份令人印象深刻的遗产的科学博物馆，如果要举手表决这三项中哪一项最重要，我希望毫无疑问是科学博物馆。我想你们会同意这个说法的。

但我们的角色是什么？一份 1911 年提交给政府关于新建立的科学博物馆的成立目的的报告中提到了：

> 只要是可以通过各种方式展览的科学仪器、设备、机器以及其他物品，科学博物馆的藏品中应该提供各个科学分支的相关说明和详细介绍……以及这些展览品在艺术和工业中的应用。

一百年过去了，过去的这一言论至今听起来仍然正确。科学与工程技术仍然是我们国家的商业力量以及未来人类福祉的关键所在。事实上，它们还被很多人认为是英国企业界摆脱经济衰退的关键。英国仍然是世界上第六大制造业大国，这为经济建设提供了一个坚实的基础。但是想要这样做，我们需要一大批在未来热衷于成为科学家、工程师、设计师以及企业家的年轻人，一个对科学本质的公开解读以及为达成这一目标的资金支持。科学博物馆的存在已经有一百年了，但它从未像现在如此重要。

基于现有的机遇和挑战，我们将科学博物馆的角色定义为"厘清塑造人类生活的科学"，使命是"成为世界上让人们享受科学最好的地方"。我们致力于为人们提供能够培养好奇心、释放创造力和塑造美好未来的终生有益的体验。为了达到这一目标，我们将学习作为一切工作的核心，通过给未来的创新者提供洞察力和灵感启示来巩固和实现国家的知识经济。

在对待当前问题时，如对世界能源系统进行去碳化处理来应对气候变化的威胁，我们将科学博物馆视为社会改革的代理人，目标不仅仅是让观众度过愉快的一天，而且鼓励改变他们私人的、职业的以及政治上的生活方式以塑造更加美好的未来。

我很高兴地告诉大家，在昨天我们的百年纪念新闻发布会上，关于我们的角色的这些观点及其重要性得到了负责新成立的商业、创新和技能部的英国国务大臣曼德尔森勋爵的赞同和支持。我应该告知大家，我昨天允许曼德尔森勋爵站在斯蒂芬森火箭的踏板上进行拍照（图 1），这

图1　第一任国务大臣曼德尔森勋爵在 2009 年 6 月 9 日科学博物馆百年馆庆开幕式上操纵"火箭"机车（在照片右上角可以看到科学博物馆的百年纪念旗帜）

　国家的科学——伦敦科学博物馆的历史透视

是连我们的能源馆策展人都不允许这么做的，但是我觉得一张照片胜过千言万语，并且我断定这将对我们有极大的益处，我现在唯一关心的是《私家侦探》(*Private Eye*)杂志会为这张照片配一个什么样的标题。

1909 年的科学博物馆是什么样的？一百年前，它的藏品被陈列和存储在一些拥挤的临时建筑中，这段时间持续了差不多二十年。之后这些物品才被安置到符合标准的建筑中。东楼从 1913 年开始修建，但直到 1928 年才由乔治五世宣布正式开放。在里面我们可以找到很多熟悉的地方，那里有很多正在动转的机器以及很多观众可以一键启动的展品。这些处于工作状态中的展品和演示，比那些简单直接地传递科学知识的展品能吸引更多的观众。事实上，南肯辛顿博物馆于 1858 年首次发布的官方报告评论道："一到晚上，工人们就会在妻子和孩子的陪同下来到南肯辛顿博物馆。"因此，科学博物馆从一开始就是"动手和参观"以及家庭成员们的目的地。

即便如此，这种公众参与的方式仍过于技术性，正如馆长亨利·里昂上校坚持将"普通观众"的需求置于专业人士之上。几年之后，据《泰晤士报》报道，参观科学博物馆的儿童的数量，超过了伦敦其他任何一家博物馆。这使得科学博物馆在 1931 年开放了儿童展厅，其率先使用了具有基础科学技术原理的互动展品来吸引年轻人。这迅速成了科学博物馆具有吸引力的景点之一，以及后来风靡全球的互动展馆的灵感来源，并且是我们现在自有的全世界同类展馆中访问量最大的"发射台"的前身。

我们将第二个百年的开始视为我们提高展览体验的重大机遇。我们有一个关于改造科学博物馆的雄心勃勃的计划，包括它的内容和我们在罗顿地区的大件物品存储设备，从而实现我们关于"未来博物馆"的愿景。我们仔细考虑过对这栋建筑物及其内容的改造方案，我们旨在用最小的成本实现影响及收益最大化。即便如此，所需的资金仍然高达 1 亿英镑。为了推动企业界、慈善机构、政府和私人赞助筹集这项资金，我们正在发起一个百万英镑的公共捐助项目，来彰显民众对我们作为宝贵

315

的国家机构和国家象征的大力支持。

接下来，我将简单地向你们介绍一下我们这次百年庆典活动的一些亮点来结束我的讲话。首先，正如你们所看到的，我们已经装饰了科学博物馆并推出了我们的"百年之旅"。这条新的横穿整个博物馆底层的带有解释标语的路线以构成现代世界的十件标志性物品为特色。例如，斯蒂芬森火箭，它改变了个人迁移和货物运输的方式，从而加速了工业革命的进程；而在另一端的阿波罗 10 号指挥舱，它给我们提供了关于地球的一个视角，这个视角被认为是有助于促使人类关于维护自然界可持续发展以及自然保护思维的重大转变的。

百年庆典将是一个从 2009 年 6 月 26 日至 28 日为期三天的盛会，庆典的第一天是对学校开放的，一整天都充满着鼓舞人心的活动；紧随其后的周末两天是对家庭以及普通观众开放的，这两天将会有很多科学节目、产品演示以及戏剧表演。我们还将为"太空季"而庆祝，这也是为了纪念阿波罗登月四十周年。这个庆祝活动将以对布赖恩·伊诺（Brian Eno）在 1983 年的《阿波罗》（Apollo）专辑的重新实时编曲的晚上首映礼以及 7 月 23 日我们的第一个新型展品"宇宙与文化"的开放展览为开始。"宇宙与文化"这一展品是我们对今年国际天文年的贡献，它将展示这 400 年来天文学方面所发明的仪器、所观测到的现象以及所产生的见解，这对我们形成完善的宇宙知识体系具有决定性的推动作用。

一百年的结束将在 2010 年 6 月 26 日庆祝。在这一天，两个主要的整修和改造分别展示当代和未来科技的展馆将在威尔康展厅开放。"我是谁"和"天线"项目将是我们踏上成为世界上最好的享受科学的地方征程的重大一步，并且将继续为实现"厘清塑造人类生活的科学"这一过去几百年来科学博物馆的目标而努力。

最后，我将向你们展示未来博物馆的视频。这段视频直观地展示了我们承诺到 2015 年所要达到的目标。在我们播放视频之前，我将解释316一些关键点，请你们记住，你们将看到的是一个概念而不是一个设计。我们所推崇的关于建筑物的改造是充分利用展览路的部分步行区，这一工作将在明年完成，做这样的设计是为了以最小的成本实现最大的效益。为了实现这一目标，我们将改造建筑的前面，以提高其可见度、吸引力以及易到达性。我们将创建一个定位区，在那里观众可以制订自己的游览计划。我们将翻新位于博物馆中心，这一所谓展览馆"宝库"里的所有展馆。我们还将彻底更新展示当代科学的威尔康展厅。我们将提供一个新的"天空空间"用来放置我们的太空学、天文学和宇宙学的展览品。我们也将提升我们的电梯设施，使得整个博物馆更加方便游览，并将借此机会，进一步改善我们的环境。

所以，事不宜迟，我很高兴带你们踏上穿越到未来博物馆的旅程。（此时，拉普利教授打开视频《未来博物馆》，并讲述在视频中所展示的计划的主要内容：位于东楼的展览路旁的"灯塔"展馆的图像、内部的"太空天空"展览馆及其金色盖顶的图像都在这个未来博物馆的图板中清晰可见。）

女士们，先生们，我希望你们会同意，我们的博物馆的确是未来博物馆。

附录一　临时(专题)展览(1912—1988 年)

皮特·J. T. 莫里斯和爱德华·冯·菲舍尔

1939 年前的数据主要来源于麦金托什的文章《科学博物馆专题展览》("Special Exhibitions at the Science Museum"，SMD，Z108/4)的附录 1 部分，这些数据并未出现在科学博物馆年度报告中，但被补充到戴维·福利特《科学博物馆的兴起》(*The Rise of the Science Museum*)一书的列表(122～123 页)中。其他的数据来自科学博物馆年度报告。

1912　航空学历史

1914　陀螺学

1914　战争中的科学

第一次世界大战

1919　航空学

　　　詹姆斯·瓦特百年纪念

1923　打字机

1924　地球物理和测量仪器

　　　开尔文百年纪念

　　　波特兰水泥百年纪念

1925 斯托克顿和达灵顿铁路百年纪念

　　　　法拉第发现轻质汽油百年纪念

　　　　威特斯通装置

　　　　地震学和地震仪

1926 黏合剂板

　　　　马修·默里百年纪念

　　　　发明电话十五周年

1927 英国羊毛和精纺研究协会

　　　　英国有色金属研究协会

　　　　日食现象

　　　　牛顿两百年诞辰

1928 乔治三世的科学仪器装置

　　　　帝国地图

　　　　现代测绘和制图仪器

　　　　称量学

　　　　摄影学

1929 英国铸铁研究协会

　　　　纽科门成立两百年纪念

　　　　皇家学会的历史仪器

　　　　雨山机车试验百年纪念

　　　　称重机的发展

　　　　冶金术

1930 北爱尔兰亚麻研究协会

　　　　现代天文学

　　　　瑞利科学仪器

　　　　利物浦和曼彻斯特铁路百年纪念

1931 地球物理仪器与方法

　　　　现代玻璃技术

"玛丽王后号"初航

皇家航空学会 70 周年

英国渔船

城市的烟气治理

电气照明

1937 船用螺旋桨推进

电视业

伦敦、伯明翰和大章克申铁路百年纪念

润滑与润滑剂

原子轨道

木材的研究与利用

1938 跨大西洋蒸汽航运百年纪念

缩微文献

军队中的科学

中国帆船

1940 和平与战争中的飞机

第二次世界大战

1946 德国航空发展

科学展览

海军采矿和消磁

皇家摄影学会第 91 年展览

1947 巴斯德

化学学会百年纪念(也称为化学进展)

机械工程师学会百年纪念

电子的 50 周年纪念日

家庭和工业用电

查尔斯·弗农爵士百年诞辰

广播的调频系统

本生灯百周年纪念

1956 本杰明·富兰克林 250 周年诞辰

珀金百年庆典

摆钟 300 周年纪念

1957 国际地球物理年

1958 威廉·西门子爵士

原子的受控核聚变

1959 英国铁路现代化

1960 罐装食品 150 年的历史

皇家学会 300 周年庆祝

关于采矿和类似主题的史书

1961 火箭研发

腐蚀防护

1364 年的栋迪天文钟

现代运输控制方法

横跨大西洋的无线电钻周年庆

横渡英吉利海峡和泰晤士河

1962 格伦上校的太空飞船"友谊 7 号"

空中卫星

工作中的原子

铝在电气工程中的运用

新摄影技术

1963 交通导航卫星

弗雷德里克百年诞辰纪念

现代天然气工业

1964 高速公路的发展

天然气

科学玩具及其意义

1972 搜索（国家研究委员会）

推进铁路技术（APT）

特技效果

爱德华列车分组铁路进入高峰期

卢克·霍华德 200 周年诞辰

1973 给美人鱼的一句话（海底电报）

尼古拉·哥白尼 500 周年诞辰

1974 从留声机到全息图

生命呼吸（发现氧气）

你和你的分析化学家

"我将给地球系上一条腰带……"（马可尼百年诞辰纪念）

乔治·拉芬斯克洛夫铅玻璃专利 300 周年纪念

塔桥观测

1975 栋迪全星象仪

查尔斯·惠斯通先生逝世百年纪念

威廉·波伊尔——束缚的摄影师

光之幻影

盾构隧道

设计中的新材料

玛丽玫瑰号（都铎军舰）

1976 伊斯兰的科学与技术

阿波罗 10 号

发明电话 100 周年

卡克斯顿 500 周年

电气时代

1977   喷气机时代（弗兰克·惠特尔 70 岁生日）

　　　　太阳图片（W. H. 福克斯·塔尔博特逝世百年纪念）

　　　　激光器

　　　　星球大战

　　　　号角将要吹响（爱迪生发明留声机）

1978   珠穆朗玛峰的故事（第一次登顶 25 周年纪念）

　　　　事实远不止此

　　　　威廉·哈维和血液循环

　　　　纳菲尔德勋爵百年诞辰

　　　　格温内思郡的船舶和船员

　　　　约西亚·韦奇伍德——科学和艺术的统一

　　　　艺术家眼中的医学

　　　　正确方法（自扶正救生艇）

　　　　你按按钮……（快照照片）

　　　　医学图片展示

1979   工程师的艺术

　　　　斯坦利·斯宾塞在船厂

　　　　煤的当下和未来

　　　　贝内特·伍德克夫特的遗产和英国专利

　　　　沃特·纽伦堡的摄影——一类行业形象

　　　　音乐盒

　　　　葡萄酒的历史

　　　　吉尔伯特·迪肯（1886—1939）

　　　　雨山试验 150 周年

　　　　戴维·休斯听力计发明百年纪念

　　　　横冲直撞

　　　　威尔康博物馆新的收购

　　　　　　　国家的科学——伦敦科学博物馆的历史透视

1980   芯片的挑战

伟大的光学幻想(第一台贝尔德电视机出售 50 周年)

拜访牙医(英国牙科协会百年纪念)

人类的药物

迷你时代来临

亨利·威尔康：先锋的便携式药品(伯勒斯·威尔康的百年

纪念)

关于电线的词汇

贸易令牌

只需加水(公用水供应)

摄影项目

1981   所有车站

看到无形的东西(电子显微镜发明 50 周年)

梅奈桥

公共电力供应服务百年纪念

英国的自然世界

十二个观点

追逐彩虹

空间摄影

1982   伟大的掩盖展示

这是信息技术

印度科技

1983   煤炭——英国采矿的艺术品(1680—1980)

玻璃珠

科学与意识(麦克斯·玻恩和詹姆斯·弗兰克)

光维度(全息术)

1984   走进文具店大厅(可敬的文具商家)

超越视觉(科学摄影)

世纪之交的工艺发明和广告海报

航天飞机模型

马口铁印刷的历史

特纳大师的艺术

约翰·迪金森的造纸机

1985 克里斯托弗·波尔姆(1661—1751):瑞典代达罗斯

路易斯·巴斯德与狂犬病:一个世纪的疫苗接种

早期传动装置(古代和中世纪世界的传动装置)

公众视角——政府的一组照片

印制邮票

1986 印制地图

汽车的 100 年

活体(柯达活体人体展览)

行动技能(城市与行会协会培训)

从苹果到原子(科学家肖像)

印刷灯(福克斯·塔尔博特、希尔和亚当森的科学艺术)

卓越的工程设计

地球测量的 250 周年纪念

维莱特市

从废纸到报纸

支持未来:威尔康基金会[科学和医药(1936—1986)]

1987 火车的影像

一种解释方法(技术图解)

质量图像(德国工业设计)

科学博物馆中的牛顿

皇家邮政代码展

人造卫星一号

布加迪皇家酒店

1988 生物分子：分子生物学实验室的前 40 年

勒-曼赢得美洲虎汽车

苏联对类地行星的探索

雪铁龙 2CV 40 周年纪念

菲亚特：意大利工业革命(汽车艺术与设计)

1988 年麦克罗伯特技术创新奖

附录二 科学博物馆的高级职员表(1893—2000 年)

姓名	入职年份	离职年份	最高职位
安德森，罗伯特·杰弗里·威廉	1975	1984	主管
安娜，珀西·詹姆斯	1934	1948	首席保管员
奥斯汀，吉莉安·弗朗西斯	1980	1984	助理主管
巴格利，约翰·阿瑟	1976	1989	助理主管
鲍尔，伊恩·迈克尔	1975	1994	库房主管
巴克利，亚历山大	1921	1959	主管
巴雷特，詹姆斯	1865	1900	主管
巴斯，巴兹尔·罗顿	1949	1976	助理主管
巴克森德尔，戴维	1898	1934	主管
贝克莱克，（欧内斯特）约翰·斯蒂芬	1972	1994	主管
贝文，约翰·弗雷德里克	1985	2013	企业服务部代理主管
邦尼曼，乔治·西姆	1918	1934	首席保管员
布恩，蒂莫西·马丁	1982	在岗	研究与公共历史部主管
鲍尔斯，布赖恩·彼得	1967	1998	副主管
布雷斯格德尔，布赖恩	1977	1989	藏品部代理主管
布雷德福，塞缪尔·克莱门特	1899	1938	主管
布朗，（克里斯托弗）尼尔	1976	2006	首席策展人
布赖登，戴维·约翰	1979	1987	助理主管

姓名	入职年份	离职年份	最高职位
巴德，罗伯特·富兰克林	1978	在岗	主管
布彻，艾伦·爱德华	1974	1991	助理主管
凯恩，约翰·克利福德	1959	1961	指导讲师
凯恩，(伊丽莎白)安妮	1993	2012	财务部主管
卡尔弗特，亨利·雷金纳德	1934	1967	主管
康特，西里尔·弗朗西斯	1950	1959	助理主管
查尔德科特，约翰·安东尼	1949	1976	主管
丘，(维克托)肯尼斯	1958	1978	主管
奇尔顿，多诺万	1938	1974	主管
克拉克，查尔斯五世	1973	1980	主管
克洛斯，杰弗里·斯温福德·莱尔德	1924	**1937**	助理主管
考利，约翰·阿瑟	1973	1992	国家铁路博物馆馆长
克罗普，阿伦·迪格比	1948	1953	助理主管
康珀，约翰·赫伯特*	1953	1956	主管
科里，肯尼斯	1972	1984	副主管
科森斯，尼尔爵士	1986	2000	馆长
克劳霍尔，托马斯·柯拉	1926	1938	助理主管
克里西，乔治·赖特	1938	1946	助理主管
克罗斯利，奥尔顿·斯威夫特	1924	1955	首席测绘员
达莱厄斯，乔恩	1981	1989	高级策展人
戴维森，查尔斯·圣克莱尔·别克	1938	1972	助理主管
戴维，莫里斯·约翰·伯纳德	1920	**1950**	主管
戴，兰斯·雷金纳德	1951	1987	主管
德弗里斯，杰弗里·杰克	1988	1998	助理馆长及资源管理部主管
登曼，罗德里克彼得·乔治	1922	1930	助理主管

姓名	入职年份	离职年份	最高职位
迪金森，亨利·温兰慕	1895	1930	主管
丁利，保利娜·奥利夫	1986	2003	图书馆馆长
达夫，乔治·亚历山大	1930	1954	首席保管员
杜兰特，约翰·罗伯特	1989	2000	助理馆长及科学传播部主管
费伊，马丁	1958	1987	首席保管员
法米罗，格雷汉姆	1990	2003	展览部主管
费斯汀，爱德华·罗伯特少将	1864	1904	馆长
福利特，戴维·亨利爵士	1937	1973	馆长
福沃德，欧内斯特·阿尔弗雷德	1901	1937	主管
福克斯，罗伯特	1988	1988	助理馆长及研究与信息服务部主管
弗赖尔，罗伯特·保罗	1978	**2000**	首席保管员及安全部主管
富尔彻，莱昂内尔·威廉	1885	1926	主管
加勒特，杰拉尔德·雷金纳德·曼塞尔	1934	1971	主管
戈德斯，（威廉）基思·埃利奥特	1968	1986	副主管
吉尔伯特，基思·雷金纳德	1948	**1973**	主管
高斯林，克里斯托弗	1989	1998	个人法律服务部主管
高斯林，罗比	1955	1974	助理主管
格林纳威，弗兰克	1949	1980	主管
格里菲思，约翰	1980	2003	高级策展人
格鲁姆，悉尼赫伯特	1930	1958	指导讲师
霍尔-帕奇，安东尼	1979	1989	高级策展人
哈特利，弗雷德里克	1920	1957	主管
希尔，肯尼斯·戈登*	1956	1963	主管
哈奇森，约翰·肯尼斯·道格拉斯	1937	**1944**	助理主管

姓名	入职年份	离职年份	最高职位
艾尔森，杰姆斯·温曼·巴塞尔*	1948	1953	主管
杰克逊，(威廉)罗兰·塞德里克	1993	2002	馆长
詹森，斯坦利·埃里克	1935	1969	主管
基恩，苏珊娜·维多利亚	1992	2000	藏品管理部主管
凯利，悉尼·托马斯	1907	1948	主管
凯尼迪，罗伯特·克里斯托弗	1960	1963	助理主管
肯特，瓦尔阿莫斯	1924	1966	首席测绘员
金，阿尔弗雷德·查尔斯	1864	1895	主管
莱西，乔治·威廉·布赖恩	1954	1986	主管
琼斯，欧内斯特·兰开斯特	1920	**1945**	主管
拉斯特，威廉·艾萨克	1890	**1911**	馆长
劳，罗德尼·詹姆斯	1963	1985	助理主管
劳伦斯，吉斯雷妮（以前称为斯金纳）	1979	2003	首席策展人
劳伦斯，玛丽·琼	1981	1984	主管
莱贝特，弗莱德	1937	1967	主管
里昂，亨利·乔治爵士	1912	1933	馆长
麦金托什，恩斯特·艾利奥特·巴克兰上校	1933	1945	馆长
曼，彼得·罗伯特	1973	1993	高级策展人
马瑟，安	1999	2004	人事部主管
梅菲尔德，希瑟·玛格丽特	1979	在岗	内容部主管及副馆长
麦克里夫，威廉·约翰·奥格登	1954	1973	首席保管员
麦康奈尔，安妮塔	1985	1988	高级策展人
迈克威廉，罗伯特·库茨	1991	2003	高级策展人
莫雷，蒂莫西	1993	在岗	设计部主管

姓名	入职年份	离职年份	最高职位
莫里斯，彼得约翰·特恩布尔	1991	在岗	主管
莫里森-斯科特，特伦斯·查尔斯·斯图尔特爵士	1956	1960	馆长
莫顿，艾伦	1979	2003	物理科学与工程部代理主管
马默里，罗杰	1985	1987	高级策展人
内厄姆，安德鲁	1980	在岗	高级主管
纽马克，安·凯瑟琳夫人	1975	2003	文件及注册商部主管
欧迪，威廉·托马斯	1930	1966	主管
奥格尔维，弗朗西斯·格兰特	1911	1920	馆长
奥弗顿，乔治·伦纳德	1898	1935	主管
帕克，汉娜·乔伊斯小姐	1948	1978	副主管
帕金森，托马斯·弗兰克	1893	1925	主管
彭伯顿，常·马克	1987	2000	助理馆长及公共事务部主管
菲彭，海伦·多萝西小姐	1955	1976	助理主管
普莱奇，汉弗莱·托马斯	1928	**1960**	主管
普卢默，威廉·格雷汉姆	1928	**1936**	助理主管
普雷斯顿，迈克尔·理查德	1964	1987	主管
普雷蒂，威廉·爱德华	1931	1947	助理主管
普赖斯，罗杰	1981	1994	高级策展人
雷姆斯，简·玛丽夫人	1969	1979	助理主管
里夫*	1963	1970	主管
罗兹，肯尼斯·约翰	1985	1988	主管
理查兹，乔治·蒂尔曼	1928	1953	指导讲师
鲁宾逊，德里克·安东尼	1974	1999	助理馆长及收藏部代理主管
鲁宾逊，约翰·科林	1973	1994	助理主管
罗尔夫，艾琳·梅特兰夫人	1975	1978	助理主管
罗斯，亚瑟·L	1973	1983	助理主管

姓名	入职年份	离职年份	最高职位
萨哈尔，奥德吉·布吉	1961	1979	副主管
西蒙，彼得·威廉·布雷特	1974	1987	助理主管
夏普，林赛·杰拉德	1976	1978	助理主管 (2000—2005 年任馆长)
肖，赫尔曼	1920	**1950**	馆长
西蒙斯，托马斯·莫蒂默中校	1958	1973	副主管
斯金纳，弗雷德里克·乔治	1922	**1955**	副主管
斯玛特，约翰·埃德温	1954	1987	助理主管
史密斯，埃德加·查尔斯工程师	1924	1929	指导讲师
斯尼德，杰弗里·科林	1972	1984	助理主管
斯宾塞，约翰·亚瑟	1900	**1934**	副主管
斯普拉特，赫里沃德·菲利普	1930	1967	副主管
斯蒂芬斯，彼得·唐纳德	1974	1991	助理主管
斯托尔斯，亚瑟	1930	1962	主管
斯垂暮培，奥利弗·伯纳德·拉斐尔	1979	1983	助理主管
萨姆纳，菲利普·劳顿	1948	1974	副主管
苏瑟斯，特里	1988	1992	助理馆长及公共服务部主管
斯沃德，多伦·戴维	1982	2002	助理馆长及收藏部主管
泰勒，弗兰克·舍伍德	1950	**1956**	馆长
索迪，阿尔弗雷德·乔治	1961	1974	副主管
托马斯，戴维·鲍恩	1961	1979	主管
托马斯，吉莉安	1993	1997	助理馆长及项目开发部主管
塔克，沃尔特·詹姆斯中尉	1961	1976	副主管
塔克，乔纳森·莱斯利	1999	2009	国家科学工业博物馆代理馆长
厄克特，唐纳德·约翰	1938	1948	助理主管
瑞姆斯迪克，约翰·西奥多	1954	1984	主管

姓名	入职年份	离职年份	最高职位
沃恩，丹尼斯	1970	1992	副主管
沃尔，维克多·克莱门特	1955	1976	指导讲师
沃德，弗朗西斯·艾伦·伯内特	1931	1970	主管
沃特那比，约翰	1951	1982	主管
韦斯，简·阿曼达	1979	2012	高级策展人
韦斯特，莱斯利·A 夫人（以前称为伯德特）	1962	1978	助理主管
韦斯科特，乔治·福斯	1921	1957	主管
韦斯顿，玛格丽特·凯特夫人	1955	1986	馆长
怀特，欧内斯特·威廉	1920	1959	副主管
威尔，邓肯·伦纳德	1978	1994	图书馆及信息服务部主管
威尔逊，安东尼·沃尔福德	1977	1994	出版社主管
威尔逊，乔治·巴克利·莱尔德	1954	1973	副主管
温顿，沃尔特	1950	1980	主管
伍德，理查德·W	1980	1981	主管
伍德，西德尼	1894	1914	高级主管
伍尔夫，海曼	1964	1983	助理主管
赖特，托马斯	1977	1998	助理馆长及收藏部主管

注：* 表示从教育部借调（只记录借调期间时间段）。

黑体表示在任去世。

附录三　科学博物馆的观众数量(1909—2012 年)

年份	观众数量	数据来源
1909	514954	科学博物馆入馆登记 1909—1952-SMD，Z 100/7
1910	461930	同上
1911	397707	同上
1912	416412	同上
1913	345289	同上
1914	331212	同上
1915	346740	同上
1916	88995	同上
1917	46741	同上
1918	279463	同上
1919	366915	同上
1920	477522	科学博物馆报告(1920)
1921	445658	科学博物馆报告(1921/1922)
1922	494055	科学博物馆报告(1921/1922)
1923	474277	科学博物馆报告(1923)
1924	437816	科学博物馆报告(1924)
1925	429558	科学博物馆报告(1925)
1926	576734	科学博物馆报告(1926)

年份	观众数量	数据来源
1927	709166	科学博物馆报告（1927/1928）
1928	900053	科学博物馆报告（1927/1928）
1929	1061754	科学博物馆报告（1929）
1930	1132761	科学博物馆报告（1930）
1931	1170981	科学博物馆报告（1931）
1932	1241528	科学博物馆报告（1932）
1933	1255818	科学博物馆报告（1933）
1934	1142472	科学博物馆报告（1934）
1935	1327190	科学博物馆报告（1935）
1936	1281338	科学博物馆报告（1936）
1937	1271599	科学博物馆报告（1937）
1938	1137635	科学博物馆报告（1938）
1939	712287	咨询委员会报告（1953，博物馆 1～8 月开放）
1940	76000	咨询委员会报告（1953，博物馆 2～6 月开放）
1941	博物馆关闭	
1942	博物馆关闭	
1943	博物馆关闭	
1944	博物馆关闭	
1945	博物馆关闭	
1946	1288464	咨询委员会报告（1952）；科学博物馆报告（1946，博物馆 2 月中旬再次开放）
1947	748183	咨询委员会报告（1952）；科学博物馆报告（1947）
1948	980094	咨询委员会报告（1952）；科学博物馆报告（1948）
1949	900032	咨询委员会报告（1952）；科学博物馆报告（1949）
1950	1039522	咨询委员会报告（1952）；科学博物馆报告（1950）
1951	1024809	咨询委员会报告（1952）；科学博物馆报告（1951）
1952	1062473	咨询委员会报告（1952）；科学博物馆报告（1952）

年份	观众数量	数据来源
1953	1062402	科学博物馆报告（1953）
1954	1200394	科学博物馆报告（1954）
1955	1143815	科学博物馆报告（1955）
1956	1191303	科学博物馆报告（1956）
1957	1317000	科学博物馆报告（1957）
1958	1292000	科学博物馆报告（1958）
1959	1274000	科学博物馆报告（1959）
1960	1147609	科学博物馆报告（1960）；汇总表在 SCM/2006/0329/005
1961	1057733	科学博物馆报告（1961）；汇总表在 SCM/2006/0329/005
1962	1130686	科学博物馆报告（1962）；汇总表在 SCM/2006/0329/005
1963	1210344	科学博物馆报告（1963）；汇总表在 SCM/2006/0329/005
1964	1365703	科学博物馆报告（1964）；汇总表在 SCM/2006/0329/005
1965	1507722	科学博物馆报告（1965）；汇总表在 SCM/2006/0329/005
1966	1700000	科学博物馆报告（1966）；汇总表在 SCM/2006/0329/005 显示总计 1184079，但更有可能是 1684079
1967	1910976	科学博物馆报告（1967）；汇总表在 SCM/2006/0329/005
1968	2172187	科学博物馆报告（1968）；汇总表在 SCM/2006/0329/005
1969	2126177	科学博物馆报告（1969）；汇总表在 SCM/2006/0329/005

年份	观众数量	数据来源
1970	2120599	科学博物馆报告（1970）；汇总表在 SCM/2006/0329/005
1971	1941727	科学博物馆报告（1971）；汇总表在 SCM/2006/0329/005
1972	1936242	科学博物馆报告（1972）；汇总表在 SCM/2006/0329/005
1973	2311711	科学博物馆报告（1973）；汇总表在 SCM/2006/0329/005
1974	2051908	科学博物馆报告（1974）；汇总表在 SCM/2006/0329/005
1975	2404232	科学博物馆报告（1975）；汇总表在 SCM/2006/0329/005
1976	2507880	科学博物馆报告(1976/77)；汇总表在 SCM/2006/0329/005
1977	3360624	科学博物馆报告(1976/77)；汇总表在 SCM/2006/0329/005
1978	3486228	科学博物馆报告（1978）；汇总表在 SCM/2006/0329/005
1979	3710108	科学博物馆报告（1979）；汇总表在 SCM/2006/0329/005
1980	4224027	科学博物馆报告（1980）；汇总表在 SCM/2006/0329/005
1981	3847718	科学博物馆报告（1981）；汇总表在 SCM/2006/0329/005
1982	3306338	科学博物馆报告（1982）；汇总表在 SCM/2006/0329/005

年份	观众数量	数据来源
1983	3345822	科学博物馆报告（1983）；汇总表在 SCM/2006/0329/005
1984	3019892	科学博物馆报告（1987）；汇总表在 SCM/2006/0329/005
1985	2723947	科学博物馆报告（1987）；汇总表在 SCM/2006/0329/005
1986	2994451	科学博物馆报告（1987）；汇总表在 SCM/2006/0329/005
1987	3166294	汇总表在 SCM/2006/0329/005
1988	2261048	汇总表在 SCM/2006/0329/005
1989	1121103	汇总表在 SCM/2006/0329/005
1990	1303345	汇总表在 SCM/2006/0329/005
1991	1327503	汇总表在 SCM/2006/0329/005
1992	1212504	汇总表在 SCM/2006/0329/005
1993	1277417	汇总表在 SCM/2006/0329/005
1994	1274253	1994—2008 年科学博物馆观众人数是由国家科学工业博物馆观众调研部主管蒂姆·尼尔（Tim Neal）提供，相关数据截止日期为 2009 年 6 月 30 日
1995	1556368	同上
1996	1548366	同上
1997	1537289	同上
1998	1550211	同上
1999	1481235	同上
2000	1335432	同上
2001	1352649	同上
2002	2722154	同上

年份	观众数量	数据来源
2003	2886850	同上
2004	2169138	同上
2005	2019940	2005 年 8 月的修订数据和 2009 年 12 月的数据均来自以下文化、媒体和体育网站：http://www. culture. gov. uk/what _ we _ do/research _ and _ statistics/3375. aspx(2013 年 2 月 18 日访问)
2006	2442571	同上
2007	2693062	同上
2008	2691822	同上
2009	2765930	同上
2010	2757917	同上
2011	2889311	同上
2012	2990000	同上

索 引^①

A

阿波罗 10 号指挥舱（查理·布朗）
Apollo 10 Command Module
（Charlie Brown） Plate 13，
6，101，191，315

《阿波罗》（伊诺专辑） *Apollo*
（Eno album）315

阿伯丁 Aberdeen 50

阿博特，查尔斯 Abbott,
Charles 306

阿布尼，威廉·德·威夫莱斯利
Abney, William de Wiveleslie 2

阿德勒天文馆 Adler Planetari-
um 308

阿尔科克，约翰·威廉爵士（维克
斯·维米飞机） Alcock, Sir

John William（Vickers Vimy
airplane）183

阿克莱特，理查德爵士（纺织机供
应商） Arkwright, Sir Rich-
ard（textile machinery）274

阿拉伯联合酋长国 United Arab
Emirates 237-238

阿姆斯特朗，亨利·爱德华
Armstrong, Henry Edward
137-138

阿姆斯特朗-惠特沃斯飞机有限公
司 Armstrong Whitworth
Aircraft Ltd 69

阿姆斯特朗，威廉·乔治爵士
Armstrong, Sir William
George 25

---

① 根据原书 333～350 页索引改编而成，改用中文音序重排。条目中页码系原书页码、本书页边码。——编辑注

氦 helium 313

汉堡 Hamburg 79

航空部 Air Ministry 68-69，84

航空收藏 Aeronautics Collection 46，68-71，80，169，183，267，282，290

航空速递有限公司 Airspeed Ltd 176

航空学 aeronautics 6-7，61-62，68-71，76-77，84，139，152，183，212，305

"航空学的历史"展览（1912） "History of Aeronautics" exhibition (1912) 6-7，7，139

航空展厅（现在的飞行展厅） Aeronautics Gallery （now Flight Gallery）Plate 10，6，80，117，167-170，183-185，184，188，206，283

和平博物馆，概念 peace museum，concept of a 45-46，52，57

"和平与战争中的飞机"展览（1940） "Aircraft in Peace and War" exhibition (1940) 6，68-71，69，84

核物理藏品 Nuclear Physics Collections 84-85

核物理与核能展厅 Nuclear Physics and Nuclear Power Gallery 265

赫伯特，艾伦·帕特里克 Herbert，Alan Patrick 79

赫胥黎，伦纳德 Huxley，Leonard 22

赫胥黎，托马斯·亨利 Huxley，Thomas Henry 21，23-24，256，259

赫瑞-瓦特大学 Heriot-Watt College 50

赫斯，戴姆·迈拉 Hess，Dame Myra 67

赫歇尔，威廉爵士（棱镜和镜像） Herschel，Sir William (prism and mirror) 257

亨利·福特博物馆，迪尔伯恩 Henry Ford Museum，Dearborn 306

亨利厅，拉德洛，什罗浦郡 Henley Hall，Ludlow，Shropshire 73

亨利，约瑟夫 Henry，Joseph 304

亨明，詹姆斯 Hemming，James 116

胡克，约瑟夫·多尔顿爵士

国家的科学——伦敦科学博物馆的历史透视

国家的科学——伦敦科学博物馆的历史透视

北京市版权局著作权合同登记号：图字 01-2014-7697

本书中文简体翻译版授权由北京师范大学出版社独家出版并限在中国大陆地区销售。未经出版者书面许可，不得以任何方式复制或发行本书的任何部分。

图书在版编目（CIP）数据

国家的科学：伦敦科学博物馆的历史透视／（英）皮特·J. T. 莫里斯主编；冯秀梅，曹高辉译 . —北京：北京师范大学出版社，2019.4
（科学博物馆学丛书／吴国盛主编）
ISBN 978-7-303-24566-6

Ⅰ . ①国… Ⅱ . ①皮… ②冯… ③曹… Ⅲ . ①科学馆—研究 Ⅳ . ①G311

中国版本图书馆 CIP 数据核字（2019）第 036403 号

营 销 中 心 电 话 010-58805072 58807651
北师大出版社高等教育与学术著作分社 http://xueda.bnup.com

GUOJIA DE KEXUE
出版发行：北京师范大学出版社 www.bnup.com
北京市海淀区新街口外大街 19 号
邮政编码：100875
印　　刷：北京京师印务有限公司
经　　销：全国新华书店
开　　本：787 mm × 1092 mm 1/16
印　　张：32
字　　数：460 千字
版　　次：2019 年 4 月第 1 版
印　　次：2019 年 4 月第 1 次印刷
定　　价：128.00 元

策划编辑：尹卫霞　　　　　　　　责任编辑：李会静
美术编辑：王齐云　　　　　　　　装帧设计：王齐云
责任校对：韩兆涛　　　　　　　　责任印制：马　洁